高职高专高分子材料加工技术专业规划教材编审委员会

顾　　　问	陶国良
主 任 委 员	王荣成
副主任委员	陈滨楠　陈炳和　金万祥　冉新成　王慧桂 杨宗伟　周大农
委　　　员	（按姓名汉语拼音排列）

卜建新　蔡广新　陈滨楠　陈炳和　陈改荣　陈华堂
陈　健　陈庆文　丛后罗　戴伟民　邱九生　付建伟
高朝祥　郭建民　侯文顺　侯亚合　胡　芳　金万祥
孔　萍　李光荣　李建钢　李跃文　刘巨源　刘青山
刘琼琼　刘少波　刘希春　罗成杰　罗承友　麻丽华
聂恒凯　潘文群　潘玉琴　庞思勤　戚亚光　冉新成
桑　永　王国志　王红春　王慧桂　王加龙　王玫瑰
王荣成　王艳秋　王　颖　王玉溪　王祖俊　翁国文
吴清鹤　肖由炜　谢　晖　徐应林　薛叙明　严义章
杨印安　杨中文　杨宗伟　张　芳　张金兴　张晓黎
张岩梅　张裕玲　张治平　赵继永　郑家房　郑式光
周大农　周　健　周四六　朱卫华　朱　雯　朱信明
邹一明

教育部高职高专规划教材

高分子材料改性

第二版

戚亚光　薛叙明　主编

化学工业出版社
·北京·

内 容 简 介

本书从改性材料生产与应用的角度，围绕橡胶与塑料的改性，介绍工业实用的高分子材料改性工艺原理、常用材料及其作用机理、各类改性方法与改性添加剂的改性效果、实施方法与工艺控制等实用知识与技术。全书共五章，分别介绍聚合物的化学改性、填充改性、增强改性、共混改性与最新的以纳米复合为基础的改性技术。

本书为高职高专高分子材料加工技术类专业教学用书，也可供从事高分子材料工业的技术人员、研究开发人员参考。

图书在版编目（CIP）数据

高分子材料改性/戚亚光，薛叙明主编．—2 版．—北京：
化学工业出版社，2009.5（2025.2重印）
教育部高职高专规划教材
ISBN 978-7-122-05261-2

Ⅰ．高⋯　Ⅱ．①戚⋯②薛⋯　Ⅲ．高分子材料-改性-高等学校：技术学院-教材　Ⅳ．TQ316.6

中国版本图书馆 CIP 数据核字（2009）第 058002 号

责任编辑：于　卉　提　岩　　　　　文字编辑：徐雪华
责任校对：王素芹　　　　　　　　　装帧设计：于　兵

出版发行：化学工业出版社（北京市东城区青年湖南街 13 号　邮政编码 100011）
印　　装：北京天宇星印刷厂
787mm×1092mm　1/16　印张 15¼　字数 376 千字　2025 年 2 月北京第 2 版第 11 次印刷

购书咨询：010-64518888　　　　　　售后服务：010-64518899
网　　址：http://www.cip.com.cn
凡购买本书，如有缺损质量问题，本社销售中心负责调换。

定　　价：39.00 元　　　　　　　　　　　　　　　　　　　版权所有　违者必究

前　言

《高分子材料改性》自 2005 年 1 月第一版出版以来，已重印。为了满足广大读者需求，并进一步更新内容，编者决定对教材进行修订。一方面对原书中存在的不妥之处进行更正，另一方面通过对相关章节的修编，加强了高分子材料的功能改性内容，增加了新的改性添加剂介绍，及时跟进现代工业步伐。

修订版将第一章标题更改为"聚合物的熔融态化学改性"，以聚合物熔融态化学反应为切入点，标题更加贴切，内容更加实用。

本次修订版基本保持了第一版结构框架。全书共分五章，从改性材料生产与应用的角度，介绍各类改性方法的基本原理、基本工艺过程、技术要点与改性材料的物性变化等。同时，各章都涉及了一些较新的改性技术，以满足对新技术的推广与应用需求。此外，本次修订，对若干章节后的思考题，作了适当的调整，并在书末增加了一些近几年发表的新的参考文献，为学习者提供更多的方便。

本次修订版仍由常州轻工职业技术学院戚亚光老师、常州工程职业技术学院薛叙明老师担任主编，广东轻工职业技术学院孔萍老师任参编。其中，第一章、第三章、第五章由戚亚光老师编写，第二章由孔萍老师编写，第四章由薛叙明老师编写。

湖南科技职业学院杨中文老师担任了本书的主审工作，对书稿提出了不少修改意见，特此感谢。

由于高分子材料改性领域发展很快，加之高分子材料改性涉及面广，包含了大量的工业实用技术，故本书虽经修订，受编者实际经验所限，书中不妥之处，敬请使用本教材的教师与读者批评指正。

编者
2009 年 3 月

第一版前言

随着高分子材料工业的迅速发展及其应用领域的不断扩大，对聚合物的性能也提出了各种新的要求。为了满足不同用途，利用化学方法或物理方法改进聚合物的一些性能，以达到预期的目的，称为高分子材料的改性。一般来说，对高分子材料改性要比合成一种新的聚合物并使之工业化要容易得多。并且这些改性工作在一般的塑料与橡胶加工厂就能进行，容易见效，常能解决工业生产中不少具体问题。因此，高分子材料的改性愈来愈受到工业界普遍的重视，也已经成为高职高专高分子材料专业毕业生必须掌握的技术。

当今，高分子材料改性主要围绕着通用聚合物材料的高性能化、单组分材料向多组分复合材料转变（即合金、共混、复合）、赋予材料功能化、优化性能与价格等方面进行。其中涉及化学改性、填充改性、增强改性、共混改性以及最新发展的纳米复合改性方法。后四类改性方法，乍看起来属于物理方法，但为取得良好的改性效果，在使各种材料进行混合、熔融加工、成型的同时，需要强化复合技术，并用化学改性方法。可见，即便是物理改性，其中也常含有丰富的化学改性内容。因此，本书以聚合物熔融态化学反应为切入点，首先介绍聚合物的化学改性。

全书共分五章，从改性材料生产与应用的角度，介绍各类改性方法的基本原理、基本工艺过程、技术要点与改性材料的物性变化等。同时，各章都涉及了一些较新的改性技术，以满足对新技术的推广与应用需求。此外，每章都附有学习目的与要求及思考题，为学习者提供方便。

本书由戚亚光老师、薛叙明老师担任主编，孔萍老师参编。其中，第一章、第三章、第五章由戚亚光老师编写，第二章由孔萍老师编写，第四章由薛叙明老师编写。

杨中文老师担任了本书的主审工作，对书稿提出了不少修改意见，并纠正了其中错误，此外，在本书编写过程中，常州轻工职业技术学院刘剑波老师也给予了很大帮助，在此一并表示感谢。

编写适用于专业教学的《高分子材料改性》一书尚属首次，加之高分子材料改性涉及面广，包含了大量的工业实用技术，由于编者实际经验有限，书中定会有不妥之处，敬请使用本教材的教师与读者批评指正。

编者
2004 年 8 月

目 录

第一章 聚合物的熔融态化学改性 …… 1
第一节 聚合物的熔融态化学 …………… 1
一、聚合物熔融态化学的研究目的与任务 …………… 1
二、熔融态化学反应 ………………… 3
三、熔融态化学反应的应用 …………… 4
四、熔融态化学反应器 ………………… 7
第二节 反应挤出 ……………………… 9
一、反应挤出的优点 …………………… 9
二、反应挤出过程 ……………………… 10
三、影响反应挤出的操作因素 ………… 12
第三节 聚合物的熔融接枝改性 ………… 14
一、自由基引发体系 …………………… 14
二、聚合物的熔融接枝 ………………… 18
第四节 聚合物的交联改性与控制降解 …… 23
一、聚合物的交联改性 ………………… 23
二、聚合物的控制降解 ………………… 30
思考题 ………………………………… 35

第二章 聚合物的填充改性 ……………… 36
第一节 填充改性的基本原理 …………… 36
一、填料的作用 ………………………… 36
二、填料的性质 ………………………… 38
三、填料-聚合物的界面 ……………… 42
四、填料-聚合物界面体系的表征 …… 47
第二节 填料的种类与特性 ……………… 50
一、碳酸盐 ……………………………… 50
二、硅酸盐 ……………………………… 53
三、硫酸盐 ……………………………… 57
四、氧化物与氢氧化物 ………………… 58
五、单质 ………………………………… 60
六、有机物 ……………………………… 61
七、晶须 ………………………………… 62
八、其他填料 …………………………… 64
第三节 填料的表面处理 ………………… 65
一、填料表面处理的作用机理 ………… 66
二、填料表面处理剂 …………………… 68
三、填料表面处理方法 ………………… 75
第四节 聚合物填充改性效果 …………… 76
一、聚合物填充改性的经济效果 ……… 76
二、填充聚合物的力学性能 …………… 78
三、填充聚合物的热性能 ……………… 80
四、填充聚合物的其他性能 …………… 81
第五节 填充聚合物的制备与加工 ……… 85
一、填充聚合物的加工特性 …………… 85
二、填料在聚合物中的分散 …………… 88
三、功能性填充改性聚合物材料 ……… 90
四、填充母料 …………………………… 97
思考题 ………………………………… 101

第三章 纤维增强改性聚合物复合材料 …… 103
第一节 纤维增强改性聚合物的基本原理 …… 103
一、增强改性及其类型 ………………… 103
二、纤维增强聚合物复合材料中的基本单元 …… 106
三、纤维增强聚合物复合材料的力学强度 …… 108
四、纤维增强聚合物复合材料的其他性能 …… 112
五、混杂增强 …………………………… 115
第二节 增强纤维 ……………………… 117
一、玻璃纤维 …………………………… 117
二、碳纤维 ……………………………… 120
三、有机聚合物纤维 …………………… 121
四、硼纤维 ……………………………… 122
五、石棉纤维 …………………………… 123
六、陶瓷纤维 …………………………… 123
七、金属纤维 …………………………… 123
八、导电性 TRF 纤维 ………………… 124
九、植物纤维 …………………………… 124
第三节 增强材料的表面处理 …………… 125
一、纤维表面处理应遵循的基本原则 …… 125
二、玻璃纤维的表面处理 ……………… 126
三、碳纤维的表面处理 ………………… 128
四、有机纤维的表面处理 ……………… 129
五、植物纤维的表面处理 ……………… 131

第四节　纤维增强聚合物复合材料的
　　　　制造 ………………………… 132
　一、纤维增强热塑性塑料 …………… 132
　二、纤维增强热固性模塑料 ………… 137
　三、短纤维增强橡胶复合材料 ……… 141
思考题 ……………………………………… 145

第四章　聚合物的共混改性 ………… 146
第一节　聚合物共混改性的目的和方法 … 146
　一、共混改性的基本概念 …………… 147
　二、共混改性的目的 ………………… 147
　三、共混改性的方法 ………………… 148
第二节　聚合物共混改性基本原理 ……… 150
　一、共混物的相容性 ………………… 150
　二、共混物的形态结构 ……………… 153
　三、共混物的界面 …………………… 156
　四、影响共混物形态结构的因素 …… 158
　五、共混体系聚合物的选择原则 …… 162
第三节　聚合物共混物的性能 …………… 163
　一、聚合物共混物性能与其纯组分性能
　　　间的一般关系 …………………… 163
　二、聚合物共混物的物理性能 ……… 166
　三、聚合物共混物的力学性能 ……… 167
　四、聚合物共混物熔体的流变性能 … 170
第四节　聚合物共混增溶剂 ……………… 171
　一、增溶剂的分类 …………………… 171
　二、增溶剂的增溶作用原理 ………… 174
　三、增溶剂的制备 …………………… 174
　四、增溶剂的应用 …………………… 175
第五节　橡胶的共混改性 ………………… 177
　一、橡胶共混物中的助剂分布 ……… 177
　二、橡胶共混物的共硫化 …………… 183
　三、通用橡胶的共混 ………………… 186
　四、特种橡胶的共混 ………………… 187
　五、橡胶与塑料的共混 ……………… 188
第六节　动态硫化热塑性弹性体 ………… 192
　一、共混型热塑性弹性体的反应性共混
　　　及动态硫化作用 ………………… 192
　二、影响共混型热塑性弹性体性能的
　　　因素 ……………………………… 196
　三、共混型热塑性弹性体的制备 …… 200
第七节　塑料合金 ………………………… 203
　一、ABS合金 ………………………… 204
　二、聚酰胺合金 ……………………… 205
　三、聚碳酸酯合金 …………………… 209
　四、聚对苯二甲酸丁二醇酯合金 …… 211
　五、聚苯醚合金 ……………………… 213
　六、其他塑料合金 …………………… 214
思考题 ……………………………………… 216

第五章　聚合物/无机纳米复合材料 … 217
第一节　纳米材料基本概念 ……………… 217
　一、纳米概念与纳米材料的基本特性 … 218
　二、纳米复合材料 …………………… 220
第二节　聚合物/无机纳米复合材料的
　　　　制备 ………………………… 220
　一、聚合物/无机纳米复合材料的分类 … 220
　二、聚合物/无机纳米复合材料的制备
　　　方法 ……………………………… 221
　三、聚合物/层状硅酸盐纳米复合材料
　　　的制备 …………………………… 223
　四、熔融共混法聚合物/无机纳米复合
　　　材料的制备 ……………………… 226
第三节　聚合物/无机纳米复合材料的结
　　　　构、性能与应用 ………………… 227
　一、聚合物/无机纳米复合材料的结构 … 227
　二、聚合物/无机纳米复合材料的性能与
　　　应用 ……………………………… 229
思考题 ……………………………………… 233

参考文献 ……………………………………… 234

第一章

聚合物的熔融态化学改性

学习目的与要求

本章主要介绍基于熔融态加工条件下聚合物的化学改性及其在高分子材料成型加工中的应用,重点阐述聚合物熔融态化学反应挤出、聚合物熔融接枝改性、聚合物交联改性与控制降解等。通过本章学习应重点理解熔融态聚合物化学反应与低分子化合物有机反应的相似性、熔融态化学反应的特点与典型类型;熟悉熔融态化学反应的应用,反应挤出过程的控制;掌握聚合物接枝改性、交联改性与控制降解的原理与工艺;学会选用引发剂、接枝单体、助交联剂等,为进行熔融态聚合物的化学加工打下基础。

聚合物的化学改性是通过聚合物的化学反应,改变大分子链上的原子或原子团的种类及其结合方式的一类改性方法。经化学改性,聚合物的分子链结构发生了变化,从而赋予其新的性能,扩大了应用领域。利用化学改性,可以制造那些不能用加聚或缩聚方式获得的聚合物,得到具有不同性能的新材料。

聚合物的化学反应可以归纳为四种基本类型:聚合物与低分子化合物的反应;聚合物的相似转变;聚合物的降解与交联;聚合物大分子间的反应。工业上,实施这些化学反应可以在聚合物的合成阶段,也可以在聚合物合成后的加工与成型阶段。在聚合物的加工与成型阶段进行聚合物的化学改性,对高分子材料加工工艺而言,是最为经济合理的。因为它无需研究新的聚合物合成工艺,无需增添新的设备,也不会使高分子材料加工工艺变得过于繁杂。因此,聚合物的这类化学改性方法越来越受到普遍的重视,尤其是以聚合物熔融态化学为基础的反应性加工技术正在高速发展,它将为高分子材料工业的发展带来勃勃生机。本章就将介绍聚合物的熔融态化学及反应性加工在高分子材料成型加工中的应用。

第一节 聚合物的熔融态化学

一、聚合物熔融态化学的研究目的与任务

聚合物熔融态化学是聚合物科学中一个新的分支,它是研究在熔融状态(高分子材料成型加工中最常出现的状态)下聚合物的化学变化规律及其行为的科学,它与一般的聚合物化学研究并不相同。聚合物熔融态化学是以成型加工设备为反应器,应用已有的聚合物为原料制备新的、经改性的聚合物及其制品。聚合物熔融态化学的研究与现代高分子材料加工技术

的发展关系十分密切,它正在为增加新的高分子材料品种、优化材料的性能、提高材料的质量和进一步降低制品成本,促进高分子材料成型加工技术的发展,起着重要的作用。当前高分子材料工业正在发生着一些重大的变化。

1. 通用聚合物材料的高性能化(向工程材料的发展)

在塑料工业中,PE、PP、PVC、PS、ABS 等五大通用树脂的总产量仍占 80% 以上,而所生产的通用材料(日用品、管、板、桶及普通包装材料等)的市场日趋饱和。然而,适用于电子电器、仪器仪表、交通运输等工程领域的塑料材料紧缺,价格偏高。运用优值概念,将通用塑料的高性能化与低价格统一起来,利用熔融态聚合物的化学反应,结合其他聚合物改性方法,将通用塑料材料改性而制得工程材料,具有更高的经济效益和更大的销售市场。

2. 单组分材料向多组分复合材料转变

为了避免高额的研发费用,新型高分子材料的开发已从化学合成转到所谓的 ABC 方法,即合金(alloy)、共混(blend)、复合(composite)的综合应用,并以高性能、多功能、廉价、环境友好为目标。ABC 技术将是 21 世纪高分子材料改性的重点技术。在 21 世纪中,将在 ABC 技术的基础上,进一步以聚合物微观形态结构理论为指导,通过微观相结构的控制,设计具有所需宏观性能的多相复合材料。而熔融态化学研究则有助于解决多相复合材料中各相之间界面的相容性和相互作用问题。

3. 大力开发功能性高分子材料

利用聚合物本身的改性或与其他金属、无机物复合的方法不仅可以使通用聚合物实现高性能化,还可把普通的聚合物改性成为功能性高分子材料。目前已经开发和正在开发的功能性高分子材料如下。

电磁功能材料:如导电、磁性、电磁波屏蔽和吸收。

热物理功能材料:绝热、导热。

光功能材料:光导、蓄光、光转换。

生物功能材料:仿生、医用高分子、高分子药物。

智能材料:热敏、压敏、光敏、形状记忆等。

随着高分子材料工业的发展与应用领域的扩大,要求在努力提高材料性能与质量的同时,降低制品的生产成本,而高分子复合材料的开发符合现代高分子材料工业发展的要求。目前在高分子材料的成型加工中已经应用添加、增强、填充、共混等改性办法。虽然这类改性属于物理方法,但为取得良好的改性效果,在使各种材料进行混合、熔融加工、成型的同时,需要强化复合技术,并用化学改性方法。因此,即便是物理改性,其中也含有丰富的化学改性的内容。通过熔体化学改性,不仅可制备高性能的复合材料,还可以显著降低性能/价格比,有助于提高市场竞争能力。因此,研究聚合物在熔融状态下发生的化学反应,可为获得新型高分子材料、简化制备工艺开辟新的途径。

由聚合物经熔融态反应而制得改性高分子材料,进而完成制品成型过程,可在同一成型加工机械上一步完成,也可在由精心安排的几台设备组成的生产线上分步完成。这一加工过程称为反应性加工。高分子材料的反应性加工工艺和传统成型加工工艺有着根本的区别:在传统的加工工艺中,由于注意到了在加工过程中存在的化学反应,而为了保证制品的质量,尽量采取措施以避免和抑制有害副反应的发生;而反应性加工工艺,则是在混炼、挥发分脱除、成型等挤塑机的基本功能之外加上作为反应器的新功能,从而创造条件使得在成型加工过程中能够发生所希望的化学反应，达到化学改性的目的。

二、熔融态化学反应

聚合物熔融态化学是以聚合物为对象，旨在研究大分子在熔融状态下进行化学反应时，所发生的现象和规律。聚合物是一种大分子有机物，在熔融状态下，根据反应条件的不同，可发生裂解、氧化、接枝、嵌段、交联、水解、酯交换等化学反应，从而形成一种在组成和结构上都不同于原料的新的聚合物。聚合物的熔融态化学与低分子有机物所发生的化学反应有相似性，但是，由于相对分子质量不同，所需的反应温度条件和体系的黏度特性并不一样，反应过程更为复杂，因此有它自己的行为特征，也有其特殊的反应规律。

1. 聚合物熔融态化学与低分子有机反应的相似性

由于已知的有机化学反应是聚合物熔融态化学反应的基础，也就是聚合物中的官能团像低分子化合物一样反应，因此，我们可以把全部的有机化学知识应用到聚合物上来。下面将聚合物熔融态化学与低分子有机反应的相似性列于表 1-1 加以对照。

表 1-1 聚合物熔融态化学与低分子有机反应的比较

反应类型	聚合物熔融态反应	有机反应
聚合反应	$\text{—[CH}_2\text{—CH═CH—CH}_2\text{]}_n\text{—}$ + $\text{CH}_2\text{═CH—X}$ $\xrightarrow{\text{接枝共聚}}$ $\text{—[CH}_2\text{—CH—CH—CH}_2\text{]}_n\text{—}$ ...	$\text{CH}_2\text{═CH—X}$ $\longrightarrow$ $\text{—[CH}_2\text{—CH]}_n\text{—}$
酯化反应	~C(O)OH + HO~ → ~C(O)O~	R—COOH + R′—OH → R—COOR′
酰胺化反应	~C(O)OH + H₂N~ → ~C(O)NH~	R—COOH + H₂N—R′ → R—C(O)—NHR′
水解反应	$\text{—[CH}_2\text{—CH]}_n\text{—}$ (OCOR) $\xrightarrow{[H_2O]}$ $\text{—[CH}_2\text{—CH]}_n\text{—}$ (OH) + R—COOH	R—C(O)—OR′ $\xrightarrow{[H_2O]}$ R—C(O)—OH + HO—R′
开环加成	~CH—CH₂ + H₂N~ → ~CH—CH₂—NH~ (OH)	R—CH—CH₂ + H₂N—R′ → R—CH—CH₂—NH—R′ (OH)
酰亚胺化	酸酐 + H₂N~ → 酰亚胺环~	酸酐 + H₂N—R′ → 酰亚胺环—R′

2. 熔融态化学反应的特点

聚合物在熔融状态下发生的化学反应与其在溶液中的反应相比有许多突出的优点，这是因为聚合物在熔融状态下，反应温度较高，所以反应速度快，而且反应效率也高。其次，它无需使用溶剂，原材料消耗少，成本较低，无污染。利用熔融态进行的化学反应，还可以使一些无法找到合适溶剂的反应体系进行所需的化学反应。

根据物理化学原理，化学反应速率常数 K 不仅取决于反应活化能（ΔE）与反应温度（T），还与分子间碰撞频率因子（A）有关。若分子间难于接近，碰撞频率就低，反应速率就慢。由于聚合物的长链结构与熔融态时的高黏度，长链大分子的扩散速度一般较慢，故在大多数情况下会使频率因子 A 减小，使聚合物的反应速度降低。因为要使化学反应进行，首先必须使参加反应的分子能够相互接近。因此，扩散速度是影响熔融态聚合物化学反应的主要因素。通过强烈的混炼（搅拌）作用，可增加分子间的碰撞频率，从而增大频率因子 A，使聚合物的反应速度加快。

与低分子化合物不同，强烈的混炼（搅拌）作用，会使聚合物产生力-化学活化。处于高黏度且具有黏弹性的熔融态聚合物，在受到机械应力的作用时，会发生键长与键角的变化，从而改变反应活化能 ΔE 而影响反应速度。大的机械应力有时甚至导致长链分子的断链及随后的反应。

3. 熔融态化学反应的典型类型

由于熔融态聚合物的化学反应与经典的有机化学反应有着本质上相似性，因此低分子有机物的化学反应也同样适用于熔融态聚合物。从聚合物化学改性的角度，熔融态化学反应的典型类型有如下几种。

（1）接枝反应 以含极性基团的取代烯烃，按自由基反应的规律与聚合物作用，生成接枝链，从而改变高聚物的极性，或引入可反应的官能团。

（2）官能团反应 官能团反应是极其多种多样的，可发生在聚合物与低分子化合物之间，也可发生在聚合物与聚合物之间。可以是聚合物侧基官能团的反应，也可以是聚合物端基的反应。如带环氧基团（侧基或端基）的聚合物，易与含伯胺、仲胺、酰胺、羟基、羧基、硫醇基的低分子化合物或聚合物反应。

（3）断链反应 在聚合物熔融态时，由于所处温度较高，一些聚合物易于发生断链反应，在强机械应力作用或自由基引发剂作用下，断链反应更易进行。大分子断链形成大分子自由基，由此而作为反应链的开始。进一步的反应结果，会使聚合物的结构、相对分子质量与相对分子质量分布发生变化。

（4）交联（硫化）反应 在聚合物的熔融态加工中，可通过添加自由基引发剂（硫化剂）与助交联剂的方法，使聚合物分子间发生交联。交联反应可以在静态下进行，也可在动态的混炼加工中进行。

三、熔融态化学反应的应用

尽管熔融态化学反应还包括一些在成型设备中直接用单体制备高聚物或用低聚物进行直接成型的反应成型过程，但熔融态化学反应更多地被用于聚合物的改性。

1. 聚合物的官能团化

为了改进聚合物的化学性质，如与其他聚合物或材料的相容性、反应性，利用熔融态聚合物的化学反应，可以使聚合物分子链带上某种人们所期望的化学基团（即官能团）。如烯烃类聚合物的羧化与环氧化。最典型的有不饱和羧酸及其酸酐与聚乙烯、聚丙烯、乙丙橡胶的接枝反应。这类带有特定官能团的聚合物越来越广泛地应用于高分子材料加工的各个领域，最多的则是用作增溶剂、大分子偶联剂、粘接剂。

2. 制备聚合物与无机物复合的高强度或功能化材料

利用聚合物在熔融态时的化学反应可以使复合体系界面的聚合物与无机物之间形成牢固

的化学、物理结合。在界面处的聚合物，一方面利用分子链上的反应性基团与无机物材料表面发生化学作用，另一方面利用其长链与聚合物体相中大分子发生缠绕作用或共结晶作用。因此，其作用效果往往远比应用一般的小分子偶联剂要好。现在，熔融态化学反应已广泛地用于复合制品的制造。如铝塑复合管、铝塑复合板与铝塑复合膜。聚烯烃和金属铝是两种性能截然不同的物质，如果想要制备聚烯烃与铝的复合材料，过去要先用胶黏剂对铝表面进行处理，不仅费时，而且成本很高。若在成型过程中使用马来酸酐接枝聚烯烃则可以直接和铝产生牢固的黏合，工艺简便而成本低廉。这种反应性的复合技术同样可用来制备许多高性能的复合材料，包括一些纤维增强材料、无机粉末填充材料、复合型导电塑料、无机阻燃聚合物材料等。

3. 聚合物合金的制备

许多聚合物之间是不相容的。为实现良好的共混，使共混物获得最佳的物理性能，可借助于聚合物的熔融态化学反应，使其带有能相互反应的官能团。当将两种具有相互反应性官能团的聚合物在熔融状态下进行共混时，相界面处的两种聚合物之间，依靠官能团反应而形成良好的化学结合，增强了相间黏附力。因此，若使一种聚合物带有亲核性官能团，而另一种聚合物带有亲电性官能团，并且这些官能团有足够的反应活性，能在聚合物熔融加工的时限内，穿越相界面而发生反应，就十分有利于聚合物合金的制备。如利用接枝在聚烯烃上的马来酸酐基团与氨基、羟基等的反应，可以制备聚烯烃/尼龙合金、聚烯烃/聚酯合金、聚烯烃/聚碳酸酯合金等。若以 P_A、P_B 代表共混的两种聚合物，发生在共混聚合物间的典型相容化反应如：

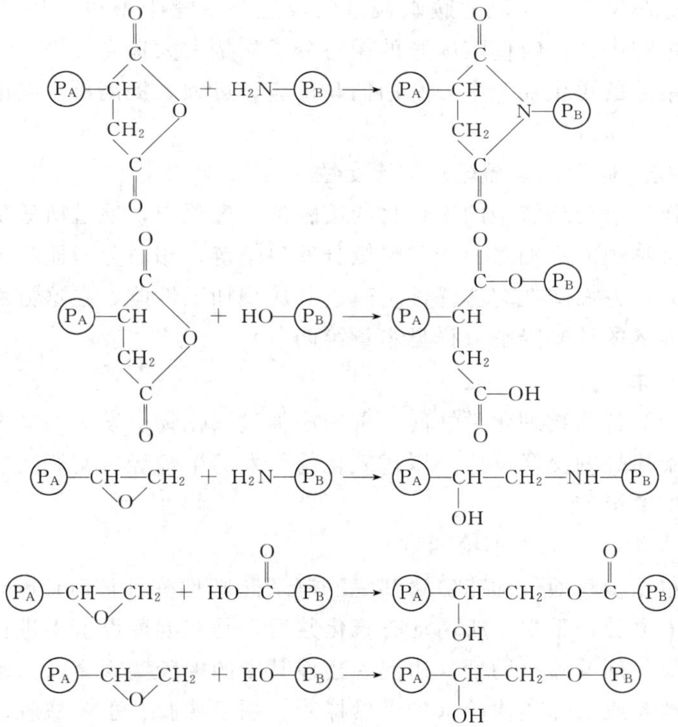

4. 形成链间共聚物

这种形式的反应定义为两种或两种以上的聚合物形成共聚物的反应。聚合物在熔融态时形成链间共聚物的反应有多种类型：①链断裂-再结合；②第一种聚合物的端基与第二种聚合物的端基之间的反应；③第一种聚合物的端基与第二种聚合物链上的官能团之间的反应；④两种聚合物侧链上的官能团之间的反应；⑤两种聚合物间通过离子间的静电吸引形成离子交联。

5. 偶联反应

它涉及聚合物与扩链剂或多官能团偶联剂发生反应，从而进行扩链和形成支链，使聚合物的相对分子质量提高。聚合物在熔融态时的偶联反应，已成为提高聚酯、聚酰胺等缩聚物相对分子质量的有效途径。如1,3-亚苯基-双(2-噁唑啉)(BOX-210)可作为聚对苯二甲酸乙二醇酯(PET)与聚对苯二甲酸丁二醇酯(PBT)的扩链剂，其结构式为：

$$\begin{array}{c}\text{CH}_2-\text{N}\\ \diagup\quad\diagdown\\ \text{CH}_2-\text{O}\end{array}\text{C}-\underset{}{\bigcirc}-\text{C}\begin{array}{c}\text{N}-\text{CH}_2\\ \diagup\quad\diagdown\\ \text{O}-\text{CH}_2\end{array}\quad\text{BOX-210}$$

噁唑啉很容易与含羧基的化合物反应。当它与PET、PBT一起加热时，PET、PBT分子链端的羧基就迅速与其发生加成反应而将两个聚酯链偶联起来。其反应如下：

$$\sim\text{RCOOH} + \begin{array}{c}\text{CH}_2-\text{N}\\ \diagup\quad\diagdown\\ \text{CH}_2-\text{O}\end{array}\text{C}-\underset{}{\bigcirc}-\text{C}\begin{array}{c}\text{N}-\text{CH}_2\\ \diagup\quad\diagdown\\ \text{O}-\text{CH}_2\end{array} + \text{HOOCR}\sim$$

$$\longrightarrow \sim\text{RCOCH}_2\text{CH}_2\text{NH}\overset{\text{O}}{\overset{\|}{\text{C}}}-\underset{}{\bigcirc}-\overset{\text{O}}{\overset{\|}{\text{C}}}\text{NHCH}_2\text{CH}_2\text{OCR}\sim$$

同理，利用噁唑啉基团与聚酰胺端羧基的反应，双噁唑啉也可用作聚酰胺的有效偶联剂，在熔融加工过程中，同时使聚酰胺的相对分子质量大大提高。

在聚酰胺与聚酯的再生加工中，利用偶联反应，可大大提高再生料的质量，保持其应有的物理力学性能。

6. 控制聚合物（通常是聚烯烃）的流变性

对在自由基作用下为断链型的聚合物的熔融加工过程中，通过所添加的自由基引发剂的引发作用，使聚合物中的高相对分子质量级分发生断链，相对分子质量分布变窄，一方面提高熔体流动性，另一方面降低熔体弹性，改进其成型加工性能。在这方面，应用较为普遍而技术成熟的有聚丙烯的控制降解（详见本章第四节）。

7. 聚烯烃的交联

为提高聚烯烃的各项物理化学性能，采用添加过氧化物引发剂的方式，在聚烯烃的熔融温度以上，引发聚烯烃的交联反应。以过氧化物引发的聚烯烃的交联反应是目前使用最为广泛的形式（详见本章第四节）。

8. 动态硫化共混（详见本书第四章）

由橡胶和热塑性塑料通过动态硫化共混法制造热塑性弹性体（thermoplastic elastomer，TPE）的技术愈来愈受到重视。所谓动态硫化共混，是在混炼设备中进行橡胶与塑料的熔融混炼的同时加入硫化剂及硫化助剂，边混炼边使其中的橡胶实现交联。动态硫化法广泛用于生产以三元乙丙橡胶或二烯类橡胶（如天然橡胶、顺丁橡胶、丁苯橡胶）与聚烯烃塑料（如HDPE、LDPE、PP）的共混物，以及丁腈橡胶、氯丁橡胶、氯磺化聚乙烯与PVC或尼龙类塑料的共混物。根据其中橡胶硫化的程度，又可分为部分动态硫化和完全动态硫化。完全动态硫化法TPE简称为TPV，又称为TPR（即热塑性橡胶）。TPV有其独特的相态。在一定的配比范围内，无论橡胶相的含量如何变化，其充分交联的粒子必定是分散相，而熔融的塑料基质，又必定是连续相，这就保证了共混物的热塑性和流动性，前提是硫化了的橡胶粒子必须被打碎到 1μm 以下，恰如分散在塑料基质中的微细填料一样。当然，硫化胶粒子还必须分散均匀。这样才能保证后续加工的稳定性和制品的物理力学性能。由于 TPV 中橡胶已经充分交联，这就有利于提高其强度、弹性和耐热油性能以及改善压缩永久变形性能，表现出硫化胶的性能。

四、熔融态化学反应器

聚合物的熔融态化学反应是在较高的温度和黏度条件下进行的，作为反应器的加工设备需符合下列要求：能承受较高的反应温度（通常在 180~300℃），且温度波动要小，最好能控制在 ±1℃；具备快速升温和降温的自动控制系统，且温控速率快；有较高的耐磨耐腐蚀能力；能适应较大的速率和扭力变化；能提供强烈、快速而均匀的混合，以使反应均匀。目前能较好符合这些要求的设备有密炼机、螺杆挤出机和一些新型的高效连续混炼机组。

1. 密炼机

密炼机是一种高强度的间歇式混合设备。由于密炼机的混炼室的密闭性、混炼时复杂的机械作用（转子与腔壁间的剪切和摩擦、转子之间的翻折与撕捏、沿轴向的对流混合、上顶栓的外压等），使其适用作聚合物熔体化学反应器，并有其许多独特的优点：①在混合及反应过程中，物料不会外泄，并可避免物料中添加剂的挥发；②可加入液体助剂，并可灵活调节加料次序，有利于在多组分物料混合时，将各组分按照一定的顺序依次加入，保证所需反应的顺利进行；③可采用双速、多速或无级调速电机，通过调整转速，调整剪切分散混合的程度，适应不同物料和不同混炼阶段的要求；④保持两转子之间适当的速比，可以促进其混炼室内物料的卷折与推挤作用；⑤通过调整投料方式及卸料时间，可方便地调节反应过程与反应时间；⑥物料在密炼机内的滞留时间均匀一致，即滞留时间分布窄，反应均匀性好。

2. 螺杆挤出机

利用螺杆挤出机这一连续化混炼塑化设备，直接在挤出机中加入聚合物、引发剂、反应性添加剂和其他助剂，而进行聚合物的化学改性，是一种新的聚合物化学改性方法。若在机头处安装成型口模和定型装置，则可实现反应性加工与制品成型一体化操作。这一技术方法原材料选择余地大，能有效脱除挥发物，又无三废污染，特别适用于工业化生产。目前作为聚合物熔体化学反应器的挤出机可分为单螺杆挤出机与双螺杆挤出机。

单螺杆挤出机结构简单、技术成熟并且能够建立高而稳定的挤出压力，是一种应用最广泛的塑料加工设备，其缺点是混合能力较差。由于单螺杆挤出机是剪切拖曳增压输送，熔体在螺槽内必然是壳层规则流动混合，这就意味着界面随应变成线性增长，而各层间几乎没有相互混合发生。由于聚合物熔体的化学反应总是发生在相界面处，因此要使反应充分进行并获得良好的反应均匀性，必须采用混合增强元件，如销钉型混炼元件、屏障型混炼元件与多槽式混炼元件等（图 1-1）。这些措施，大大加强了单螺杆挤出机的混合能力。

随着技术的不断成熟，双螺杆混炼挤出机已成为另一大类适于聚合物熔体化学反应的反应挤出装置，其优点是：物料强制输送，混合、捏合作用强，副反应少；传热、传质效果好；固（粉、粒状）、液体都能用计量装置均匀加入；反应过程的低沸物可以不断排除；螺

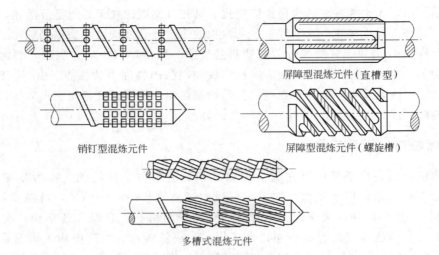

图 1-1　单螺杆挤出机中的混合增强元件

杆可为积木式，捏合块与螺纹块可根据反应需要而任意组合匹配；螺杆间严密啮合，料筒的自洁性好。所以双螺杆挤出机同时具备反应性加工工艺所要求的混合器、反应器、热交换器和物料平衡等多种功能。更突出的是其具有比单螺杆挤出机更优异的混合能力，具有产量大而单耗低、良好的自洁性、较窄的停留时间分布等一系列优点。

3. 高效连续混炼机组

在共混聚合物材料、高填充聚合物复合材料制备中，往往聚合物-聚合物间、聚合物-填料间缺乏结合力，因此，一方面必须采用高效混炼设备以强化混合分散作用，另一方面可通过反应增溶强化多相体系中相界面的相互作用。事实上，在现代高效连续混炼技术的基础上，再辅之以反应性加工，使物料在熔融混炼的同时，进行熔体化学反应，已成为当今制备动态硫化共混物、塑料合金、无机填充聚合物复合材料等的有效方法。如瑞士 Buss 公司开发的 Buss Keader 以及美国 Farrel 公司开发的 LCM 等高效混炼-挤出机组。可用于反应性混炼加工，以生产共混、填充高分子复合材料。图 1-2 和图 1-3 分别是 Buss Keader 机组和 LCM 长型连续混炼机示意图。

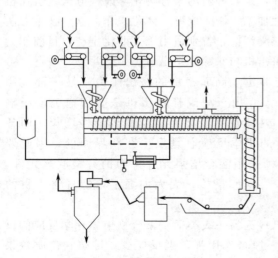

图 1-2　Buss Keader 机组

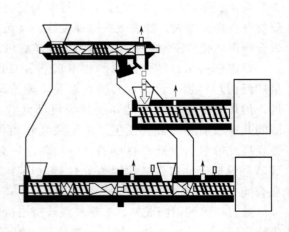

图 1-3　LCM 长型连续混炼机示意图

第二节 反应挤出

反应挤出（reactive extrusion，REX）是在聚合物和/或可聚合单体的连续挤出过程中完成一系列化学反应的操作过程，是对现有聚合物进行改性的有效方法。这种方法的最大特点是把对聚合物材料的改性和对聚合物加工、成型为最终制品的过程由传统上分开的操作改变为联合操作。在此过程中，以螺杆和料筒组成的塑化挤压系统（挤出机）为连续化反应器。它可以是普通的单螺杆或双螺杆挤出机，也可以是针对某种反应特征而专门设计的专用反应挤出机。进行反应挤出时，将欲反应的各种原料组分如聚合物、单体、引发剂、其他助剂等一次或分次由相同或不同的加料口加入到挤出机中，借助于螺杆的旋转，实现各种原料之间的混合与输送，并在外热和剪切热作用下，使物料塑化熔融、反应。随后，移去反应过程产生的挥发物。反应充分的改性聚合物经口模被挤出，经骤冷、固化、切粒或直接挤出成型为制品。为了实现分批加料，以利于化学反应，反应挤出机上常设有多个加料口，如可将黏性液体或气体反应物按反应顺序沿机筒的特定点通过注入口加入，部分固体物料可通过设置在第一加料斗后的侧向喂料口加入。典型的反应挤出机如图 1-4。反应挤出作为高分子材料工业中兴起的一项新技术，因其能使聚合物性能多样化、功能化，在技术经济上具有一系列独特的优点而越来越受到重视。

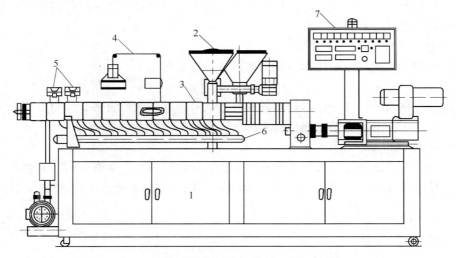

图 1-4　用于聚烯烃反应接枝的双螺杆挤出机

1—油路控制系统；2—料斗；3—筒体；4—液态反应剂加料计量系统；5—真空脱挥系统；
6—循环冷却系统；7—温度、压力、扭矩监控系统

一、反应挤出的优点

与传统的化学改性方法（在间歇反应器中进行）相比，反应挤出有很多优点。

1. 适应于高黏度的熔融态聚合物反应体系

由于挤出机的螺杆和料筒所组成的塑化挤压系统，具有能处理高黏度聚合物的独特功能，因此，反应挤出可以在 $10\sim10000\mathrm{Pa \cdot s}$ 的高黏度范围内实现聚合物的化学反应。在常规的化学反应器如反应釜中，当聚合物的黏度在此范围时，一般难以进行均匀的化学反应，

而需要使用大量的溶剂或稀释剂来降低黏度，改善混合质量与热传递效果。螺杆类挤出机则具有较强的混合能力，能连续使物料层变薄，增加反应组分间的混合均匀程度，并可以减小反应物料中的温度梯度。

2. 反应可控性好

在反应挤出机中，轴向方向几乎是一种柱塞流反应器，并由于挤出过程的连续性，使反应过程的精确控制成为可能，如通过改变螺杆转速、加料速度以及温度条件，可精确控制最佳的反应开始时间与反应终止时间。通过调整螺杆几何结构与操作参数则可以控制物料停留时间分布。此外，挤出机可利用新进物料吸收热量和输出物料排除热量的连续化过程来达到热量匹配。

3. 较好地防止高温导致的聚合物分解

对同样的反应，与间歇反应器相比可大大缩短反应时间，并由于反应挤出机尤其是双螺杆挤出机具有良好的自洁性能，大大缩短物料的停留时间，从而避免聚合物长期处于高温下导致分解。

4. 更换产品灵活性强

反应挤出机所适应的压力与温度范围广，并且其结构大多可做成积木组合式，具有多阶能力，可随时调整螺杆结构及挤出工艺，以适应各种不同物料体系。

5. 可实现相结构的控制

通过各种组分的添加与复合，在控制化学反应的同时，可实现相结构的控制，制备具有优异性能的聚合物复合材料。

6. 对环境影响小

由于反应挤出不使用溶剂或很少使用溶剂，故环境污染小。

7. 投资小，省能耗

建一条反应挤出生产线的成本比间歇反应器（需要几个大型设备）少得多，不需要溶剂回收设备。生产中可节省大量的聚合物溶剂。

8. 生产工序简单

利用反应挤出过程可方便地实现物料的混合、反应、脱挥、复合改性、造粒和成型加工等过程，并使这些环节一步实现。这就可减少工序，缩短流程，降低成本，提高劳动生产率。

二、反应挤出过程

从化学的观点出发，熔融态聚合物的反应挤出，就是要使聚合物与反应性添加剂在挤出设备中的停留时间之内，能有效地发生所期望的化学反应，并达到所需要的反应终点。然而由于在连续挤出过程中，物料的停留时间有限、高黏度（雷诺数很低）引起的介质混合困难与系统向外的传热很差等局限性，使反应挤出过程对条件要求比较严格。具体要求是：优良的混合、足够的反应空间、恰当的停留时间及停留时间分布、良好的温控、能脱去反应过程所产生的水分和气体、连续而稳定的挤出能力、能在挤出过程的不同阶段加入其他组分等，这些要求都是为了使反应迅速、充分、稳定和高效。

1. 反应挤出过程的混合

混合是反应挤出过程成败的关键。反应挤出过程中各组分间的混合状态的优劣决定着反应速率和反应物的质量。总的要求是：挤出机应有良好的分散混合和分布混合能力；要有适当的剪切，以使聚合物分散和细化并产生变形，增加各组分间的接触界面；剪切还可使聚合物分子链"解缠"，发生相对位移，使大分子活化，使某些链段断裂形成大分子自由基，为反应创造条件。但是，反应挤出过程不同于一般的挤出过程，它要使不同黏度的物料之间发生混合。

混合过程分为两个基本过程：即分散混合与分布混合。在分散混合中，少组分的固体（熔体）颗粒和液滴由某一初始尺度按要求逐步减小；分布混合中，各组分只有空间位置的变化。分散混合被认为是借助作用于界面处聚合物熔体的应力打碎分散相的过程，因此高剪切速率通常是成功地进行分散混合的必要条件。当分散相是固体时，应力需克服内聚力；当分散相是液体时（如另一种聚合物熔体），应力需克服界面张力。

反应挤出机除了应有良好的分散混合能力外，尤其应能提供良好的分布混合。分布混合从原理上可把混合物的非均匀性减小到分子水平。然而大多数反应挤出过程因高黏度或低流速或两者兼有（低雷诺数），使良好的分布混合依赖于层流混合作用。该混合程度可用界面的增长来度量。而影响界面增长的关键变量是总的剪切形变、界面相对于剪切方向的取向及随后的重新取向。增加剪切速率，可以增加应变，增加界面增长，但增加剪切速率主要靠提高螺杆转速，这会影响物料在挤出机内的停留时间，进而会影响反应的完全程度，因而可尽量通过使各组分之间的界面相对于剪切方向不断重新取向（最佳取向角为 $45°$ 和 $135°$）来提高界面增长率。用这种方法，可使混合效率成指数函数增长（即所谓的"指数混合器"），而又与应变速率无关，甚至可在低的螺杆转速下进行反应挤出而获得优异质量的反应物。

另外，为了使反应均匀彻底，混合程度又不随挤出物离开挤出机的时间而变化，螺杆类挤出机应当有良好的径向混合（即在垂直于挤出方向的截面内，混合应均匀）和纵向混合（即在垂直于挤出方向不同截面间混合应当均匀），后者对自由基反应尤为重要。

2. 反应空间和停留时间

为在挤出过程中使反应充分进行，挤出操作应保证足够的反应空间、适宜的停留时间及停留时间分布。

反应空间主要取决于反应器的几何结构设计。但若以 Q 表示反应挤出加工过程的容积流率，t 表示物料在挤出机内的平均停留时间（平均反应时间），f 表示容积充满系数，则反应空间 V 可粗略地用下式表达：

$$V = Qt/f \tag{1-1}$$

停留时间除了与反应空间有关外，还与容积流率与容积充满系数有关。一般说来，对所期望的容积流率 Q，V 就成了设计变量，因此增加 V 就成了增加停留时间的关键。对螺杆类挤出机来说，当其直径已定后，V 就取决于长径比和螺杆结构。可见，使物料的停留时间适当是选用反应挤出机的基本要求。停留时间过短，反应不完全；过长，也会影响反应物性能。

停留时间分布也是影响反应质量的重要因素，只有所有物料在挤出机中的停留时间大致相等时，反应物质量才均匀、稳定。

挤出机的自洁作用也很重要，良好的自洁作用可以防止物料在螺杆的机筒表面沉积和粘挂，从而避免过长的停留时间。

3. 温度控制与传热

为了获得所需的产品质量而控制化学反应是反应挤出过程的目标。而反应挤出过程一般都是在一定温度条件下进行的。按照化学反应的基本规律，温度每增加 $10℃$，反应速率将成倍地增长。因此，精确地控制温度明显地成为反应挤出过程中重要的考虑因素。当反应进行时，不同阶段可能是吸热或放热。这就要求挤出机及时提供热量和把热量导走。

在反应挤出中，热量的提供一般不是太大的问题，因为混合物的黏度通常相当高，热量可以通过外加热及作用于塑化挤压系统的机械功转换而产生。但冷却倒是一个严重的问题，因为大多数反应是放热的，加之螺杆产生的强混合作用又会增加更多的热量。为了顺利地导出热量，就需要挤出机有较大的传热面积和传热系数，并配以精密的温度控制系统。对于大型的反应挤出机，更需要强化传热与温控。因为，对于相同的停留时间，相同的长径比（L/D），相同的混合特性，反应空间将随挤出机直径的立方而增加，但挤出机的传热面积仅随挤出机直径的平方而增加，使传热面积与反应空间之比反而缩小，即单位物料的传热面积反而变小。

4. 挥发分的脱除

反应挤出过程往往伴随有水分和气体产生，应及时排除，否则会影响反应过程的进行和完成。这就要求在反应挤出机上设置专门的排气段（脱挥区）。在达到所要求的反应程度后，需要脱除的挥发性的低分子副产物或未反应的低分子添加剂随物料进入脱挥区。为了有效地排气（脱挥发分），常将排气段螺杆的螺距加大（一般为1~2D），降低填充程度，使排气区呈缺料状态，从而形成足够大的排气表面积。在排气段的机筒上，开有排气口。该排气口可直接与真空系统相连。假如反应挤出过程要求设备具有非常高的脱挥能力，则可设置多个脱挥区，进行分段脱挥。

排气段的位置是否合适，会直接影响排气操作的成功与否。当有非熔融物料通过排气段时，会影响排气的正常操作。若有凝固的聚合物堵塞排气口后，挥发分也很难除去。

5. 输送物料和排出物料的能力

由于参与反应的物料黏度都比较大，要毫无困难地、连续而稳定地通过挤出机输送，就要求挤出机的排出段能建立足够高的压力，以便将物料由机头挤出，进行造粒或直接成型出制品。螺杆末端部位的结构，在很大程度上决定了物料的流动速度与排料压力。如小螺旋角能够提高压力流量，小螺距元件有利于获得高压状态，反螺纹（即左螺旋元件）可用来限制物料流动，并产生逆向料流和增大填充率。

6. 挤出过程中其他组分的加入

要能在反应挤出过程的不同阶段向聚合物熔体中加入其他组分（如液态单体、固体粉末、玻璃纤维等），这就要求沿机筒设置多个加料口，并且这些加料口处对应的螺杆部位要能建立起低压区（饥饿状态），以利于组分的加入。

添加固态粉料最有效的方法是在下游位置使用双螺杆侧喂料机进行喂料。

液态添加剂很容易使颗粒打滑，使粉料在喂料口处结块。因此，大部分液态物料都在塑化段的下游注入。如果液态物料的添加量很大，则可以在沿程不同的部位分批添加。

为了减轻玻璃纤维或具有很强研磨性的填料对挤出机的磨损作用，可在第一段聚合物基体熔融之后，在其下游加入。聚合物熔体对填料和纤维的包裹不仅可最大限度减轻其对机器的磨损，而且可避免玻璃纤维的断裂。

三、影响反应挤出的操作因素

反应挤出过程是一个复杂的过程，配方因素与操作变量或工艺参数对反应挤出过程和改性聚合物的性能都有较大影响。

1. 配方因素

最重要的因素自然是配方的选定。例如在挤出机上进行的接枝聚合反应中，反应过程与所用聚合物的种类和性能、引发剂的种类和用量（浓度）、接枝单体的种类和用量（浓度）等有关，如果体系中含有填料，则反应挤出过程也与填料的种类和含量有关。

2. 挤出温度

挤出温度是反应挤出中的一个重要工艺参数。为适应所需要的化学反应，必须保证与其相适应的挤出温度。例如对聚丙烯进行接枝、填充改性时，发现挤出温度低时，反应速度慢，接枝率低，改性物的力学性能偏低，而当挤出温度高于某一数值时，易发生降解，物料变色，改性物的力学强度降低。因此，对反应挤出来说，需要探索其最佳挤出温度。

对于低熔点的聚合物，使用催化剂往往能够在相对较低的加工温度下，促使所期望的化学反应成功地进行。而在聚合物的熔融加工温度高于所需要的反应挤出温度时，采用增塑或润滑的措施可将其降至适合于化学反应并且反应速率可控的温度范围内。

由于反应挤出过程常包含几个阶段，因此有必要建立起稳定的、与其相应的轴向温度分布，要防止局部位置过热而导致的反应速率异常加快。如物料在通过挤出机的混炼段时，常会导致温度的升高。这就需要细心地调节该区段的机筒温度。

3. 螺杆转速

反应挤出要求物料在挤出机中有足够的反应时间，而螺杆转速影响着物料在挤出机中的停留时间，从而影响反应时间，因而也是一个重要的工艺参数。不同的反应挤出需要不同的停留时间，如聚丙烯的反应挤出接枝改性，通常需要大约 4~7 min 的反应时间。可根据这一点来选择挤出量，并根据螺杆直径和长径比来选择螺杆转速。对于相同的挤出量，螺杆直径越大，长径比越小，为保证相同的反应时间所需的螺杆转速越小。螺杆转速也直接影响物料受到的剪切，因而也影响物料的混合，从而也影响反应过程。

4. 喂料速度

在双螺杆挤出机中，通常喂料是"饥饿式"的，因此定量喂料的速度实际上决定了挤出产量，而与螺杆转速无关。通过对喂料速度的控制，也可对反应时间、容积充满系数、反应空间进行控制，从而实现所期望的化学反应。

5. 螺杆组合

在任何情况下，反应挤出机中的混合都必须充分，以使反应性基团能相互碰撞而发生反应。对于不相混溶的反应物的反应或在非均相条件下进行的反应，挤出机中的强力混合作用对于穿越相界面的反应是必不可少的。而不同类型的螺杆元件，有着不同的混合功能、输送能力与熔体密封能力。因此，对可进行组合的螺杆来说，反应挤出机中螺杆元件的组合也是一个重要的可操作工艺参数。例如对积木式的同向旋转双螺杆挤出机，其螺杆组合甚为重要，不同组合可以获得完全不同的效果。如螺纹元件的分散混合与分布混合效率都较低；有凸棱且轴向厚度宽的混合元件因能捕获凸棱池的物料而有较好的分散混合效果，没有凸棱且轴向厚度窄的混合元件能切割熔体而有较好的分布混合效果；齿轮类混合元件能使物料经受多次重新取向和两相接触；多凸棱啮合盘在进行混合的同时，还具有"自洁"作用；限流环能提供多重障碍，并起熔体密封作用，可作为分区元件；反螺纹元件放在混合部件之后能增加总的剪切输入量，而放在正向输送元件之后，则产生相对低的剪切密封。

第三节 聚合物的熔融接枝改性

对聚合物进行接枝，在大分子链上引入适当的支链或功能性侧基，利用其极性或反应性可大大改善与其他材料组成的复合物的性质。因此，聚合物的接枝改性，已成为扩大聚合物应用领域、改善聚合物材料物性的一种简单而又行之有效的方法。

实施聚合物的接枝改性有多种方法。常用的有溶液接枝、乳液接枝、悬浮接枝、熔融接枝、固相接枝、辐射接枝、光化学接枝等。其中熔融接枝改性方法所用设备为螺杆挤出机、密炼机等，而这些设备是高分子材料成型加工中的常用设备。这就意味着在高分子材料加工与成型过程中，即可实施聚合物的熔融接枝改性。因此，熔融接枝改性方法尤其是反应挤出接枝，因其简单易行而在工业中得到了广泛的使用。故本书主要介绍熔融接枝改性方法。

一、自由基引发体系

在聚合物熔融态化学的应用中，自由基引发剂是一类常用的添加剂。在聚合物的熔融加工温度下，引发剂会分解出活泼的自由基，从而引起后续的一系列化学反应。自由基引发剂不仅被用于聚合物的熔融接枝改性，也被广泛地用于聚合物的交联改性与聚合物的控制降解。

1. 常用的自由基引发剂及分解机理

有多种自由基引发剂，但最常用也是最适宜于聚合物改性的是有机过氧化物。过氧化物是分子内含有—O—O—键的总称。有机过氧化物则可看作是过氧化氢（HOOH）的有机衍生物，即过氧化物的一个氢或两个氢原子被有机基取代后的化合物。其种类与性能随有机基而异。目前，最常用的是氢过氧化物、二烷基过氧化物、二酰基过氧化物、过氧酸酯等。

（1）氢过氧化物（ROOH）　氢过氧化物可看作是 HOOH 的一个氢原子被烃基取代。典型品种有叔丁基过氧化氢、异丙苯过氧化氢、二异丙苯过氧化氢等。其分子结构式如下：

叔丁基过氧化氢　　　异丙苯过氧化氢　　　二异丙苯过氧化氢

氢过氧化物受热后分解形成自由基，其分解反应式如下：

$$ROOH \longrightarrow RO\cdot + HO\cdot$$

氢过氧化物受变价金属离子（Cu^{2+}、Co^{2+}、Mn^{2+}、Fe^{2+} 等）的催化作用，可在较低温度时就发生分解。

$$ROOH + M^{2+} \longrightarrow RO\cdot + HO^- + M^{3+}$$
$$ROOH + M^{3+} \longrightarrow ROO\cdot + H^+ + M^{2+}$$

此外，酸也会促进氢过氧化物的分解。

（2）二烷基过氧化物（ROOR′）　二烷基过氧化物可看作是 HOOH 的两个氢原子都被烷基取代。烷基可以相同也可以不同，既可以是对称结构也可以是不对称结构。典型品种有二叔丁基过氧化物、叔丁基异丙苯过氧化物、二异丙苯过氧化物、2,5-二甲基-2,5-二（叔丁基过氧基）己烷、2,5-二甲基-2,5-二（叔丁基过氧基）己炔、二叔丁基过氧基二异丙苯等。其分子构造式如下：

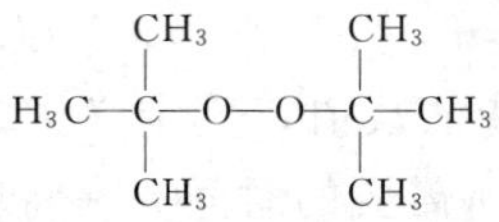

第一章　聚合物的熔融态化学改性

二叔丁基过氧化物 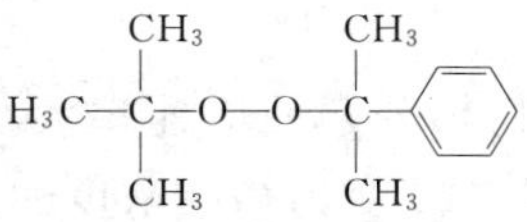　　　　叔丁基异丙苯过氧化物 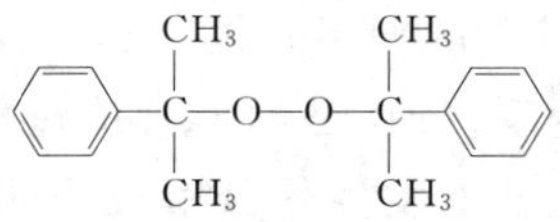　　　　二异丙苯过氧化物

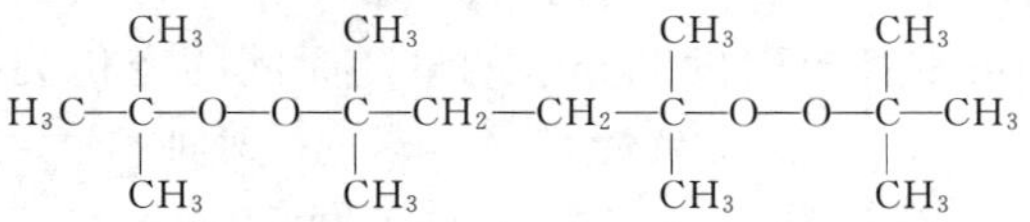

2,5-二甲基-2,5-二（叔丁基过氧基）己烷

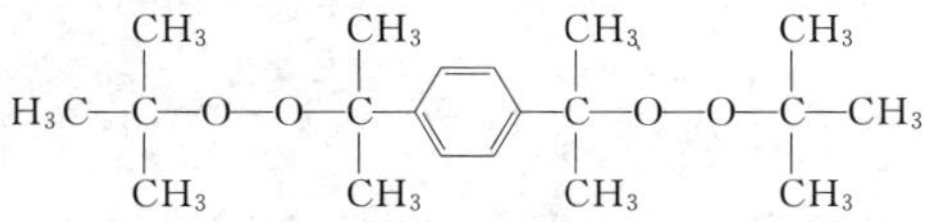

α,α′-双（叔丁基过氧基）二异丙苯

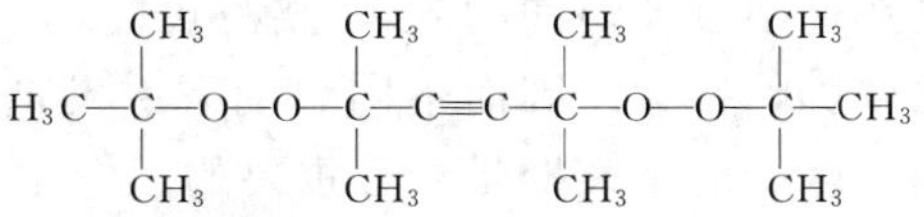

2,5-二甲基-2,5-二（叔丁基过氧基）己炔

二烷基过氧化物的热分解反应式如下：

$$R_3C-O-O-CR_3 \longrightarrow 2R_3CO\cdot$$
$$R_3CO\cdot \longrightarrow R_2C=O + R\cdot$$

（3）二酰基过氧化物（$R-\overset{O}{\underset{\|}{C}}-O-O-\overset{O}{\underset{\|}{C}}-R$）　二酰基过氧化物可看作是 HOOH 的两个氢原子都被酰基取代而得到。典型品种有过氧化二苯甲酰、过氧化对氯苯甲酰。其分子构造式如下：

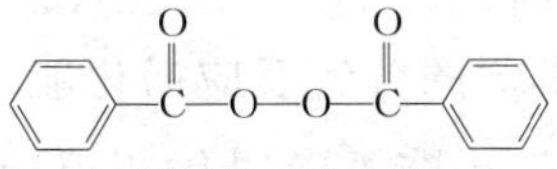

过氧化二苯甲酰 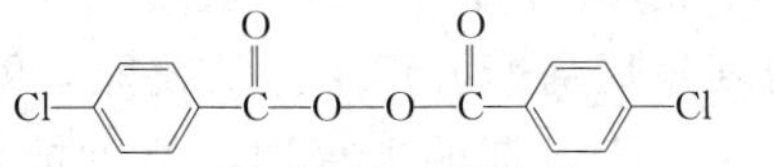　　　　　过氧化对氯苯甲酰

二酰基过氧化物的热分解反应式如下：

$$(RCOO)_2 \longrightarrow 2RCOO\cdot$$

二酰基过氧化物对酸稳定，但能被碱催化分解。

（4）过氧酸酯（$R'-\overset{O}{\underset{\|}{C}}-O-O-R$）　过氧酸酯可看作是的 HOOH 的两个氢原子分别被酰基和烷基取代而得到。典型品种有过氧苯甲酸叔丁酯、过氧邻苯二甲酸叔丁酯与过氧月桂酸叔丁酯。其分子构造式如下：

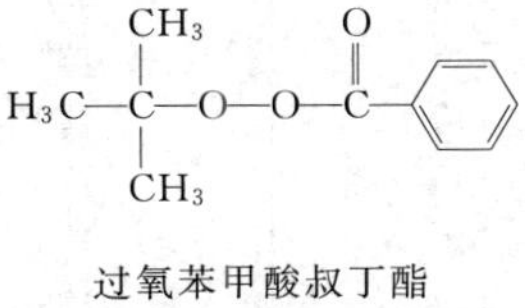

过氧苯甲酸叔丁酯 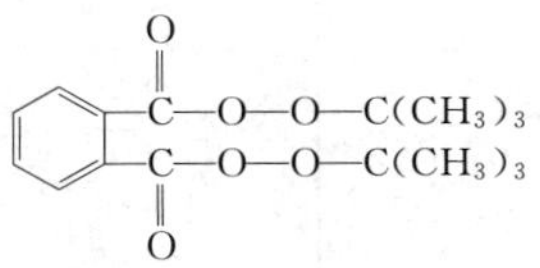　　　过氧邻苯二甲酸叔丁酯 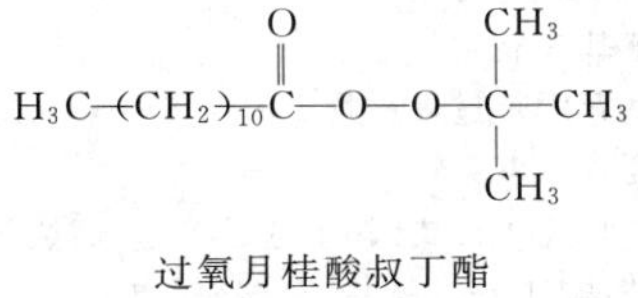　　　过氧月桂酸叔丁酯

过氧酸酯的热分解反应如下：

$$R'-\overset{O}{\underset{\|}{C}}-O-O-R \longrightarrow R'-\overset{O}{\underset{\|}{C}}-O\cdot + RO\cdot$$
$$R'-\overset{O}{\underset{\|}{C}}-O-O-R \longrightarrow R' + CO_2 + RO\cdot$$

2. 引发剂的半衰期（τ）

半衰期（τ）是标志有机过氧化物热分解反应速率大小的特征数值，其定义为过氧化物在某一温度下发生热分解反应时，其浓度变为初始浓度的一半所需要的时间。在将有机过氧化物引发剂用于聚合物熔融态反应性加工时，其半衰期是制订加工工艺条件的重要依据。

根据半衰期的定义，可推算出引发剂分解的量随时间的变化关系如下：

时间	分解量	时间	分解量
半衰期(min)×1	50%	半衰期(min)×5	97%
半衰期(min)×2	75%	半衰期(min)×6	98%
半衰期(min)×3	87.5%	半衰期(min)×7	99%
半衰期(min)×4	94%		

由上可见，为使过氧化引发剂基本上完全分解，在工艺控制上，应保证过氧化物在与半衰期数据相应的温度下，受热达半衰期时间的 6～7 倍方可。

引发剂的分解速率受温度影响很大，因而不同温度下引发剂的半衰期是不同的。因此，从已有的相关数据推算不同温度下的半衰期是十分重要的。由化学反应动力学可知，有机过氧化物的分解反应通常表现为一级反应。其反应速率方程的积分表达式为：

$$c = c_0 e^{-kt} \tag{1-2}$$

式中，c 为时间 t 时引发剂的浓度；c_0 为引发剂的初始浓度；k 为引发剂的分解反应速率常数。按照半衰期的定义，用 $c = c_0/2$ 代入式（1-2），得到

$$\tau = \ln 2/k = 0.693/k \tag{1-3}$$

根据式（1-3），联系阿累尼乌斯方程，并设温度分别为 T_1、T_2 时，引发剂的半衰期分别为 τ_1、τ_2，反应速率常数分别为 K_1、K_2，则可得到

$$\lg(\tau_2/\tau_1) = \lg(K_1/K_2) = [(T_1 - T_2)/T_1 T_2] \cdot E/2.303 \tag{1-4}$$

式中，E 为阿累尼乌斯方程中的活化能，即引发剂的分解反应活化能。由上式可知，当得知不同温度下某一引发剂的半衰期，便可推算出活化能 E。而在知道活化能 E 以及某一温度下引发剂的半衰期，便可推算另一温度下的半衰期。

常用有机过氧化物引发剂的不同半衰期所对应的分解温度见表 1-2。

表 1-2　常用有机过氧化物引发剂的不同半衰期所对应的分解温度

有机过氧化物	分解温度/℃		
	半衰期 1min	半衰期 1h	半衰期 10h
叔丁基过氧化氢	264	—	172
异丙苯过氧化氢	255	—	158
二异丙苯过氧化氢	205	—	112
二叔丁基过氧化物	193	148	126
叔丁基异丙苯过氧化物	178	143	120
二异丙苯过氧化物	171	137	117
2,5-二甲基-2,5-二(叔丁基过氧基)己烷	179	140	118
α,α'-双(叔丁基过氧基)二异丙苯	180	139	119
2,5-二甲基-2,5-二(叔丁基过氧基)己炔	193	152	127
过氧化苯甲酰	133	91	72
过氧苯甲酸叔丁酯	166	126	105
过氧邻苯二甲酸叔丁酯	159	—	105
过氧月桂酸叔丁酯	165	—	96

3. 引发剂的选用

为了顺利地实施预定的熔融聚合物的接枝反应,并获得预期的效果,首先要细心选择所用的引发剂。在选用引发剂时,通常要注意以下几个方面。

(1) **活性氧含量**　理论上的活性氧含量表示纯品有机过氧化物分子中含有的过氧基（—O—O—）的比例,因此也标志着过氧化物分解后能产生的自由基的数量。对工业品和稀释品而言,则表示过氧化物的纯度或浓度。

$$\text{理论活性氧含量}(\%) = \text{一分子中过氧基数} \times 16 \times 100 / \text{过氧化物相对分子质量} \quad (1\text{-}5)$$

$$\text{纯度或浓度}(\%) = \text{测定的活性氧含量} \times 100 / \text{理论活性氧含量} \quad (1\text{-}6)$$

(2) **活化能**　活化能大者,分解速率随温度的变化较大;相反,活化能小者分解速率随温度的变化小,但低温贮存性差。常用有机过氧化物的活化能见表1-3。

表1-3　常用有机过氧化物的活化能

有机过氧化物	活化能/(kJ/mol)	有机过氧化物	活化能/(kJ/mol)
异丙苯过氧化氢	125.6	2,5-二甲基-2,5-二(叔丁基过氧基)己炔	151.6
二异丙苯过氧化氢	136.9	过氧化苯甲酰	125.6
二叔丁基过氧化物	147.0	过氧苯甲酸叔丁酯	145.3
二异丙苯过氧化物	159.9	过氧邻苯二甲酸叔丁酯	157.8
2,5-二甲基-2,5-二(叔丁基过氧基)己烷	150.7	过氧月桂酸叔丁酯	119.3
α,α'-双(叔丁基过氧基)二异丙苯	151.2		

(3) **分解温度与半衰期**　引发剂的分解温度,是指过氧化物在一定时间内分解量达一半时的温度（即半衰期温度）。通常是以半衰期为10h的分解温度或半衰期为1min的分解温度表示。在选用引发剂时,应使引发剂的分解温度与半衰期,与所设定的工艺过程、温度、反应时间相适应。要保证引发剂能适时适地分解,并且分解要彻底。

(4) **引发剂的复合使用**　当使用单一引发剂,反应不能满足需要时,可选复合引发剂体系。尤其是单一引发剂难以实现均速反应,选用两种以上引发剂组成复合引发剂,能较好地解决这一问题。根据速率的可加和性,多元复合过氧化物引发剂的分解速率等于各个单一引发剂的分解速率之和。于是多元复合过氧化物引发剂的分解速率常数 k 为各单一引发剂的分解速率常数 (k_i) 与其摩尔分数 (f_i) 的乘积之和。

$$k = \sum_{i=1}^{n} k_i f_i \quad (1\text{-}7)$$

联系式 (1-3) 与式 (1-7),可得多元复合引发剂的半衰期 τ 与各单一引发剂的 k_i、f_i、τ_i 的关系为:

$$\tau = \frac{0.693}{\sum_{i=1}^{n} k_i f_i} = \frac{1}{\sum_{i=1}^{n} \dfrac{f_i}{\tau_i}}$$

于是,有

$$\frac{1}{\tau} = \sum_{i=1}^{n} \frac{f_i}{\tau_i} \quad (1\text{-}8)$$

可见,可依据各单一引发剂在某一温度时的半衰期,大致推算多元复合引发剂的半衰期。

(5) **其他性能**　依据对最终产品的性能要求,过氧化物的其他一些性能也是值得注意的，如过氧化物的熔点、沸点与分解后产生的气味等。如二异丙苯过氧化物分解后具有特殊的臭味。在对产品的气味方面有较高的要求时，可换用 2,5-二甲基-2,5-二（叔丁基过氧基）己烷或 α,α'-双（叔丁基过氧基）二异丙苯等。

二、聚合物的熔融接枝

聚合物的熔融接枝改性方法，是在聚合物熔融加工温度以上，将接枝单体与聚合物一起熔融混炼，并在自由基引发剂的作用下进行接枝反应。通过熔融接枝，可形成新的接枝聚合物。

聚合物的熔融接枝，最常在反应挤出机中进行。根据反应挤出的特点，凡是热稳定性好的聚合物均可通过反应挤出进行接枝改性。这些聚合物有 HDPE、LDPE、LLDPE、PP、EPDM、POE、PS、ABS、SBS、SEBS 等。其中最常用的是聚烯烃或烯烃共聚物。由于反应挤出机通常具有强烈的混合段，故能使聚合物基体以最大的表面积与接枝试剂接触。在反应挤出工艺过程中，过氧化物引发剂可以在单体注入前或注入后从相关机筒段加入，接枝单体则在聚合物具有较高的接枝表面积的条件下被注入到聚合物熔体中。在自由基引发剂的引发作用下，熔融的聚合物与一种或多种单体进行反应，生成功能性侧基或接枝链。其机理如下。

链引发：
$$I \xrightarrow{\triangle} 2R\cdot$$
$$P + R\cdot \longrightarrow P\cdot + RH$$
$$P\cdot + M \longrightarrow PM\cdot$$

其中，I 为引发剂；R· 为引发剂自由基；P 为聚烯烃或烯烃共聚物分子；P· 为大分子自由基；M 为接枝单体。

链增长：
$$PM\cdot + M \longrightarrow PMM\cdot \longrightarrow \cdots$$

链的转移和终止：
$$PM\cdot + PM\cdot \longrightarrow PM' + PM''$$
$$PM\cdot + PM\cdot \longrightarrow PMMP$$
$$PM\cdot + P\cdot \longrightarrow PMP$$
$$P\cdot + P\cdot \longrightarrow PP$$
$$PM\cdot + P \longrightarrow PMH + P\cdot$$

根据聚合物品种与所使用的接枝单体类型，单体的均聚反应、聚合物的交联反应与聚合物的降解反应可能与接枝反应发生竞争。如使用易于均聚的单体，其接枝链较长，甚至产物中也可能存在着单体的均聚物。然而，随着单体与聚合物的各种反应活性以及反应条件的差异，接枝链的长度可能很短，甚至可能只含有一个单体单元。在这种情况下，接枝产物的物理力学性能与基础聚合物差异不大，但化学性能却会发生十分显著的变化。因此，在聚合物的熔融接枝反应中，应注意单体的选择。

1. 常用的接枝单体

用于聚合物接枝反应的单体一般应具有以下特点：含有可进行接枝反应的官能团；含有羧基、酸酐基、环氧基、酯基、羟基等官能团；热稳定性好，在加工温度范围内单体不分解，没有异构化反应；对引发剂不起破坏作用。

已成功地用于聚合物接枝的单体很多，通常都是烯类极性单体。利用其不饱和键进行接枝反应，反应性的极性基团则赋予该接枝聚合物一系列应用特性。常用的接枝单体主要有乙烯基硅烷类、丙烯酸及其酯类、苯乙烯和丙烯腈及其类似物、马来酸酐或富马酸及其类似物等。

(1) 乙烯基硅烷类　在有机过氧化存在的条件下，乙烯基硅烷可与聚烯烃进行接枝反应。乙烯基硅烷接枝的聚烯烃很容易在潮湿条件以及催化剂（如月桂酸二丁基锡）作用下，发生交联或硅烷化合物的其他类似反应。因此，乙烯基硅烷接枝的聚烯烃常用于交联制品。常用的乙烯基硅烷有乙烯基三乙氧基硅烷（VTEOS）、乙烯基三甲氧基硅烷（VTMOS）、乙烯基三甲氧乙氧基硅烷（VTMOEOS）、甲基丙烯酰氧基丙基三甲氧基硅烷（VMMOS）等。其典型的接枝反应如下：

$$\sim CH_2-CH\sim \xrightarrow[\triangle]{ROOR} \sim CH_2-\overset{R}{\underset{\cdot}{C}}\sim \xrightarrow{CH_2=CH-Si(OCH_3)_3}$$

$$\sim CH_2-\underset{CH_2-\overset{\cdot}{C}H-Si(OCH_3)_3}{\overset{R}{C}}\sim \xrightarrow{\sim CH_2-CH\sim} \sim CH_2-\underset{CH_2-CH_2-Si(OCH_3)_3}{\overset{R}{C}}\sim$$

(2) 丙烯酸及其衍生物　该类接枝单体中常用的有丙烯酸（AA）、甲基丙烯酸（MAA）、甲基丙烯酸甲酯（MMA）、甲基丙烯酸缩水甘油酯（GMA）等。其典型的接枝反应如下：

$$\sim CH_2-\overset{R}{C}H\sim \xrightarrow[\triangle]{ROOR} \sim CH_2-\overset{R}{\underset{\cdot}{C}}\sim \xrightarrow{CH_2=\overset{R'}{\underset{}{C}}-\overset{O}{\underset{}{C}}-Z}$$

$$\sim CH_2-\underset{CH_2-\overset{\cdot}{C}-C-Z}{\overset{R}{\underset{}{C}}}\sim \xrightarrow{\sim CH_2-CH\sim} \sim CH_2-\underset{CH_2-CH-C-Z}{\overset{R}{\underset{R'\ O}{C}}}\sim$$

(Z＝OH，OR，NR''$_2$；R'＝H，烷基)

(3) 苯乙烯和丙烯腈及其类似物　苯乙烯（St）、乙烯基甲苯、二氯代苯乙烯或苯乙烯与丙烯腈的混合物，常用于聚乙烯、三元乙丙橡胶（EPDM）等的接枝。其接枝聚合物可作为聚烯烃与聚苯乙烯、苯乙烯-丙烯腈共聚物、ABS等共混时的增溶剂。

(4) 马来酸酐或富马酸及其类似物　在聚合物熔融接枝的文献中，马来酸酐（MAH）或其类似物与聚合物的接枝是研究得最多的课题。MAH与饱和的或不饱和的聚烯烃（或烯烃共聚物）的接枝反应如下：

$$\sim CH_2-CH=CH-CH_2\sim + \underset{O}{\overset{O\ \ \ \ \ O}{\diagup\!\!\!\diagdown}} \xrightarrow[\triangle]{ROOR} \sim CH_2-CH=CH-CH\sim$$

$$\sim CH_2-\overset{R}{C}H\sim + \underset{O}{\overset{O\ \ \ \ \ O}{\diagup\!\!\!\diagdown}} \xrightarrow[\triangle]{ROOR} \sim CH_2-\overset{R}{\underset{}{C}}\sim$$

类似的接枝单体还有富马酸、衣康酸、马来酸二丁酯、马来酸二辛酯等。

2. 接枝工艺及控制

不同的接枝单体，其均聚反应和接枝反应的竞聚率不同，导致接枝产物的链结构差异很大。此外，单体与聚合物的有效混合、摩尔比例、引发剂的用量、共接枝单体的选择以及反应温度、反应时间等因素均可用来控制接枝产物的分子链结构。

(1) 接枝单体含量　通常情况下，随着接枝单体含量的增加，接枝产物的接枝率提高，但其链结构却有不同的情况。如用 MAH 接枝聚乙烯，在低 MAH 用量时，MAH 以长链形式接枝于聚乙烯大分子链上的可能性不大，而主要以单体单元形式接枝于聚乙烯链上。但在此情况下，由过氧化物引发产生的聚乙烯大分子自由基的偶合交联成为接枝过程中的主要副反应，因而使接枝产物的熔体流动速率大大减小。随着 MAH 用量的增加，由于接枝反应消耗了聚乙烯大分子自由基，一方面使接枝率上升，另一方面使得用于交联的聚乙烯大分子自由基数量减少，因而会使接枝产物的熔体流动速率略有增大。但当 MAH 达到一定用量后，由于化学诱导动态极化有可能使 MAH 形成激发态二聚体。

这种激发态二聚体是可聚合物质，因而使 MAH 形成长链接枝的可能性增大。并且，在此情况下，由于激发态二聚体的夺氢作用，也能使聚乙烯形成大分子自由基，因此使聚乙烯大分子自由基数量大大增加，故在提高了接枝率的同时，也增大了聚乙烯大分子自由基之间的偶合交联概率，使接枝产物的熔体流动速率（MFR）进一步减小。不同 MAH 含量对 LDPE-g-MAH 的 MFR 与接枝率影响见表 1-4。

表 1-4　不同 MAH 含量对 LDPE-g-MAH 的 MFR 与接枝率影响

MAH/份	0	1.0	1.5	2.5	3.0	4.0
MFR/(g/10min)	6.5	0.54	0.86	1.12	0.71	0.58
接枝率/%	0	0.40	0.50	0.53	0.61	0.67

在聚丙烯接枝反应体系中，除了单体与聚丙烯的接枝反应外，还有聚丙烯大分子自由基的 β-断裂造成的相对分子质量降低（其机理见第四节）。于是，聚丙烯大分子自由基选择 β-断裂还是选择与单体的接枝形成一对竞争反应。接枝单体用量越多，它与聚丙烯大分子自由基反应的概率越高，所得接枝聚丙烯的接枝率就越高，β-断裂程度就越小。

(2) 引发剂及其用量　引发剂是影响聚烯烃接枝反应的另一重要因素。为获得接枝率高的产物，需选用合适的引发剂。引发剂的分解温度与分解速率需与所使用的接枝工艺条件相适应。此外还需注意，不同的引发剂，其分解产生的自由基的稳定性与空间位阻不同，因而引发接枝效果也不同。如二异丙苯过氧化物（DCP）、二叔丁基过氧化物（DTBP）与过氧化二苯甲酰（BPO）三种引发剂对聚丙烯接枝马来酸酐产物的性能有着不同的影响。其中对聚丙烯接枝率的影响程度为：DCP＞DTBP＞BPO，对聚丙烯熔体流动速率的影响程度也为 DCP＞DTBP＞BPO。因此，DCP 的引发效果最好，但同时会使聚丙烯严重降解。

引发剂的用量，对接枝反应及所得接枝聚合物的链结构有着十分重要的影响。为同时获得均匀的接枝产物和较高的接枝率，引发剂的用量通常有一最佳范围。这是因为随着引发剂用量的增大，由引发剂的引发作用而产生的大分子自由基的其他副反应也随之增多，如聚乙烯大分子自由基的偶合交联反应或聚丙烯大分子自由基的降解反应。在接枝单体含量较少的情况下，由引发剂用量增加而引起的这种交联或降解影响尤为明显。过氧化物 DCP 对 LDPE-g-MAH 的熔体流动速率（MFR）与接枝率的影响见表 1-5。

表 1-5　DCP 对 LDPE-g-MAH 的熔体流动速率（MFR）与接枝率的影响

DCP	MAH=2.0 份				MAH=4.0 份			
	0.1	0.2	0.3	0.4	0.1	0.2	0.3	0.4
MFR/(g/10min)	0.505	0.014	0.006	0.004	0.740	0.719	0.181	0.026
接枝率/%	0.52	0.58	0.67	0.73	0.66	0.72	0.81	0.89

（3）反应温度　在聚合物的熔融接枝反应中，由于温度直接影响物料的塑化与熔体黏度，因而反应温度范围受聚合物的流变性质所左右。对低密度聚乙烯这样熔融温度较低的聚合物，通常采用的接枝反应温度也较低，适宜的温度约为 180℃；而对聚丙烯这样熔融温度较高的聚合物，所采用的接枝反应温度相应也较高，适宜的温度约为 200℃。当反应温度较低时，一方面物料的混合、塑化不充分，引发剂的分解不均匀，另一方面温度低，引发剂的分解速度太低，加之反应物料的熔体黏度相对较高，使得接枝反应进行得不充分，造成接枝率下降。但当反应温度过高时，一是分解速率太快，在较短的时间内就分解完毕，造成引发剂的过早消耗；二是有可能引发剂还未来得及得到良好的分散，造成严重的局部不均匀性；三是短时间内过高的自由基浓度有利于副反应的发生，对接枝反应带来不利影响。在各种不同的情况下，最宜反应温度需通过试验确定。

（4）反应时间（挤出机螺杆转速）　温度一定时，熔融反应时间（即挤出机的螺杆转速）对接枝反应有重要影响。螺杆转速太快，物料在料筒中的停留时间太短，反应不充分，接枝率降低；螺杆转速太慢时，物料停留时间过长，会引起严重的副反应，如交联或降解。此外，挤出机螺杆转速也影响到反应物料的分散与混合，从而也影响接枝反应的均匀性。

（5）交联与降解的抑制（电子给予体）　前已述及，在以 MAH 为接枝单体的情况下，由于 MAH 会形成激发态二聚体，而此激发态二聚体能导致反应体系中大分子自由基的增加，从而使大分子自由基的副反应加剧，即大分子自由基的偶合交联与 β-断裂。因此，在 MAH 接枝聚合物体系中，交联与降解的抑制尤为重要，这就需要抑制 MAH 激发态二聚体的生成或有效地减小激发态二聚体的浓度。为此，可加入电子给予体（EDA）化合物。

电子给予体化合物主要是含 N、P、S 等原子的有机化合物，通常可分为三类：含 N 化合物，如二甲基甲酰胺（DMF）、二甲基乙酰胺（DMEC）、硬脂酸酰胺（SA）、己内酰胺、三乙醇胺等；含 S 化合物，如二甲基亚砜（DMSO）、硫代二丙酸二月桂酯（DLTP）等；含磷化合物，亚磷酸三苯酯（TPP）、亚磷酸三壬基苯酯（TNPP）等。

电子给予体化合物的作用机理是：化合物中含孤电子对的 N、P、S 原子可以与 MAH 的激发态分子产生电子转移作用，猝灭激发态二聚体，从而使 MAH 的激发态分子浓度大大减小。如在 DMF 存在的条件下，DMF 具有将电子给予阳离子中间体，并终止链增长的能力。即电子转移到激发态二聚体的阳离子部分和/或转移到阳离子增长链的末端，反应式如下：

可见，电子给予体化合物是通过捐献电子给活性很高的 MAH 的激发态分子后形成活性相对较低的聚合物-MAH 大分子自由基及稳定的 MAH 而起作用。

在常见的电子给予体化合物中，DMF、DMEC、DMSO、己内酰胺和三乙醇胺等，由于相对分子质量小、沸点低以及在挤出温度下易发生氧化反应等原因，对反应挤出有不良影响，常表现为挤出物颜色变化、挤出速度慢、熔体破碎以及产生气泡等现象，因此并不适应于反应挤出这种高温接枝体系。而 TPP、TNPP、DLTP 等化合物相对分子质量高，分解温度或者沸点比较高，对反应挤出体系无显著的不良影响，不会出现挤出物变色、熔体破碎、挤出过程慢和气泡等现象，可以用于反应挤出接枝体系中。研究表明，在 HDPE-g-MAH 与 LDPE-g-MAH 体系中，随着电子给予体化合物 TNPP、TPP 或 DLTP 的用量增大，由交联而引起的凝胶百分率下降、熔体流动速率 MFR 上升，至加入量为 1 份左右时，基本趋于稳定，而接枝率也达到峰值。表 1-6 为 TNPP 对 LDPE-g-MAH 体系的影响。

表 1-6　TNPP 对 LDPE-g-MAH 体系的影响

LDPE/份	DCP/份	MAH/份	TNPP/份	MFR/(g/10min)	接枝率/%
100	0.1	3.0	0	1.35	0.36
100	0.1	3.0	0.5	3.89	0.51
100	0.1	3.0	1.0	5.28	0.85
100	0.1	3.0	1.5	5.29	0.62

(6) 共单体　选用适当的共单体，也可减少聚合物接枝反应体系中的交联或降解现象。如对 PP-g-MAH 与 PP-g-GMA（甲基丙烯酸缩水甘油酯）体系，供电单体特别是苯乙烯（St）的存在，可以有效地抑制 PP 的降解，同时可提高单体的接枝率。苯乙烯用量与 GMA 的用量比对聚丙烯接枝物的 MFR 的影响见图 1-5。

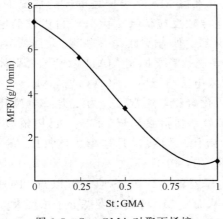

图 1-5　St∶GMA 对聚丙烯接枝物的 MFR 的影响

从总体上讲，共单体的作用机理遵循自由基共聚的机理。由于 St 与聚丙烯大分子自由基的反应比 MAH 或 GMA 高，St 优先接枝到聚丙烯分子链上，形成更加稳定的苯乙烯基大分子自由基，之后再与 MAH 或 GMA 反应，其反应速率远大于 MAH 或 GMA 与聚丙烯大分子自由基的反应速率，从而使更多的接枝单体通过 St 接枝到 PP 的长链上，因此可以提高接枝率。

现代分析技术证实，将具有供电子能力的单体加入体系中，可以使 MAH 双键上的电荷产生不对称，并使其 π 键具有阴离子自由基的特征，从而提高 MAH 的反应活性。St 是很好的供电单体，它与 MAH 的相互作用可用图 1-6 表示。图中的复合体称为电荷转移络合物（charge transfer complex，CTC）。在几种常用供电单体中，以 St 与 MAH 的相互作用强度较大，α-甲基苯乙烯次之，熔融接枝的结果，两种共单体都能有效地提高 MAH 的接枝率，且苯乙烯的效果优于 α-甲基苯乙烯。在自由基的作用下，St 可与 MAH 反应生成 St-MAH 共聚物（SMA），该共聚物对 PP 的接枝可大幅度提高 MAH 的接枝率。

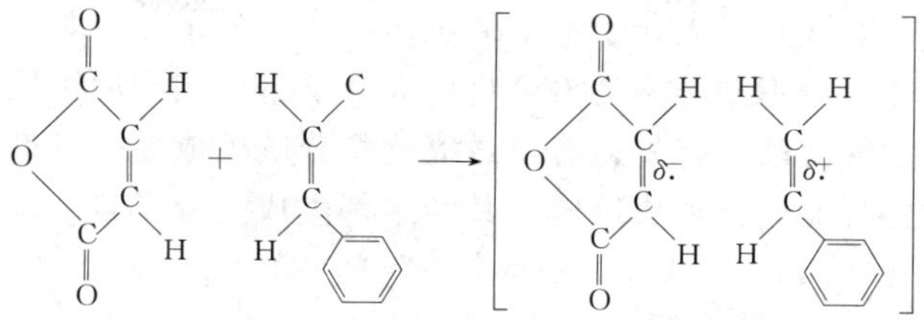

图 1-6　St 与 MAH 形成电荷转移络合物

由于竞聚率的差异，共单体的使用有其选择性。首先是共单体应与大分子自由基的反应性比一般接枝单体更大，其次是要保证共单体与大分子自由基反应生成的自由基能与接枝单体很好地进行共聚反应。简单并且直观地选择共单体的方法是用 $Q\text{-}e$ 规则，即共单体与接枝单体的 Q 值应接近。一些单体的 Q 值与 e 值见表 1-7。不过，由于 $Q\text{-}e$ 规则没有考虑空间位阻效应，使用 $Q\text{-}e$ 规则时会出现例外。

表 1-7　一些单体的 Q 值与 e 值

单　　体	Q	e
苯乙烯(St)	1.00	−0.80
甲基丙烯酸缩水甘油酯(GMA)	0.96	0.20
甲基丙烯酸甲酯(MMA)	0.78	0.40
甲基丙烯酸羟乙酯(HEMA)	1.78	−0.39
马来酸酐(MAH)	0.86	3.69
醋酸乙烯酯(VAc)	0.026	−0.88

第四节　聚合物的交联改性与控制降解

除了上节所述的熔融接枝反应外，采用有机过氧化物，在聚合物的熔融加工过程中，还可对聚合物实施交联改性。通过交联，聚合物分子链间形成三维网状的体型结构，不仅能提高其耐热性，还能改善其力学性能、电性能、耐介质性、耐候耐老化性等各项实用性能。

与引发大分子间的交联反应相反，某些聚合物在有机过氧化物的引发作用下，会发生链断裂，引起聚合物相对分子质量及相对分子质量分布的变化。人为地控制与利用这种降解反应，可改变聚合物的熔融加工特性。因此，在高分子材料加工领域，聚合物的控制降解也越来越受到重视。故本节也将一并予以介绍。

一、聚合物的交联改性

交联广泛地应用于橡胶的硫化，热固性塑料、涂料及粘接剂的固化。交联的方法多种多样，所用的交联剂的品种类型众多，难以在很小的篇幅中——予以介绍。本节主要从热塑性聚合物的改性角度出发，限于介绍以有机过氧化物引发的熔融态聚合物的交联改性。

1. 聚合物的交联改性原理

有机过氧化物不仅能使不饱和的碳链高聚物交联，而且能使饱和的碳链高聚物交联，进而又能使饱和的与不饱和的聚合物的共混物实现共交联。因此，在聚合物改性领域，有机过氧化物的应用十分广泛。

在实施聚合物的交联改性时，有机过氧化物起着引发作用。即受热时有机过氧化物分解生成自由基，自由基夺取聚合物大分子链上的氢而生成大分子自由基，大分子自由基相互偶合便形成交联键。当然，对不同类型的聚合物，大分子自由基的后续反应会有所不同。

（1）**不饱和聚合物的交联**　首先是有机过氧化物分解生成的引发剂自由基，引发剂自由基可进行夺氢反应，也可能进行加成反应，其结果都生成大分子自由基。

$$ROOR \longrightarrow 2RO\cdot$$

$$\sim CH_2-\overset{CH_3}{\underset{}{C}}=CH-CH_2\sim \xrightarrow{RO\cdot} \sim CH_2-\overset{CH_3}{\underset{}{C}}=CH-\overset{\cdot}{C}H\sim + ROH$$

$$\sim CH_2-CH=CH-CH_2\sim \xrightarrow{RO\cdot} \sim CH_2-CH-\overset{\cdot}{C}H-CH_2\sim \\ \hspace{6cm} \underset{RO}{|}$$

对顺式1,4-聚异戊二烯，以夺氢反应为优先。生成的大分子自由基可在双键处进行连锁加成，也可进行双基偶合终止。

$$\begin{matrix}\sim CH_2-CH=CH-CH\sim \\ \sim CH_2-CH=CH-CH_2\sim\end{matrix} \longrightarrow \begin{matrix}\sim CH_2-CH=CH-CH\sim \\ \hspace{3cm}| \\ \sim CH_2-CH-CH-CH_2\sim \\ \hspace{2cm}\cdot\end{matrix}$$

$$2\sim CH_2-\overset{CH_3}{\underset{}{C}}=\overset{\cdot}{C}H\sim \longrightarrow \begin{matrix}\sim CH_2-\overset{CH_3}{\underset{}{C}}=CH\sim \\ \hspace{2cm}| \\ \sim CH_2-\overset{CH_3}{\underset{}{C}}=CH\sim\end{matrix}$$

对1,4-聚丁二烯，特别是1,2-聚丁二烯较易发生双键处的连锁加成反应；而对顺式1,4-聚异戊二烯，以双基偶合终止占优势。此外，对顺式1,4-聚异戊二烯形成的大分子自由基，还易于发生如下方式的双基偶合终止，从而会降低过氧化物的引发效率。

$$\sim CH_2-\overset{CH_3}{\underset{\cdot}{C}}-CH=CH\sim \xrightarrow{RO\cdot} \sim CH_2-\overset{CH_3}{\underset{OR}{C}}-CH=CH\sim$$

（2）**饱和聚合物的交联**　饱和聚合物如聚乙烯与聚丙烯，在有机过氧化物分解生成的引发剂自由基的作用下，发生脱除氢原子的反应而生成大分子自由基。大分子自由基不仅发生交联反应，也可能因键的断裂而发生断链。是以交联为主，还是以断链为主，则与高分子的结构有关。

使用过氧化物交联聚乙烯时，主要发生交联反应。其反应如下：

$$ROOR \longrightarrow 2RO\cdot$$

$$\sim CH_2-CH_2-CH_2-CH_2\sim \xrightarrow{RO\cdot} \sim CH_2-CH_2-\overset{\cdot}{C}H-CH_2\sim$$

$$2\sim CH_2-CH_2-\overset{\cdot}{C}H-CH_2\sim \longrightarrow \begin{matrix}\sim CH_2-CH_2-CH-CH_2\sim \\ \hspace{3cm}| \\ \sim CH_2-CH_2-CH-CH_2\sim\end{matrix}$$

所以，聚乙烯是比较容易交联的聚合物。类似地，还有乙烯-醋酸乙烯酯共聚物（EVA）等。

使用过氧化物交联聚丙烯时，所生成的大分子自由基容易发生β-裂解，引起分子链的断裂（见"聚合物的控制降解"）。因此，在交联的同时，也发生断链反应，其净结果，将是以断链为主。故欲实现聚丙烯的交联，应设法稳定大分子自由基，防止大分子链的断裂，使交联反应处于主导地位。属于交联破坏型的聚合物还有聚异丁烯、聚α-甲基苯乙烯、聚甲基丙烯酸、聚甲基丙烯酸甲酯、聚甲基丙烯酰胺等。聚异丁烯在形成大分子自由基后发生β-裂解，进而引起断链的反应式如下：

$$\sim CH_2-\underset{\underset{CH_3}{|}}{\overset{\overset{CH_3}{|}}{C}}-CH_2\sim \xrightarrow{RO\cdot} \sim CH-\underset{\underset{CH_3}{|}}{\overset{\overset{CH_3}{|}}{C}}-CH_2\sim +\sim CH_2-\underset{\underset{\cdot}{|}}{\overset{\overset{CH_3}{|}}{C}}-CH_2\sim$$

$$\sim CH-\underset{\underset{CH_3}{|}}{\overset{\overset{CH_3}{|}}{C}}-CH_2\sim \longrightarrow \sim CH=\underset{\underset{CH_3}{|}}{\overset{CH_3}{C}}+\cdot CH_2\sim$$

$$\sim CH_2-\underset{\underset{CH_2}{|}}{\overset{\overset{CH_3}{|}}{C}}-CH_2\sim \longrightarrow \sim CH_2-\underset{\underset{CH_2}{\|}}{\overset{CH_3}{C}}+\cdot CH_2\sim$$

由此不难推想，使用过氧化物交联乙烯-丙烯共聚物（EPM）时，其中丙烯结构单元受到过氧自由基的进攻而形成大分子自由基后，会伴随部分断链反应，故交联效率较聚乙烯低，但随其中乙烯含量的增大而提高。若引入作为第三单体的非共轭二烯烃，则由于引入了侧链双键而使交联反应能力增大。

另外，根据聚合物的交联原理可知，聚合物分子中氢原子脱除的难易及生成大分子自由基的稳定性是影响聚合物交联的重要因素。而氢原子的脱除从易到难的顺序为：

双键α位的亚甲基氢＞饱和聚合物的叔氢＞仲氢＞伯氢

假定交联反应充分进行，将有机过氧化物的交联效率 E 可定义为下式：

$$E=\nu/2[RO\cdot]=N_c/[RO\cdot] \qquad (1-9)$$

式中，ν 为聚合物的单位体积中生成的网构密度，mol/ml；[RO·] 为聚合物单位体积中由过氧化物生成的自由基浓度，mol/ml；N_c 为聚合物单位体积中生成的交联键的密度，mol/ml。若用二异丙苯过氧化物作为自由基引发剂，则各种聚合物的交联效率列于表 1-8。由表可见，不同聚合物的结构因素，对聚合物的交联效率有很大影响。当大分子自由基在交联反应的同时又发生断裂反应时，交联效率小于 1；而引起双键连锁加成反应时，交联效率大于 1。丁腈橡胶比聚丁二烯显示较低的交联效率，是因为氰基较强的吸电子性会使双键电子云密度降低，从而使双键的交联活性下降。在氯丁橡胶分子中，电负性较大的氯原子直接连在双键碳上，因此有机过氧化物交联效率更低。EPM 有较高的丙烯含量，故交联效率较低；而与之相反，EPDM 则由于含有侧基双键，因此交联效率等于 1 或大于 1。

表 1-8　各种聚合物的交联效率（以 DCP 为交联引发剂）

聚 合 物	交 联 效 率
丁苯橡胶（SBR）	12.6
顺丁橡胶（BR）	10.5
天然橡胶（NR）	1.0
丁腈橡胶（NBR）	1.0
氯丁橡胶（CR）	0.5
二元乙丙橡胶（EPM）（PP∶PE=25∶75）	0.4
二元乙丙橡胶（EPM）（PP∶PE=42∶58）	0.34
丁基橡胶（IIR）	0
聚乙烯（PE）	1.0
聚丁二烯（PB）（全顺式型）	10～30
聚丁二烯（PB）（顺式∶反式∶1,2-加成=35∶55∶10）	30～60
聚丁二烯（PB）（全 1,2-加成型）	100～300
三元乙丙橡胶（EPDM）（乙烯∶丙烯∶双环戊二烯=70∶28∶2）	1.0～2.5

2. 助交联剂及其应用

前已述及，在用有机过氧化物交联聚合物时，有些聚合物大分子自由基易发生 β-裂解而引起断链反应。为了抑制这种不利的副反应，提高交联效果，改善交联聚合物的性能，可使用助交联剂。当在大分子自由基有发生 β-裂解的趋势时，如果有助交联剂的存在，则大分子自由基能很快与助交联剂加成，并形成一个新的稳定的自由基。该自由基再参与反应，使交联效率大大提高。如在二乙烯基苯存在下，以过氧化物引发的聚丙烯的交联反应如下：

$$ROOR \longrightarrow 2RO\cdot$$

可见，助交联剂的加入，避免了大分子自由基的 β-裂解，并且聚合物链之间的原来的碳原子的直接键合，被与助交联剂之间的键合所代替。因此，助交联剂能显著提高过氧化物对聚合物的交联效率。

常用的助交联剂的类型和品种如下。

(1) 肟类　典型品种有对醌二肟（GM）、对二苯甲酰苯醌二肟（DGM）。其中 GM 的熔点大于 215℃，DGM 的熔点大于 200℃。

(2) 甲基丙烯酸酯类　典型品种有双甲基丙烯酸二缩三乙二醇酯（TEGDA）、三甲基丙烯酸三羟甲基丙烷酯（TMPTA）。前者沸点 162℃，后者沸点大于 200℃。

(3) 烯丙基类　典型品种有邻苯二甲酸二烯丙酯（DAP）、三烯丙基氰尿酸酯（TAC）、三烯丙基异氰尿酸酯（TAIC）。其中 DAP 的沸点为 305℃，TAC 的熔点约为 23℃，TAIC 的熔点为 24～26℃。

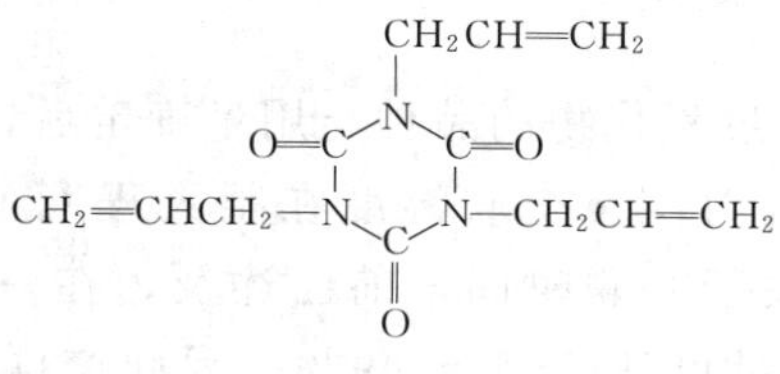

TAIC

(4) 马来酰亚胺类　典型品种有 N,N'-间亚苯基双马来酰亚胺（HVA-2），熔点大约为 200～205℃。

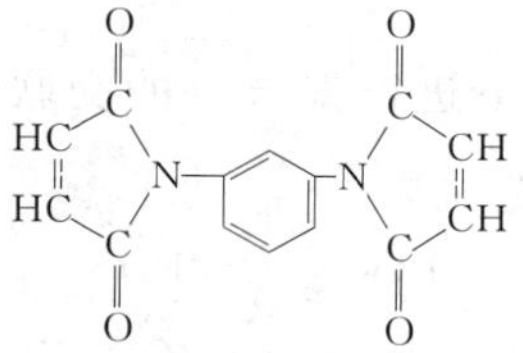

HVA-2

(5) 乙烯基类　典型品种有二乙烯基苯（DVB）、1,2-聚丁二烯（1,2-PB）。其中 DVB 的沸点约为 195℃，1,2-PB 的相对分子质量通常为 1000～5000。

DVB 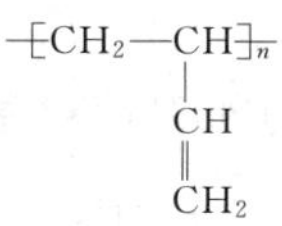　　　　　　　　1,2-PB

3. 影响有机过氧化物交联的因素

除了聚合物本身的分子链结构对其交联有十分重要的影响外，在用有机过氧化物交联聚合物的工艺操作中，尚有许多影响聚合物交联的因素，必须予以重视。

(1) 过氧化物的品种与用量　为适应交联前的混炼过程与预定的交联工艺规程，必须选用合适的过氧化物品种。1min 半衰期温度与 10h 半衰期温度是过氧化物的两个重要技术参数。通常情况下，1min 半衰期温度应与交联温度相适应，10h 半衰期温度应与混炼温度相适应。否则，或者是交联速度太慢，或者极易发生有害的早期交联。如 PE 的熔融温度是 120～140℃，根据表 1-3，合适的过氧化有叔丁基异丙苯过氧化物、二异丙苯过氧化物、2,5-二甲基-2,5-二（叔丁基过氧基）己烷、α,α'-双（叔丁基过氧基）二异丙基苯、2,5-二甲基-2,5-二（叔丁基过氧基）己炔。对高密度聚乙烯，尤以 2,5-二甲基-2,5-二（叔丁基过氧基）己炔较为适宜。

有机过氧化物的交联效率与聚合物的交联效率一样，也是决定交联有效性的重要因素。有机过氧化物的种类不同，交联效率变化幅度很大。在 170℃时，二异丙苯过氧化物对丁苯橡胶的交联效率为 14.3，而过氧化二苯甲酰的交联效率为 0.37；在 160℃时，二异丙苯过氧化物对三元乙丙橡胶过氧化物交联效率为 1.64，而二叔丁基过氧化物的交联效率为 0.87；那些烷烃类过氧化物分解产生的自由基对引发聚丙烯的交联似乎是无效的，而那些带有苯环的过氧化物分解产生的自由基对聚丙烯交联才是有效的。因此，为获得所需要的交联度，过氧化物的用量不仅有赖于聚合物品种，而且也与过氧化物品种有关。

若交联效率为 1，对 100g 聚合物而言，有机过氧化物的用量一般定为有效的—OO—基 0.01mol。例如，交联效率为 1 的聚乙烯，用二异丙苯过氧化物交联时，每 100g 需要二异丙苯过氧化物 0.01mol，即大致约需 2.7g。当然，这一用量还只是粗略的估计，尚需根据制品的具体要求而酌情增减。

（2）交联温度和时间　在过氧化物的品种与用量确定后，聚合物交联的程度就取决于交联工艺，尤其是交联温度与时间。交联温度在很大程度上取决于聚合物的加工特性、操作条件和设备条件等。而关于交联时间，前已述及，在一定温度下将过氧化物加热到其半衰期的6～7倍时，分解量可达98%～99%，因此交联时间以交联温度下半衰期的6～10倍为宜。在此条件下，有机过氧化物能很好地分解，不需要过多地延长交联时间，这也意味着不会引起聚合物的热老化。当要调整交联速度时，可通过调整交联温度得以实现。

（3）环境气氛　在有空气存在下进行聚合物的交联时，由于氧的作用，易发生氧化反应，使聚合物主链断裂。过程如下：

$$ROOR \longrightarrow 2RO\cdot$$
$$PH + RO\cdot \longrightarrow ROH + P\cdot$$
$$P\cdot + O_2 \longrightarrow POO\cdot$$
$$POO\cdot + POO\cdot \longrightarrow 2PO\cdot + O_2$$
$$PO\cdot \longrightarrow P'O + P''\cdot$$

以乙丙橡胶为例，PO·的断裂过程是：

$$\sim CH_2-\underset{\underset{O\cdot}{|}}{\overset{\overset{CH_3}{|}}{C}}-CH_2-CH_2\sim \longrightarrow \sim CH_2-\underset{\underset{O}{\|}}{\overset{\overset{CH_3}{|}}{C}} + \cdot CH_2 \sim$$

因此，交联最好在密闭容器内或在惰性气体中进行。事实上，在惰性气体中的交联效果比在空气中的交联效果好。而作为惰性气体，氮气比二氧化碳的效果要好。

（4）抗氧剂（防老剂）　受阻酚类与受阻胺类抗氧剂因是自由基受体，故可与过氧化物发生反应，从而妨碍交联，使过氧化物的交联效率下降。其程度随抗氧剂的种类而异。研究表明，在使用二异丙苯过氧化物或双叔丁基过氧基异丙基苯交联PE或二烯类橡胶时，对交联反应干扰较小的抗氧剂有二硫醇基苯并咪唑（防老剂MB）、聚2,2,4-三甲基-1,2-二氢喹啉（防老剂RD）、N,N'-二-2-萘基对苯二胺（DNP）等。

MB　　　防老剂RD

防老剂DNP

常用的抗氧剂对双叔丁基过氧基异丙基苯交联PE时影响列于表1-9。在需要使用抗氧剂的场合，应该选用在交联反应过程中抗氧剂与有机过氧化物不易发生反应的组合。不过由于这种反应性与有机过氧化物的结构有关，所以还不能简单地从某一组合而推广到所有的有机过氧化物。

表 1-9　常用抗氧剂对双叔丁基过氧基异丙基苯交联 PE 的影响

抗　氧　剂	转矩(相对值)	
	$F^{①}(90)$	$F^{②}(\%)$
N,N'-二-2-萘基对苯二胺(DNP)	0.72	69
N-异丙基-N'-苯基对苯二胺(4010NA)	0.47	45
N,N'-二苯基对苯二胺(防老剂 H)	0.46	44
N-苯基-α-萘胺(防老剂 A)	0.55	53
聚 2,2,4-三甲基-1,2-二氢喹啉(防老剂 RD)	0.95	91
2,6-二叔丁基-4-甲基苯酚(BHT)	0.36	35
苯乙烯化苯酚(SP)	0.38	37
2,2'-亚甲基双(4-甲基-6-叔丁基酚)(2246)	0.50	48
4,4'-硫代双(3-甲基-6-叔丁基酚)(300)	0.32	31
4,4'-硫代双(6-叔丁基邻甲酚)(736)	0.14	13
邻叔丁基-对甲氧基酚(BHA)	0.27	26
2-巯基苯并咪唑(MB)	0.59	57
未加防老剂	1.04	100

① $F(90)$：90%交联时的转矩。
② $F(\%)$：加防老剂时 $F(90)$ 与未加防老剂时 $F(90)$ 之比。
注：配方为 PE（ペトロセソ203）100 份；1,3-双叔丁基过氧异丙基苯 1.3 份；防老剂 1.0 份。

(5) 酸性物质　由于有机过氧化物交联是通过自由基的夺氢反应进行的。然而在酸性物质的作用下，一些过氧化物会发生离子型分解，从而降低交联效率。其一般分解过程如下：

$$ROOH \xrightarrow{H^+} RO^+ + H_2O$$

$$R-\underset{\underset{O}{\|}}{C}-O-O-\underset{\underset{O}{\|}}{C}-R' \xrightarrow{H^+} R-\underset{\underset{O}{\|}}{C}-O^+ + R'-\underset{\underset{O}{\|}}{C}-OH$$

$$R-\underset{\underset{O}{\|}}{C}-O-O-R' \xrightarrow{H^+} R-\underset{\underset{O}{\|}}{C}-O^+ + R'OH$$

$$ROOR' \xrightarrow{H^+} RO^+ + R'OH$$

已证实，在酸性条件下二异丙苯过氧化物会发生如下的分解：

（反应式略）

(6) 填充剂　填充剂对过氧化物交联的影响，主要是 pH 值与吸附问题。陶土、白炭黑、沥青、炭黑（槽法炭黑）等酸性填充剂能导致过氧化物的离子型分解，使交联效率下降。

炭黑表面具有酚型结构，因此是自由基的受体。过氧化物分解生成的自由基有可能夺取炭黑表面酚羟基上的氢原子而失活，从而阻碍了交联反应。

$$\text{(炭黑)} \begin{array}{c} \text{HO} \quad \text{OH} \\ \diagdown \diagup \\ \text{OH} \end{array} + 2RO\cdot \longrightarrow \begin{array}{c} \text{O} \quad \text{O} \\ \diagdown \diagup \\ \text{OH} \end{array} + 2ROH$$

为减轻填充剂对过氧化物交联的影响，可加入少量碱性物质作为 pH 值调节剂，如氧化镁、三乙醇胺、二苯胍、金属皂等。

（7）助交联剂　前已述及，在用过氧化物交联聚合物时，有些聚合物自由基易引起主链断裂反应或热降解反应（如聚氯乙烯），使性能恶化。而助交联剂可以迅速地与聚合物自由基发生反应，这种反应比聚合物断链反应要迅速，从而使聚合物自由基得以稳定，有效地避免主链断裂，提高交联效率。因此，助交联剂对容易分解的聚氯乙烯、聚丙烯等是不可缺少的。并且，随助交联剂的用量增加，交联程度增大。不过，不同的助交联剂，其适用性与助交联的功效有所差别。常用助交联剂的适用性见表 1-10，不同助交联剂对聚丙烯的助交联效果见表 1-11。

表 1-10　常用助交联剂的适用性

助交联剂品种	适用的聚合物	助交联剂品种	适用的聚合物
三烯丙基氰尿酸酯(TAC)	PE、EVA、CPE、PVC、PP	二乙烯基苯(DVB)	EVA、CPE、PVC、PP
三烯丙基异氰尿酸酯(TAIC)	PE、EVA、CPE、PVC、PP	邻苯二甲酸二烯丙酯(DAP)	EVA、CPE、PVC、PP
二甲基丙烯酸乙二醇酯(EDMA)	EVA、CPE、PVC、PP	对醌二肟	PP
三甲基丙烯酸三羟甲基丙烷酯(TMPTA)	EVA、CPE、PVC、PP	对二苯酰苯醌二肟(DGM)	PP
		N,N'-间亚苯基双马来酰亚胺(HVA-2)	PP

表 1-11　不同助交联剂对聚丙烯的助交联效果

配方/份	聚丙烯	100	100	100	100	100
	二异丙苯过氧化物(DCP)	5	5	5	5	5
	DAP		5			
	TAC			5		
	GM				5	
	DGM					5
交联温度×时间		160℃×30min			165℃×30min	
交联度	凝胶量/%	0	100	51	74	95

其实，助交联剂的加入不仅能通过防止大分子自由基的 β 裂解而提高交联效率，而且对聚乙烯、乙烯-醋酸乙烯酯共聚物、氯化聚乙烯等非裂解型聚合物体系，添加助交联剂也可进一步提高交联效率，减少过氧化物的用量，或者改善交联物的性能，如耐热性能、压缩永久变形性。

二、聚合物的控制降解

较高的相对分子质量与较宽的相对分子质量分布，常常会对聚合物的熔融加工带来不利影响。相对分子质量越高，熔体黏度越高。在临界缠结相对分子质量以上，聚合物熔体的零切黏度随其重均分子量的 3.4 次方的关系急剧增大。相对分子质量越高，由于分子链间缠结点的大量增加，还会使聚合物熔体的弹性表现明显增强。因此，聚合物中少量的高相对分子质量级分（即高分子"尾端"或叫高分子"拖尾"部分），对聚合物的熔体黏度与熔体弹性，都有重要的影响。采用控制降解这一化学改性方法,可有效地调节聚合物的相对分子质量与相对分子质量分布,减少高相对分子质量级分,使相对分子质量分布变窄,从而改进聚合物的熔融加工特性。目前,最为广泛也较为成熟的是聚丙烯的控制降解。以下主要介绍其降解原理与工艺。

1. 控制降解的原理

工业聚丙烯的熔体流动速率可以很宽(0.5~16g/10min),而重均分子量的范围大体上为 2.5×10^5~3.5×10^5,数均分子量范围为 2×10^4~6×10^4,从而使相对分子质量分布系数(MWD)范围为 4~16。在聚丙烯中加入适量的过氧化物并进行反应挤出,过氧化物的引发作用,使聚丙烯发生自由基降解,导致链断裂(大分子自由基的 β 裂解),从而降低聚合物的相对分子质量。这一反应过程能通过大分子自由基的重组和歧化反应而终止。以下是这一反应的基本原理:

$$ROOR \xrightarrow{\triangle} 2RO\cdot$$

$$\sim CH_2-\underset{CH_3}{CH}\sim \xrightarrow{RO\cdot} \sim CH_2-\underset{\underset{CH_3}{\cdot}}{C}\sim$$

$$\sim CH_2-\underset{CH_3}{\overset{\cdot}{C}}-CH_2-\underset{CH_3}{CH}-CH_2\sim \longrightarrow \sim CH_2-\underset{CH_3}{C}=CH_2 + \cdot CH-\underset{CH_3}{CH_2}\sim$$

$$\sim CH_2-\underset{CH_3}{\overset{\cdot}{CH}} + \sim CH_2-\underset{CH_3}{CH}\sim \longrightarrow \sim CH_2-\underset{CH_3}{CH_2} + \sim CH_2-\underset{\underset{CH_3}{\cdot}}{C}\sim$$

$$2 \sim CH_2-\underset{CH_3}{\overset{\cdot}{CH}} \longrightarrow \sim CH_2-\underset{CH_3}{CH}-\underset{CH_3}{CH}-CH_2\sim$$

$$\sim CH_2-\underset{CH_3}{\overset{\cdot}{C}}-CH_2-CH-CH_2\sim + \sim CH_2-\underset{\underset{CH_3}{\cdot}}{\overset{CH_3}{C}}\sim \longrightarrow$$

$$\sim CH_2-\underset{CH_3}{CH}\\ \sim CH_2-\underset{\underset{CH_3}{|}}{C}-CH_2-CH-CH_2\sim\\ \underset{CH_3}{|}$$

$$2 \sim CH_2-\underset{CH_3}{\overset{\cdot}{C}}-CH-CH_2\sim \longrightarrow \sim CH_2-\underset{CH_3}{\overset{CH_3}{\underset{|}{C}}}-CH_2-\underset{CH_3}{\overset{CH_3}{\underset{|}{C}}}-CH_2\sim$$

$$2 \sim CH_2-\underset{CH_3}{\overset{\cdot}{CH}} \longrightarrow \sim CH_2-\underset{CH_3}{C}=CH_2 + CH_2-\underset{CH_3}{CH_2}\sim$$

$$\sim CH_2-\underset{CH_3}{\overset{\cdot}{CH}} + \sim CH_2-\underset{CH_3}{\overset{\cdot}{C}}-CH-CH_2\sim \longrightarrow$$

$$\sim CH=\underset{CH_3}{CH} + \sim CH_2-\underset{CH_3}{CH}-CH-\underset{CH_3}{CH_2}\sim$$

$$2 \sim CH_2-\underset{CH_3}{\overset{\bullet}{C}}-CH_2-\underset{CH_3}{CH}-CH_2\sim \longrightarrow$$

$$\sim CH=\underset{CH_3}{C}-CH_2-\underset{CH_3}{CH}-CH_2\sim \;+\; \sim CH_2-\underset{CH_3}{CH}-CH_2-\underset{CH_3}{CH}-CH_2\sim$$

在以上反应中，由于偶合终止受 CH_3—空间位阻的影响，不如歧化终止快，故偶合终止的概率很小，因此产物以相对分子质量降低为主。事实上，众多的研究结果表明，在过氧化物的存在下，聚丙烯的自由基降解以无规断链为主。因此，通常的情况是：聚丙烯相对分子质量分布中的高相对分子质量级分比其他尺寸较短的分子链更容易受到引发剂自由基的进攻，因此有更大的链断裂概率，使得高相对分子质量级分减少，平均分子量降低，相对分子质量分布变窄。

2. 控制降解过程及工艺控制

工业上，通常采用反应双螺杆挤出机进行聚丙烯的控制降解。将具有低熔体流动速率（MFR）（在 230℃/2.16kg 下，小于 1g/10min）的聚丙烯与适量的有机过氧化物混合，然后利用双螺杆进行反应挤出。挤出温度通常控制在 180～210℃ 之间，螺杆转速与喂料速度通常控制在使物料在料筒中的停留时间大约相当于 4～7 倍的过氧化物半衰期，以获得具有稳定熔体流动速率的聚丙烯材料。

为适应聚丙烯的加工条件与控制降解工艺，通常选择在 135～155℃ 之间，半衰期在 1h 左右的二烃基过氧化物。这些过氧化物品种有二叔基过氧化物、二叔戊基过氧化物、叔丁基异丙苯过氧化物、二异丙苯过氧化物、2,5-二甲基-2,5-二（叔丁基过氧基）己烷、α,α'-双（叔丁基过氧基）二异丙基苯、2,5-二甲基-2,5-二（叔丁基过氧基）己炔等。其中，2,5-二甲基-2,5-二（叔丁基过氧基）己烷相对分子质量高、挥发性低、闪点高，并且产物的气味较二异丙苯过氧化物轻，因此应用得最多。二叔丁基过氧化物也是有效的，并且价格也较低，但因其挥发性大、闪点低，物料处理有一定的难度，限于树脂生产厂商使用。

为保证控制降解产物的质量，在控制降解过程中，要保证过氧化物与树脂的充分混合。过氧化物可由注入口注射至熔体中间，也可同粉末树脂预先混合。大多数制造商都以矿物填料为吸收载体的形式出售，其吸收浓度为 40%～45%，矿物填料常用碳酸钙、二氧化硅等。所用的这些填料载体价廉，但用量尚少，易造成计量不准，还会因粉末形态而产生粉尘飞扬。过氧化物也可以多孔聚丙烯粉粒吸收的形式使用，还可以过氧化物母料形式使用。为避免在制造母料过程中过氧化物分解，载体必须能在很低的温度下挤出。过氧化物母料通常比上述吸收形式的过氧化物产品更贵，浓度通常也只能达到 10%，但是使用母料还是有许多好处，例如：粒状形式的产品，易于与树脂颗粒混匀且不产生偏析；无粉尘飞扬；由于经过了预分散而易于分散均匀；计量准确性好；浓度在 10% 以下的过氧化物产品，不再被列入危险品。

引发剂的浓度是影响降解产物的 MW、MWD 和熔体流变性能的最重要的变量。MFR 是过氧化物浓度（这一浓度至少在约 0.1% 的范围内）的线性函数。如二异丙苯过氧化物（DCP）用量与聚丙

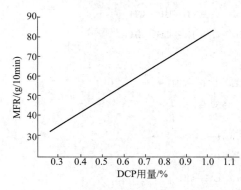

图 1-7　DCP 用量与聚丙烯 MFR 的关系曲线

烯 MFR 的关系曲线见图 1-7。

除了过氧化物的品种与浓度外，还有若干个因素，如稳定剂的存在和副反应，加工过程中过氧化物的损失或混合不充分，都会降低过氧化物引发剂的效率。通常为防止聚丙烯老化而加入的抗氧剂对聚丙烯的自由基降解有一定的抑制作用。当使用过氧化物作引发剂时，过氧化物与已经添加在聚丙烯中的抗氧剂会相互干扰。因此，强烈建议稳定剂等助剂，应该在大部分过氧化物已经反应后再加入。否则，过氧化物的效率与稳定剂的稳定化效果都会大大下降。图 1-8 表明了过氧化物与受阻酚抗氧剂对聚丙烯熔体稳定性及控制降解的影响。

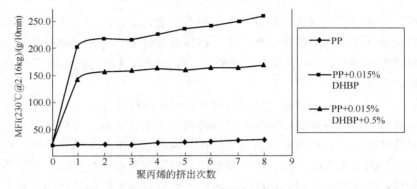

图 1-8　过氧化物与受阻酚抗氧剂对聚丙烯熔体稳定性及控制降解的影响

此外，加工温度与基础聚丙烯物料的参数对聚丙烯降解产物也会有很大影响。提高加工温度，可使过氧化物的化学活性反应基团获得较高的攻击能量，聚丙烯分子链相对热运动加剧而暴露出较多的链内薄弱环节。这两种因素都有利于过氧化物对聚丙烯的化学降解作用。当聚丙烯基础料的熔体流动速率较小且相对分子质量分布较窄，则经过降解反应后，所得聚丙烯的相对分子质量分布变得更窄；当聚丙烯基础料的熔体流动速率较大且相对分子质量分布较宽，则经过降解反应后，所得聚丙烯的相对分子质量分布虽然变窄，但相对来说仍比较宽。

3. 降解产物的物性

降解使聚丙烯的相对分子质量降低，相对分子质量分布变窄，同时也使其熔体流变性发生了不同程度的变化。降解程度不同的聚丙烯的相对分子质量分布曲线与流动曲线见图 1-9 与图 1-10。

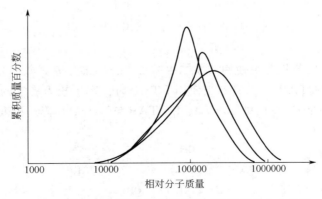

图 1-9　降解程度不同的聚丙烯的相对分子质量分布曲线

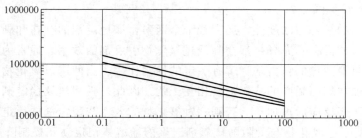

图 1-10 降解程度不同的聚丙烯的流动曲线

由图可见，降解程度加深，相对分子质量分布变窄，高相对分子质量级分减少，因而使大分子链间的缠结点减少，缠结点浓度下降，熔体黏度降低。反映在熔体流动速率（MFR）上，随着降解的进行 MFR 有很大提高。据研究，熔体流动速率与重均分子量及相对分子质量分布的关系如下式：

$$\lg MFR = A - B\lg MW + C\lg(M_w/M_n) \tag{1-10}$$

由图还可看出，随着降解程度加深而引起的缠结点浓度下降，使熔体流动过程中的取向效应减弱，弹性储能减少，从而熔体的非牛顿性将减弱，即剪切敏感性下降。因此，反应在成型特性上，可使离模膨胀减小，挤出速率增大，成膜性与可纺性提高；对模塑制品，可使制品内应力降低，收缩更加均匀，翘曲变形减小。此外，由于熔体黏度的大幅度降低，使其可以在较低的温度下成型，因而通过控制降解可降低加工温度。

降解也会给聚丙烯材料在某些加工性能方面带来局限性。如由于高相对分子质量级分的减少与流动取向效应的减弱，"皮芯效应"随之减弱，"皮层"较低的取向度会使模塑制品的劲度有所下降。还有，窄相对分子质量分布的聚合物材料中高相对分子质量级分少，使得熔体强度下降，吹塑型坯或热成型片坯发生垂伸现象，因而不利于吹塑成型与热成型。

降解产物在力学性能方面的变化，各不相同。通常情况下，冲击强度与模量下降，而断裂伸长率提高。因此，应使降解程度控制在适当的范围，以保证降解产物有较好的综合性能。

另外，过氧化物的分解产物可能会给产品的感官性带来不利的一面，从而影响在食品卫生方面的应用。如二异丙苯过氧化物分解产生的异丙苯自由基，会进一步生成甲基自由基与苯乙酮。而苯乙酮具有特殊的臭味。

为得到良好的感官特性，可使用 2,5-二甲基-2,5-二（叔丁基过氧基）己烷（DHBP）与二叔戊基过氧化物（DTAP）。尤其是当使用 DTAP 时，产生较为稳定的叔戊基自由基，其产物的气味较低，满足 FDA 认可要求。使用 DTAP 与 DHBP 作降解引发剂时的气味强度对比见表 1-12。

二叔戊基过氧化物（DTAP）

表 1-12 DTAP 与 DHBP 作降解引发剂时的气味强度对比

产品	MFR/(g/10min)	气味强度(20℃)	产品	MFR/(g/10min)	气味强度(20℃)
PP(未经挤出)	12	25	PP+0.04% DHBP	36	110
PP(经挤出)	—	45	PP+0.05% DTAP	33	80

思 考 题

1. 简述聚合物熔融态化学反应与低分子有机反应的相似性。
2. 聚合物熔融态化学反应有何特点？
3. 聚合物熔融态化学反应有哪些典型类型与应用？
4. 简述反应挤出的基本过程。
5. 简述反应挤出过程的控制要点与影响反应挤出的操作因素。
6. 在聚合物熔融态化学改性中有哪些常用的有机过氧化物引发剂？
7. 根据已有数据（表 1-2）推算双-2,5 在 200℃的半衰期。
8. 举例推算多元复合引发剂的半衰期。
9. 常用的接枝单体有哪些类型？
10. 聚合物熔融接枝工艺的控制因素有哪些？
11. 影响有机过氧化物交联的因素有哪些？
12. 影响控制降解聚丙烯的相对分子质量与相对分子质量分布的因素有哪些？

第二章

聚合物的填充改性

> **学习目的与要求**
>
> 本章介绍了聚合物填充改性的原理及方法，通过本章的学习，应掌握填料的作用、填充高聚物的构成、填充高聚物的形态、填料-高聚物界面结构及有关理论、常见填料的种类、特性与应用以及对填料的表面处理原理与处理方法；掌握聚合物填充改性对填充聚合物的力学性能、热性能和其他性能的影响，填充聚合物改性的经济效果及填充聚合物的制备与加工；并了解常见的功能性填充改性聚合物材料和聚合物填充改性的新进展。

聚合物的填充改性，通常指在聚合物基体中添加与基体组成和结构不同的固体（加工温度下不熔融）添加物，以降低成本，或是使聚合物制品的性能有明显改变（或在稍稍削弱某些方面性能的同时，使人们所希望的另一些方面的性能得到明显提高）。这样的添加物称为填充剂，也称为填料。

若使用玻璃纤维、碳纤维、金属纤维等具有较大长径比的填料（增强性填料或增强材料），将对聚合物材料的力学性能和耐热性能有特别明显的提高，这种方法称为增强改性，将单独放在第三章进行介绍。

第一节 填充改性的基本原理

一、填料的作用

通常聚合物填充改性体系由基体聚合物、填料和助剂三部分组成，填料有别于聚合物加工常用的添加剂，如颜料、热稳定剂、阻燃剂、润滑剂等固体粉末状物质，它也有别于其他液态助剂。聚合物填充改性用的填料具有以下特征：①一种具有一定几何形状的固态物质，它可以是无机物，也可以是有机物；②通常它不与所填充的基体聚合物发生化学反应，即属于相对惰性的物质；③它在填充聚合物体系中的质量分数通常不低于5%。

在聚合物填充改性体系中，因填料化学组成、几何形状、粒径大小分布、表面形态等性质的不同以及填料在聚合物中的分散情况、界面结构的不同，填料在填充改性聚合物中起着不同的作用。

1. 增量

填料的主要作用是"增量",事实上无机或有机填料的绝大多数品种的价格远低于所填充的聚合物,所以加入聚合物中能够降低制品的成本。

2. 增强

因聚合物某些方面的性能不能尽如人意,加入填料以后能使其中一些性能得到改善,如材料的拉伸强度、冲击强度、刚性、硬度、耐热性、成型收缩率和线膨胀系数等;因而填料也分为增量性填料和增强性填料两类。其中,增量性填料即所谓的填充材料,称为填充剂或填料,它的主要作用是降低成本;而增强性填料就是所谓的增强材料或增强剂,它的主要作用是提高塑料材料的力学强度,如拉伸强度、冲击强度和硬度等。有的材料同时具有增强和增量两种作用,目前正在研究的高增强性填料,是通过填料颗粒的细微化与表面处理等途径提高其增强效果,以代替价格较高的增强材料。

由此可见,填料和增强材料之间并无严格的界限,随着树脂品种、填料的表面处理与否、成型加工条件等不同而发生变化,而同一种填料在不同树脂中作用也不相同。如木粉填充酚醛树脂可起补强作用,但木粉填充 PVC、PE 则降低制品强度。

3. 赋予功能

随着填充改性技术的发展和对填料认识的加深,以及填充改性给聚合物制品性能带来的变化,人们已从单纯追求成本的降低进展到通过添加填料,尤其是功能性填料来改善制品某些方面的物理、力学性能,或赋予制品全新的功能,例如,一般的塑料材料是绝缘性材料,不具有导电性,但如果以金属粉或炭黑等导电性物质作为填料,则可赋予材料导电性。

常用填料对聚合物所赋予的功能见表 2-1。

表 2-1 常用填料的改性性能

性能	填料品种
耐热性	铝矾土(板状)、石棉、碳酸钙、硅灰石、硅酸钙、炭黑、陶土、云母、滑石粉等
耐药品性	铝矾土、石棉、硅灰石、煤粉、石墨、陶土、云母、滑石粉等
电绝缘性	石棉、硅灰石、α-纤维素、棉纤维、云母、二氧化硅(无定形)、滑石粉、木粉等
抗冲击性	石棉、硅灰石、纤维素、棉纤维、黄麻纤维等
润滑性	石墨、陶土、云母、MoS_2、滑石粉等
导热性	铝粉、氧化铝、青铜粉、炭黑、石墨、铝纤维、AIN、BN、BeO 等
导电性	炭黑、石墨、金属粉及纤维、SnO_2、ZnO 等
磁性	各种铁酸盐(Sr、Ba 等铁酸盐)、磁性氧化铁、Sm-Co、Nd-Fe-B
压电性	钛酸钡、钛酸锆酸铅
抗振性	云母、石墨、钛酸钾、硬硅钙石、铁酸盐
隔音性	铁粉、铅粉、硫酸钾、硫酸钡、氧化铁
绝热性	玻璃微珠、硅石中空微球、石英中空微球等
电磁屏蔽	铁酸盐、石墨、木炭粉、金属粉或纤维
光散射和反射	氧化钛、玻璃珠、碳化钙、铝粉
热辐射	氧化镁、水滑石、MoS_2、铝粉、氧化铝、木炭粉
阻燃性	氧化钼、氧化镁、氧化铝、硬硅钙石、碳酸锌、水滑石等
放射线防护	铅粉、硫酸钡
紫外线防护	氧化钛、氧化锌、氧化铁
吸湿性	氧化钙、氧化镁
脱臭	活性白土、沸石等

在具体选择填料时,除考虑成本之外,还应考虑其对材料强度及其他性能的影响。

二、填料的性质

聚合物填充改性用的填料无论来源及加工方法如何，最终都为颗粒状，这些颗粒填料的基本特性包括填料的几何形状、粒径大小分布、物理、化学性质等，这些性质都将直接影响填充改性体系的材料性能。

1. 填料的化学组成

化学组成决定填料的基本性质，是应用填料必须考虑的因素。填料应在聚合物成型加工与使用过程中稳定，不损害聚合物和其他助剂的性能，并能赋予填充聚合物所要求的功能性，这都取决于填料的化学组成；填料中的杂质可能与塑料中各组分发生反应，所以对其纯度也有一定的要求。由于表面官能团不同，化学组成也会影响填料的表面性质，从而影响填充聚合物的性能。

2. 填料的几何形态特征

填料存在的形式为颗粒。颗粒的形状并不十分规则，但不同种填料的几何形状有着显著的差别，有球形（如玻璃微珠）、不规则粒状（如重质碳酸钙）、片状（如陶土、滑石粉、云母）、针状（如轻质碳酸钙）以及柱状、棒状、纤维状等。

对于片状的填料，其底面长径与厚度的比值是影响性能的重要因素：陶土粒子的底面长径与厚度的比值不大，属于"厚片"，所以提高塑料刚性的效果不明显；云母的底面长径比较大，属于"薄片"，用于填充塑料，可显著提高其刚性。

针状（或柱状、棒状）填料的长径比对性能也有较大影响。短纤维增强聚合物体系，也可视作是纤维状填料的填充体系，其长径比也会明显影响体系的性能。表 2-2 列出部分矿物在加工成颗粒后的几何形状及在长、宽、高三维尺寸的特征。

表 2-2 部分矿物颗粒的几何形状

填料名称	形状分类	形状特征（尺寸比例）		
		长	宽	高
珍珠岩	球形	1	1	1
碳酸钙				
重质	立方	1	1	1
沉淀	立方	1	1	1
硅石	短柱	1.2~4	1	1~<1
高岭土	片状	1	<1	1/4~1/100
云母	片状	1	<1	1/4~1/100
滑石	片状	1	<1	1/4~1/100
石墨	片状	1	<1	1/4~1/100
硅灰石	纤维状	1	<1/10	<1/10

3. 粒径

对塑料改性使用的填料颗粒的粗细、大小的要求是根据情况而定的。一般来说填料的颗粒粒径越小，假如它能分散得均匀，则填充材料的力学性能越好，但同时颗粒的粒径越小，要实现其均匀分散就越困难，需要更多的助剂和更好的加工设备，而且颗粒越细所需要的加工费用越高，因此要根据使用需要选择适当粒径的填料。

通常填料的粒径可用它的实际尺寸（μm）来表示，也可以用可通过多少目的筛子的目数来近似表示。筛网目数与粒径大小大致的对照关系见表 2-3。

表 2-3　筛网目数与粒径大小对照

目　数	20	80	100	150	200	325	400	625	1250	2500	12500
尺寸/μm	833	175	147	104	74	43	38	20	10	5	1

目数是指筛网的每英寸长度上排列的筛孔数。事实上，多数矿物填料的颗粒已经很难通过 200 目的筛子，尽管这些颗粒的实际尺寸比筛子的筛孔尺寸要小。通常要用毛刷施加外力才能通过筛孔，或者在水（或其他液体）的冲涮之下通过筛孔。但外力往往会使筛孔变形，从而造成粒径测量不准确。

测量填料颗粒的尺寸及其粒径分布可使用沉降分析天平，也可以使用普通光学显微镜，在视场中用微米刻度的尺寸直接读数。

4. 表面形态与性质

填料粒子的表面性质取决于其化学组成、晶体结构、吸附物质、表面毛细孔情况等。比表面积即单位质量填料的表面积，填料的粒径越小，其比表面积越大；同样体积的颗粒，其表面积不仅与颗粒的几何形状有关（球形表面积最小），也与其表面的粗糙程度有关。它的大小对填料与树脂之间的亲和性、填料表面活化处理的难易与成本都有直接关系。通常比表面积大小可通过氮气等温吸附方法进行测定。

在固体表面，其分子受到不平衡的分子间力的影响，使表面积趋于极小，这种分子间作用力即表面自由能，以每单位长度的力或每单位表面积的能量表示。填料颗粒表面自由能大小关系到填料在基体树脂中分散的难易，当比表面积一定时，表面自由能越大，颗粒相互之间越容易凝聚，越不易分散。在填料表面处理时，降低其表面自由能是主要目标之一。

5. 物理性质

(1) 密度　填料的密度有真实密度与表观密度，真实密度应当与它所来源的矿物一致，当填料颗粒均匀分散到基体树脂中时，给填充材料的密度带来影响的正是它的真实密度。由于填料的颗粒在堆砌时相互间有空隙，不同形状的颗粒粒径大小及分布不同，在质量相同时，堆砌的体积不同，有时差别还会很大，因此它们的表观密度是不一样的。例如矿物粉碎加工而成的碳酸钙称为重质碳酸钙，而从石灰石经化学反应制成的碳酸钙称之为轻质碳酸钙，是因为它们的表观密度相差很大，但它们的真实密度是相似的。

(2) 吸油值　在很多场合填料与增塑剂并用时，增塑剂常为填料所吸附，把 100g 填料吸附液体助剂的最大量定义为该填料的吸油值。吸油值与填料颗粒的形态、粒径有关。粒径大且表面光滑的球状颗粒者，吸油值相对低得多；颗粒粒径小、表面疏松多孔并呈链枝状形态者吸油值相对高得多。使用填料时若该填料的吸油值大，就会大大降低增塑剂对聚合物基体的增塑效果。故在达到同样增塑效果情况下，使用重质碳酸钙可以减少增塑剂的用量。由于常用的重质碳酸钙的粒径往往比轻质碳酸钙大很多，且颗粒表面光滑，所以使用重质碳酸钙代替轻质碳酸钙虽然可以因吸油值低减少增塑剂用量，但因其颗粒的形态结构影响聚合物-填料的界面结合，其强度稍差。

(3) 硬度　硬度指物质表面抵抗某些外来机械作用，特别是刻划作用的能力；通常采用莫氏硬度来表示物质相对硬度。硬度高的填料可以提高其填充的聚合物制品的耐磨性，但另一方面，填料颗粒的硬度大，则对塑料加工设备的磨损也大，使用填料带来的效益不应被加工设备的磨损抵消。各种填料的硬度如表 2-4 所示。

表 2-4　各种填料的硬度

填料	莫氏硬度		维氏压痕硬度
滑石	最软	1	
蛭石		1.5	
高岭土		2	
云母、沸石		2~2.5	
方解石、重晶石		3	120(103~146)
铁（普碳钢）		4.5	120~250
硅灰石		5~5.6	
玻璃		5.5	500
长石		6~6.5	774
硅石（石英砂）		7	1350
黄玉		8	
金刚石	最硬	9~10	2280~2800

硬度大小不同的填料对加工设备的磨损是不同的，另一方面对于某种硬度的填料，加工设备的金属表面的磨损强度随填料粒径的增加而上升，到一定粒径后其磨损强度趋于稳定。

此外，相对研磨的两种材料的硬度差小，则磨损强度大。一般认为：金属强度高于1.25倍的磨料硬度时，属于低磨损情况；金属强度为0.8~1.25倍的磨料硬度时，属于中磨损情况；金属强度低于0.8倍的磨料硬度时，属于高磨损情况。

通常用于塑料挤出机的螺筒和螺杆的金属材料为38CrMoAl合金钢，经氮化处理，其维氏硬度为800~900，而重钙的维氏硬度为140左右，故填充碳酸钙的塑料用挤出机加工，尽管有磨损，但不特别显著，而粉煤灰玻璃微珠或石英砂，其维氏硬度在1000以上，其填充塑料对氮化钢的磨损极为严重，加工几十吨物料以后，其螺杆的氮化层就不存在了（氮化层约0.4mm厚）。将普通45钢做渗硼处理，其维氏硬度可达2000左右，这时同样的玻璃微珠或石英砂填充的物料对螺杆的磨损就十分轻微了，只相当于重钙对氮化钢的磨损。

（4）颜色及光学特性　填料对所填充的聚合物基体的色泽不应带来明显的变化，或应避免对基体的着色带来不利影响，因而除专门用于塑料着色的颜料外，通常都希望填料本身是无色的，当然这对大多数填料是不可能的，但至少应当是白色的，而且白度越高越好。

测量填料的白度，可将填料粉末压制成圆片状试样，将特定波长的光照射在试样平滑表面上，由试样表面对此波长光线的反射率与标准白度的对比样反射率的比值作为填料的白度值。我国目前生产的重质碳酸钙白度值都可达到90%以上，最高可达95%以上，而滑石粉的白度值一般在80%~90%。

填料的折射率和塑料基体的折射率有所不同。对多数填料来说其折射率还不止一个。具有立方点阵结构的晶体和各向同性的无定形物质才具有唯一的折射率，如氯化钠是典型的等轴（立方）晶体，玻璃是典型的各向同性无定形物质。

有的晶体有两个相等的短轴并垂直于第三轴（长轴），如方解石和石英。光线沿长轴传播时，其传播速度唯一，而当光线沿其他方向传播时，被分解为两种不同速度的光线，产生两个折射率。方解石的两个折射率分别为1.658和1.486，石英的两个折射率分别为1.553和1.544。

填料的折射率与塑料基体折射率（通常在1.50左右）之间的差别使填充塑料的透明性受到显著影响，对塑料的着色的色泽深浅及鲜艳程度也有明显影响。

紫外线可使聚合物的大分子发生降解。紫外线的波长范围为0.01~0.4μm，炭黑和石墨作为填料使用，由于它们可吸收这个波长范围的光波，故可以保护所填充的聚合物避免发生紫外线照射引发的降解。有的物质不仅可以吸收紫外线，还可通过重新发光把波长较短的紫外光转化为波长较长的可见光，如果将其作为填料使用不仅可避免紫外线的破坏作用，还可增加可见光的辐射能量。

红外线是 $0.71\mu m$ 以上波长范围的光波，有的填料可以吸收或反射这个波长范围的光波。在农用大棚膜中使用云母、高岭土、滑石粉等填料，可以有效降低红外线的透过率，从而显著提高农用大棚膜的保温效果。

(5) 热性能 聚合物填充材料加工大多都涉及加热、熔融、冷却定型等过程，填料本身的热性能及其与聚合物基体之间的差别同样也会对加工过程产生影响。

大多数聚合物的传热系数仅为无机填料的十分之一以下，而石墨的传热系数远远高于聚合物，也高于无机填料，这就为制作既能发挥塑料耐腐蚀的优点又具有高热导率的石墨填充塑料奠定了基础。

1kg 物质升高 1 热力学温度（开尔文，K）所需的能量（焦耳，J）称之为比热容。水的比热容为 $4186.8 J/(kg \cdot K)$，大多数填料的比热容为水的五分之一左右，而聚合物的比热容为水的 $1/3 \sim 1/2$。若将质量换算为体积，则聚合物和填料的体积比热容值处于同一范围。炭黑和石墨的体积比热容值较低，而金属的体积比热容值较高，是炭黑和石墨比热容值的 $2 \sim 3$ 倍。

热膨胀系数定义为在给定的温度范围内，每升高 1K 物体线性尺寸或体积膨胀所增加的部分与试样原长度或原体积的比值，单位为 K^{-1}。

各种填料的热膨胀系数相互有很大差别，而且除金属材料外由于结构上的非均匀性，大多数填料材料在不同方向的热膨胀系数有所不同，如松木制成的木粉填料，在平行于纤维长度的方向其线膨胀系数为 $5.4 \times 10^{-6} K^{-1}$，而在垂直于纤维长度方向，其线膨胀系数为 $34.1 \times 10^{-6} K^{-1}$，两个方向的数值相差六倍之多。金属材料由于晶体结构的一致性，在各个方向上其线膨胀系数是相同的。

大多数矿物填料的线膨胀系数在 $(1 \sim 10) \times 10^{-6} K^{-1}$ 范围内，而多数聚合物的线膨胀系数则在 $(60 \sim 150) \times 10^{-6} K^{-1}$ 范围内，后者通常是前者的几倍到十几倍；所以填料的加入通常可减小材料的成型收缩。

(6) 电性能 金属是电的良导体，因此金属粉末作为填料使用可影响填充聚合物的电性能，但若填充量不大，聚合物基体能包裹每一个金属填料的颗粒，其电性能的变化就不会发生突变，只有当填料用量增加至使金属填料的颗粒达到互相接触的程度时，填充聚合物的电性能将会发生突变，体积电阻率显著下降。

非金属矿物制成的填料都是电的绝缘体，从理论上说它们不会对聚合物基体的电性能带来影响。但由于周围环境的影响，填料的颗粒表面上会凝聚一层水分子，依填料表面性质不同，这层水分子与填料表面结合的形式和强度都有所不同，因此填料在分散到聚合物基体中以后所表现出的电性能有可能与单独存在时所反映出来的电性能不同。此外填料在粉碎和研磨过程中，由于价键的断裂，很有可能带上静电，形成相互吸附的聚集体，这在制作细度极高的微细填料时更容易发生。

(7) 磁性能 具有磁性的粉末物质可用来制作磁性塑料。目前已商品化的磁粉材料分为铁氧体和稀土两大类。铁氧体类磁粉是以三氧化二铁为主要原料加入适量锌、镁、钡、锶、铅等金属的氧化物或碳酸盐，经研磨、干燥、煅烧、再研磨工艺制成的陶瓷粉末，其粒径通常在 $1\mu m$ 以下。常用的铁氧体磁粉为钡铁氧体（$BaO \cdot 6Fe_2O_3$），特别是单畴粒子半径大，磁各向异性常数大的锶铁氧体效果更佳。磁粉粒子呈六角板状，垂直于六角面的轴向即 NS 方向。

稀土类磁粉受价格和资源的影响，使用量不及铁氧体类磁粉的十分之一，但制作的磁性塑料其磁性更强，加工性能也更优异。稀土类磁粉主要有 1 对 5 型和 2 对 17 型，即稀土元素与过渡元素组成比例分别为 1∶5 和 2∶17，前者主要是 $SmCo_5$，后者主要是 Sm_2（Co、Fe、Cu、M$)_{17}$，（M＝Zr、Hf、Nb、Ni、Mn 等）。

6. 热化学效应

高分子聚合物容易燃烧，大多数填料由于本身的不燃性，在加入到聚合物中后可以起到减少可燃物浓度、延缓基体燃烧的作用。有的还可以与含卤有机阻燃剂起到协同阻燃作用，如氧化锑和硼酸锌等；在聚合物燃烧过程中，它们参与燃烧过程中所出现的化学反应，因此通常作为辅助阻燃剂使用。

铝、镁氢氧化物可以独立作为阻燃剂使用。随着铝、镁氢氧化物在聚丙烯中的含量增加，填充聚丙烯的氧指数迅速上升，当氢氧化铝或氢氧化镁的质量分数达到 56％ 以上时，填充聚丙烯的氧指数可达到 27 以上。氢氧化铝或氢氧化镁在一定温度下可分解成氧化铝或氧化镁与水。由于此分解反应为吸热反应，释放出的水及分解出不燃的氧化物，可起到降低燃烧区温度、隔绝塑料基体与周围空气接触作用从而达到灭火的目的。

氢氧化铝在 140℃ 时开始失去第一个分子水，达 230℃ 时失去全部水，而氢氧化镁在 340℃ 时才失去唯一的水分子，它们的吸热值分别为 153kJ/mol 和 81.1kJ/mol。

三、填料-聚合物的界面

1. 填充聚合物的构成

填充聚合物主要由聚合物、填料、偶联剂或其他表面处理剂构成，根据需要有时还要加入增塑剂、增韧剂、稳定剂、润滑剂、分散剂、改性剂、着色剂等。

（1）聚合物　聚合物是聚合物填充改性体系中的基体材料，是必不可少的成分，且通常是主要成分（占据较大比例），有时也可能是次要成分（占据较小比例）。不论前者还是后者，树脂的物理和化学性质都对填充聚合物的综合性能具有重大的影响。为此，聚合物通常应注意满足以下要求。

① 良好的综合性能　为使填充聚合物性能卓越，所使用的聚合物应具有良好的综合性能，例如良好的力学性能、电性能、热性能、耐化学腐蚀性、耐老化性能、阻燃性等。然而，同时兼有上述性能往往是困难的，因此必须根据填料的特性（主要指与聚合物的黏结性）和填充聚合物的使用范围，合理选择，以构成符合应用要求的填充聚合物。

② 对填料具有较强粘接力　聚合物在填充改性体系中的一项重要作用是作为粘接剂将填料粘接成一个整体，从而构成一种具有崭新性能的新材料。这种粘接作用对材料的性能非常重要，聚合物对填料的良好黏附还可以保护填料免受环境介质的浸蚀和磨蚀，从而更有利于发挥填料的作用。

③ 良好的工艺性能　制造填充聚合物时，希望有较易实现的成型加工条件，以降低设备投资、简化操作和便于制造大型或复杂几何形状的制品。这里所指工艺性能主要包括：聚合物应有恰当的流动性，聚合物流动性过小，不易浸渍包覆填料，也不利于充模（注塑成型时尤其明显），流动性过大，在成型时聚合物易流失，造成制品缺料、填料分布不均以及与填料比例的失控；聚合物的成型收缩率应小，且与填料的收缩率相差越小越好，否则在填

料-聚合物界面上易产生较大的收缩应力，影响填充聚合物材料的强度及尺寸稳定性；另外热固性聚合物要有适宜的固化时间，过长的固化时间影响生产率，过短又难以加工和应用于制造大型制品。

（2）填料　在填充聚合物中，填料也是必不可少的。它所占的比例取决于填料本身的形态和物理化学特性，以及对填充聚合物材料或制品的使用性能要求。通常填料在填充聚合物中的质量分数为百分之几到百分之十几，但有时也能达到百分之几十。例如在半硬质聚氯乙烯地板中，重质碳酸钙或石英粉的添加量可达 75% 以上，而在聚丙烯塑料编织袋用扁丝中，重质碳酸钙的添加量一般为 10% 左右。常用的填料种类及特征详见本章第二节及有关参考文献。

探讨填料颗粒的几何形状和颗粒的粒径大小对填充量的影响，那就要考虑到颗粒的堆砌问题。C. C. Furnas 所设计的测定方法是基于测定均一形状颗粒的比粒径范围的空隙体积。最粗颗粒的堆砌决定了堆砌体系的总体积，随后较细的颗粒被置于最粗粒之间的空隙中，此时总体积并无变化。再随后加入更细的颗粒可置于较细颗粒相互之间以及较细颗粒与最粗颗粒之间的空隙中。更细颗粒加入带来的各种空隙又可被比它更细小的颗粒所占据。这种在不影响堆砌体系总体积的情况下，有尽可能多的填料颗粒参与堆砌，称之最大密堆砌，也就是总体积最小的堆砌。

而最小密堆砌与此相反，它可看成是用单一粒径或单一形状的填料颗粒堆砌而成的，它含有较多的空隙，从而整个堆砌体系占据着较大的空间。例如同一直径的球体或者同样针状的填料颗粒，前者是没有其他颗粒占据球体之间空隙的可能，而后者由于在静态情况下针状颗粒难于取向，杂乱堆砌成松懈的集团。

填料颗粒堆砌时，其实体的体积占整个填充塑料体积的百分数称之为堆砌系数。堆砌系数高，填料可填充的量就越大。

完全的球形颗粒具有最大的对称性和最小的表面积，因此堆砌密度高，堆砌系数大。对等径球来说，其堆砌系数的极限值为 74%，这是指理想堆砌状态，实际上等径球的最大堆砌系数约为 62%。

具有不规则几何形状的填料颗粒，由于不能形成有序排列，有效空间利用率低，自然导致堆砌密度小，最高填充量低。

一般来说，为最大限度提高聚合物的硬度、压缩强度和降低成本等目的，则希望使填料尽可能实现高填充。但填料的加入往往使填充体系某些性能劣化乃至失去使用价值。因此掌握填料的特点，提高填充聚合物的加工技术，达到使用要求，对于确定填料的最佳添加量是必要的。

（3）偶联剂及表面处理剂　为了提高填料与聚合物之间的亲和能力，常使用偶联剂或表面处理剂对填料进行处理。

常用的偶联剂有硅烷、钛酸酯、铝酸酯等，对于某些填充体系如聚氯乙烯-碳酸钙、聚丙烯-碳酸钙等，使用硬脂酸等表面活性剂也可以达到预期的处理效果。详见本章的第三节。

（4）其他助剂　填充聚合物中除高分子聚合物、填料和表面处理剂外，有时为了获得更好的加工性能或材料的力学性能，还须加入其他助剂，如增塑剂、增韧剂、稳定剂、分散剂、润滑剂等，此外加入颜料等着色剂、光稳定剂、抗氧剂、抗静电剂等还可使填充塑料具有所预期的特性。

① 增塑剂　对于填充聚氯乙烯树脂体系，为增加树脂可塑性、降低加工温度或增加制品柔性，常需加入增塑剂。邻苯二甲酸酯类是聚氯乙烯最主要的增塑剂，此外还有苯多酸酯

类、脂肪族二元酸酯、环氧酯、多元醇酯、磷酸酯、含氯化合物、高分子聚酯等，均各有特点和应用范围。

② 增韧剂　某些场合，为改进基体树脂的韧性，同时采用共混改性的措施，在基体树脂中掺混入另一种韧性优越的弹性体或树脂作为增韧，以达到增韧的目的。常用的增韧改性剂有氯化聚乙烯、丙烯酸酯共聚物、乙丙橡胶、丁腈橡胶、ABS树脂、SBS热塑性弹性体等数十种。

③ 稳定剂　制造填充聚氯乙烯树脂制品时，必须加入热稳定剂才能防止在成型加工的温度下发生大分子降解。常用的热稳定剂有铅盐、有机锡以及多种金属的硬脂酸皂。对烯烃类和苯乙烯系列树脂也须加入相适应的抗氧剂，以保证在高温下顺利成型加工而不致使基体树脂的性能发生变化。

④ 分散剂　在填料颗粒粒径微小，填充量又比较大时，为得到填料在聚合物中的良好分散，除对填料表面进行有机化处理使之由亲水性变为亲油性之外，还需加入白油、石蜡、低相对分子质量聚乙烯等分散剂以利于填料更均匀地分散在基体聚合物中。

⑤ 润滑剂　填料的存在会影响熔融状态基体聚合物的黏度，可能使整个填充体系的加工性能劣化。加入适量的润滑剂，特别像石蜡、硬脂酸等类润滑剂是十分必要的。表2-5列出一些填充塑料体系的构成。

表 2-5　一些填充塑料体系的主要成分

塑料体系	聚合物	主要填料	主要助剂
热塑性填充塑料	聚乙烯 聚丙烯 聚氯乙烯 聚碳酸酯	碳酸钙、硅灰石、黏土等 碳酸钙、硅灰石、玻璃纤维 碳酸钙、硅灰石、黏土、炭黑 玻璃纤维、硅灰石	偶联剂 偶联剂、增韧剂 稳定剂、偶联剂、增韧剂 偶联剂
热固性填充塑料	酚醛 氨基 环氧	木粉、石棉、玻璃纤维及其织物 纸、布屑 石英、硅灰石、玻璃纤维	固化剂、偶联剂 脱模剂 固化剂、偶联剂、增韧剂

2. 填充聚合物的形态

填充聚合物由基体聚合物、填料及其他助剂构成。在此复合体系中，它们形成何种复合结构，这就涉及填充聚合物的形态及形态学问题。这是材料科学研究领域中迅速发展起来的一个新的领域，填充聚合物的形态不仅与其原始构成有关，而且受其加工条件影响极大，所以必须综合多方面因素来考察填充聚合物的形态。此外，填充聚合物中填料与基体的界面状况也非常重要，界面结构的复杂性使得填充聚合物的形态更为复杂，而填充聚合物的形态与其性能有着密切的关系。因此，对填充聚合物形态的研究是非常重要的。近年来开发成功的一系列先进测试设备和表征技术为探讨、认识各类材料（包括填充塑料）的形态打下了坚实的基础，它们主要是电子显微镜，X射线衍射，傅里叶变换红外光谱，X射线光电子能谱以及若干技术的综合利用等。

(1) 填充聚合物的宏观结构形态　按相的连续特征，可将填充塑料的宏观结构形态分为如图2-1所示之各种类型。

① 网状结构　若以A代表基体，以B代表填料，则图(a)的上图为A、B三向连续。这种结构形态赋予填充聚合物各向同性的性能特征。图(a)的下图与其上图稍有不同，它的A为三向连续，B仅为两向连续。显然，图(a)的下图这种结构形态的填充聚合物仅具有两向同性。

② 层状结构 各种（整）片状增强性填料与聚合物复合而成的填充体系有着这样的结构形态，其中 A、B 均为两向连续，因而层状结构为两向同性的形态，如图 2-1(b) 所示。

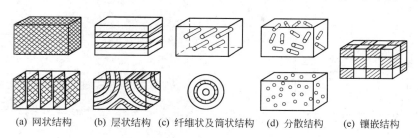

(a) 网状结构　(b) 层状结构　(c) 纤维状及筒状结构　(d) 分散结构　(e) 镶嵌结构

图 2-1　填充塑料的宏观结构形态

③ 纤维状结构（图 c 上图）及筒状结构（图 c 下图）　前者 A 是三向连续，B 是单向连续，这种结构形态常为满足沿纤维状填料轴向方向要求特殊增强的制品而设计。后者为 A、B 同时两向连续，某些增强管、增强棒状制品设计成此种结构形态，沿管、棒轴向及径向都获得了增强，但轴、径两向增强的力度有所差异。

④ 分散结构（图 d）　以不连续的粉粒状或短纤维状填料填充的塑料有着此种结构形态，显然其中 A 为三向连续，B 为不连续。当填料分散达到理想的均匀程度，且 A 及 B 均无取向现象时，具有理想分散结构形态的填充塑料将呈现各向同性的特征。分散结构是填充塑料最普遍的一类形态，例如碳酸钙、滑石、黏土等填充聚乙烯、聚丙烯、聚氯乙烯等热塑性填充塑料以及短玻璃纤维填充不饱和聚酯等热固性塑料。

⑤ 镶嵌结构（图 e）　此种形态中，A、B 均为不连续，它仅为特殊使用要求而设计，实用中尚不多见。

(2) 填料流动取向对填充聚合物宏观结构形态的影响　含有短纤维状、针状、薄片状填料的填充聚合物，它们在成型过程中，或多或少会发生填料因流动而在某个方向上的取向（流动取向），因而导致填充聚合物可能形成一种特殊的填料取向结构形态，以致得到成型收缩率或力学强度等具有方向性的不均匀性制品，尤其对于塑料注塑成型制品，其取向情况与制品形状尺寸和浇口位置有关，取向效应显著，成为这种生产效率高的成型方法应用于填充塑料的一个难点。填料取向现象有如下两种典型情况。

第一种情况是在加压下，材料不产生大流动状态下填料的取向，此时填料按受压方向的 90°直角方向取向。为了方便，可称之为第一类取向，如图 2-2 所示。例如将填充塑料在阴模全面积上铺展状态下，压塑成平板时，即属此类；这时，各个填料个体顺着把在各部位所受的压力差尽可能平均化（应力松弛）的方向变形，因而使得在最大面积上接受压力，亦即与压力成直角的方向取向。

第二种情况是在加压下，材料产生大流动状态下填料的取向。这种场合填料按流动方向取向，可称之为第二类取向，如图 2-3 所示。在注塑成型及传递模塑成型的各个流道中所见到的填料取向状态即属此类；此时由于物料在各部位流动速度的不同，流速慢的部分受到流速快的部分的应力，使得填料按流动方向取向。换言之，即取向结构是把各个填料个体在各点受到的张力尽可能松弛，按平均化的方向取向。取向效应在剪切速率越大时越显著。

在实际的成型加工过程中，上述两类取向现象常是同时发生的，但随模具结构的差异以及部位的不同，以哪一类取向为主，则可能发生很大的变动。例如对挤出制品，填料多为沿挤出（即流动方向）取向，而在注塑及传递模塑时，在模具截面积狭窄部位，制品中的填料主要为第二类取向；在注入口（浇口）附近为第一类取向。填充聚合物制品中填料取向是难以避免的现象，这种现象对填充聚合物宏观结构形态产生了显著的影响。

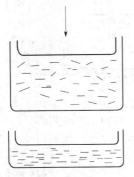

图 2-2　加压下，填充塑料不产生大流动场合下，填料的取向（第一类取向）

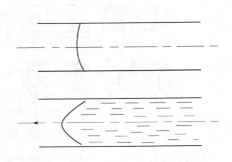

图 2-3　加压下，填充塑料产生大流动场合下，填料的取向（第二类取向）

填充聚合物制品内填料的取向，导致其物理力学性能产生相当明显的各向异性，主要表现在成型收缩率、制品后收缩率、热膨胀系数、力学强度等方面。

3. 填料-聚合物界面的形成

填料与聚合物界面的形成大体上分为两个阶段。首先是聚合物与填料的接触及浸润。无机填料多为高能表面物质，而有机聚合物则为低能表面物质，前者所含各种基团将优先吸附那些能最大限度降低填料表面能的物质。只有充分地吸附，填料才能被聚合物良好地浸润。第二阶段是聚合物树脂的固化过程。对于热塑性树脂，该固化过程为物理变化，即树脂由熔融态或黏流态被冷却到熔点或玻璃化温度以下而凝固；对于热固性树脂，固化过程除物理变化外，同时还有依靠其本身官能团之间或借助固化剂（交联剂）而进行的化学变化（化学反应）。

由于填料及聚合物的表面组成总是与其本体有所不同，两者表面接触时的选择性吸附，固化过程复杂的物理变化及化学变化等因素，在制造填充聚合物时，在填料与聚合物之间必然要形成一个新的界面区，如图 2-4 所示。在界面区，其组成及结构与填料和聚合物的本体均不相同。

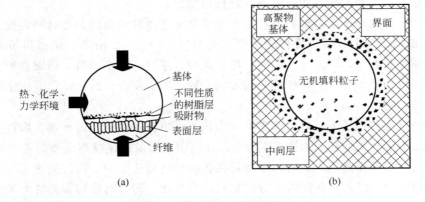

图 2-4　填充高聚物的界面模型

4. 填料-聚合物界面的作用及其机理

填充聚合物中界面区的存在是导致这类复合材料具有特殊复合效应的重要原因之一。界面区对填充聚合物性能的贡献可概括为如下几点。

① 通过界面区使基体聚合物与填料结合成为一个整体，并通过它传递应力，只有完整的粘接面才能均匀地传递应力。

② 界面的存在有阻止裂纹扩展和减缓应力集中的作用，即起到松弛作用。

③ 在界面区，填充聚合物若干性能产生不连续性，因而导致填充聚合物可能出现某些特殊功能。

关于填充聚合物界面作用机理，较多研究的是强化界面结合的因素。下面一些理论均有一定依据，能从某一方面解释聚合物界面的作用，互相补充将更为完善。

（1）化学键理论　化学键理论是最古老和最重要的理论。此理论认为，界面粘接是通过化学键的建立而实现的。当填料及树脂之间具有可反应的官能团以及在使用恰当的偶联剂场合，这一理论无疑是正确的。化学键理论推动了玻璃纤维增强塑料的迅速发展，对于偶联剂的开发也起到很好的指导作用，但无法解释无化学键形成时，填充聚合物也有良好性能的现象。

但是，硅烷偶联剂虽能在玻璃填料与硅烷偶联剂之间形成共价键，但这些键能被水解。且由另外的实验表明，这样的化学粘接其粘接效果并非最好。

（2）表面浸润理论　此理论认为，所有粘接剂的首要要求是必须浸润填料，若完全浸润，则由物理吸附所提供的粘接强度能超过聚合物的内聚能。浸润理论（或称物理吸附理论）确实是极为重要的，它可作为化学键理论的一个补充，但却不能排斥化学键理论。

（3）其他理论　界面具有应力松弛作用，它可促进填充聚合物材料力学性能的提高。变形层理论与拘束层理论对此有所阐述。

变形层理论认为经偶联剂改性的填料表面可能择优吸附树脂中的某一配合剂，相间区域的不均衡固化可能导致一个比偶联剂在聚合物与填料之间的单分子层厚得多的柔性树脂层，即变形层。它能松弛界面应力，防止界面裂缝的扩展，因而改善了界面的结合强度。

拘束层理论认为，复合材料中高模量的填料和低模量的树脂之间存在界面区，偶联剂是其中一部分，如果界面区的模量介于填料与树脂之间，则可最均匀地传递应力。偶联剂一方面与填料表面黏合，一方面在界面上"紧密"聚合。若偶联剂含有可与树脂起反应的基团，则可在界面上起到增加交联密度的作用。

可逆水解理论则把化学键、刚性界面、应力松弛等理论观点结合起来。认为硅烷偶联剂与填料/聚合物体系的作用机理是：化学键；形成传递应力的界面层；改善聚合物的浸润性；改善相容性；增加表面粗糙度；形成隔水层等。在有水存在时，偶联剂和玻璃填料之间的化学键可逆地断裂与重新形成，起到应力松弛的作用。

在以上研究基础上，有人从化学结构和相互作用力的观点总结认为广义的界面作用类型可归纳为六类：①界面层两面都是化学结合；②界面层一面是化学结合，另一面是酸、碱作用；③界面层一面是化学结合，另一面是色散作用；④界面层两面都是酸、碱作用；⑤界面层一面是酸、碱作用，另一面是色散作用；⑥界面层两面都是色散作用。

以上观点与化学键理论和浸润（物理吸附）理论本质上是一致的，但说明更为细致。

四、填料-聚合物界面体系的表征

近年来对填料-聚合物界面作用的表征技术有了许多新的、重要的进展，从而为研究其界面结构、界面作用机理、界面破坏形式以及进行界面设计奠定了实验基础。下面扼要介绍各种重要的和有效的表征方法。

1. 接触角法

接触角法属于热力学方法。液体（例如液态聚合物树脂、液态偶联剂等）与固体填料表面接触，达到浸润平衡时，形成如图 2-5 所示之状态。

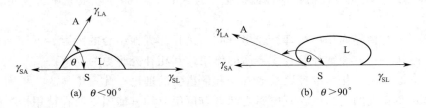

图 2-5　液体在平坦固体表面上的浸润状态

若固体的表面是理想光滑、均匀、平坦且无形变的，则可达稳定平衡，这种情况下产生的接触角 θ 是平衡接触角 θ_0。接触角是由三相界面交线任意一点向液滴界面所作的切线与固体表面的夹角。

当 $\theta < 90°$，如图 2-5 中（a）时，为可浸润，θ 越小，则浸润效果越好。至 $\theta = 0°$ 时，则完全浸润；$\theta \geqslant 90°$，如图 2-5 中（b），为浸润不良，当 $\theta = 180°$ 则为完全不浸润。

使用接触角测定仪，将待测液体滴落在待测固体平滑表面上，可以直接观测到液-固界面的接触角。根据所得接触角数据能够判断所测体系的浸润效果。良好的浸润状态是强界面作用的前提。

有机液体在无机填料这类高能表面上的液滴，由于极易铺展，加之该液体蒸气分子又极易被高能固体表面吸附，以致必须采用"双液法"才能正确观测这类界面的接触角。"双液法"是将待测固体沉浸在一种保护液体中，保护液应与待测液不相溶，且密度低于待测液，然后将待测液通过保护液滴落到待测固体表面，再观测接触角。

具有高能表面的无机填料往往覆盖着一层吸附水或有机杂质分子膜，并转变为低能表面。因此只有在极为洁净的环境中才能保护住原有的高能表面。获得纯净高能表面的方法有真空技术、加热、抛光、洗涤等。忽略了聚合物表面的纯净，就不可能测得正确的接触角数据。

2. 界面张力法

接触角 θ 的大小实际是受各相间界面张力制约的，浸润平衡时，著名的杨氏（Young）方程给出了它们之间的关系（参见图 2-5）：

$$\gamma_{SA} = \gamma_{SL} + \gamma_{LA} \cos\theta \tag{2-1}$$

或

$$\cos\theta = (\gamma_{SA} - \gamma_{SL})/\gamma_{LA} \tag{2-2}$$

式中　γ_{SA}——固、气相界面张力；
　　　γ_{SL}——固、液相界面张力；
　　　γ_{LA}——液、气相界面张力。

γ_{SA} 和 γ_{LA} 一般来说分别就是固体的表面张力 σ_S 和液体的表面张力 σ_L，它们从手册中很易查到。因而式(2-2)可以改写为：

$$\cos\theta = (\sigma_S - \gamma_{SL})/\sigma_L \tag{2-3}$$

由式(2-3)，显然：

当 $\sigma_S > \gamma_{SL}$，则 $\cos\theta > 0$，$\theta < 90°$，该液-固体系可以浸润；

当 $\sigma_S < \gamma_{SL}$，则 $\cos\theta < 0$，$\theta > 90°$，该液-固体系不能浸润或浸润不良；

当 $\sigma_S - \gamma_{SL} = \sigma_L$ 时；$\cos\theta = 1$，$\theta = 0°$，该液-固体系完全浸润。

故而，通过表、界面张力数据也可方便地表征界面效应的强弱。同时，研究、改变及调节三种张力之间的比例关系就可改善浸润状况和界面效应。

3. 黏度法

黏度法是一种依据填充聚合物体系流变行为来表征填料与聚合物亲和性的方法。人们研究发现，加有填充剂的聚合物体系与相应的纯聚合物体系，其熔体的比黏度（在同一剪切应力或剪切速率下的黏度之比）在较高剪切应力范围达到一个稳定值。同一种填料，且同一个体积含量，而不同聚合物的填充体系，该稳定值大小不同，这是由于吸附在填料表面上的随填料粉粒运动的吸附层厚度有所差异的缘故。显然，吸附层的厚度越大，比黏度的稳定值也越高，而界面亲和性越好。

4. 力学强度法

聚合物中加入增强性填料后，其弹性模量、冲击强度、拉伸强度等力学性能将有明显提高。而提高的程度却与聚合物-填料界面结构及界面作用的强弱有密切关系。当加入偶联剂、表面处理剂、相容性处理剂等各种可以改善界面亲和性的助剂，或对填料表面进行特殊处理，就可使该填充聚合物体系获得更突出的增强效果。因此通过宏观力学强度的测定，就可以表征聚合物-填料界面是否达到较理想的状态。这一方法应用是比较普遍的。

对于长纤维增强聚合物体系，还可采用所谓单丝拔出法来表征其中纤维与聚合物界面粘接的优劣，该法是测量将一根长纤维从聚合物基体中拔出之力的大小。

5. 界面酸碱效应法

该理论认为酸性表面可与碱性表面经过酸碱（广义的 Lewis 酸碱）相互作用结合，表面偏酸性的无机填料宜与表面偏碱性的基体结合；表面偏碱性的填料宜与表面偏酸性的基体结合，在良好黏合的两相界面上起作用的是广义的酸碱作用机理。若表面偏酸（碱）性的填料欲与表面偏酸（碱）性的基体结合，则应对材料进行表面处理，改变其表面的酸碱性，从而实现两者界面之间较好的结合。

C. J. Van Oss 等提出用表面自由能的有关分量来表征各种物质表面酸碱性的大小。当表面具有 Lewis 酸碱性时，可用 γ^+ 表示酸性分量，即电子接受体或质子给予体对表面自由能的贡献；用 γ^- 表示碱性分量，即质子接受体或电子给予体对表面自由能的贡献；两者与表面自由能酸碱分量 γ^{AB} 关系为：

$$\gamma^{AB} = 2\gamma^+ \gamma^- \tag{2-4}$$

另外，用 γ^{LW} 表示色散部分对表面自由能的贡献，它包括了较小的偶极作用和偶极-诱导偶极作用，因而 γ^{LW}、γ^+、γ^- 三个表面能参数可表征一种物质表面的表面能，酸碱性及其大小。

当填料和聚合物的表面酸碱性可以很好的匹配，理论上就可实现强的界面粘接。

6. 显微镜观察法

用显微镜观察是唯一一种可以直接研究和表征填料（或增强剂）与聚合物界面状况的方法。最常用的是扫描电子显微镜（SEM）。

根据研究需要，首先制备各种各样的填充聚合物试样，将试样的新鲜冲击断面置于扫描电子显微镜下观察和拍照，放大倍数可选择数千倍到数万倍，一般能清晰观察到几微米或更小的尺寸范围。

电子显微镜获得的界面信息主要有以下两种。

① 填料在聚合物基体中的分散情况　对于加有同样填料的某种聚合物体系，而且填料

体积含量相同时，若填料的处理条件有所不同，显然，优良的处理条件会促使填料在聚合物基体中良好的分散，填料无聚集现象，这时可说明填料与聚合物之间有较强的界面作用（当然还要注意到复合工艺条件因素的影响）。

② 填料与聚合物基体界面的黏附情况　如果填料表面清晰，树脂附着少，则界面粘接不良。此外，若界面处有空洞或填料（尤其纤维状填料）有被从树脂基体中拔出的现象，也都表征界面相互作用欠佳。

7. 其他表征方法

除前述各种方法外，还有许多利用先进分析技术来表征填充聚合物体系界面的方法，以下给予简要介绍。

（1）反气相色谱（IGC）法　与传统气相色谱不同的是，IGC是以未知（待测）性能固体物为填充材料，气相中探针分子的性能是已知的。用IGC法可以测定填料、聚合物和它们经处理后的表面性能参数，从而表征其界面作用的强弱。例如可以得到固体表面酸、碱性及其变化的信息；还可测得吸附自由能、吸附热焓、吸附熵等加以比较。

（2）傅里叶变换红外光谱（FT-IR）法　该方法可用于研究填料、聚合物的表面化学组成以及它们相互粘接的两个表面的化学结构、化学反应等。因此填料经偶联剂或其他表面处理剂处理后的效果很容易用FT-IR判断。如果填料-聚合物两相界面发生浸润、扩散和化学反应，则可采用剥离的手段分离，然后对构成界面的两面作表面红外光谱分析，比较其光谱与纯本体的光谱，进而得出作用类型的判断。

（3）X射线光电子能谱（XPS）法　XPS法是以软性X射线作激发源的光电子光谱分析法，在树脂基复合材料研究中，它主要用于填料（处理前、后）的表面分析，并藉以探讨界面亲和性。此法主要特点是能进行最外层表面区域的分析，灵敏度高，能获得除H和He以外的元素组成以及化学键的信息；样品不被破坏以及分析快速等。

（4）动态力学法　聚合物对周期性或变化着的力的反应或形变称为动态力学性能。常采用扭辫仪、振动簧等仪器来测定此类性能。一般是于一定的温度范围内，在较小的振幅下测定样品的模量和损耗角正切随温度变化的情况。模量包括恢复模量 E' 和损耗模量 E''。聚合物的 E' 在玻璃化温度附近发生转折，E'' 及损耗角正切 $\tan\delta$ 出现极大值。因此可根据 E'、E'' 及 $\tan\delta$ 的变化而测得聚合物的玻璃化温度 T_g。

人们研究得知，当填料或增强剂加入到聚合物中，若它们之间有强的亲和性，则聚合物的玻璃化温度将有所提高，这是由于界面约束了聚合物大分子链段的运动所致。所以用动态力学法测定填充聚合物体系玻璃化温度变化的幅度，就可以对比界面效应的强弱。

第二节　填料的种类与特性

填料的种类繁多，可按多种方法进行分类。按形状划分，有粉状、粒状、片状、纤维状等。按化学成分，可分为有机填料和无机填料两大类。实际应用的填料大多数为无机填料。进一步划分，可分为碳酸盐类、硅酸盐类、硫酸盐类、金属氧化物与金属氢氧化物类、金属粉类、碳素类、晶须等。此外，还有有机填料如木粉、淀粉等。

一、碳酸盐

碳酸盐类型的填料是塑料填料中最重要的一类。它以碳酸钙为主，碳酸钙分子式为

$CaCO_3$，分为天然矿石磨碎而成的重质碳酸钙（简称重钙）和用化学法生产的沉淀碳酸钙又称轻质碳酸钙（简称轻钙）。两种天然碳酸钙矿石均来源于石灰岩。

碳酸钙凭借以下优势在橡胶与塑料中广泛用作填料：①价格低廉；②无毒、无刺激性、无味；③色泽好、白，对其他颜色的干扰小，易着色；④硬度低，对加工设备的磨损轻；⑤化学稳定，属惰性填料，热分解温度为800℃以上；⑥易干燥，水分易除去，无结晶水。

在塑料中加入碳酸钙除增量及降低成本外，还可以起到以下作用：①提高塑料制品的耐热性，在聚丙烯中添加40%的$CaCO_3$，其热变形温度可提高20℃左右；②改进塑料的散光性，起到遮光或消光的作用；③改善塑料制品的电镀性能或印刷性能；④减少塑料制品尺寸收缩率，提高尺寸稳定性。

此外，碳酸钙还可作为聚氯乙烯糊及不饱和聚酯的黏度调节剂。

但是，由于碳酸钙不耐高温且易被酸分解，故不宜用于高温和耐酸制品中。

1. 重质碳酸钙

重质碳酸钙，可由天然碳酸钙矿物如方解石、大理石、白垩磨碎而成，粉碎方法有干法和湿法两种。现在使用的重质碳酸钙多以方解石为原料。方解石的物理性质见表2-6。

表2-6 方解石的物理性质

密度/(g/cm³)	硬度（莫氏）	水中溶解度(18℃)/(g/100g水)	分解温度/℃
2.60~2.75	3	0.0013	900

重质碳酸钙过去曾称之为单飞粉（过200目）、双飞粉（过320目）、四飞粉（过400目）以及方解石粉。生产重钙的企业各自有产品企业标准或控制指标，目前尚无适用于塑料填充用的重钙国家标准或行业标准。中国塑料加工工业协会改性塑料专业委员会提出的聚烯烃填充母料用重质碳酸钙的技术性能要求，如表2-7所示。

表2-7 聚烯烃填充母料用重质碳酸钙的技术性能要求

项 目	性能指标		项 目	性能指标	
	优级品	合格品		优级品	合格品
碳酸钙含量/%	≥98	≥94	硬度（莫氏）	≤3	≤3.5
细度（400目筛余物）/%	≤0.01	≤0.1	吸油率/(ml/100g)	≤65	≤65
白度/%	≥95	≥92	盐酸不溶物/%	≤0.1	≤0.3
密度/(g/cm³)	≤2.71	≤2.72	pH值	8.3~9.0	8.3~9.0
水分及挥发物含量/%	≤0.3	≤0.5	铁含量/%	≤0.1	≤0.1

2. 轻质碳酸钙

轻质碳酸钙是以石灰石为原料经化学方法制备出来的。通常所说的轻质碳酸钙是指普通的符合GB 4794的枣核形晶型的碳酸钙，其长径为5~12μm，短径为1~3μm，粒度分布大体如表2-8所示，平均粒径为2~3μm。用于塑料和橡胶工业的轻质碳酸钙国家标准（GB 4794—84）的主要技术指标如表2-9所示。

表2-8 典型轻质碳酸钙颗粒粒径分布情况

粒 径/μm	0~1.32	0~1.32	2~3	3~4	4~5	5~6	>6
质量分数/%	26.7	26.0	14.4	15.4	8.28	4.71	4.46

轻质碳酸钙的生产方法常用二氧化碳合成法：

$$CaCO_3 \xrightarrow{煅烧} CaO + CO_2$$

$$CaO + H_2O \xrightarrow{消化} Ca(OH)_2$$

$$Ca(OH)_2 + CO_2 \xrightarrow{碳酸化} CaCO_3 + H_2O$$

表 2-9 轻钙国标（GB 4794—84）的主要技术指标

指标名称	一级品	二级品	指标名称	一级品	二级品
碳酸钙(以干基计)/%	≥98.0	≥97.0	沉降体积/(ml/g)	≥2.8	≥2.5
水分/%	≤0.30	≤0.40	盐酸不溶物/%	≤0.10	≤0.20
筛余物/%			游离碱(以CaO计)/%	≤0.10	≤0.10
125μm	≤0.005	≤0.005	铁/%	≤0.10	≤0.10
45μm	≤0.50	≤0.50	锰/%	≤0.0045	≤0.008

轻钙的结晶形状不一定都是枣核形，近年来制成了许多各种结晶形状的轻钙，如立方体、针状体、链状体、球状体、片状以及无定形非晶型的碳酸钙等。

轻质碳酸钙的粒度也可以做成多种，通常把 $0.1\sim 1\mu m$ 颗粒粒径的轻钙称之为微细，而把 $0.1\sim 0.02\mu m$ 范围内的称之为超细，把粒径 $\leq 0.02\mu m$ 的称之为超微细。上述数据仅仅指的是碳酸钙在结晶时形成的初生粒子的尺寸，超细粒子的表面能较高，极易形成松散的团粒。轻钙的国标中要求其筛余物 $45\mu m$ 时 $\leq 0.5\%$，并不是通过筛子的颗粒粒径是 $45\mu m$，普通轻钙的平均粒径仅 $2\sim 3\mu m$，它们是成团成团地通过筛孔的。

一般，轻质碳酸钙比重质碳酸钙的纯度高，含无机杂质少，在同样用量下，填充轻质碳酸钙的制品的表面划伤性和折弯白化性比填充重质碳酸钙小。与重质碳酸钙相比，轻质碳酸钙填充的聚合物制品有较高的强度和韧性。

为了减少碳酸钙颗粒的凝聚作用，降低颗粒表面能，往往对填料表面进行改性处理。我们通常把经过表面处理的碳酸钙称为活性碳酸钙、活性钙、活化钙等，$0.1\mu m$ 以下的极细碳酸钙经表面处理后，在橡胶和塑料中的分散性特别好，制得的制品光泽良好。美国将活性钙称之为 surface coated calcium carbonate 或 activate calcium carbonate；日本则称之为"白艳华"。活性碳酸钙的补强作用比轻质碳酸钙更强，在硬聚氯乙烯中的用量可达 20~30 份。在橡胶工业中白艳华是众所熟悉的填充剂，超细粒径的白艳华具有半补强或补强的功能。

3. 碱式碳酸镁

碳酸镁多用作橡胶的填料，制法主要是以卤水为原料与碳酸钠或石灰乳作用，生成碱式碳酸镁，其成分不定，随制法而异。结构式为 $xMgCO_3(OH\cdot yMg)_2\cdot zH_2O$，$x=z=3$，4，$y=1$，受热可以释放出 CO_2 和 H_2O，成为 MgO，因而具有一定的阻燃作用。

碳酸镁色白，粒子为厚 $0.01\sim 0.06\mu m$、长宽各 $0.2\sim 1\mu m$ 的薄片状，由数个结晶重合而成，折射率在 $1.520\sim 1.530$ 之间，与硫化胶的折射率颇为相近，故多用作透明橡胶的填料。用在软质聚氯乙烯中也可获得比较透明的制品，但热稳定性差，而且弯曲后白化现象严重，因此在实际中很少应用。

使用碳酸镁作填料的硫化胶耐热性能好，生热低，缺点是撕裂强度较低，压缩永久变形大。其基本性质见表 2-10。

表 2-10 碳酸镁的基本性质

项 目	物 性 值	项 目	物 性 值
漫反射/%	94~98	CaO/%	<0.2
密度/(g/cm^3)	2.17~2.30	Fe$_2$O$_3$/%	<0.1
视比容/(cm^3/g)	3~5	盐酸不溶物/%	<0.1
吸油值/(g/100g)	85~90	pH 值	10~10.5
MgO/%	>41	灼烧减量/%	54~58

二、硅酸盐

硅酸盐类岩石在地球上分布极广，种类繁多，是矿物填料的主要来源之一。

以硅酸盐矿物为主要原料制成的聚合物填充用填料有滑石粉、陶土、云母粉、硅灰石粉等。

1. 滑石粉

滑石是一种含水的、具有层状结构的硅酸盐矿物。化学式：Mg$_3$(Si$_4$O$_{10}$)(OH)$_2$。其化学组成：MgO 为 31.8%，SiO$_2$ 为 63.37%，H$_2$O 为 4.7%，常含少量的 Fe、Al 等元素。滑石的密度为 2.7~2.8g/cm^3，硬度是矿物填料中最小的一种，莫氏硬度为 1，有柔软滑腻感。其颜色有白、灰绿、奶白、淡红、浅蓝、浅灰等，有珍珠或脂肪光泽。在 380~500℃ 时可失去缔合水。800℃ 以上时则失去结晶水。滑石在水中略呈碱性，pH 值为 9.0~9.5。

滑石具有层状结构，相邻的两层靠微弱的范德华力结合。在外力作用时，相邻两层之间极易产生滑移或相互脱离。滑石颗粒结构基本形状是片状或鳞片状。

滑石粉的片状结构使得滑石粉填充塑料的某些性能得到较大的改善，有人把滑石粉看成是增强性填料。首先滑石粉可以提高填充材料的刚度，改善尺寸稳定性和在高温下抗蠕变的性能。当滑石粉颗粒沿加工时物料流动方向排列时，按最小阻力的原理，其排列基本上都呈片状，由小片连成大片。因而在特定方向上材料刚度的提高是显著的。

其次滑石粉可以显著提高填充材料耐热性。用于衡量材料耐热性能的热变形温度是指试样在负荷作用下弯曲到一定程度时的温度，片状的滑石粉在特定方向上可使热变形温度提高。

另外滑石粉具有润滑性，可减少对成型机械和模具的磨损，但用量多时不利于塑料的焊接。

滑石粉适用于聚氯乙烯、聚丙烯、尼龙、ABS 树脂等塑料，多用于耐酸、耐碱、耐热及电绝缘制品中；因其折射率（1.57）与聚氯乙烯相近，故可用于半透明制品。此外，滑石粉无毒，可用于与食品接触的制品。滑石粉可作为聚丙烯的结晶成核剂，使聚丙烯的球晶微细化，提高结晶度，并能增加刚性。

在橡胶工业中，滑石粉主要用于作隔离剂和表面处理剂，作为填料多用于耐酸、耐碱、耐热及电绝缘制品中，对硫化无影响。细滑石粉对三元乙丙橡胶有补强作用，能提高拉伸强度、定伸强度和硬度。

表 2-11 列出塑料电缆用滑石粉的技术性能要求（JC 295—82）。

随着对农用塑料薄膜光学性能的研究深入，可用滑石粉做塑料薄膜光学性能调整的添加剂。在具有散光、阻隔红外线功能的各种含硅元素的填料（如云母、陶土等）中，滑石粉效果虽不是最佳的但价格却是最低廉的。

表 2-11　塑料电缆用滑石粉的技术性能要求（JC 295—82）

项　目		DL-1	DL-2	DL-3
酸不溶物含量/%				≥85.00
酸溶性铁含量（以 Fe_2O_3 计）/%				≤1.00
烧失量/%				≤10.00
磁铁吸出物含量/%		≤0.04	≤0.07	≤0.10
水分/%		≤0.50		≤1.00
细　度	目/μm	325（45）≤2	200（75）≤2	
	筛余量/%	200（75）0	100（149）0	

2. 陶土

陶土是聚合物材料加工中用量较大的填料之一，并稍有补强作用。主要来源是由岩石中的火成岩、水成岩等母岩在自然风化作用下分解而成，主要成分为二氧化硅、氧化铝、水等，此外还含有铁、碱金属、碱土金属等。由于母岩的风化作用不同，形成的层状陶土其结晶和组成也不相同。作为橡胶和塑料的填料，最广泛使用的陶土是高岭土，其组成是含有不同结晶水的氧化铝和氧化硅结晶物，一般为纯高岭土和多水高岭土的混合物。

高岭土的制法是将较纯的自然风化原料经干法或湿法加工而得。一般，湿法制得的产品较干法产品纯净，粒度分布好。

高岭土的化学组成为 $Al_2O_3 \cdot 2SiO_2 \cdot 2H_2O$，多水高岭土的化学组成为 $Al_2O_3 \cdot 2SiO_2 \cdot 2H_2O \cdot nH_2O$，纯高岭土的相对密度为 2.6~2.63，多水高岭土的相对密度为 2.4~2.5。

纯高岭土结晶粒子呈平六方片体或不规则六方片体，多水高岭土结晶粒子呈中空管状、针状等。橡胶和塑料应用的陶土最好是呈六方片体的高岭土。高岭土的 pH 值一般在 4~5 左右，呈弱酸性，配入橡胶中有延迟硫化的作用。为了消除这一缺欠，可用碱或胺处理将 pH 值调节至弱碱性。

高岭土中的结合水在 1000℃ 以上高温时才会失去，但高岭土极易吸潮，在使用前必须加以干燥。

高岭土颗粒具有极强的结团倾向，颗粒粒径越小就越显著，为了使高岭土的颗粒在塑料基体中分散，对高岭土要进行表面处理。表面处理也可有效地抑制其酸性活化点。

高岭土在塑料中使用时，在不显著降低延伸率和冲击强度的情况下，可提高玻璃化温度较低的热塑性塑料的拉伸强度和模量。可用于聚氯乙烯、聚丙烯、聚酯、尼龙和酚醛树脂等塑料中。

通常使用高岭土作为塑料填料，主要是为了提高塑料的绝缘强度，可用于制造各种电线包皮。经过低温煅烧的，其电性能最佳，经过高温煅烧的可获得较高的白度，其煅烧温度为 500~1000℃。

近年来的研究表明，高岭土对红外线的阻隔作用显著。这一特性除用于军事目的外，在农用薄膜中也得到应用，它可以提高塑料大棚的保温作用。

高岭土在聚丙烯中还起到成核剂的作用，即在聚丙烯从高温状态冷却时，高岭土的存在可促使聚丙烯围绕高岭土颗粒结晶，其晶粒微细，数量增多，有利于提高聚丙烯的刚性和强度。

在橡胶工业中，高岭土可作为半补强填充剂，含高岭土的胶料加工容易，压出物表面光滑，多用于工业橡胶制品，特别是耐油、耐酸碱、耐热制品，也可用于胶鞋、胶带、胶管、胶垫等制品。

3. 云母粉

云母的主要成分是硅酸钾铝，按来源和种类不同也可含有不同比例的镁、铁、锂或氟，因此各类云母的化学组成有很大差别。通常用作电气绝缘材料的是硬质云母，也叫白云母，其化学结构式为 $KAl_2(AlSi_3O_{10})(OH)_2$；作为发电机整流垫片的软质云母或镁云母，化学结构式可表达为 $KMg_3(AlSi_3O_{10})(OH)_2$。此外还有红云母、黑云母等。

工业上使用云母往往留下许多碎片，经粉碎后可用作填料。但云母的粉碎细化比较困难，一般采用湿法粉碎，因此用于聚合物填充之前，需将水分烘除。可采用气流粉碎方法制得细度达几千目的云母粉，但耗电多，价格较高。

云母的晶形是片状的，其径厚比较大，而且如果能保持到填充聚合物制品加工完仍为大径厚比，则其增强效果是十分突出的。云母在填充塑料中的体积分数高时，其材料的模量可与铝相当，敲打或落在坚硬的物体表面上时会发出类似金属的声响。从理论上讲云母的薄片最薄可剥离到 1nm 左右，但实际使用的云母的碎片是多层叠在一起，很难低于 $1\mu m$ 厚。在使用通常机械设备粉碎时得到的云母颗粒的径厚比很小，通常为几到几十，要想得到高径厚比的云母粉，需使用特殊的方法和设备。对于高增强塑料来说，可选择径厚比在 100 以上为好。

云母的硬度较低，莫氏硬度为 2～2.5，相对密度为 2.75～3.2。云母在水中的 pH 值为 7～8，大多数可耐强酸或强碱。

云母粉作为聚合物材料的填料，在橡胶中主要用于制造耐热、耐酸、耐碱及高绝缘制品，可直接混入橡胶中，对硫化无影响。云母的含水量较低，一般为 1%～4.2%，脱水温度较高（约 500℃），因此可提高塑料制品的耐热性能，降低制品收缩率、翘曲率，适用于尼龙、苯乙烯-丙烯腈共聚物、ABS 树脂等，可赋予制品优良的电绝缘性、抗冲击性、耐热性和尺寸稳定性，并可提高其耐湿性和抗腐蚀性，但必须在加工过程中妥善保持其薄片的高径厚比，否则其增强的效果就不易达到。在聚苯乙烯或聚乙烯中，加入 37% 的云母，则塑料制品的耐气体渗透性能可大大提高，可做汽油桶等制品。云母最高使用温度约 1000℃。云母的透光性使得它在农用塑料薄膜中的应用成为可能。在几种同样具有散光和阻隔红外线功能的无机填料中，填加云母的薄膜在透光率降低微小的情况下可大大提高散光率，同时对 $7\sim25\mu m$ 波长的红外线的阻隔作用也是最好的。对在农用塑料薄膜中使用的云母粉，并不要求过高的径厚比，因为主要应用的是它的光学性能而不是它的几何形状。

4. 硅灰石粉

天然硅灰石具有 β 型硅酸钙化学结构，是一种钙质偏硅酸盐矿物，理论上含 $SiO_2>51.7\%$，其余 48.3% 为 CaO。硅灰石属三斜晶系晶体，常沿纵轴延伸成板状、杆状和针状。集合体为放射状、纤维状块体。较纯的硅灰石呈金色和乳白色，具有玻璃光泽。

硅灰石具有完整的针状结构，其长径比可达 15∶1 以上，在显微镜下观察，即使是最微细的晶体也依然保持着针状结构。硅灰石具有典型的针状填料的特征。但在开采、细化过程中，它的长径比很容易降低。目前我国江苏溧阳地区生产的硅灰石粉其长径比可达 20∶1 以上，最高达 28∶1；白度可达 85%～90%。

典型的硅灰石物理性质见表 2-12。

表 2-12　硅灰石的物理性质

密度/(g/cm^3)	熔点/℃	莫氏硬度	热膨胀系数/×10^{-6}K^{-1}
2.9	1540	4.5	6.5

硅灰石在橡胶中的补强性仅次于二氧化硅，但在胶料中的分散性较差，生热较大。作为填料，在塑料中的作用主要是用来提高拉伸强度和挠曲强度。硅灰石粉最有希望的应用领域是在玻璃纤维增强塑料中充分利用自身针状结晶的特点，代替部分玻璃纤维，因为二者的差价在十倍以上。

值得注意的是硅灰石粉填充的填料吸水性显著降低，这个特点可以改进吸水性较强的尼龙制品在潮湿环境下因吸水而导致强度和模量下降的缺点。

5. 玻璃微珠

玻璃微珠可以从粉煤灰中提取，根据密度大小不同，采用风选或水选进行提取。从粉煤灰中提取的玻璃微珠占灰重的 20%～70%，其中又分为漂珠和沉珠两种。漂珠只占灰的 1%～3%，密度为 0.4～0.8g/cm^3，壳壁较薄（约 2μm），呈半透明或乳白色，耐火度 1650℃，属于一种中空玻璃微珠。沉珠是实心的，密度为 0.8～2.4，表面光滑晶莹，呈白色或灰白色，抗压强度为 40～600MPa。两种微珠的性质随着煤的化学成分及其工艺条件不同而有很大变化。

玻璃微珠也可用人工方法制作。将微细的玻璃粉末鼓入到高温火焰中，浮游在上面熔融而得，由于其表面张力的缘故，可以制成为光滑的球状。在玻璃原料中加入无机或有机发泡剂，在加热时发泡剂放出气体，使软化或熔融的玻璃颗粒膨胀，形成中空玻璃球；也有用直接加热发泡法制中空玻璃球的，其原理是原料粒子加热软化或熔融后，内含的挥发性物质汽化膨胀而形成中空。但人工方法制作的玻璃微珠价格较高。

玻璃微珠的化学组成为：SiO_2 72%，Na_2O（或 K_2O）14%，CaO 8%，MgO 4%，Al_2O_3 1%，Fe_2O_3 0.1%，其他 0.9%，如 TiO_2 0.8%，SO_2 0.5%，P 0.02%等。

玻璃微珠作为塑料填料，由于其表面光滑、球状、中空，密度小，使得制品的流动性能好，残留应力分布均匀。因此玻璃微珠在尼龙、ABS、聚苯乙烯、聚乙烯、聚丙烯、聚氯乙烯、聚苯醚、环氧树脂等塑料复合材料中获得应用，尤其适用于挤出成型。在研究分析塑料复合材料的流动性能时，常常用玻璃微珠作为典型的对照填料。例如在聚对苯二甲酸丁二酯中添加质量为 30%的玻璃微珠，热变形温度由 55℃提高到 85℃，弯曲强度由 92MPa 提高到 105MPa。另外，玻璃微珠可提高聚异丁烯的玻璃化温度，空心微珠还可用于泡沫聚丙烯中，实心微珠可改善塑料的弹性模量。

中空玻璃微珠主要用于热固化树脂（如环氧树脂、不饱和聚酯等），对热塑性树脂不太适合，主要原因就是中空玻璃微珠的壳体很薄，在塑炼时剪切作用下，易破裂成碎片。玻璃微珠添加塑料时的成型方法主要有三种：一是真空浸渗法，即将微珠填入成型模具中，然后一面将模具抽真空，一面加入树脂，最后固化成型；二是注模法，即微珠与树脂在减压条件下混合，然后注入模具内固化成型；三是压塑法，即将微珠与树脂混合后，倒入模具中，加热加压使之成型。

如在不饱和聚酯中添加中空玻璃微珠，拉伸强度为 14.9MPa，弯曲强度为 28.2MPa，抗压强度为 38.1MPa，伸长率为 3.2%。

用玻璃微珠制成的聚合物复合材料可用于人工合成木材、海洋浮力材料、电气零件的封装材料、高频绝缘体等。

在塑料鞋跟、鞋楦等材料中可添加5%～40%的玻璃微珠，在塑料板材中可添加20%～40%的玻璃微珠。若添加漂珠为降低制品密度，漂珠的粒度可选40～100目的；若添加沉珠，则可选120～200目粒度的。漂珠添加到树脂中后，在混合混炼中，应采用低速、低剪切力，否则漂珠易被碰碎压坏。沉珠添加到树脂中，一般采用普通填料的成型工艺条件即可。由于玻璃微珠是球体，故在塑炼时流动性能比普通粉状填料的流动性能好些，因此在配方中可适当减少一些润滑剂的用量。

三、硫酸盐

硫酸盐中可作为聚合物填料用的主要是硫酸钡及硫酸钙。

1. 硫酸钡

硫酸钡系硫酸盐类填料中最重要者，制法一般有两种。一是将天然矿石（重晶石）经粉碎、水洗、干燥后制得。所得的粉状物称重晶石粉，粒子较粗，粒度一般在 $2\sim25\mu m$，杂质也较多。另一制法是将重晶石粉和炭加热还原生成可溶性硫化钡，后者再与硫酸或硫酸钠作用生成沉淀硫酸钡：

$$BaSO_4 + 4C \longrightarrow BaS + 4CO\uparrow$$

$$BaS + H_2SO_4 \longrightarrow BaSO_4\downarrow + H_2S\uparrow$$

沉淀硫酸钡的粒度一般在 $0.2\sim5\mu m$ 的范围内，比重晶石粉的粒子细，白度可达到90%以上，pH值为6.5～7.0，适于作塑料的填料。表2-13为硫酸钡的一般性质。

表2-13 硫酸钡的性质

项 目	重晶石粉	沉淀硫酸钡	项 目	重晶石粉	沉淀硫酸钡
密度/(g/cm³)	4.0～4.5	4.4～4.5	pH值	4.5	—
粒径/μm	2～5	0.5～2.0			

硫酸钡可作为橡胶或塑料的填料或着色剂，可提高制品的耐化学腐蚀性和耐热性，在人造革制品中特别适用，可保持制品良好的光泽和色调；硫酸钡能吸收X射线和γ射线，可用于防护高能辐射的材料。由于其密度高，适用于要求高密度的填充聚合物材料，如音响材料、渔网网坠等，此外填充硫酸钡的塑料的表面光泽要优于使用同等份数的其他无机矿物填料的填充塑料。

硫酸钡无毒，可用于与食品接触的制品。

2. 硫酸钙

硫酸钙又名石膏，有天然石膏（$CaSO_4 \cdot 2H_2O$）、硬石膏（$CaSO_4$）和沉淀硫酸钙（$CaSO_4 \cdot 2H_2O$ 或 $CaSO_4$）之分。含有两个结晶水的硫酸钙是极稳定的化合物，不溶于酸和碱，但在120～130℃的温度下失水而成为半结晶水的硫酸钙，在更高的温度下煅烧时成为无水硫酸钙。半结晶水硫酸钙与水反应很快固化，无水石膏不与水反应。表2-14为硫酸钙的一般性质。

硫酸钙可作为橡胶和塑料的填料。用于橡胶时，可直接混入橡胶中，容易分散，不影响硫化速度，因折射率与橡胶相近，故可用于透明制品。在塑料中应用时可提高尺寸稳定性。

表 2-14　硫酸钙的一般性质

项目	天然石膏	无水石膏		项目	天然石膏	无水石膏	
		天然产	沉淀法制			天然产	沉淀法制
$CaSO_4$/%	79.30	98~99	>99.0	粒度/μm	1~40	0.5~30	0.2~10
结合水/%	20.10	—	—	平均粒径/μm	4.0	2.0	1.0
相对密度	2.36	2.95	2.95				

四、氧化物与氢氧化物

1. 二氧化硅

二氧化硅在地壳中分布最多，占地壳氧化物的 60% 左右，大部分形成硅酸盐矿物岩石。其中一部分砂子、石英、石英岩、均密石英、稳晶石英和硅藻土是天然产的硅砂。但在粒度、结晶度和硬度上有所区别。石英的密度为 $2.65g/cm^3$，莫氏硬度为 7。由于石英的硬度高，在填充塑料加工时会对与物料接触的机筒、螺杆、模具造成严重磨损，故一般不用于热塑性塑料的填料使用。也正是由于石英的硬度高，在要求提高材料耐磨性的塑料材料中使用石英可得到理想的效果，如半硬质聚氯乙烯塑料地板中使用石英砂作填料较使用重质碳酸钙磨耗量显著减少。此时需对成型加工设备及模具与物料接触的表面采取特殊处理，以提高其硬度，才能保证正常生产。

中国广西、浙江产的硅土是以天然石英为主，含少量黏土，天然粒度细小，可经粉碎干燥后直接作为填料使用。

硅土的主要化学成分为二氧化硅，占 68%~81%，其次为三氧化二铝，占 11%~23%，此外还有少量钛、铁、钙、镁、钾、钠的氧化物。硅土的颗粒以粒状和片状两种形态同时存在，较之单独使用片状的滑石或纤状硅灰石，硅土的填充效果无论是对拉伸强度还是对冲击强度的影响都比较均衡。

合成二氧化硅也称之为白炭黑，分为火成法与水成法两种。白炭黑的二氧化硅含量在 99% 以上，呈白色无定形微细粉状，多孔、比表面积大。由于其价格高昂不能作为一般填料使用。在热固性塑料（如不饱和聚酯）成型加工时有时做触变剂使用以调节物料黏度和流动性，而在热塑性塑料中主要是用于消光，使塑料制品表面具有亚光效果。在橡胶工业中，白炭黑是优良的补强剂，其补强效果超过任何一种其他白色补强剂，用于白色或彩色橡胶制品。

2. 氢氧化铝

随着对现代社会消防安全要求的提高，聚合物材料的阻燃问题显得非常重要。除传统使用的含卤有机物与氧化锑配合的阻燃剂体系外，人们不断寻找和开发新的具有阻燃功能的塑料用添加剂。研究结果表明，氢氧化铝添加到塑料中可兼具填充、阻燃、消烟三种作用。

氢氧化铝也称三水合氧化铝，为白色结晶粉末，相对密度为 2.42，折射率 1.57，不溶于水和醇，表面粗糙，呈不规则形状，在水中呈碱性，pH 值为 10。它是从铝土矿按 Bayer 工艺生产金属铝的中间产物。氢氧化铝受热失水成为氧化铝，大约在 220~600℃ 之间，所失的水可占其量的 34.6%（为失水反应理论值），而且在失水时吸热，这是它作为高聚物阻燃剂的主要原因。国产阻燃级氢氧化铝的主要物理性能见表 2-15。

表 2-15　国产的阻燃级氢氧化铝的主要物理性能

性　能	指　标	性　能	指　标
外观	白色粉末	平均粒径/μm	1～250
密度/(g/cm^3)	2.42	折射率	1.57
堆积密度/(g/cm^3)		白度	86～96
松装	0.25～1.1	莫氏硬度	3
密装	0.45～1.4	灼烧质量损失/%	34

氢氧化铝加入到塑料中，在燃烧过程中氢氧化铝吸收一部分燃烧热，延缓或阻止高聚物进一步热分解，同时释放出的水蒸气稀释了可燃性物质，而难燃的氧化铝沉积在聚合物表面，起到隔绝空气的作用，从而达到阻燃的目的。如氢氧化铝与三氧化二锑、三溴苯氧基丙烷阻燃剂并用，阻燃效果将大大提高。作为阻燃填料，氢氧化铝有热稳定性好、无毒、不挥发、不析出等特点。

由于氢氧化铝失水温度比较低，在205℃时就已很明显，使其应用受到一定的限制。大量的应用是用于不饱和聚酯玻璃钢制品，为使其达到自熄，氢氧化铝的质量分数通常要达到45%～50%。在使用喷附成型技术制作阻燃聚酯制品时，要求使用低黏度树脂，短切玻璃纤维的含量也应在18%～20%为好，所用的氢氧化铝平均粒径范围为6～14μm，粒径过大或过小都会影响喷附操作。

氢氧化铝还能显著提高塑料制品的耐电弧性、耐漏电性及电绝缘性能，可用于不饱和聚酯、环氧树脂、酚醛树脂等热固性塑料。虽然其热分解温度较低，但经过表面处理，则可用于聚乙烯、聚氯乙烯等加工温度较低的树脂中。近年来氢氧化铝在热塑性塑料中应用最成功的是增塑聚氯乙烯制品，如煤矿井下使用的传送带从橡胶改为聚氯乙烯，因增塑剂加入氧指数下降，其阻燃性主要依靠磷酸酯类增塑剂和氢氧化铝配合使用来保证。

3. 氢氧化镁

氢氧化镁的分子式为 $Mg(OH)_2$，相对分子质量为58.23。作为阻燃剂，氢氧化镁与氢氧化铝是极其类似的，但氢氧化镁的热分解温度（达340℃以上）比氢氧化铝高60℃，吸热量高约17%，抑烟能力也较优。对于加工温度较高的高聚物，以氢氧化镁为阻燃剂比氢氧化铝更为适宜。

氢氧化镁为白色粉末，密度为2.39g/cm^3，折射率1.561～1.581，莫氏硬度2～3，体积电阻 10^8～$10^{10}\Omega\cdot cm$，难溶于水（18℃时的溶解度为0.0009g/100ml），也不溶于浓度为1mol/L的氢氧化钠水溶液，但溶于强酸性溶液。将2g氢氧化镁悬浮于50ml水中，体系的pH值为10.3。

制备氢氧化镁的方法通常从盐卤开始，主要是利用其中的氯化镁。但由于卤盐中的杂质较难去除干净，故氢氧化镁的制造成本较高。如用天然矿物水镁石为原料制作，则可大大降低氢氧化镁的制造成本。

氢氧化镁分解时失水，受热失水的理论值为31.6%，生成活性氧化镁，氧化镁是实际起作用的阻燃剂及抑烟剂。此外，氢氧化镁能延迟材料的引燃时间，且由于能催化氧化烟量，故可减少材料生烟量和烟逸出的速度。还有，高活性的氧化镁层能吸收很多物质，包括自由基和碳，后者在材料燃烧时沉积为灰。氢氧化镁具有极佳的消烟性能。以氢氧化镁阻燃聚丙烯与以卤-锑体系阻燃聚丙烯生烟量相比，前者的透光率在90%以上，且不随燃烧时间而有明显的变化；后者的透光率仅15%～40%。氢氧化镁也具有很优异的抑制氯化氢生成的能力，且优于氢氧化铝。在500℃下的氯化氢生成量，氢氧化镁阻燃的仅为氢氧化铝阻燃的40%，未阻燃的36%。

纤维状氢氧化镁直径0.1~50μm，其阻燃材料的冲击强度高，伸长率大。

氢氧化镁和氢氧化铝的加入都会使填充体系的力学性能显著下降。

五、单质

1. 炭黑

炭黑是指由液态或气态烃（天然气、石油、油脂）不完全燃烧或热裂解而制取的极细的黑色颗粒，其主要成分为碳，表面有一些活性基团，还含有一些挥发物，微观结构比较复杂。

根据制法不同可以分为炉法炭黑、槽法炭黑、热裂法炭黑以及乙炔法炭黑等。表2-16列出四种炭黑的一些物理指标。

炉法炭黑占总产量的70%~80%。槽法炭黑主要用于制备要达到食品和医药管理规定要求的塑料制品。热裂法炭黑相对最便宜。乙炔炭黑往往在电性能方面有独特之处，故称为导电炭黑。不过目前特殊制造的炉法炭黑也能达到同样的导电性。

表 2-16　四种炭黑的物理性能

项　目	炉法炭黑	槽法炭黑	热裂法炭黑	乙炔法炭黑
平均粒径/μm	13~70	10~30	150~500	350~500
比表面积/(m²/g)	20~950	100~1125	5~15	60~70
吸油值/(ml/g)	0.65~2.0	1.0~5.7	0.3~0.5	3.0~3.5
pH值	3~9.5	3~6	2~8	5~7
挥发分/%	0.3~4	3~10	0.1~0.5	0.3~0.4

炭黑在橡胶工业中大量用作补强剂，能大幅度地提高橡胶制品的物理力学性能；还是最重要的黑色颜料，其遮盖力和着色力极佳；在对颜色没有要求的情况下，炭黑可作为塑料和橡胶的内部抗静电剂使用。

选择炭黑时关键是要注意它的粒子大小和聚集状态以及粒子表面性质。

黑色度或称黑亮度主要取决于颗粒的大小和聚集状态。颗粒越大，或因聚集状态使表面面积减少，其黑色度也减弱。因此如果炭黑是用来着色的话，需要选择粒径尽可能小，结构尽可能高的品种，此时炭黑的防紫外线性能也最佳。

所谓结构是指聚集状态。炭黑的颗粒尺寸在10~500μm范围内，单个的炭黑粒子是球形的，但数个球状粒子以较强的结合力结合形成聚集体。通常的聚集体呈链状或葡萄状。结构越高，单个炭黑粒子的粒径越小，而聚集状态具有更复杂的层次。粒径小、结构高的炭黑色度和抗紫外线性能好，但在聚合物中的分散困难，它需要更多的聚合物浸润其表面，而且在混炼过程中需要更高的剪切力和更多的能量。

选择炭黑时另一个关键因素是颗粒表面性质。在炭黑粒子的表面往往吸附一些含氧官能团，这可以从炭黑与水混合的浆状物的pH值上反映出来。为了有利于炭黑在基体聚合物中分散，往往对炭黑粒子表面进行氧化处理，从而得到pH值较低的炭黑。这种情况，常见于制作色母料。

用于改变塑料电性能的炭黑正相反，炭黑在许多场合所起的作用是消除在塑料制品表面的静电荷，从而使塑料制品表面电阻值降低，达到抗静电的目的，如煤矿井下所用塑料抗静电管道。

炭黑的粒子在制品表面形成网状链，通过网状链电子可以流动，炭黑粒子表面含氧官能团会起到绝缘的作用，破坏电子的流动，过度的分散可能因剪切作用破坏电子借以流动的网状链，因此使用适宜的浓度（20%以上）、高结构、低挥发分、pH值较高的炭黑，再加上适当的分散加工工艺，就可以得到具有良好导电或抗静电性能的塑料制品。

炭黑可使高聚物分子不因紫外线照射而发生降解的主要机理是炭黑吸收了具有破坏性的辐射能以及炭黑可以捕获加剧高聚物降解的自由基。将质量分数2%~3%、粒径为16~20μm范围的炭黑均匀分散到聚乙烯中，可使其防自然老化的时间延长至20年以上。而不加炭黑的聚乙烯在自然光线下六个月就会老化。当使用粒径较大的炭黑时，若采取辐射法或加入过氧化物的方法使聚乙烯交联，仍能保证聚合物有较高强度和较长的使用寿命。

2. 石墨粉

石墨的化学成分为碳，属六方晶系的层状结构晶体物质，为灰黑色粉末，有脂肪质感觉；pH值为6~7，密度为2.2~2.3，莫氏硬度为1~2，电阻率为$2.64 \times 10^{-3} \Omega \cdot cm$，具有金属般的导电性。用作聚合物填料的石墨粉可由天然鳞片状石墨经过化学提纯处理，再经分离、干燥、粉碎而成。

石墨在组成与性能上与炭黑有许多相似之处。石墨常用于改善制品的润滑性。含石墨的热塑性塑料主要用于接触水时要求有自润滑的场合，润滑作用取决于石墨的结构、纯度和粒度，如石墨种类和用量选择得当，可通过挤出与绝大多数热塑性塑料均匀掺混，这种石墨填充材料的摩擦系数介于基础材料和含有有机硅或聚四氟乙烯的配方之间。石墨还可提高导热性和导电性，如改性酚醛树脂中加入大量石墨，可用于制传热器。

3. 金属粉

通过粉碎或熔融雾化等方法可得到铁、铜、铝等金属的粉末。有时金属粉末是以它们的合金形式出现的，例如青铜粉、黄铜粉、镍银粉以及含硼、锆、铬、镁等元素的铁粉等。

金属粉多用于塑料中作装饰用，以及提高填充塑料的导热性和抗静电能力。金和银效果好，但受到价格限制，实用性很小。向聚酯、环氧树脂、缩醛树脂或尼龙等树脂中加入青铜粉或铝粉等可制得导热性良好的制品。向塑料中加入铅粉可制得能屏蔽中子及γ射线的制品。

金属填料的颗粒形状、粒径大小和分布、填料的添加量都对填充聚合物的加工性能和力学性能带来影响。例如用长径比50∶1的金属填料，对提高导热性十分显著。

六、有机物

1. 木粉

木粉最早用于热固性塑料（如酚醛），后来在热塑性塑料中也得到应用。通过粉碎和研磨可从锯末、碎木片和刨花制得木粉，粒度可达数十目或更细。最方便的办法是在三合板等多层黏合板表面磨光时收集磨屑经干燥即可直接使用。

木粉在180℃开始炭化，作为挤出加工木粉要在基料熔融后再投放，以尽量减少在高温下的停留时间。木粉最大的特点是质轻，它可使填充塑料的密度与纯树脂加工而成的所差无几，其次用木粉填充的塑料表面装饰性好，可以涂饰油漆。用木粉来填充的塑料再生料，经专用机器挤出、压制或注塑成可用来替代某些场合木材制品的木塑制品，可制成板材、型材、片材、管材，并具有木材的加工优点。可节约大量森林资源，保护生态环境，是近年来发展较快且经济效益显著的实用型新技术。聚烯烃及PVC等均可由木粉高比例填充改性研制生产木塑材料。

木粉作为橡胶的填料使用时，可直接加入胶料中，不影响硫化速度，能控制制品的收缩率，得到的制品轻而硬。

2. 淀粉

用玉米、马铃薯等农产品制作淀粉，经变性处理后加入塑料中可制成具有生物降解功能的淀粉塑料。通常先在反应型双螺杆挤出机中将载体树脂、淀粉和助剂混炼加工成淀粉含量达60%~70%的母料，然后再与聚乙烯、聚丙烯或聚苯乙烯树脂按一定比例混合并成型加工为膜或片材，再制成包装袋或杯、碟、盒等包装容器。这些塑料制品在使用后作为垃圾埋入土壤后由于淀粉的存在改善可降解性。

七、晶须

晶须是在人工控制条件下以单晶结构形式生长的尺寸细小（直径小于$3\mu m$）的高纯度针状纤维材料。晶须的直径细小，原子排列高度有序，内含缺陷较少，其强度接近材料原子间化学键强度的理论值，是一种高性能的增强材料。与其他纤维状增强材料相比，晶须具有两个明显特征：外形特征与结构特征。

① 从外形上来说，晶须的几何尺寸细小，长径比比较大。而材料内部出现结构缺陷的概率正比于其尺寸大小，由此不难推断出，晶须是一种内含缺陷较少、强度很高的材料。故用作填充材料时，晶须不但能起增强作用，而且对基体材料的工艺性影响较小，从而实现纤维增强，使所得制品各向同性、表面质量高。

② 结构上，晶须是高纯度的单晶体，原子排列高度有序，结晶完善，是一种高强度、高模量、耐热、耐磨的高性能新型增强材料。

在高分子改性中所用的晶须主要有聚合物晶须、陶瓷晶须以及无机盐晶须。聚合物晶须是由聚合物链沿晶须轴向紧密堆砌而成的，有非常高的结晶度，是聚合物结晶体中物理、化学结构最完美的结晶形式，具有很高的强度、模量以及优良的耐热性，可用作聚合物基复合材料理想的增强材料。影响聚合物晶须生长的主要因素是溶液浓度、单体浓度以及搅拌速度。一般在弱极性溶剂、单体浓度小（≤5%）搅拌速度低（最好为零）情况下结晶聚合物才能以晶须的状态出现。陶瓷质晶须主要指各种氧化物、碳化物、氮化物及石墨等晶须，与其他晶须相比，这些晶须具有更高的强度、模量及耐热性等特点。无机盐晶须主要是指各种硫酸盐以及碳酸盐晶须等，它们具有较低的价格，更高的性价比，在聚合物改性中有着更为广泛的应用前景。

1. 氧化锌晶须

氧化锌晶须按其结构形态的不同可分为针状晶须和立体四角状晶须。针状氧化锌晶须与其他针状晶须一样，主要用作复合材料增强剂。

四角状氧化锌晶须（tetrapod-like zinc oxide whiskers）（缩写为T-ZnOw）是20世纪40年代发现的迄今为止唯一具有三维立体结构的晶须。受其独特结构的影响，20世纪80年代中期以来，许多科研工作者对此进行了广泛而深入的研究，申请了一大批相关专利。在增强高分子材料方面，T-ZnOw因其高度规整的三维立体结构，可以将从中心伸出的四个针状体直接插入聚合物内部，制得各向同性性更高的复合材料；而且，由于T-ZnOw是从四个不同的方向与聚合物接触，所以要达到同样的增强效果，所需量较少。

除了用于增强外，因其独特的结构，T-ZnOw 主要用于制备功能复合材料。如利用氧化锌自身的半导体特性，用于制造具有导电或电磁屏蔽等性能的电子元器件及抗静电复合材料；借助氧化锌晶须的低体积电阻率、高密度与低的表观密度等性能，可制备出具有吸声减振性能的新材料。利用 T-ZnOw 的半导体、压电和其他独特功能，以此为主要雷达吸波损耗介质，可制出良好吸波性能的吸波隐身材料。此外，T-ZnOw 具有抗菌、吸收紫外线及红外线的作用，赋予材料优异的抗菌性和耐候性等。将 T-ZnOw 加入塑料、橡胶、涂料中，可制成抗菌产品，如抗菌冰箱、电话、食品袋、地板等。

2. 钛酸钾晶须

钛酸钾晶须属于单斜晶系单晶体，是一种已经达到工业化规模生产的晶须，化学通式为 $K_2O \cdot nTiO_2$，其结构随 n 值的不同而不同，相应的性能也有很大差别，其中已经达到实用化阶段的有 $K_2Ti_2O_5$、$K_2Ti_4O_9$ 和 $K_2Ti_6O_{13}$（即 $n=2$、4 或 6）三种。

$K_2Ti_2O_5$、$K_2Ti_4O_9$ 分子呈层状结构，钾离子位于层间，具有很强的离子交换性，在阳离子交换方面有独特的应用价值，此外还可用于过滤、催化剂载体及吸附等方面。$K_2Ti_6O_{13}$ 分子主体呈隧道结构，钾离子处于隧道中间，结构稳定，具有优良的物理力学性能。

钛酸钾晶须最初作为耐热绝缘材料由美国杜邦公司在 1958 年前后开发，合成方法有烧成法、熔融法、水热法和助熔剂法等。目前比较先进的合成方法是日本开发成功的烧成-缓冷法。

钛酸钾晶须的纤维直径为 0.2～0.5μm，相对密度为 3.3，拉伸强度为 7000MPa，弹性模量为 280GPa，伸长率为 0.6%，莫氏硬度为 4。$K_2Ti_2O_5$ 的熔点为 942℃，$K_2Ti_4O_9$ 的熔点为 1050℃，$K_2Ti_6O_{13}$ 的熔点为 1371℃。因此，钛酸钾晶须具有很高的耐热性，可以用作耐火材料和高温绝热材料。钛酸钾晶须的热导率的温度系数为负值，因此其高温绝热性能十分优良。

钛酸钾晶须在化学上很稳定，耐酸、耐碱。

钛酸钾晶须广泛用于增强聚合物材料、陶瓷、金属、摩擦材料及隔热、绝缘材料等方面。作为聚合物材料的补强增韧剂，钛酸钾晶须除了明显改善材料的耐磨、防滑及尺寸稳定性等性能外，由于几何尺寸很小，将它用作聚合物的增强材料，不会显著增加树脂混合物的黏度，因而可以改善加工流动性，以制造出形状复杂、尺寸精度高、各向同性、表面光洁的制品，因硬度较低（莫氏硬度仅为 4），对成型加工设备与模具的损伤小。目前，钛酸钾晶须已广泛用于增强聚甲醛、聚对苯二甲酸丁二醇酯、尼龙、改性聚苯醚、ABS、聚烯烃、聚四氟乙烯、聚碳酸酯、聚醚砜、聚苯乙烯、液晶聚酯、聚甲苯基硫醚、聚亚芳基硫醚、聚硫代亚苯基等热塑性树脂。通常可以使用注塑成型工艺将钛酸钾晶须增强热塑性树脂成型各种制品。钛酸钾晶须还可以用于热固性树脂以及橡胶等的增强。

对钛酸钾晶须的表面进行导电处理可得到导电性钛酸钾晶须，用于各种导电塑料制品。近年来，日本大塚化学株式会社开发出了导电性钛酸钾晶须，其商品名为 DENTALL。它是在该公司所生产的钛酸钾晶须（商品名为 TISMO）的基础上，经过表面导电处理而成的导电性钛酸钾晶须。晶须平均直径在 0.3～0.7μm，平均长度在 10～20μm，除具有 TISMO 的极细纤维特性外，同时还保持了优秀的增强特性，并具有稳定的电阻值。DENTALL 有白色系列（WK）和黑色系列（BK）2 种，可根据用途不同而区别使用。白色系列（WK）适用于重视表现制品创意性的外装材料，黑色系列（BK）适用于要求有导电机能的构造件、机构部件。用导电性钛酸钾晶须 DENTALL 制备导电塑料,除了可得到均一、稳定的导电性能外,还具有一系列宝贵特性,如:对细微部分的增强性、良好的摩擦磨耗性、成型加工性能好、极佳的表面平滑性、良好的尺寸精度和稳定性、高温环境下具有良好的导电稳定性等。导电性钛酸钾晶须 DENTALL 的典型应用如打印机、复印机中的零部件等。

3. 镁盐晶须

镁盐产品主要有氯化镁、硫酸镁、硝酸镁、氢氧化镁、氧化镁和碱式硫酸镁等,是重要的无机工业产品。若使镁盐晶体结晶时在某一晶面优先生长,可制得晶须产品。与普通镁盐产品相比,镁盐晶须具有针状或者纤维状外形,长径比一般在 20 以上。

镁盐晶须由于结构的特殊性,具有机械强度高、无永久变形、高温下强度损失小、长径比高、抗疲劳效应好等力学性能。同时,其表面平滑性好、尺寸精度和稳定性高、可再生循环使用。此外,镁盐晶须长径比可以控制,容易添加到基体中,可以在基体中分布得很均匀,使极薄、极狭小甚至边角部位都能得到填充增强,适合制作精密的增强工程塑料零部件及超薄壁的零部件。与现在常用的玻纤和碳纤等增强材料相比,镁盐晶须增强的塑料材料对设备和模具磨损小,阻燃性、安全性提高,极适合制作各种形状复杂部件。轻质高强阻燃部件和电子电器用材等,可广泛用于汽车、电子电器、化工、建材、包装等行业。

镁盐晶须首先被用于增强各种树脂,可使通用的塑料树脂表现出高模量、耐冲击和阻燃的性质,提高部件的强度、阻燃和防老化性能。在高分子材料中加入一定量的镁盐晶须,材料的氧指数明显增大,阻燃效果十分明显,又由于镁盐晶须受热分解时,吸收大量的热量,同时不产生有毒有害物质,是环境友好型材料。

镁盐晶须是无机材料,和有机材料混合时,不易与基体界面形成紧密的粘接结构。此外,带静电表面的相互吸引和纤维过长也会使纤维聚集成球或形成平行的束状结构,甚至形成岛状的团块,影响复合材料的性能。为此,必须要对镁盐晶须进行表面改性处理,同时要采用正确的晶须加入方法和混炼工艺。这一方面要根据镁盐晶须的种类和复合材料的基质具体情况选择适当的偶联剂;另一方面,在用高速混合机进行晶须表面处理时,高速搅拌的时间不宜过长,以免晶须被剪切而折断,影响复合增强效果。在晶须与塑料共混时,要充分发挥晶须的增强效果,获得高性能的晶须复合材料,就必须保持晶须在复合塑料中有一定的长径比(在 10 以上),且晶须在塑料基体中要均匀分布、无序取向,同时保证晶须与塑料的接合界面有牢固紧密的粘接。

八、其他填料

用于聚合物填充体系的填料还有很多,以下简单介绍一些其他品种。

赤泥是氧化铝厂的废渣,即用铝土矿生产氧化铝时所排放出来的废渣,随着原料、工艺条件的不同,则赤泥的名称也不相同,有拜耳法赤泥、烧结法赤泥、联合法赤泥等。拜耳法赤泥粒度较细、质软,对提高塑料制品性能较为有利。

由于原料产地及生产工艺不同,赤泥的化学成分变化很大,CaO 30%～46%,SiO_2 13%～22%,Al_2O_3 6%～24%,Fe_2O_3 3%～9%,TiO_2 2%～8%,NaO_2 2%～4%,MgO 0.7%～1.5%,K_2O 0.2%～0.4%,烧失量 6%～14%。

赤泥的碱性很大,pH 值为 12 左右。密度为 2.7～2.9g/cm^3。

赤泥作为塑料填料,可大大降低塑料制品的成本,还可作为廉价的热稳定剂和光屏蔽剂,提高耐光、耐热老化性能,延长塑料制品的寿命,从宏观热力学性能、热分解速度、热变形时间等结果看，赤泥聚氯乙烯复合材料的热稳定性能比普通聚氯乙烯制品好，其使用年限一般比普通聚氯乙烯长 2～3 倍。

硫化钨、硫化铅、二硫化钼等作为塑料填料，可提高材料的自润滑性及耐磨性。如填充聚四氟乙烯、尼龙等，用于工业齿轮、轴承等。

氧化锌可用于耐候母料，如填充聚丙烯能提高制品的耐气候老化性能。

石棉纤维用气浮细粉法制造，是一种含水硅酸镁，灰色可分为蛇纹石石棉和角闪石石棉两种，石棉纤维较长，强度和挠性较大，密度为 $2.56g/cm^3$，折射率 1.52，熔点 1500℃。具有优良的耐磨、耐酸碱性能。作为塑料填料可提高制品的刚性、尺寸稳定性、材料的耐磨性、高温时的防蠕变性及阻燃性，如用于地板材料等。

氧化铁、高铁酸钡（$BaFeO_4$）、铁酸铝、钕/铁/硼复合磁粉等磁粉作为塑料填料，可使塑料制品具有磁性，以供特殊用途，如电冰箱门上的磁封条等。只是氧化铁磁粉密度较大，为 $5.1g/cm^3$。

矿棉是一种合成填料（高炉的副产物），具有化学惰性，可代替石棉纤维或与石棉纤维并用作为填料。例如将其加入到聚丙烯中可提高制品的力学性能及耐热性能。

丝钠铝石为氧化铝厂产物，与氢氧化铝结构不同，前者为针晶链结构，属于一种微纤维结构，而后者为板状结晶。丝钠铝石兼有阻燃、增强两种特性，此外填充 ABS，可使电镀层耐久。

稀土除作聚氯乙烯的热稳定剂外，其尾矿还可以作为填料用，例如填充 PVC、PE 等，降低材料成本。稀土填充聚四氟乙烯，可提高耐磨性。

硅铝炭黑是以煤矸石为原料制作的复合型填料，其中含有无机矿物（硅铝酸盐），又含有有机化合物（芳杂环化合物）。密度小（$2.23g/cm^3$），吸油值低（0.4ml/g），与树脂间相容性好，呈黑灰色，适用于 PVC 深色制品，并能提高制品的发泡倍率。

用钛酸锆酸铅、钛酸钡等填充聚偏二氯乙烯、聚氯乙烯，或填充聚甲醛成为驻极体，这种复合材料都是具有高压电性的压电材料。

陶瓷粉填充聚乙烯塑料可制作阻隔性产品，如用于汽油桶、农药瓶。

炼铜厂废渣红泥粉、制糖厂废渣滤泥粉、硫酸厂废渣硫铁矿渣粉、玻璃厂废渣硼砂泥粉等，经过处理加工都可以作为塑料填料用，如填充聚氯乙烯、聚乙烯等低档制品，因上述填料多为有毒，不能用于接触食品的制品。

另外，叶蜡石粉、粉石英、菱苦土、黄土、硅酸铝、粗孔块状硅胶等均可作为塑料填料。

第三节　填料的表面处理

在填充改性聚合物中所使用的填料大部分是天然的或人工合成的无机填料。由于无机物质与有机高分子性质相差很大，当将它们分散于有机高分子基体中时，因性质的差别，造成二者相容性不好，从而对填充聚合物的加工性能和制品的使用性能带来不良影响。为使填料在聚合物中有良好的分散，并与聚合物能有较好的结合，常对无机填料表面进行适当处理，通过化学反应或物理方法改变填料表面的物理化学性质，使其表面性质与所填充的聚合物性质具有一定的相似性，从而提高其在聚合物中的分散性，增进填料与聚合物基体的界面相容性，进而提高塑料、橡胶等复合材料的力学性能。

一、填料表面处理的作用机理

填料表面处理过程机理主要包括两个方面，即改性剂与填料表面间的作用机理和改性填料与有机聚合物基体间的作用机理。填料的表面处理方法有多种不同的分类。根据具体工艺的差别分为涂覆法、偶联剂法、燃烧法和水沥滤法。综合改性作用的性质、手段和目的，分为包覆法、沉淀反应法、表面化学法、接枝法和机械化学法。但填料表面处理的作用机理基本上有两种类型，一是表面物理作用，包括表面涂覆（或称为包覆）和表面吸附；二是表面化学作用。

表面涂覆，也称包覆和涂层，是利用无机物或有机物（主要是表面活性剂，水溶性或油溶性高分子化合物及脂肪酸皂等）对填料表面进行包覆以达到改性的方法。表面吸附也是使填料表面结合上一层表面处理剂，但两者之间有较强的物理吸附作用。表面涂覆和表面吸附，填料表面与处理剂的结合是分子间作用力。

表面化学改性通过表面改性剂与颗粒表面进行化学反应或化学吸附（包括表面取代、水解、聚合和接枝等）的方式完成，填料表面是通过产生化学反应而与处理剂相结合。表面化学改性主要要用来生产在塑料和橡胶中使用的以补强作用为目的的矿物填料。

填料表面处理究竟何种机理主要取决于填料的成分、结构，特别是填料表面的官能团类型、数量及活性，也与表面处理剂类型、表面处理方法与工艺条件有关。

一般来说，填料比表面积大，表面官能团反应活性高、密度大，而且选用的表面处理剂与填料表面官能团反应活性高，空间位阻小，表面处理温度适宜，则填料表面处理以化学反应为主，反之以物理作用为主。实际上绝大多数填料表面处理两种机理都同时存在。对一指定的填料来说，若采用表面活性剂、长链有机酸盐、高沸点链烃等为表面处理剂，则主要是通过表面涂覆或表面吸附的物理作用进行处理，若采用偶联剂、长链有机酰氯或氧磷酰氯，金属有机烷氧化合物、多异酸有机化合物及环氧化合物等为表面处理剂，则主要是通过表面化学作用来进行处理。图2-6和图2-7分别为两类表面作用机理的示意图。

在进行填料表面处理时，从填料的种类、性质、聚合物种类、性能及加工工艺以及处理剂种类及处理工艺出发，应遵循如下原则。

① 填料表面极性与聚合物极性相差很大，应选择使表面处理后的填料极性接近于聚合物极性的处理剂，如果处理剂的化学成分与键类型相同或相近，则其极性与溶解度参数也较相近，但经验表明，处理剂的极性和溶解度参数与聚合物完全一样，效果未必比相近的好。

② 填料表面含有反应性较大的官能团，则应选择能与这些官能团在处理或填充工艺过程中发生化学反应的处理剂，填料表面的单分子层吸附水或其他小分子物质也应考虑加以利用，因此填料处理时其含水量等微量吸附物质应适当控制，以达到最好处理效果。如果填料表面反应性官能团及可利用的单分子吸附物质不多，则处理剂应选用一端有较强极性的物质，以增加其在填料表面的取向和结合力。

③ 填料表面如呈酸或（碱）性，则处理剂应选用碱性（或酸性）；如填料表面呈现氧化性（或还原性），处理剂应选用还原性（或氧化性），如填料表面具有阳离子（或阴离子）交换性，则处理剂应选用可与其阳离子（或阴离子）进行置换的类型。

④ 对处理剂而言，能与填料表面发生化学结合的比未发生化学结合的效果好；长链基的比同类型的短链基效果好；处理剂链基上含有与聚合物发生化学结合的反应基团的比不含

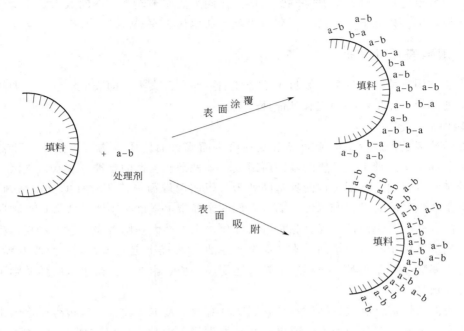

图 2-6　填料表面物理作用示意图

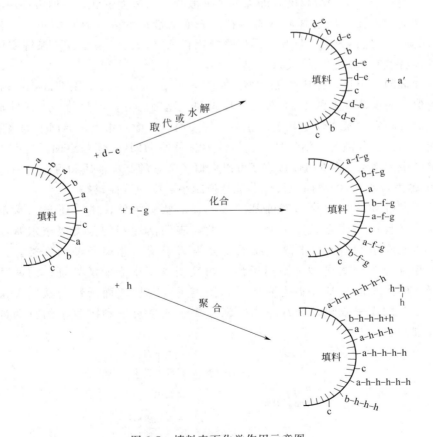

图 2-7　填料表面化学作用示意图

反应基团的效果好；处理剂链基末端为支链的比同类型而末端为直链的效果好，此外应选用在聚合物加工工艺条件下不分解、不变色以及不从填料表面脱落的处理剂。

二、填料表面处理剂

从物质结构与特性来划分，填料表面处理剂主要有五大类，即表面活性剂、偶联剂、有机高分子处理剂、无机物处理剂和其他处理剂。

1. 表面活性剂

表面活性剂是指极少量即能明显改变物质表面或界面性质的物质。任何一种表面活性剂，其分子都是由两种不同性质的基团所组成：一种是非极性的亲油（疏水）基因；另一种是极性的亲水（疏油）基团。这两种基团处于分子的两端而形成不对称的分子结构。这样，它既具有亲油性又同时具有亲水性，而且它们的亲油亲水强度必须匹配，形成一种所谓"双亲结构"的分子。若亲油性太强会完全进入油相，亲水性太强则会完全进入水相，都不会像表面活性剂那样由于有一定亲油亲水性而聚集在油-水界面上定向排列，从而改变界面性质。亲油基的强弱除受基团种类、结构影响外，还受烃链长短影响；而亲水基的强弱则主要决定于其种类和数量。

由于表面活性剂具有这种结构特征，因此具有两个基本特性：一是很容易定向排列在物质表面或两相界面上，从而使表面或界面性质发生显著变化，所以被用作无机填料处理剂；二是表面活性剂在溶液中的溶解度，即以分子分散状态的浓度较低，在通常使用浓度下，大部分表面活性剂以胶团（缔合体）状态存在。表面活性剂的表（界）面张力，表面吸附起（消）泡、润湿、乳化、分散、悬浮、凝聚等界面性质及增溶、催化、洗涤等实用性能均与上述两个基本特性有直接或间接关系。

表面活性剂的一个重要性质是HLB值（即hydrophile-lipophile balance number），称亲水亲油平衡值。表面活性剂的HLB值之所以重要，是因为它不但只与表面活性剂的亲水亲油性有关，而且与它的基本性能几乎都有关，如表面（界面）张力，界面上的吸附性，乳化性及乳状液稳定性、分散性、溶解性、去污性等。另外HLB值还与表面活性剂的应用性能有关，确定一个表面活性剂的HLB值就可以大概了解它的基本性质和可能的用途。

HLB值越大，水溶性越好；反之，HLB值越小，则油溶性越好。

表面活性剂性质的差异除与亲油基的大小、形状有关外，主要还与亲水基的性质有关，而且亲水基性质变化远较亲油基大。因此，表面活性剂的分类以亲水基团的结构性质为依据，以它在溶剂中能否电离出离子而分为离子型和非离子型两大类，又由电离出何种离子而把它分为阴离子型、阳离子型、两性型离子型表面活性剂。前两种是指表面活性剂溶于水时亲水活性基分别为阴离子和阳离子；两性表面活性剂从广义来说是指同时具有阴离子、阳离子或同时具有非离子和阳离子或非离子和阴离子的有两种离子性质的表面活性剂。

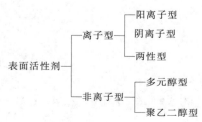

表面活性剂按分子大小可分为小分子表面活性剂（相对分子质量从 1000～10000）和高分子表面活性剂（其相对分子质量在 10000 以上的大分子），但有时也把相对分子质量几千以上的称为高分子表面活性剂。各类表面活性剂按其亲水基的类型，又可进一步分类。

常用于填料表面改性的表面活性剂有：①高级脂肪酸及其盐，如硬脂酸、硬脂酸钙、硬脂酸钠等；②高级铵盐；③非离子型表面活性剂，如 $RO(CH_2 CH_2)_m H$(R 为 $C_{12}～C_{18}$烷基)。

作为填料处理剂用得最多的是硬脂酸，即十八碳酸。硬脂酸分子中的羧基首先与无机填料中的金属氧化物或盐作用，以化学键或范德华力的形式吸附在填料的表面，而分子中长链烃基由于其亲油性，与基体树脂可以较好的亲和，从而达到填料处理的目的。其他长链脂肪酸或其盐也常用作处理剂。

对于表面活性剂的常温下液-气、液-固和液-液的表（界）面吸附，从理论和实验上都做了许多研究，但是聚合物填料采用表面活性剂处理，以及处理后的填料填充于高分子树脂时，所涉及的是固-液和固-熔融液态的表（界）而吸附问题。

表面活性剂在固体表面的吸附，视固体表面和表面活性剂的不同，一般认为有以下六种可能的机理。

① 离子交换吸附，即吸附于固体表面的反离子被同电性的表面活性离子所取代，如图 2-8 所示。

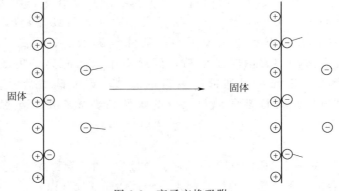

图 2-8　离子交换吸附

② 离子对吸附，即表面活性剂离子吸附于具有相反电荷而未被反离子所占据的固体表面，如图 2-9 所示。

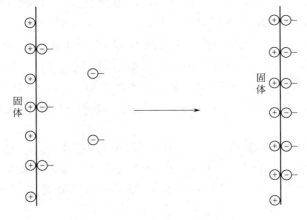

图 2-9　离子对吸附

③ π电子极化吸附，即表面活性剂分子含富电子的芳香环时，易于与固体表面强正电性位置相互吸引而吸附。

④ 氢键吸附，即表面活性剂分子或离子与固体表面通过氢键形成的吸附，如图2-10所示。

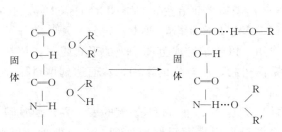

图 2-10　氢键形成吸附

⑤ 色散力吸附，即借表面活性剂与固体表面的分子间色散力而吸附，因此随表面活性剂相对分子质量增加而增加。

⑥ 憎水作用吸附，系因表面活性剂的疏水基在水溶液中可与已吸附于固体表面的表面活性剂聚集而吸附。

影响表面活性剂在固体表面的吸附量的主要因素有以下几个：①表面活性剂的相对分子质量，同系物的表面活性剂相对分子质量大，固体表面吸附量也大；②温度升高，吸附量下降；③pH值升高有利于阳离子表面活性剂吸附，而阴离子表面活性剂则相反；④固体表面在水溶液中多数带负电荷，因此易于吸附阳离子表面活性剂；⑤不同类型固体的表面性质，表面有强烈带电吸附点的填料，如硅酸盐、硫酸盐、碳酸盐、氧化物等和虽未带电但呈现极性的填料以及非极性填料如石墨、炭黑等，对表面吸附影响显著。

2. 偶联剂

偶联剂是具有某些特定基团的化合物，它能通过化学和/或物理的作用将两种性质差异很大，原本不易结合的材料较牢固地结合起来。经过偶联剂处理以后，可以将难以牢固结合的填料与树脂"偶联"起来，从而使填充聚合物材料的性能得到大大的改善。

偶联剂出现的历史虽不长，但由于其特殊的功能在填充增强聚合物中得到了广泛的应用，发展很快，目前已发展出了硅烷偶联剂、钛酸酯偶联剂、铝酸酯偶联剂、锆类偶联剂、有机铬偶联剂和磺酰叠氮偶联剂等类别。

(1) 硅烷偶联剂　硅烷偶联剂是目前品种最多、用量最大的偶联剂，其通式为 $X_{4-z}SiY_z$。其中，X 为具有反应官能团的有机基团，如氯原子（—Cl）、氨基（—NH$_2$）、氰基（—CN）、羟基（—OH）、硫醇基（—SH）、乙烯基（—CH=CH$_2$）、甲基丙烯酸酯基（CH$_2$=C(CH$_3$)—C(O)—O—）、环氧基（—CH—CH$_2$）等；Y 是烷氧基（—OR）、氯原子（—Cl）和羧酸酯基（RCOO—）等易水解的基团；z 为 2 或 3，但绝大多数均为 3。硅烷偶联剂的主要品种有 A-151（乙烯基三乙氧基硅烷）、A-172（乙烯基三甲氧乙氧基硅烷）、KH-550（γ-氨基丙基乙氧基硅烷）、Y-4086 [β-(3,4-环氧环己基)乙基三甲氧基硅烷]、Z-6040 [γ-(2,3-环氧丙氧基)丙基三甲氧基硅烷] 等。

硅烷偶联剂在使用时，Y 基团与玻璃纤维表面的硅醇基缩合形成硅氧烷键，牢固地结合于玻璃纤维表面。用硅烷偶联剂的水溶液处理玻璃纤维表面时发生如下反应：

$$R'O-\underset{OR'}{\underset{|}{\overset{R}{\overset{|}{Si}}}}-OR' \xrightarrow{H_2O} HO-\underset{OH}{\underset{|}{\overset{R}{\overset{|}{Si}}}}-OH \xrightarrow{吸附} \cdots \xrightarrow{-H_2O, 加热} \cdots$$

偶联剂的另一端有一个有机基团 R，可以和一些树脂发生反应，形成牢固的化学键。以环氧硅烷为例，可以和含有氨基或羟基的树脂发生反应。

① 与含有氨基的树脂发生反应：

$$R-O-CH_2-\overset{O}{\overset{|}{CH}}-CH_2 + H_2NR' \longrightarrow R-O-CH_2-\underset{}{\overset{OH}{\overset{|}{CH}}}-CH_2NHR'$$

② 与含有羟基的树脂发生反应：

$$R-O-CH_2-\overset{O}{\overset{|}{CH}}-CH_2 + HOR \longrightarrow R-O-CH_2-\underset{}{\overset{OH}{\overset{|}{CH}}}-CH_2OR$$

硅烷偶联剂一般都需要用水、醇、丙酮或其混合物作溶剂，配制成浓度为 0.5%～2% 的溶液使用，如填料为粉体，可直接用溶液浸泡或在一定温度和高速搅拌下用溶液喷洒到填料中。如填料为纤维，则可将纤维牵引通过溶液而后烘干。

由于硅烷偶联剂处理填料时，首先要水解成相应的硅醇，所以在使用时需要注意如下事项：

① 需要添加适量的酸或碱或缓冲溶液以调节溶液的 pH 值，从而控制水解速度和处理液的稳定性，pH 值的大小由硅烷偶联剂组成而定。

② 通过控制处理液中影响缩合、交联反应的杂质或加入适当的催化剂、调节缩合、交联反应的速度。

③ 控制表面处理时间和烘干温度，保证表面处理反应完全。

④ 对于某一指定的填料或基体树脂，应注意选择适合的硅烷偶联剂。一般情况下硅烷偶联剂适宜处理含二氧化硅或硅酸盐成分多的填料如白炭黑、玻璃纤维等。基体树脂中可反应的基团应与硅烷偶联剂 R 中活性官能团的反应性相适应。

(2) 钛酸酯偶联剂　为了解决硅烷偶联剂对聚烯烃等热塑性塑料缺乏偶联效果的问题，发展出了钛酸酯类偶联剂。钛酸酯类偶联剂的通式为：$(RO)_m TiX_n$。式中，RO—为烷氧基；X 为异硬脂酰基、油酰基或焦磷酸酯基等。$1 \leqslant m \leqslant 4$；$m+n \leqslant 6$；但通常 $m=1$；$n=3$。钛酸酯类偶联剂到目前为止，已经发展出了四种类型的结构。

① 单烷氧基型　其典型代表如异丙基三异硬脂酰基钛酸酯（TTS），结构式为：

$$CH_3-\underset{CH_3}{\underset{|}{CH}}-O-Ti\left[-O-\underset{O}{\underset{\|}{C}}-(CH_2)_{14}-\underset{CH_3}{\underset{|}{CH}}-CH_2\right]_3$$

TTS 可以和填料表面的羟基发生反应并形成化学键，如图 2-11 所示。此外，还有三个长链基团可以与聚合物分子发生缠绕，从而又与聚合物分子紧密地结合了起来。

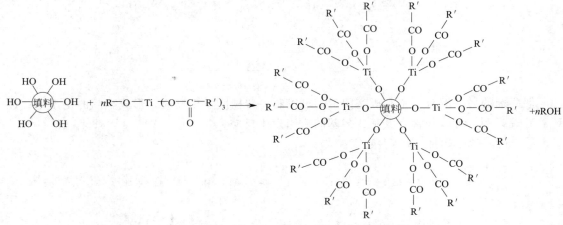

图 2-11 钛酸酯偶联剂与无机填料作用示意图

② 单烷氧基焦磷酸酯型　其典型代表如三(二辛基焦磷酰氧基)钛酸异丙酯 (TTOPP-38S)，结构式为：

$$CH_3-CH-O-Ti{\left[O-\overset{OH}{\underset{O}{P}}-O-\overset{O-C_8H_{17}}{\underset{O}{P}}-O-C_8H_{17}\right]}_3$$
$$|$$
$$CH_3$$

单烷氧基焦磷酸酯型偶联剂适合于陶土等含湿量较高的填料。在起偶联作用时，除单烷氧基与填料表面的羟基反应形成化学键外，焦磷酸酯基还可以分解形成磷酸酯基，结合一部分水。

③ 螯合型　螯合型钛酸酯偶联剂适用于耐高温填料和含水聚合物体系。根据螯合环的不同，这类偶联剂分为两个基本类型：即螯合 100 型和螯合 200 型。螯合 100 型的螯合基为氧代乙酰氧基，螯合 200 型的螯合基为二氧亚乙基。

$$\begin{array}{cc} CH_2-O & O-R \\ | & \diagdown Ti \diagup \\ O=C-O & O-R \end{array} \qquad \begin{array}{cc} CH_2-O & O-R \\ | & \diagdown Ti \diagup \\ CH_2-O & O-R \end{array}$$

螯合 100 型　　　　螯合 200 型

④ 配位体型　为了避免四价钛酸酯在某些体系中的副反应而研制成的配位体型钛酸酯偶联剂，适合于许多复合材料，其偶联机理与单烷氧基型钛酸酯相似。

$$\begin{array}{c} R'\\ | \\ R-O\diagdown \diagup O-R\\ Ti\\ R-O\diagup \diagdown O-R\\ | \\ R' \end{array}$$

由于钛酸酯类偶联剂所具有的独特结构，所以对热塑性塑料及干燥填料具有良好的偶联效果，能够提高制品的冲击强度、断裂伸长率和剪切强度，同时可以在保持一定的拉伸强度下提高填充量，从而更好地降低成本。此外，钛酸酯结构中的长链烷基还可以改变无机物界面的表面能，使黏度下降，使高填充量的复合材料显示良好的熔体流动性。其中，特别是单烷氧基钛酸酯类偶联剂受到人们极大的重视。

(3) 铝酸酯偶联剂　长期以来人们认为铝酸酯因易水解和缔合不稳定而不能用作偶联剂，后来经研究发现，采取部分满足中心铝原子配位数的特殊结构，可增加铝酸酯的稳定性，于是便可用作偶联剂。铝酸酯偶联剂的化学通式如下：

$$(RO)_{\overline{x}}Al\overset{Dn}{\longleftarrow}(OCOR')_m$$

式中 RO 为短链烷氧基，属亲无机基团，R′为长链烃基，烃基中可含有能参与反应的基团如双键、羧基、羟基等。D 为含孤电子对的配位基团，具有使铝酸酯稳定作用。

铝酸酯偶联剂除配位基团外，其分子组成与性能与钛酸酯相似，通过易水解的短链烷氧基可与填料结合，通过长链烃基可与基体树脂的分子链因发生缠结或化学反应而结合。

铝酸酯偶联剂价格比钛酸酯低，并具有与钛酸酯偶联剂相似的反应活性，可应用于各种无机填料、无机颜料和无机阻燃剂的表面处理。

经铝酸酯偶联剂处理的各种改性填料，其表面因化学或物理化学作用生成一有机长链分子层，因而亲水性变成亲有机性，填料吸水率下降，颗粒度变小，吸油量减少，沉降体积增大，因此用于塑料、橡胶或涂料等复合制品中，可改善加工性能，增加填料用量，提高产品质量，降低能耗和生产成本，因而有明显的经济效益。

经铝酸酯偶联剂处理的材料、制件表面及聚合物，其原有表面性质变化，而具有所希望的新性质，如疏水性、热稳定性、防沉降性和抗静电性等。

① 降黏作用　铝酸酯偶联剂对许多无机填料/有机分散介质体系黏度都有明显降黏作用，其效果与相应钛酸酯偶联剂一样优异。虽然不同品种偶联剂降黏效果有差异，同一品种偶联剂对不同体系降黏效果不一样，但对各种无机填料、颜料都有较好的降黏效果。

② 增填作用　和钛酸酯偶联剂一样，经铝酸酯处理的无机填料在有机分散介质中的填充量可大幅度提高，尽管不同品种偶联剂对提高幅度的影响有所不同，但均显著高于未处理或仅表面涂覆处理的相应的填料填充量（指达到同样体系黏度时）。

铝酸酯偶联剂的用量一般为复合制品中填料质量的 0.3%～1.0%。对于注射或挤出成型的塑料硬制品，用填料量的 1.0%左右。其他工艺成型的制品、软制品及发泡制品，用填料量的 0.3%～0.5%。高比表面的填料，如氢氧化铝、氢氧化镁、白炭黑可用 1.0%～1.3%。

(4) 锆类偶联剂　锆类偶联剂是含有铝酸锆的低相对分子质量无机聚合物，由美国 Cayedo 公司最先于 1983 年开发。在其分子主链上络合着两种有机配位基：一种配位基使偶联剂的羟基变得更稳定，使偶联剂不易水解；另一种配位基可赋予偶联及良好的反应活性。其特点是能显著降低填充体系的黏度，不但可用于碳酸钙、高岭土、氢氧化铝和二氧化钛等，而且对二氧化硅、白炭黑也有效，锆类偶联剂不仅可以促进无机物和有机物的结合，而且还可以改进复合材料的性能。

(5) 有机铬络合物　有机铬络合物类偶联剂因铬离子毒性及对环境的污染已无大发展，但因其处理玻璃纤维效果很好且较便宜，仍有少量应用，主要品种有硬脂酸铬络合物、甲基丙烯酸铬络合物、山梨酸铬络合物、氰基乙酸铬络合物、亚油酸铬络合物、反丁烯二酸硝酸铬络合物等。

(6) 磺酰叠氮偶联剂　磺酰叠氮偶联剂是最新出现的一类偶联剂，系美国 Hercules 公司将磺酰叠氮基引入三烷氧基硅烷，合成的一种能与聚烯烃等热塑性聚合物反应的新型偶联剂，其基本结构为：

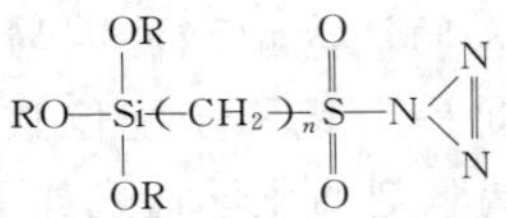

$$\text{RO—Si}(\text{OR})_2\text{—}(\text{CH}_2)_n\text{—SO}_2\text{—N}_3$$

3. 有机高分子处理剂

各种表面活性剂和偶联剂基本上都是小分子化合物，虽然被广泛应用于无机填料的表面处理收到较好的效果，但对高填充量的或对产品性能要求高的填料处理上暴露出不足之处，而高分子处理剂在克服这些不足方面，则越来越显示出优越性，尤其在聚合物合金中用作增溶剂以及在高分子超分散剂的研究和应用方面，都显示出巨大潜力。

可用作表面处理剂的高分子化合物主要有如下几种：

① 液态或低熔点的聚合物，如无规聚丙烯、聚乙烯蜡、羧化聚乙烯蜡、氯化聚乙烯、聚 α-甲基苯乙烯和各种聚醚等。

② 液态或低熔点的线形缩合预聚物，如环氧树脂、酚醛树脂、不饱和树脂、聚酯等。

③ 带有极性接枝链或嵌段链的高分子增溶剂，如马来酸酐（MA）接枝改性的各种聚合物，PE-g-MA，PP-g-MA，SBS-g-MA，EVA-g-MA，EPDM-g-MA 等。

④ 线形或梳形高分子超分散剂，这是一类相对分子质量为 1000~10000 之间，分子中同时含有两类性能截然不同的组分或官能团，其中一类称之为锚固基团，可通过离子对、氢键或范德华力以单点或多点锚固在填料、颜料等无机颗粒的表面上；而另一类一般为非极性组分，则通过分子链缠结或范德华力与树脂相结合。高分子超分散剂主要用于处理油墨、涂料、陶瓷、纳米级材料、记录用材料等生产过程中处于有机溶剂或水体系中的无机颜料、填料、磁粉料等的分散。

⑤ 熔体流动速率高、熔点低的聚合物，如某些特殊牌号的 EVA、LDPE 等。

⑥ 聚合物溶液或乳液。

高分子处理剂一般用于特殊填料或制作特殊性能制品的填料表面处理，用量约为填料质量的 4%~15%，处理工艺应根据制品生产工艺而定，如在反应性挤出、密炼、研磨、粉碎中进行。

4. 无机物处理剂

无机物处理剂实际上早已用于云母和各种颜料的表面处理，如 TiO_2 等氧化物包膜的各种珠光云母，就是用四氯化钛、硫酸氧钛、硫酸亚铁及铬盐溶液处理白云母，钛白粉也往往须经铝盐、硅酸盐或其他无机盐溶液处理后形成一层致密的包膜而具有更高的保光性、耐候性、着色力和遮盖力等性能。塑料填充改性用的无机填料表面处理采用无机物的不多，但在有机填料如木粉、淀粉等处理中有时也有应用。

5. 其他处理剂

用于填料表面改性的不饱和有机酸带有一个或多个不饱和双键和一个或多个羧基。羧基可与具有活泼金属离子的非金属矿物填料如长石、陶土、红泥、氢氧化铝等很好地作用，双键部分可参与接枝、交联及聚合反应。不饱和有机酸改性剂的碳原子数一般在 10 以下。常见的不饱和有机酸是丙烯酸、甲基丙烯酸、丁烯酸、肉桂酸、山梨酸、2-氯丙烯酸、马来酸、衣康酸、醋酸乙烯、醋酸丙烯等。一般情况下，酸性越强越容易形成离子键，故多选用丙烯酸和甲基烯酸。

各种有机酸可以单独使用也可以混合使用。

不饱和有机酸改性剂来源广泛，价格便宜，用来处理含碱金属离子的矿物填料，具有较好的改性效果。

三、填料表面处理方法

根据填料表面处理过程中所使用的设备与工艺的不同，填料表面处理方法可分为干法、湿法、气相法和加工过程中处理法四种。

1. 干法

干法处理的原理是填料在干态和一定温度下借高速混合作用使处理剂均匀地作用于填料颗粒表面，形成一层极薄的表面处理层。所用设备一般为混合机。具体流程如下：

```
                    处理剂
                      ↓
填料 ───→ 高速混合、烘干、高速混合处理、冷却 ───→ 处理好的填料
                      ↓
                    水分
```

干法处理过程中既有物理作用又有化学作用。一般可分为表面涂敷、表面反应与表面聚合三种。

（1）表面涂敷处理　处理剂可以是液体、低熔点固体或配制成溶液乳液的形式，表面涂敷处理主要是物理作用。将一定量的填料加入混合机内，在高速搅拌下滴加或喷雾加入计量处理剂，混合均匀后逐渐升温至需要的温度，在此温度继续搅拌3～5min即可出料。

（2）表面反应处理　表面反应处理通常又分为两种情况，一种是采用与填料表面具有较强反应活性处理剂如钛酸酯、铝酸酯等可直接与填料表面进行反应处理；另一种是采用两种处理剂先后进行反应处理，第一处理剂可与填料表面直接发生化学反应结合在填料表面上，第二处理剂再与第一处理剂发生反应通过第一处理剂间接与填料结合。

表面反应处理大多属于第一种情况，当第一种情况难以满足要求时，可采用第二种反应处理方法。第二种方法可选择性大、应用范围广，不仅可用于各种填料、颜料和阻燃剂等无机粉体的表面处理，还可对淀粉、木粉等有机粉体进行表面反应处理。

（3）表面聚合处理　填料干法表面聚合处理是一种新的表面处理方法。该法与传统方法不同，不用表面处理剂，而采用可聚合的单体，在引发剂作用下通过加热和高速搅拌使单体在填料表面上聚合；或者将单体引发剂与填料加入球磨机中，借研磨的机械力和摩擦热使单体在填料表面上聚合，在填料的表面形成一层附着力强的薄膜。可选用的单体有苯乙烯、甲基丙烯酸甲酯、丙烯酸丁酯、丙烯酸等液体化合物，引发剂一般使用有机过氧化物。采用表面聚合处理法同样可收到较好的效果。

2. 湿法

填料表面湿法处理指的是粉体填料在湿态或以水为介质的悬浮液中用处理剂进行表面处理的方法。其原理是填料在处理剂的水溶液或乳液中，通过表面吸附或化学作用使处理剂分子结合于填料表面，因此，处理剂应在水中可溶或可乳化呈乳液状态。常用的处理剂有脂肪酸盐一类的表面活性剂，在水中稳定的螯合型铝酸酯、钛酸酯及硅烷偶联剂和电介质型高分子处理剂等。

按填料表面湿法处理机理，该法可分为表面吸附法、化学反应法和聚合法。表面吸附法与干法中表面涂敷处理相似，属于物理过程。通常将填料放入水中搅拌呈悬浮液，加入表面处理剂室温或在加热情况下继续搅拌一定时间后，过滤烘干粉碎即可。化学反应法是指采用那些能与填料表面游离基团发生化学反应的处理剂，在湿法处理过程中通过反应以化学键与

填料相结合。聚合法与干法中表面聚合处理相似,直接采用可聚合的单体,在引发剂的作用下,在填料表面生成一层高分子膜。所不同的是前者在干粉中后者是在水的悬浮液中反应。

3. 气相表面处理法

填料气相表面处理法是将具有反应活性的处理剂首先汽化,以蒸气的形式与填料粉体的表面发生化学反应实现填料表面处理的一类方法。例如含二氧化硅一类的填料表面具有硅羟基,经硅烷处理剂的蒸气处理,即可获得高憎水性填料。与其他方法相比,气相表面处理法效果好、处理剂利用率高。

近年来采用低温等离子体实现填料的气相表面处理获得可喜的进展。等离子体气相表面处理所采用的处理剂一般为可反应的单体,如乙烯、苯乙烯、丙烯酸酯类等。在等离子状态下这些单体可在填料表面生成纳米级的等离子体膜,从而达到表面处理的目的。

4. 加工现场处理法

加工现场处理法是指在加工聚合物制品时直接在原工艺某一操作过程中对填料进行表面处理的一类方法。也是目前国内塑料行业中最常用的一类表面处理方法。主要有捏合法、反应挤出法和研磨法。

(1) 捏合法　当基体树脂为粉状时,如 PVC、PP 等,可在加工过程中的捏合工艺中,同时加入填料和处理剂,在捏合过程中对填料进行表面处理。处理剂应选用对参与捏合的其他组分不发生化学作用,体系内存在的微量水分不影响它的处理效果。各类表面活性剂、高分子处理剂、螯合型的钛酸酯和铝酸酯等可被用作捏合法填料处理剂。

(2) 反应挤出处理法　反应挤出处理法是将填料表面处理剂和小量载体树脂(也可用基体树脂),按一定比例在双螺杆挤出机挤出造粒,制成填充母料,再与基体树脂混合制成填充改性塑料。如果有性能优异的混炼挤出成型设备,则填料的表面处理、填料与基体树脂及各组分的混合混炼乃至造粒或直接成型可在同一挤出机中一次完成。

(3) 研磨处理法　研磨处理法常用于涂料生产中对填料和无机颜料的表面处理。在一些需要采用浆料或需用增塑剂一类液态原料较多的软质塑料制品中,也可采用研磨处理法。另外如产品最后以液态或乳液形式存在;如环氧树脂、不饱和树脂、浇铸材料等,其填料或无机颜料以及其他无机助剂的表面处理也可考虑采用此法。

第四节　聚合物填充改性效果

一、聚合物填充改性的经济效果

利用填料实现聚合物的填充改性,其目的是降低成本或改善材料某些性能,而这往往会带来填充聚合物某些方面性能的劣化。因此填充改性要从实际使用目的和要求出发,抓住其主要矛盾设计合理的原辅材料配方,选择适宜的加工路线并确定最佳工艺条件,才能达到预期的效果。

1. 质量成本

在聚合物中使用填料,由于填料价格按质量计算往往远远低于所用的聚合物,故填充聚合物单位质量的原材料价格将显著下降。在填充聚合物中,填料所取代的是相同体积的基体,而由于大多数填料的密度与基体的密度有着显著差别,同样质量的填料和基体所具有的体积是不相同的,而且填料在基体中的分散不能达到完全以单个粒子形式存在的理想状态,填料颗粒之间以及填料与基体之间有可能存在空隙或空洞，因此知道填料在基体中真实密度是重要的，它最终决定着使用填料带来的经济利益。为简化起见，下面的讨论假设填料在基体中均以单个颗粒形式存在，填料颗粒之间和填料与基体之间不存任何空隙，此时填料在基体中的真实密度等于填料本身的密度。

填充聚合物原材料价格 P 可按下式计算：

$$P = P_1 w_1 + P_2 w_2 \tag{2-5}$$

式中　P_1，P_2——基体树脂和填料的价格；

　　　w_1，w_2——基体树脂和填料在填充聚合物中占的质量分数。

由于 $w_1 + w_2 = 1$，故若 P_2 小于 P_1，总有 $P < P_1$。

例如，聚烯烃填充母料的价格一般为聚丙烯树脂价格的 1/3，即 $P_2 = P_1/3$，则聚烯烃填充母料用量为 10% 时，聚丙烯编织袋用扁丝的原材料价格 P 为：$P = P_1 w_1 + P_2 w_2 = P_1 \times 90\% + (P_1 \times 10\%) \times 1/3 = P_1 \times 93\%$。

由此可见，以质量为基础计算时，使用填料的填充聚合物原材料成本将有程度不同的下降，这也是我们使用填料达到增量降低成本的预期效果，对于某些以质量作为计价单位的制品（如塑料薄膜、扁丝、打包带等）确实是降低了成本。

2. 体积成本

上述的讨论是以质量计价为基础的，而许多注射制品是以个数为计价单位，某些挤出产品（如管材、线槽等）按长度计价，这时，情况就不同了。由于填料的密度在多数情况下都大大高于基体树脂的密度，加入填料将增大物料的密度，而通过注塑成型或模压成型的制品，其模具型腔的体积是固定的，在成型时是必须被充满的，挤出产品的横截面尺寸也是确定不变的，要想得到预期形状和尺寸的制品，在有填料的情况下就需要更多的物料，也就是说由于填料的密度大，同样体积的物料，填充聚合物的质量将大于纯基体树脂的质量，生产出同样个数或长度的制品所用填充物料质量将多于纯树脂的质量，此时使用填料需要作多方面的衡算。

例如在制作塑料水桶时使用纯高密度聚乙烯，设水桶体积为 $0.001 \mathrm{m}^3$，忽略制品成型收缩率并将从模具型腔流道带来的料把也计算到桶上，高密度聚乙烯的密度 $\rho_1 = 960 \mathrm{kg/m}^3$，则每个水桶需要的高密度聚乙烯树脂质量为 0.960kg。

采用滑石粉填充高密度聚乙烯，假设注塑成型时压力较大，在基体树脂大分子和滑石粉颗粒之间不存在空隙，滑石粉的质量分数为 $w_2 = 10\%$ 时。0.960kg 填充高密度聚乙烯物料的体积 V 为：

$$V = mw_1/\rho_1 + mw_2/\rho_2 \tag{2-6}$$

式中　w_1，w_2——高密度聚乙烯树脂和滑石粉的质量分数；

　　　ρ_1，ρ_2——高密度聚乙烯树脂和滑石粉的密度，$\rho_2 = 2750 \mathrm{kg/m}^3$。

则有

$$V = (0.960 \times 90\%)/960 + (0.960 \times 10\%)/2750 = 0.0009 + 0.000035 = 0.000935 (\mathrm{m}^3)$$

故生产一个水桶需要的填充物料为：

$$0.001 \times 0.96/0.000935 = 1.027 (\mathrm{kg})$$

由于改用填充体系后，模具的型腔容积并不改变，而物料又要完全充满型腔，故生产一个水桶需要的填充高密度聚乙烯物料比用纯高密度聚乙烯树脂时多了 $1.027 - 0.96 = 0.067 (\mathrm{kg})$。

在考虑是否使用滑石粉填充高密度聚乙烯生产水桶时要衡量得失,即使用10%(质量分数)的滑石粉而得到的1.027kg的填充高密度聚乙烯物料价格能否低于0.960kg纯高密度聚乙烯的价格,并要保证制品的性能达到使用要求,同时还要考虑对成型加工性能的影响及对设备的磨损等。

值得提起的是经过实践证明,单向拉伸制品(如聚丙烯打包带)使用大量填充母料时,没有发现填充制品在长度上与同样质量的纯树脂制品有明显差别。据分析这是由于填充体系在拉伸时,基体树脂中出现空穴,大分子与填料并没有紧密排布的缘故。

3. 其他影响

对于某些使用寿命较短、对性能要求不高的制品,增大填充量依然能满足用户要求,可大大降低成本,但在聚合物中使用填料不单纯是为了降低原材料成本,有时更为关注其他方面的收益,如赋予制品一些聚合物材料原本不具备的特殊性能,制备功能性填充聚合物材料;采用可以降解的填料(如淀粉、木粉、废报纸粉等植物纤维),减少了废弃聚合物材料中不可降解的聚合物含量,降低了对环境的损害,有良好的社会效益。

此外,由于填充聚合物的熔体黏度较高,流出速度较慢,因此挤出操作的体积产率可能下降。另一方面,注射模塑则可能效率更高,这是因为填充的聚合物料比未填充的聚合物料冷却得快,冷却时间较短。这些结果将影响制品的生产成本。

二、填充聚合物的力学性能

1. 弹性模量

聚合物材料制品通常要承受一定的静载荷或动载荷,用于受力结构的制品更是如此,而纯树脂制成的塑料制品其弹性模量都比较低,即使是聚酯、聚酰胺这些弹性模量较高的,也仅为金属弹性模量的2.5%~10%。

因为填料的模量比聚合物的模量大很多倍,填料的加入总是使填充聚合物的弹性模量增大。一般说来窄分布的大颗粒填料,填充体系的弹性模量增大较少,当填料颗粒的纵横尺寸比较大时,填充体系的弹性模量显著增大,如片状和纤维状填料。

2. 拉伸强度

在填充聚合物中填料为分散相,实际上是被分割在基体聚合物构成的连续相中,如同水中的岛屿。假定填料的颗粒之间没有空洞或气泡而完全充满基体聚合物,但在受力截面上基体聚合物的面积必然小于纯聚合物构成的材料。在外力作用下基体聚合物从填料颗粒表面被拉开,因承受外力的总面积减小,所以填充聚合物的拉伸强度较未填充体系有所下降。这种基体聚合物从填料表面被拉开的现象可以通过应力发白现象得到证实。在拉伸应力作用下基体聚合物离开填料颗粒产生微细的空洞,因和周围材料的折射指数不同,就会发现比原来材料颜色发白的现象。填料粒径越大,颗粒随基体聚合物变形的可能性越小,产生空洞的现象就越明显。

并非填充体系的拉伸强度永远低于基体聚合物,如果通过表面处理,填料与基体聚合物的界面黏合得好,在拉伸应力作用下填料颗粒有可能与基体聚合物一起移动变形,承受外界负荷的有效截面增加,填充体系的拉伸强度是可能高于基体的拉伸强度的。此外对于使用温度在基体玻璃化温度(T_g)之上的,在拉伸作用时基体可随之形变而取向的非极性聚合物(如聚乙烯),大多数填料都能显著提高它的拉伸屈服强度,此时虽然基体与填料之间粘接得较差,但基体被拉伸时可沿填料颗粒周围被拉伸取向,从而有利于拉伸屈服强度提高。高纵横比、高表面积的片状或纤维状填料都能促进这种效应。

表 2-17 列出不同几何形状特征的填料填充 PP 的拉伸强度值以及表面处理与否对云母填充 PP 的拉伸强度的影响。从表中数据可知片状和纤维状填料填充的 PP 的拉伸强度值比块状填料填充 PP 要好得多，而表面处理与否对填充体系的拉伸强度影响更为显著。

表 2-17 不同填料填充 PP 的拉伸强度　　　　　　　　　　　　　　　　　单位：MPa

纯 PP	PP+40% CaCO₃	PP+40% 滑石粉	PP+30% 玻璃纤维	PP+40% 云母，未经表面处理	PP+40% 云母，已经表面处理
33.99	19.0	29.44	43.71	27.92	42.68

表 2-18 列出填料粒径大小对填充 HDPE 薄膜拉伸强度和断裂伸长率的影响（填充 HDPE 薄膜中的重质碳酸钙质量分数为 30%），从中可知，同一种矿物填料，粒径越小，填充 HDPE 薄膜的拉伸强度越高，同时断裂伸长率也具有较高数值。

表 2-18 碳酸钙填料粒径大小对填充 HDPE 薄膜力学性能的影响

CaCO₃ 粒径	拉伸强度(纵/横)/MPa	断裂伸长率(纵/横)/%	CaCO₃ 粒径	拉伸强度(纵/横)/MPa	断裂伸长率(纵/横)/%
过 400 目	22.6/20.7	309/286	过 2500 目	32.3/31.7	350/410
过 1250 目	28.2/27.3	342/347			

3. 断裂伸长率

填充体系因填料的存在，在受到拉伸应力时其断裂伸长率均有所下降，其主要原因可归结为绝大多数填料特别是无机矿物填料本身是刚性的，没有在外力作用下变形的可能。但试验中发现在填料用量低于 5% 时，而且填料的粒径又很小时，填充聚合物的断裂伸长率有时比基体树脂本身的断裂伸长率要高，这可能是由于在低浓度时填料的细小颗粒与基体一起移动的缘故。

从表 2-18 中看出，填料的粒径越小，其断裂伸长率越有可能获得较好的数值。

4. 冲击强度

对于同样填充量的填充体系来说，冲击强度是材料的一项重要性能指标。填料的加入一般来说会使填充塑料抗冲击性能下降，这也是填充改性以获取多种利益的同时带来的材料性能劣化的重要方面。为了获得良好抗冲击性能，往往需要在塑料中加入橡胶或热塑性弹性体，也就是通过不同聚合物共混达到增加材料韧性的目的。

作为分散相的填料颗粒在基体中起到应力集中剂的作用，一般来说这些填料的颗粒是刚性的，不能在受力时变形，也不能终止裂纹或产生银纹吸收冲击能，因此会使填充塑料的脆性增加。由于纤维状填料能在与冲击应力垂直的更大面积上分布冲击应力，故可以提高纤维增强塑料的冲击强度。此外如果填料表面与基体之间有适当的黏合（不能过强，也不能过弱），可减小因填料加入带来的冲击强度降低的幅度。当堆砌较差的填料占据较大的体积，不仅提供了更多的应力集中点，而且更严重地影响了基体的连续性，因此在填料体积分数相同时，高堆砌系数的填料对冲击性能降低的影响要小一些。

近年来发展起来的刚性粒子增韧理论认为，使用非弹性体粒子在不牺牲材料的模量情况下仍然可达到使材料冲击强度提高的目的。所谓的刚性粒子分为有机刚性粒子（如 MBS、PMMA、SAN 等）和无机刚性粒子，有时候也采用刚性粒子与弹性粒子混杂填充的办法。要使无机刚性粒子起到增韧作用，首先粒径大小必须合适，小粒径无机填料刚性粒子表面缺陷少，非配对原子多，与聚合物发生物理或化学结合的可能性大，如果这种小粒径粒子和聚合物粘接良好，就有可能在应力作用下吸收形变能，促进基体的脆-韧转变。

5. 硬度

填料的加入常使聚合物材料的硬度增大。通常测量塑料材料的硬度有球压痕硬度试验和邵氏硬度试验两种方法。前者是在规定负荷下把钢球压入塑料试样，用单位压痕面积上所承受的压力平均值来表示，而后者是将规定形状的压针，在标准的弹簧压力下压入试样，将压针压入试样的深度转换为硬度值。塑料的硬度和金属、填料本身的硬度不同，就其本质而言它是塑料弹性模量的一种量度，因此能使填充塑料的模量提高的填料，同样也使热塑性塑料和弹性热固性塑料的硬度增加。由于邵氏硬度试验是将尖锐的针头（直径1.25mm，锐角30°-D型）压入塑料材料内，针尖接触的部位是填料还是塑料基材将影响压入深度。因此对于填充塑料材料，球压痕硬度更能准确地反映出填料对材料硬度影响大小。

6. 摩擦性质

用于动态密封或要求耐磨性较高的场合时，通常希望填充聚合物具有较低的摩擦因数和较高的抗磨耗能力。通过物料熔融再成型的加工方法制得的填充聚合物，一般从材料表面到材料的中心，其填料的浓度是不同的，而只有填料直接暴露于材料的表面时，才会对摩擦因数产生直接的影响。为此在需要降低摩擦因数时，使用低摩擦因数的填料是有效的，但必须将填充聚合物制品的表面加以研磨从而使低摩擦因数的填料暴露出来。如聚四氟乙烯塑料本身具有极低的摩擦因数，通常用于轴密封，当加入青铜粉或石墨时，可进一步降低其摩擦因数，磨耗可大大减小，可以做到无油润滑。

填充聚合物中由于高硬度无机填料的存在将大大提高材料的耐磨性。如半硬质聚氯乙烯块状地板中使用具有高硬度的石英砂做填料，比使用重质碳酸钙其耐磨性显著提高；作为超耐磨塑料的超高相对分子质量聚乙烯板材，如果其中加入粉煤灰玻璃微珠，其磨耗值可进一步下降，耐磨性提高30%以上。但填料的硬度高，在成型加工过程中容易造成对加工设备与物料接触的部分（如螺杆、机筒内表面）以及模具型腔或流道表面的磨损。

填充聚合物的耐磨性也和填料的粒径及分布、填料与基材的粘接强度有关，因为在外力作用下，较大粒径的填料颗粒以及与基体粘接不牢的填料颗粒很容易被从填充聚合物表面移走，从而失去抵抗磨损的作用。

三、填充聚合物的热性能

1. 线膨胀系数

填充塑料在成型过程中，由于填料与基体树脂的热膨胀系数不同，且大多数聚合物的热膨胀系数比填料的要大十多倍，因此从熔融成型温度冷却到室温时，因填料与聚合物收缩不一致，使填料颗粒周围存在着很高的残余应力。而当填料分散不均匀或填料呈纤维状或片状时，冷却过程中不均匀的收缩会导致填充塑料制品的形状偏离预期的要求，出现扭曲或翘曲，残余应力的存在也会使填充塑料在使用过程中容易发生破坏。因此采用表面处理剂以改善填料与基体树脂之间的界面粘接状态以及使填料尽可能均匀分散在基体材料中对填充塑料的成型加工和长期使用都是至关重要的。而对纤维状或片状填料填充的塑料制品更要对成型加工的冷却过程加以注意，同时也要合理设计成型模具，防止发生冷却不均匀或因填料各向异性造成的翘曲变形。

2. 热变形温度与维卡软化温度

聚合物材料有时是在较高温度下使用，或者希望能够提高某些材料耐热性能。衡量材料的耐热性能的试验方法通常是通过施加一定应力使材料达到某一指定形变时的温度来表示。例如塑料弯曲负载热变形温度试验方法是将所测试样浸在一等速升温的适当液体中，在简支梁式的静弯曲载荷作用下，测量试样弯曲变形达到规定值时的温度；而热塑性塑料软化点（维卡）试验方法是测定在等速升温的液体传热介质中、试样被 $1mm^2$ 压针头在一定负荷下压入 1mm 时的温度。这两种试验方法都是评价一种塑料材料的耐热性能的方法，并不代表该材料真正允许的使用温度。

由于填料可使体系的模量和黏度增加，故在进行材料的热变形温度试验时，填充塑料的热变形温度都较相应的纯聚合物材料的热变形温度有明显提高。一般来说，对于聚丙烯、聚对苯二甲酸丁二酯（PBT）、尼龙等结晶聚合物，填料的加入可明显提高热变形温度，这是由于热变形温度受基质聚合物的熔点所支配，随着填料的增加熔点逐渐上升的缘故，例如用滑石粉或玻璃纤维填充聚丙烯，当填料的质量分数达到 0.2 时，聚丙烯热变形温度可达到 130℃以上。而对于聚苯乙烯、聚碳酸酯等非结晶聚合物来说，填料的加入使热变形温度上升不太大，这是由于非结晶聚合物的热变形温度受基质聚合物的玻璃化温度所支配，原来的热变形温度已很接近玻璃化温度。

从橡胶耐热性考虑，一般无机填料比炭黑有更好的耐热性，其中最适用的是：白炭黑、活性大的氧化锌、氧化镁、氧化铝和硅酸盐。氧化镁对提高丁腈胶的耐热性有一定的效果。例如填充炭黑的丁腈胶，在 177℃的机油中经 168h 老化后，其拉伸强度低于 7MPa，而用氧化镁（添加 100 份氧化镁），在同样老化条件下，拉伸强度保持在 14MPa 以上。但许多橡胶制品除要求有良好的耐热性外，尚需保证其他的性能，则必须用炭黑补强。其中以槽黑最好。

四、填充聚合物的其他性能

1. 电学性能

绝大多数聚合物都属于电的绝缘体，而且具有很高的电阻率，且在聚合物填充改性体系中，聚合物为连续相，因此加入大量填料并不明显影响聚合物的绝缘性。介电强度是指一定厚度的被试验材料在短时间或逐步试验过程中发生介电击穿时的电压大小。一般无机填料都可以提高填充聚合物的介电强度，而有机填料和水分使填充聚合物的介电强度下降。同样，填充聚合物的介电常数和损耗因子也与填料的关系不大，主要影响来自填料所带进的水分或特殊的杂质。

由于一般聚合物的电绝缘性很好，一旦带有静电，则这些静电荷的消除很慢，对聚合物的加工和使用造成种种问题，通过填充改性可改善聚合物的抗静电性。加入有机抗静电剂可以使聚合物材料的表面电阻大大降低，但由于有机抗静电剂的迁移性，其抗静电效果不能持久。添加导电性填料则可以得到永久性抗静电聚合物。

炭黑是用来解决聚合物材料抗静电问题的最常用材料。少量的炭黑并不能使聚合物材料成为静电的导体，这时炭黑的主要功能是着色或吸收紫外线以提高聚合物耐老化性以及控制热固性模塑料反应等方面，只有当炭黑的浓度达到一定量时（通常需要质量分数达 20% 以上时），分散在基体中的炭黑粒子彼此之间的距离接近到可以形成电子流动的网状通道时，才可达到理想的导电效果。

另一类导电性填料为金属填料。银、镍、铜、铝等都是电的良导体，它们制成的粉末也可用来制作导电聚合物。同样要想达到预期的目的，金属粉末的体积分数也必须达到一定值。这可以解释为悬浮于聚合物基体中随机分布的金属粒子相互接触的程度是决定填充体系体积电阻值的主要因素。金属粉含量低时，金属粒子相互被基体材料隔绝，起不到降低体积电阻的作用。随着金属粉含量增加，粒子相互接触的可能性提高，逐渐形成"粒子接触链"。当金属粒子形成"无限长粒子接触链"的概率大于零时，体系的电阻值才开始下降，当金属粉体积分数达到某一数值时，几乎所有的金属粉颗粒都加入到某个"无限长粒子接触链"中。填充体系的体积积电阻也就降到了最小值，而且不再随金属粉量的增加而继续下降。

除金属本身的导电性、金属填料的用量、两相粒子尺寸比之外，还有一些因素也会影响填充聚合物的导电性能，如填料颗粒的形状、成型加工条件、其他添加剂的使用以及温度等。

2. 光学性能

填料本身的色泽直接影响填充聚合物的外观颜色，有的填料如红泥、粉煤灰玻璃微珠等的应用受到本身颜色的限制，不能制造浅色的或色泽鲜艳的制品。

除玻璃微珠外，几乎所有的填料都会使填充制品的表面粗糙，从而使光泽度下降，只是下降幅度不同而已。几种填料对填充制品光泽度影响大小次序如下：

$$\text{金属盐} < \text{CaCO}_3 < \text{玻璃纤维} < \text{滑石粉} < \text{云母}$$

此外填料粒子的微观形状不同，对填充制品光泽度的影响也不同，其影响大小的次序为：

$$\text{球状} < \text{粒状} < \text{针状} < \text{片状}$$

即针状、片状填料使填充制品光泽度下降幅度大，而球状填料使填充制品的光泽度下降幅度小。例如球状的玻璃微珠不但不使填充制品光泽度下降，反而会有不同程度的升高。且填料的粒度越小，填充制品的光泽度下降幅度小。经过表面处理的填料对填充制品的光泽度影响较小。

如果填料的折射率是单一的，并与基体聚合物的折射率相近，而且填料表面与树脂结合良好，则此种填料对基体聚合物的透明性影响较小。这种情况仅适用于玻璃粉末或具有各向同性的晶体粉末。有的晶体有两个或两个以上的折射率，尽管其平均折射率和基体的折射率相近，但并不能保证填充聚合物仍具有透明性，在这种情况下通常是使填充聚合物显灰色。当填料的折射率与基体聚合物的折射率有显著差异时，则具有明显的遮光效果，降低填充聚合物材料的透明性。重钙填充塑料通常都会降低透明性就是因为它的平均折射率为 1.66，与聚合物的折射率有较大差异。而作为颜料使用的锌白（氧化锌）、铅白（氧化铅）、二氧化钛（金红石型）的折射率分别为 1.79、2.01 和 2.52，当它们加入到塑料中时就具有极强的遮盖效力。

某些无机填料（如云母粉、高岭土、滑石粉等）具有阻隔红外线透过的作用，无机填料这一独特的光学特性被用来制作具有保温功能的农用聚乙烯棚膜，取得良好效果。同时，还因填料对入射光线的多次反射提高了塑料薄膜散射光透过率。在塑料大棚内减少直射光的照度并增加散射光的照度，对于棚内中央和边缘地带农作物生长态势均衡具有重要意义。

由于农作物的光合作用需要波长 $0.4 \sim 0.7 \mu m$ 的可见光，采用无机填料提高棚膜对红外光阻隔性的前提是不应影响或尽量减小填充塑料薄膜对可见光透过率的影响。为此必须选择填料的种类、确定填料的细度、采用合理的加工工艺。

3. 磁性能

磁性聚合物分为结构型和复合型两类,前者是指高分子聚合物本身就具有磁性,如聚双2,6-吡啶基辛二腈(PPH),而后者是目前已实现商品化生产的、用磁性粉末填充聚合物而制成的。磁性聚合物易加工成型、生产效率高,可制作形状复杂、尺寸精细的制品。

复合型磁性聚合物所用的合成树脂种类很多,热塑性树脂如 PE、PP、EVA、PPS、PBT、PVC、尼龙等均可采用通常的注塑、挤出、压延等成型工艺加工,热固性树脂如环氧树脂、酚醛树脂、不饱和聚酯等则可采用浇注固化、压制等工艺加工成型。使用的磁粉材料以铁氧体类为多,如 $BaO \cdot 6Fe_2O_3$、$SrO \cdot 6Fe_2O_3$ 等,它们可以用来制作各向同性或各向异性的磁性聚合物。另一类磁粉材料为稀土类如 $SmCo_5$ 类(1对5)和 Sm_2(Co、Fe、Cu、M)$_{17}$类(2对17)等(M=Zr、Ti、Hf、Ni、Mn、Nb 等),稀土类磁粉材料可用于各种热塑性树脂或热固性树脂,但只能生产各向异性的磁性塑料。

磁性塑料的性能主要取决于磁粉材料,其次也与所用的合成树脂、磁粉用量和成型加工方法有关。评价磁性塑料的技术性能指标有剩余磁通密度、矫顽力、内禀矫顽力和最大磁能积 $(B \cdot H)_{max}$。磁性塑料的典型性能指标如表 2-19 所示。

表 2-19 磁性塑料的性能

磁粉种类	磁性塑料种类	剩余磁通密度 B_r/T	矫顽力 bH_c/(kA/m)	最大磁能积 $(B \cdot H)_{max}$/(kT·A/m)	材料密度 /(g/cm³)
铁氧体类	各向同性	0.615	87.6	3.9	3.5
	各向异性	0.26	191.1	13.5	3.5
稀土类	1对5 热固性,压制成型	0.55	358.63	55.67	5.1
	1对5 热塑性,挤出成型	0.53	350.3	49.4	5.0
	2对17 热固性,压制成型	0.89	557.3	135.4	7.2
	2对17 热塑性,注塑成型	0.59	334.4	57.3	5.7

铁氧体类磁粉填充塑料与烧结磁铁相比具有质轻、柔韧、成型后尺寸收缩小、易制成薄壁或形状复杂的制品等优点,可连续成型,可加入嵌件,而且有极好的化学稳定性。

稀土类磁性塑料与烧结型稀土类钴磁铁相比,其磁性和耐热性较差,但同样具有在成型加工方面和材料力学性能方面的优势,是烧结磁铁无法与之相比的。稀土类磁性塑料在磁性、材料力学强度、耐热性能等方面均优于铁氧体类磁性塑料,更能适应电子工业对电子电气元件小型化、轻量化、高精密度的要求。

4. 阻燃性

燃烧是一种快速进行的物理、化学过程。燃烧三要素为燃料、氧(或氧化剂)和温度。

燃烧过程首先是燃烧物质受热分解,然后是在氧气或氧化剂参与下点燃(自燃),燃烧时放出热量使更多的未燃物质受热分解并参与燃烧,形成更大范围的火焰气相反应区域,直至可燃材料最后全部燃尽。

塑料与橡胶一样是易燃物质,像聚烯烃塑料、苯乙烯系列塑料等大多数种类的塑料都具有极强的可燃性,即使是具有很高氧指数的聚氯乙烯在火种引燃时也会燃烧并冒出大量窒息性的有毒烟雾,它的阻燃性在于离火即自熄,加入增塑剂的软聚氯乙烯更易燃烧。因此聚合物的阻燃越来越成为人们关注的热点,而加入填料以及专门用于阻燃目的以填充形式加入的阻燃剂成为聚合物阻燃技术的重要内容。

多数情况下使用碳酸钙、滑石、高岭土、云母等无机填料都会使填充聚合物较基体的可燃性下降,一方面不燃性的无机填料的存在减小了燃烧区域可燃物质的数量,另一方面不燃性物质在可燃的基体表面形成硬壳，起到减慢热量传递到未燃物质的速度和隔绝空气中氧气与可燃基料物质继续接触作用。在后一种情况下含有硅元素的矿物填料的作用更加明显，特别是当它们与有机含卤阻燃剂并用的时候效果更好。

氧化锑、硼酸锌等常用来作为阻燃剂与含卤有机阻燃剂配合使用，而且具有良好的阻燃效果。阻燃剂的用量随塑料的种类不同而不同，但氧化锑与含卤阻燃剂的摩尔比大致保持在 (1:3)～(1:2) 为适宜。由于聚氯乙烯本身就含有卤族元素氯（Cl），故在提高含有增塑剂的软聚氯乙烯塑料阻燃性时可单独使用氧化锑，而不必再加入含卤有机阻燃剂。

三氧化二锑由于具有与塑料差别显著的折射率（方锑矿 2.087，锑华 2.18、2.35），在作为阻燃剂使用时，氧化锑还具有极强的遮盖性，会明显地影响聚合物材料的色泽。在塑料中使用的氧化锑其粒径大约在数个微米范围内，几乎所有要求阻燃的塑料中都可以使用氧化锑。

硼酸锌由硼砂制成，为高流动性结晶粉末，配合氧化锑使用可节约原材料成本，而且其阻燃效果优于单独使用氧化锑，并可以减少燃烧时的发烟量。通常使用硼酸锌可按 (1:1)～(3:1)（摩尔比）的比例与氧化锑复配，然后再与有机含卤阻燃剂并用。硼酸锌与氢氧化铝并用用于聚氯乙烯的阻燃也十分有效。如在聚氯乙烯为 100 份、增塑剂癸二酸二辛酯为 50 份时，使用 15 份硼酸锌和 12 份三氧化二锑，此种配方的聚氯乙烯材料不仅保持了良好的力学性能和耐寒性，其氧指数还达到 32 以上，而且作为电线电缆护套料使用时成型加工性十分理想。

氢氧化铝和氢氧化镁在受热状态下分解成不燃物三氧化二铝和氧化镁，同时释放出水，吸收燃烧区的热能，因而可用来做塑料的阻燃剂使用。镁、铝氢氧化物作为阻燃剂使用的另一显著优点是阻燃塑料材料发烟量少。由于镁、铝氢氧化物价格便宜（相对有机阻燃剂），达到一定阻燃效果需要较大的填充量，在火焰中不产生有害气体并能中和聚合物热解时放出的酸性气体，故是兼具填充、阻燃、抑止烟雾三种功能的无机阻燃剂。

由于氢氧化铝在 200℃ 以上即明显分解脱水，故在加工温度高于 200℃ 的热塑性塑料中的应用受到限制，因为在成型制品中易产生水蒸气造成的空隙或缺陷。

另一方面只有氢氧化铝的用量达到 50%（质量分数）以上时，对聚乙烯和聚丙烯的阻燃效果才明显增加，而这时填充塑料的力学性能已受到极大影响，甚至失去作为材料使用的意义。

氢氧化镁的热分解温度为 340℃，远高于氢氧化铝的初始热分解温度，也高于大多数热塑性塑料的成型加工温度，因此很适合于在热塑性塑料中应用。

5. 耐腐蚀性

聚合物材料有良好的耐化学腐蚀性，如聚四氟乙烯塑料因其能耐化学腐蚀性最强的"王水"而获得"塑料王"的称号。其他种类的聚合物材料对于酸碱也具有良好的抗腐蚀能力。

但填料的耐化学腐蚀性一般比聚合物要差，如碳酸钙不耐酸，能被酸溶解，因此填料的加入使填充聚合物体系耐腐蚀性有下降的可能。在填料被包覆良好、填料颗粒之间的基材构成连续相时，填料不直接与介质接触，且填充聚合物材料在加工过程中，经熔体流动并经成型、定型，在制品的表面到中心层填料颗粒浓度是不相同的，表面层填料的浓度较内部小。如果填充量较小且制品不经切割，填料浓度较高的内部端面不暴露在浸泡介质液体中，填充聚合物的耐化学药品性基本上取决于基体本身。因此即使是不耐酸碱或其他化学药品的填料仍然可用于耐化学药品性要求不高的材料中。在填料填充量大、制品表面经常受到流动介质的冲刷（如管道、泵衬、流动槽等制品），则应慎重选择使用填料，至少填料对使用介质的抵抗能力应和基体材料相近。为提高耐腐蚀性能，可把填料做成多层结构，加大填料表面的树脂含量，填料要与树脂充分混合均匀，并被树脂完全包覆才能提高耐腐蚀性。若填料表面处理得好，则易被树脂吸附于表面，阻碍大分子的热运动，从而使扩散系数减小，降低渗透性，提高耐腐蚀性。

6. 耐老化性

填料本身通常不会对聚合物大分子的降解、交联等产生促进作用，但是有时填料中的杂质会起到对聚合物不利的作用，如二氧化锰为强氧化剂，有可能与聚合物分子反应或导致聚合物起某种化学反应；氧化铜可使某些聚合物解聚或在不饱和热固性塑料聚合时起阻聚作用；还有一些杂质能和游离酸或不饱和聚酯中的羧基起反应生成盐，从而产生特殊的影响并出现颜色。聚丙烯由于分子链上有叔碳原子，更容易在热、光的作用下发生分子链断裂导致聚丙烯的降解老化，而二价或二价以上的重金属离子，如 Cu^{2+}、Mn^{2+}、Mn^{3+}、Fe^{2+}、Mg^{2+}、Co^{2+} 等，会引发或加速聚丙烯的氧化降解，因而在选择填料时要考虑其可能含有的杂质对聚合物性能的影响。另一方面，某些天然高分子物质（例如玉米淀粉或土豆淀粉）用作填料，因其在使用条件下可降解，同时使填充聚合物的性能严重破坏。人们利用这一原理制成淀粉添加型生物降解塑料。这种淀粉填充塑料再配合其他光降解或生物降解技术制成具有降解性的聚乙烯薄膜用于各种包装袋，使用后丢弃，并在一定时间内达到降解的效果，有利于消除废弃塑料造成的白色污染，有利于自然环境和土壤的保护与生态平衡。

第五节　填充聚合物的制备与加工

一、填充聚合物的加工特性

填充聚合物是高聚物改性后得到的多相高分子复合材料，填料的加入对填充聚合物的加工特性有很大影响。

1. 熔融流动性

绝大多数高分子材料在加工过程中都不服从牛顿定律，剪切速率与剪切应力之间不呈直线关系，可用经验式表示两者关系：

$$\tau = k\gamma^n \tag{2-7}$$

n 表示该流体与牛顿流体的偏差度。

用于聚合物填充改性的无机填料是多种多样的，如碳酸钙、硫酸钡、氧化铝、滑石粉、陶土、云母、炭黑、二氧化硅、氢氧化镁等，填料形状及尺寸大小也各不相同。填料对于聚合物材料熔体流变行为的影响既取决于固体填料本身的物理化学性质，也与填料和基体聚合物之间的相互作用有关，并最终影响着整个填充体系的加工和使用性能。不同无机填料填充聚合物的体系有其各自的流变性能，不同填料对体系的流变性能影响也不同。

从填料的形状来看，不同形状的填料如球形、块状、片状或纤维状对热塑性基体树脂熔融状态的流动性影响不同，球形有利于改善填充体系的加工流动性，而片状或纤维状的填料往往会使填充体系的流动性下降。

填料不仅影响了体系的黏度，也影响其流变行为的剪切速率依赖性，而且，这种影响对于片状颗粒表现得尤为明显。一般而言，对于具有相同体积分数的片状和粒状颗粒填充的聚合物熔体，前者具有更高的黏度，且在低频区表现出更为显著的剪切变稀行为。片状颗粒填充体系的流变特性对其微观结构的发展具有明显的依赖性,这通常被归因于颗粒的不规则形状造成了颗粒之间表面接触和相互作用程度的增加所致。当用广角 X 射线衍射(WAXD)研究平行板流变实验后得到的滑石粉填充聚苯乙烯样品时,人们发现这些片状颗粒均发生了沿流场方向的取向,并且填充体系的熔体黏度随填料含量增加和尺寸减小而升高。

填料浓度对填充聚合物流变行为的影响已在许多聚合物填充体系发现。以 $CaCO_3$ 填充聚合物体系为例,体系填加 $CaCO_3$ 粒子后,熔体表观黏度增加,增加 $CaCO_3$ 含量,表观黏度升高;熔体表观黏度依赖切变速率具有剪切变稀性质,见图2-12。红泥填充 CPE 体系、陶瓷粉末填充 PP 材料、氢氧化镁填充 PP 材料、煤粉填充 PP 体系、云母填充 ABS/PC 体系,这些填充聚合物体系的熔体表观黏度也都由于填料的加入而增加,且都表现出剪切变稀行为。

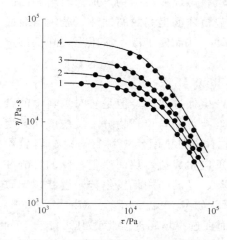

图 2-12 表观黏度随剪切应力的变化
$CaCO_3$ 粒子体积分数:1—0;2—0.13;
3—0.25;4—0.34

但稀土氧化钕(Nd_2O_3)填充尼龙 6 体系的流变行为却与此相反。280℃时,尼龙 6 体系中加入 Nd_2O_3 量增加,体系黏度下降,如图 2-13 所示,填充体系的流动性变好,并且体系也存在剪切变稀现象。这是由于 Nd_2O_3 粒子在体系中无规分布,使尼龙 6 大分子解缠,流动阻力减小的缘故。

另一方面,随着填料尺寸的减小,影响材料对于外部力场响应的因素发生改变,逐渐由流体力学相互作用转向颗粒间的相互作用起决定作用,这使得随着颗粒尺寸减小,颗粒间相互作用增强,颗粒填充体系的黏度也随之增大。此外,对于颗粒间相互作用较强的填充体系,颗粒间的聚集也可能会包裹部分基体树脂,造成材料内局部颗粒浓度升高,从而引起体系黏度的进一步增大。

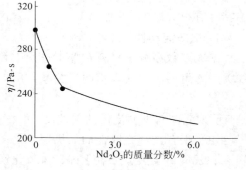

图 2-13 稀土氧化钕(Nd_2O_3)
填充尼龙 6 体系的黏度

填料表面处理通常能够改善填料与基体聚合物之间的界面粘接,从而使得填料粒子能够很好地分散在基体树脂中,避免颗粒的聚集。它对于填充聚合物熔体流变行为的影响主要取决于填料表面与基体树脂之间相互作用的类型和表面处理的方法,而且常可以观察到两种相反的趋势,即用偶联剂处理后的填料在一些情况下使得填充体系的黏度下降,而另外一些情况下却造成体系黏度的升高。如果偶联剂能够有效地使聚合物分子吸附或粘接到填料颗粒表面,并且能够在颗粒周围形成一个稳定的界面层,这种情况下应会导致填充体系黏度的升高。

2. 熔融弹性

许多研究表明,将一定填料加入聚合物体系中,能够减小挤出胀大比。挤出胀大效应是体系弹性恢复所致,由于刚性无机填料的加入,降低了体系的弹性,体系的模量增加。

研究 $CaCO_3$ 填充 LDPE 发现,由单螺杆挤出机共混挤出后,挤出胀大比比未加入时减小，熔体的弹性减小。$CaCO_3$ 填充 PP 体系的挤出胀大比也由于 $CaCO_3$ 的加入而显著减小，其入口弹性参数也随 $CaCO_3$ 粒子浓度增加而减小。

对 $CaCO_3$ 用量与熔体法向应力差的关系的研究表明，熔体法向应力差随着填料增加而减小。这也是由于加入了刚性填料使聚合物的刚性增加。

3. 成型收缩

不同树脂的成型收缩率差别很大，例如 ABS 和聚苯乙烯的成型收缩率为 0.6％左右，聚丙烯、聚酯（PBT）的成型收缩率为 2.0％左右，而尼龙为 1.5％左右。

填充改性树脂与纯基体树脂的成型收缩率也不同，塑料填充填料和添加纤维后，其收缩率可下降达 10 倍之多，是一种有效的降低收缩率方法。如在 PBT 中加入 30％云母，可使其成型收缩率由原来的 0.44％下降为 0.3％，在环氧树脂 50％SiO_2，可使其成型收缩率由原来的 0.12％下降到 0.02％。

如果用加工纯基体树脂的工艺条件和模具加工填充改性树脂，由于二者的成型收缩率的差异，就有可能使制品的尺寸出现偏差，如尺寸偏大或偏小、翘曲等。

4. 取向性

对于不规则块状或球形填料，在填充塑料成型时，无论物料流动方向如何，其填充塑料基本上是各向同性的，但对径厚比大的片状填料或长径比较大的纤维状填料，这些填料在成型时往往沿着物料流动方向排列。这种取向有时是有好处的，可以提高某个方向的性能，如果措施不当会造成产品翘曲变形或会因各向异性影响产品的使用性能，使增强改性非但达不到预期效果，相反会产生负面效应。

5. 熔融焊接性

在某些成型加工过程中，熔融物料分流后又重新汇合，经定型后成为产品。如塑料管生产过程中，熔融物料经过机头中的分流梭分流，注射成型时有时物料通过各自流道最后在模具中汇合等。在这种熔融物料经分流又重新汇合熔合在一起的情况中，如果是纯基体树脂，通过掌握恰当的工艺条件是可以确保熔合的质量的，但当物料中有无机填料，特别是填料量比较大时，往往会造成熔合焊接强度的下降，使塑料制品本来就薄弱的部位更加薄弱。通常采取的办法如提高熔融物料温度、提高挤出或注射压力、提高模具温度等办法来减少这方面的不利影响。

6. 表面涂饰性

有时填料能起到助染作用，使制品容易印制图案或文字。

7. 吸湿性

因填料的加入，物料中常常会含有过多的水分和低分子物，将会使制品表面产生缺陷或银纹，严重时还会在制品中出现蜂窝状。特别是一些极易吸潮的填料在成型前应注意对填充体系进行干燥处理，如采用物料干燥料斗或采用具有排气功能的挤出机和注射机。填料处理所用的处理剂或为了使填料在基体树脂中充分分散而使用的分散剂，一般都是低分子物，如果使用不当或者用量过多，也容易在高温下释放出过多的低分子物，影响制品质量。

有的树脂如 PBT 和聚碳酸酯（PC），在高温下遇水极易发生水解反应使相对分子质量降低，导致制品的性能下降，这都是在填充改性过程中值得注意的问题。

而有些填料对塑料进行填充后，可显著降低其吸水性。例如，硅灰石就是一种可降低吸水性的填料。用其对尼龙进行填充，可改善其制品在潮湿环境下因吸水而引起强度和模量下降的缺点。

8. 磨损性

硬度高于钢（硬度 5.5）的填料会严重磨损加工设备。硬度低于钢的填料，其尖锐的棱角也对设备有磨损。从这个意义上讲，通过研磨钝化填料的棱角，用表面活性剂或柔性聚合物包覆填料，采用促进塑化的润滑剂，以及适当稍高的加工温度促进聚合物塑化包覆填料表面，均有益于降低磨损程度。

填充量增加会加剧设备的磨损，特别在填充量很大熔体对填料表面包附不足时，磨损会是很严重的。

9. 片状填料与纤维状填料的易碎性

片状填料与纤维状填料对聚合物填充体系具有一定的增强作用，但必须避免成型加工对填料几何形状的破坏。这可通过调节成型工艺条件，在一定程度上防止或减轻这种劣化现象。

提高成型加工温度有利于降低填充体系的黏度，并有助于保持填料的高长径比和径厚比以及表面光泽度的提高。但必须注意因高温会引起树脂热分解而使制品性能下降的可能性。

混炼时一般使用具有高剪切应力的加工设备，如同向旋转双螺杆挤出机等。提高螺杆转速将增加剪切作用力。所以除注意高剪切作用是否会造成填料形状被破坏外，还必须考虑到因提高转速而产生的剪切热对物料温度的影响。

二、填料在聚合物中的分散

1. 填料的颗粒结构

作为单个原生粒子，填料的粒径可能很小（微米级、纳米级），但作为堆放在一起的原生粒子的集合，由于粒径很小的原生粒子之间存在很大的相互吸引力，故填料并不完全是以单个原生粒子存在，微细粒子趋向彼此结合在一起而形成强烈结合的聚集体。这种聚集体可进一步松散地结合成粒径比单个原生粒子直径大得多的小结块。当将这些以小结块形式存在的填料与聚合物熔体进行混合时，聚合物熔体在流动中必须把这些小结块分散开，形成粒径更小的结块或原生粒子，并均匀地分布到聚合物熔体中，才能得到性能良好的填充聚合物。

2. 填料-聚合物的混炼分散

混合一般分为两种，即简单混合和分散混合。简单混合系指将两种或多种组分相互分散在各自占有的空间中，使两种或多种组分所占空间的最初分布情况发生变化；分散混合系指混合中，一种或多种组分的物理特性发生了一些内部变化的过程，如颗粒尺寸减小或溶于其他组分中。

填料在聚合物中的混炼分散，一般均有填料粒子尺寸的减小，为分散混合。固相分散混合过程是一个复杂的过程，要发生多种物理-力学和化学变化，如图 2-14 所示。

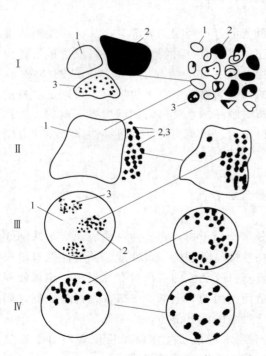

图 2-14 分散混合过程
Ⅰ—使聚合物和添加剂粉碎；Ⅱ—使粒状和粉状固体添加剂渗入聚合物中；Ⅲ—分散；Ⅳ—分布均化
1—聚合物；2,3—任何粒状和粉状固体添加剂

分散混合可能经历了下述过程：①在剪切流场的黏性拖曳下，将大块的固体填料破碎成较小的粒子；②聚合物在剪切热和传导热的作用下熔融塑化，黏度逐渐降低至黏流态时的黏度；③较小的粒子克服聚合物的内聚力，渗入到聚合物内；④较小粒子在流场剪应力的作用下，进一步减小粒径，直到最终粒子大小；⑤固相最终粒子在流场作用下，产生分布混合，均匀分布到聚合物中；⑥聚合物和活性填料之间产生力学-化学作用。

3. 填料的分散对填充聚合物性能的影响

填料在聚合物中必须分散均匀，在分散过程中填料粒径进一步减小，且与聚合物界面之间有良好的结合，才能得到性能良好的填充聚合物。

随着填料粒子变细，比表面相应增大，填料与聚合物基体之间的相互作用（如吸附作用）也随之增大，使力学性能得到提高，而分散不好的填料，易形成应力集中，使聚合物强度大大降低。填料的改性作用，如补强、增韧、提高耐候性、阻燃、电绝缘或抗静电等，也要在填料颗粒达到一定细度且均匀分散的情况下，才能实现。

4. 影响填料分散的因素

由对分散混合过程的分析可知，分散混合主要是通过剪应力（和拉伸应力）起作用，即剪切速率（拉伸速率）是决定性的变量。剪切速率（拉伸速率）越高，越有利于分散。

此外，分散能力随粒子或结块的大小而变化，各种粒度的粒子或结块会以各自不同的速度分散。在混合初始，由于粒子或结块较大，受到的剪应力大，易于破裂，故初始分散速度将取决于大粒子或结块的数量，而小粒子或结块的分散速度对总的分散速度起的作用是很小的。随着大粒子或结块粒度的降低，小粒子或结块对分散速度越来越起主导作用，但由于小粒子或结块受的剪应力变小，分散变得困难了，分散速度下降。而当粒子或结块的粒度达到某个临界值时，分散就完全停止了。

粒子或结块的破裂还与其自身强度有关，不同种类的固体粒子或结块有不同的强度，其对所承受的剪应力的反应也有很大不同。例如二氧化钛和镉是属于最易分散的颜料，而炭黑和氧化铁则是最难分散的颜料。对某种固体粒子或结块而言，当剪应力低于某个临界应力时，将不产生分散作用。

不同聚合物（构成混合物的连续相或多组分或基体）对填料的分散性影响也不同，例如聚酯和与其类似的部分极性聚合物比无极性基团的聚烯烃具有更好的分散性。

加大混合机的转速可以提高剪切速率，因而能增加分散能力。在间歇混合机中，加大转速还可以使物料更频繁地通过最大剪切区，有利于分散混合。

不同的混合工艺和设备所能达到的分散混合水平也不同。这主要取决于它们给粒子或结块提供多大的分散能量。

应当指出，固相粒子或结块最终达到的粒度或分散水平取决于混合目的的要求，并不总是一定把填充物的粒子或结块的粒度降低到它的最终粒子尺寸。

5. 填料分散程度的评价

对固体填料，需从物料的分散程度和组成的均匀程度两个方面来衡量其混合效果。

分散程度：经混合后，不同的物料相互分散，不再像混合前那样同种物料完全聚在一起，出现分散程度的差异。如各产一半的两种组分混合后最理想的是形成极其均匀的相互间隔形成有序排列如图2-15(a)所示的情况，但实际上是达不到的。图2-15中（b）和（c）的分布情况可能出现。

通常描述混合物分散程度是用相邻同一组分之间的平均距离（条痕厚度h）来衡量。假

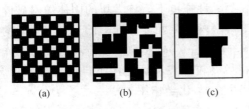

图 2-15 两组分固体物料的混合情况

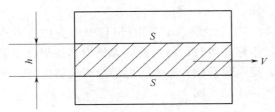

图 2-16 两组分混合时条痕厚度（h）与接触面积（S）

设一混合物在剪切作用下引起各组分混合时，得到规则条状或带状混合物如图 2-16 所示。其中 h 可用下式来计算：

$$h=\frac{V}{S/2} \qquad (2-8)$$

式中　V——混合物的单位体积；
　　　S——混合物单位体积内组分的接触表面积。

从上式中可以看出 h 与 S 成反比而与 V 成正比，即接触表面积 S 越大，则距离越短，分散程度越好。而粒子的体积 V 越小，距离越短，分散程度亦越好。在混合过程中不断减小粒子的体积，增加接触面，则可达到的分散程度越高。

均匀程度：指混入物所占物料的比率与理论或总体比率的差别。但是相同比率的混合情况也很复杂，如果从混合物中任意位置取样，分析结果，各组分的比率与总体比率接近时，则该试样的混合均匀程度高。但取样点很少时不足以反映全体物料的实际混合和分散情况，应从混合物各部分取多个试样进行分析，其组成的平均结果则具有统计性质，较能反映物料总的均匀程度，平均结果越接近总体比率，混合物均匀程度越高。

一般混合组分的粒子越细，其表面积越大，越有利于得到较高的均匀分散程度。

三、功能性填充改性聚合物材料

随着空间技术、光电技术、微电子技术、生物工程、新能源、新材料等一系列尖端技术的发展，近年世界各国纷纷致力于研究开发具有特殊功能和性能的聚合物，其中对功能性塑料的研究较多。所谓功能性塑料，就是指塑料本身受物理或化学的外部刺激，或与其他物质发生作用后，产生质和量的变化，从而派生出具有特定功能的塑料。过去对功能性塑料的研究开发，主要集中于两个方面，一是电绝缘，二是离子交换。然而，最近几年的研究与开发无论在广度和深度上均取得了巨大的进展。从电绝缘扩展到半导体、导体、甚至超导体；从电性能扩展到磁性能、光性能、声性能；从离子交换膜扩展到电子交换膜、渗透膜、仿生物膜；从简单的医疗器材扩展到人体内部的功能器官等。它的应用已渗透到现代科学的各个领域，并处于一个发展迅速的时代。

获得功能塑料的方法概括起来有两类：一是合成具有特殊结构的聚合物，但大多有性能不稳定、难加工、成本高等缺点，开发应用受到一定限制；二是在聚合物材料中添加能赋予材料特殊性能的填料，即采用填充改性的方法，因其技术上较合成功能性塑料成熟、工艺简单、价格较低，所以进展较快。

1. 导电塑料

普通聚合物材料是绝缘性的，聚合物的这一性质已经在许多领域里得到了应用。然而在有些场合，所用材料需要既有普通聚合物的力学性能，又具有金属材料的导电性能，为此，一些国家和大公司都将导电聚合物材料的研究开发列为重点发展对象。使导电聚合物材料的研究取得了极大的进展。

导电聚合物材料具有如下优点：比金属导体轻，对光电具有各向异性，易于成膜，加工方便，可利用外界条件（光、热、压力等）改变或调节导电体的物理性质，可通过设计分子结构合成特种功能的导电性材料。

导电聚合物材料可分为两大类，一类是复合型导电聚合物材料，另一类是结构型导电聚合物材料。

结构型导电聚合物材料又称之为本征导电聚合物，指那些聚合物本身或经过掺杂后具有导电功能的塑料。常见的有聚乙炔、聚吡咯、聚对苯、聚噻吩、聚苯硫醚、聚苯胺等。虽然结构型导电聚合物材料已开始进入实用化，但因其性能不稳定、难加工、成本高等缺点，使其占整个导电聚合物材料的比重相当低。

所谓复合型导电聚合物材料，是在绝缘性聚合物材料中分散入细微的金属、石墨等导电性颗粒或纤维的复合材料，其兼具聚合物材料的加工性和金属的导电性。与金属材料相比较，导电性复合材料具有加工性好，工艺简单，耐腐蚀性好，可在较广的范围内调节电阻率，价格较低廉等优点。

复合型导电塑料在技术上比结构型导电塑料具有更加成熟的优势，用量最大其中最为常用的是炭黑填充型导电塑料。

为满足形形色色的各种制品要求，满足在各行各业中的应用，在炭黑填充复合型导电塑料的制备过程中，工艺制备技术起着十分关键的作用。其中，优化炭黑填充体系、采用多相复合基体、优化混合分散与成型加工条件等，都是值得重视的诸方面。

(1) 优化炭黑填充体系

① 炭黑的选择　不同制造商提供的不同品种、不同型号的炭黑，在粒径、结构性、表面化学性质等方面有着很大的差异，并有各异的炭黑表面处理技术与成粒技术，因而其导电性、分散性、对其他物理力学性能的影响各不相同，需要根据具体的要求，进行炭黑的选择。有时，即便同一公司同一品种系列的炭黑，在各种性能上也有着较大的差异。

② 炭黑的用量　通常炭黑含量较低时，炭黑粒子间基本呈孤立状态，复合材料的电阻率随炭黑添加量变化缓慢；而当炭黑含量达到一定量时，炭黑粒子间隙很小，低于1.5nm时，甚至窄至0.35nm（粒子间的接触可近似为纯粒子的接触），开始形成接触导电网络，使复合材料呈现较低电阻率。此后，电阻率随炭黑添加量的变化也较为平缓。在这两个电阻率变化平缓的区域之间，有一个狭窄的突变区域。在此区域内，随着炭黑含量的增加，电阻率陡然下降。这一区域即所谓逾渗区域。在此区域，体系的电阻率表现出热敏、压敏及工艺不稳定等独特性能。由于不同炭黑品种在粒径、形态结构、表面物理化学性质等方面的差异，表现为逾渗区域也不同。逾渗区域的宽窄还随塑料基体树脂的品种有很大变化。具体的用量，应根据具体炭黑品种在特定聚合物体系中的逾渗区间及所要求的导电性而拟定。

③ 混杂填充　通常认为，炭黑粒径越小、结构性越高，比表面积越大，炭黑粒子间聚集成链状或葡萄串状的程度越高，形成的导电通路就越多。然而，在炭黑填充复合型导电塑料的实际生产中，比表面积大、粒径小的炭黑粒子间凝聚力大，难于分散，从而减少了导电网络的形成。采用混杂填充方法，将具有不同结构性的炭黑混合使用，能改善炭黑在基体中的分散性能，减少高导电性炭黑的用量，提高性价比。不仅如此，还可将非导电性填料与导电炭黑混合使用。从经济和易于加工的角度出发，考虑在炭黑填充体系中适当加入非导电性填料，是十分有益的。

④ 加工助剂的使用　为制备炭黑填充复合型导电塑料，通常需要加入大量的导电炭黑。而导电炭黑尤其是特导电炭黑都具有较高的比表面积，大量添加后导致混炼分散与加工流动性很差，给成型加工带来困难。因此，需要加入较多量的加工助剂，如炭黑分散剂、石蜡、硬脂酸锌、氧化聚乙烯蜡、EVA 蜡、蒙旦蜡、EBS、Armowaxw-440 等。根据炭黑添加量的多少，一般需要加入加工助剂 2～6 份。在无加工助剂加入或加工助剂较少的情况下，炭黑得不到有效的浸润，混炼分散与成型加工性差，表现为制品表面毛糙或不光滑，挤出物表面有针孔等瑕疵。但这些低分子量的加工助剂添加量过多，会使体系熔体黏度过低，不能有效地传递剪切应力，从而也会不利于炭黑均匀分散，并降低物理力学性能，甚至会在制品储存或远洋运输过程中出现低分子量添加剂的析出现象。

(2) 采用多相复合基体

① 多相复合基体中的炭黑分布　在炭黑填充复合型导电塑料生产中，为了平衡导电性与其他各项性能尤其是力学性能，或从另一些特殊性能要求出发，常需要在基体聚合物材料中加入另一种聚合物（甚至还需要第三组分作相容剂），从而形成多相复合基体。在这样的复合基体中，由于不同聚合物与炭黑之间相容性差异、不同聚合物在同一加工工艺条件下的熔体黏度差异，导致在混炼分散与成型加工过程中，炭黑的选择性分布或偏析现象，形成炭黑不同的分布模式。就一种聚合物为连续相、另一种聚合物为分散相的情况而言，炭黑在二元聚合物复合基体中的分布可有四种分布模式，见图 2-17。

(a) 炭黑分布在各相中

(b) 炭黑分布在分散相中

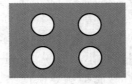
(c) 炭黑分布在连续相中

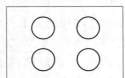
(d) 炭黑分布在两相界面

图 2-17　炭黑在复合基体中的分布模式

当考虑到聚合物的结晶性时，因结晶聚合物本身又是两相体系，复合基体中炭黑分布情形就会更复杂一些。当采用动态硫化共混型热塑性弹性体作为其中的一个聚合物组分时（如添加 TPV 作增韧剂），则该组分本身就又是复合体系，其中的橡胶弹性体组分处于交联状态，炭黑粒子不可能在混炼或成型加工过程中进入其中。当组成复合基体的两种聚合物的比例在一定范围内并在适当的加工条件下，复合基体本身还会形成两相连续结构。但不管是在何种情况，炭黑分布的基本模式仍是前述四种形式。

② 双逾渗效应　将炭黑加入由二元聚合物组成的复合基体，由于前述的选择性分布，与单一聚合物/炭黑体系相比，二（多）元聚合物/炭黑体系除具有更优良的力学性能和加工性外，其中的"双逾渗"行为使其在炭黑粒子浓度较低的逾渗阈值下即可呈现出良好的导电性。所谓"双逾渗"，是指逾渗行为是由炭黑粒子在一个连续相中的逾渗和该连续相在另一聚合物中的逾渗两个过程组成。对于炭黑填充多组分体系而言，由于"双逾渗"行为能够使材料在炭黑的逾渗阈值极低时具有良好的导电性，与采用单一聚合物基体相比较，采用复合基体制备炭黑填充型复合导电塑料材料可减少炭黑的用量，在达到改善复合材料导电性的同时提高材料的综合性能。

③ 控制炭黑在复合基体中的分布　在一些二元不相容复合基体中，炭黑的选择性分布状况见表 2-20。表中炭黑在二元复合基体中的分布，是在一定条件下形成的。在不同的条件下，也会发生转变。复合基体的任一聚合物组分的表面张力、所用聚合物的黏度比、炭黑

粒子与任一聚合物组分间的极性相互作用（如不同的炭黑表面处理方式、聚合物的化学改性等），都会影响炭黑的分布状况。如当聚甲基丙烯酸甲酯（PMMA）与聚丙烯（PP）的黏度大致相当时，炭黑分散在 PMMA 相中，随着 PMMA 黏度增加，炭黑开始分散在 PMMA 与 PP 两相界面中，继续增加 PMMA 的黏度，炭黑只分散在 PP 相内。又如在尼龙 6（PA6）与聚丙烯（PP）组成的复合基体中，极性较高的炭黑优先分布在 PA6 中，而调整好炭黑的极性可以控制炭黑在两相界面处分布。

表 2-20　炭黑在二元不相容复合基体中的选择性分布

共混组分	选择分布	共混组分	选择分布	共混组分	选择分布
PMMA/PP	界面	PP/EVA	EVA	HIPS/SIS	HIPS
HDPE/PMMA	界面	HDPE/PS	HDPE	PE/POM	界面
HDPE/PP	HDPE	HDPE/EVA	HDPE	SAN/PS	PS
HDPE/PVDF	HDPE	HDPE/EEA	EEA	EPM/PS	PS
Nylon69/PP	Nylon69	LDPE/PS	LDPE	SAN/PVC	PVC
PC/PP	PC	PS/PMMA	界面		

（3）注重混合分散与成型加工条件

① 混合与分散　为使炭黑填充复合型导电塑料获得较为满意的导电性与其他各项性能，混合与分散的程序以及工艺条件，都是极为重要的。在导电聚氯乙烯（PVC）制品生产过程中，捏合工艺有着举足轻重的作用。投料顺序、捏合终点温度的控制等都会影响其导电性能、外观及力学性能。尤其是在添加增塑剂的情况下，需要保证增塑剂基本被 PVC 树脂吸收后，再加入炭黑。否则，具有很高比表面积的高结构性的炭黑，会优先地吸收增塑剂。这样，一是不利于增塑作用的发挥，不利于后续的塑化过程，未吸收到增塑剂的 PVC 树脂基体的黏流温度较高，黏度较大，因而炭黑不易分散；二是炭黑吸附了增塑剂液体后，更增大了颗粒间的凝聚力，而凝聚后的炭黑团聚体分散更为困难。分散程度的严重不足，无论是对导电性、外观还是韧性都是极为不利的。在捏合终点的控制上，当采用较高的终点温度时，PVC 树脂分子链热运动加强，不仅使增塑剂在树脂颗粒内部得到了有效的扩散混合，而且使 PVC 助剂如金属皂类稳定剂、润滑剂等可熔固体助剂在混合过程中得到充分熔融、扩散，达到混合均匀，更有利于后续的塑化加工，使制品各项性能达到较佳状态。

又如在制备聚苯乙烯（PS）与丁苯胶（SBR）共混型炭黑填充导电塑料 PS/SBR/炭黑（75/25/炭黑）导电塑料时，将炭黑首先制成 SBR 母料，再与 PS 混炼，要比将炭黑先制成 PS 母料后与 SBR 混炼，或直接将炭黑、SBR、PS 一步法混炼，其导电性要好得多。

② 成型加工条件　炭黑填充复合型导电塑料的成型过程，实质上仍然是其中的炭黑凝聚与再分散的动态过程。所以尽管选择了导电性合乎要求的导电塑料粒料，但往往会由于成型加工条件不当，得不到合乎导电性要求的制品。种种情况说明最终成型加工条件的控制对炭黑填充复合型导电塑料制品的导电性有着至关重要的影响。尤其是对炭黑用量与电阻率范围处于逾渗区间的情况，材料的工艺敏感性很强。

2. 导热塑料

在导热材料领域，纯的塑料一般是不能胜任的，因为塑料大多是热的不良导体。为了制造具有优良综合性能的导热材料，一般都是用高导热性的金属或无机填料对塑料进行填充。这样得到的导热材料价格低廉、易加工成型，经过适当的工艺处理或配方调整可以应用于某些特殊领域。

在塑料工业中，导热塑料最大和最重要的应用是替代金属和金属合金制造热交换器，它可以代替金属应用于需要良好导热性和优良耐腐蚀性能的环境。对于导热塑料的研究和应用很多，可以对其进行简单的分类，按照基体材料种类可以分为热塑性导热塑料和热固性导热塑料；按填充粒子的种类可分为金属填充型、金属氧化物填充型、金属氮化物填充型、无机非金属填充型、纤维填充型导热塑料；也可以按照导热塑料的某一种性质来划分，比如根据其电绝缘性能可以分为绝缘型导热塑料和非绝缘型导热塑料。下面按照绝缘型导热塑料和非绝缘型导热塑料的分类讨论导热塑料。

（1）非绝缘型导热塑料　由于塑料本身具有绝缘性，因此对于绝大多数导热塑料的电绝缘性能，最终是由填充粒子的绝缘性能决定的。用于非绝缘型导热塑料的填料常常是金属粉、石墨、炭黑、碳纤维等，这类填料的特点是具有很好的导热性，能够容易地使材料得到高的导热性能，但是同时也使得材料的绝缘性能下降甚至成为导电材料。因此在材料的工作环境对于电绝缘性要求不高的情况下，都可以应用上述填料。而且在某些条件下还必须要求导热塑料具有低的电绝缘性以满足特定的要求，如有利的抗静电性能、电磁屏蔽等。

石墨是最常用的导热填料之一，其热导率与金属的热导率最为接近。含有40％膨胀石墨的聚乙烯材料，具有 $11.6 \sim 23 \text{W}/(\text{m} \cdot \text{K})$ 的热导率，拉伸强度为 $40 \sim 46 \text{MPa}$。用石墨与聚丙烯或酚醛树脂复合的材料可制作耐腐蚀性优异的换热器。用石墨与氯化聚氯乙烯的复合材料可以制作耐热性优良、耐化学腐蚀性优异的导热管；还可以制作热变形温度高、成型收缩率低、导热性优异的太阳能热水器。

（2）绝缘型导热塑料　用于这类导热塑料的填料主要包括：金属氧化物如 BeO，MgO，Al_2O_3，CaO，NiO；金属氮化物如 AlN，BN 等；碳化物如 SiC，B_4C_3 等。它们有不错的导热性，而且同金属粉相比有优异的电绝缘性，因此能保证最终制品具有良好的电绝缘性，这在电子电器工业中是至关重要的。当然也可以用在对导电性能没有特殊要求的其他领域。

用于电子元器件的聚酰胺树脂的导热性，可以通过添加平均细度 $10 \sim 12 \mu \text{m}$ 的 MgO 来获得，其质量分数在 50％～90％。金属氮化物中，AlN 和 BN 是最常用的导热性填料。

3. 磁性塑料

磁性塑料是20世纪70年代发展起来的一种高分子功能材料，按组成可分为结构型和复合型两种，结构型磁性塑料是指聚合物本身具有强磁性的磁体，这类磁性塑料正处于探索阶段，离实用化还有一定的距离；复合型磁性塑料是指以塑料或橡胶与磁性粉末混合粘接加工制成的磁体。磁性塑料分类如下所示：

复合型磁性塑料目前已经实现商品化，它主要由树脂及磁粉构成，树脂起粘接剂作用，磁粉是磁性的主要授体，磁性塑料所填充的磁粉主要是铁氧体粉和稀土永磁粉。复合型磁性塑料按照磁特性又可分为两大类：一类是磁性粒子的最大易磁化方向是杂乱无章排列的，称为各向同性磁性塑料，这种磁性塑料的磁性能较低，最早出现的磁性塑料是由钡铁氧体作为基础磁性材料制成；另一类是在加工过程中通过外加磁场或机械力，使磁粉的最大易磁化方向顺序排列，称作各向异性磁性塑料，使用较多的是铝铁氧体磁性塑料。在相同材料及配比

条件下，各向同性磁性塑料磁性能仅为各向异性磁性塑料的 1/2～1/3。

制作各向异性磁性塑料的方法主要有磁场取向法和机械取向法。磁场取向法是将特定的磁粉与树脂、增塑剂、稳定剂、润滑剂等混合后，在混炼机中进行混炼、造粒，然后使用挤出机或注射机进行成型加工，在成型的同时，外加一强磁场使磁粉发生旋转顺序排列，制成各向异性磁性塑料制品。机械取向法是应用特定的片状磁粉与树脂、增塑剂、稳定剂、润滑剂等混炼塑化后，在压延过程中用压延机使磁粉在机械力的作用下发生顺序排列取向。使用压延法可制作片材、板材及柔性磁体，并可进行机械裁切。

磁性塑料的主要优点是密度小、耐冲击强度高，制品可进行切割、切削、钻孔、焊接、层压和压花纹等加工。使用时不会发生碎裂，可采用塑料加工方法加工（如注射、模压、挤出等），易于加工成尺寸精度高、薄壁、形状复杂的制品，也可成型带嵌件制品，对电磁设备实现小型化、轻量化、精密化和高性能化的目标起着关键的作用。

4. 阻燃塑料

随着塑料工业的迅速发展，塑料产品现在已经广泛地应用于各个方面。但是，塑料产品具有一个很大的缺点——易燃，如聚乙烯、聚丙烯、聚苯乙烯、有机玻璃等都是很容易燃烧的树脂品种，这使得塑料的应用受到了限制，甚至由于塑料的燃烧造成火灾，造成生命和财产的损失，已经成为一个很严重的问题。因此在世界范围内，对汽车、飞机、船舶、建材、家具、家电、通讯器材、采油、计算机等方面，都要求使用难燃材料。为此，需要在塑料中添加阻燃剂，生产阻燃塑料。

大多数无机粉状填料都是不燃的，加入塑料后稀释了可燃物浓度，特别是铝、镁氧化物及其水合物和过渡金属（铁、钼、铋等）氧化物，其阻燃作用虽不及三氧化二锑，但其消烟作用较好。这些金属氧化物与含卤阻燃剂能起较好的协同效应。

5. 生物降解塑料

填充型降解塑料是通过向非降解性塑料中添加各种降解助剂而制成的共混物。在现有的降解塑料中，光降解塑料依赖于光的照射，许多合成型生物降解塑料则面临着成本问题，很难在短时间内大批量地投入生产。填充型降解塑料则能体现出一定的优势，向非降解性塑料中填充各种降解剂，工艺简单，利用现有设备，不需大的改进即可生产。

在各类降解助剂中，淀粉填充剂一直保持着主流地位，其他一些天然材料，如纤维素、甲壳质，甚至蛋白质也都列入了填充剂的研究范围，近来又开始了对化学合成降解助剂（如有机酸、过渡金属化合物等）的研究开发。

（1）淀粉填充型降解塑料　淀粉和 PE 等合成高聚物在分子级别的范围内是不相容的，直接共混往往会导致共混物物性的严重劣化，为解决此问题，需要向体系内加入相容剂或对淀粉进行改性处理，使其表面由亲水变为疏水，以提高与合成高分子的相容性。根据对淀粉改性的方法，可将改性淀粉分为物理改性和化学改性淀粉。

（2）其他天然高分子填充型降解塑料　引入天然高分子的填充类降解塑料早已不限于淀粉和合成塑料的共混物，淀粉与其他一些天然生物物质如纤维素、半纤维素、木质素、果胶、甲壳质、蛋白质等以及这些物质之间进行共混，均可制成降解塑料，它们具有完全降解性，而且是全天然生物材料，来源丰富，价廉，降解容易，可再生，因此很有优势。

在填充型降解塑料中，淀粉与合成聚合物的共混物占相当大的比例，但共混体系中合成聚合物基质的降解问题还有待进一步的研究。

淀粉填充塑料的降解遵循两个彼此相关的过程，即淀粉填料的降解和基体的降解。这两个过程分别为：①微生物（细菌和霉菌等）进攻淀粉，使之发生生物降解，直至消失，其结果为制品宏观强度降低、基体表面积增大；②在实际环境如淡水、海水和土壤中金属离子催化下发生自动氧化，导致过氧自由基生成，引发合成聚合物降解；当相对分子质量降低到一定程度时，材料脆化并开始解体，最终按热氧化或生物降解机理转化为水和二氧化碳。

但上述第二个过程是非常缓慢的，淀粉等物质被降解后，残余下来的合成聚合物呈网架式结构，仍长期存在，而且其碎片难以收集处理。另外，淀粉等天然高分子填充型塑料面临着物性劣化问题，这些天然高分子受微生物的侵蚀符合渗透理论，以淀粉-PE共混物为例，由渗透理论可计算出此类共混物中淀粉的临界渗透浓度为40%（质量），在临界浓度以上，微生物才能较容易地侵入聚合物中对淀粉进行降解，这就是说淀粉的加入量要相当高，而加入量的升高势必使体系的物性劣化，妨碍了此类产品的大面积推广使用。鉴于以上情况，研究开发高效的化学合成降解剂是很有前景的。目前的降解环境，要求所制降解剂能在较低的温度（100℃以下）引发基质的降解。

6. 其他功能性填充聚合物

随着人们对填充改性的重视及新型填料的开发，不断出现新的功能性填充聚合物，以下简要介绍几种。

(1) 长余辉光致发光塑料　长余辉光致发光塑料作为功能塑料的一种，可广泛应用于广告显示、路标、装饰材料、工艺制品、门牌、渔具以及交通工具等方面。其原理是在普通的塑料树脂中通过一定的方法混入具有特殊发光性能的材料［光致发光材料，ZnS/Cu、Co；ZnS/Cu；(ZnCd)S/Cu等］。这种塑料具有一定储存光能的作用，经过紫外线或日光的短时照射激发，在离开光源以后，它能将储存起来的光能逐渐地以光色柔和鲜艳的冷光形式释放出来，根据需要可以选择不同发光材料来调整其余辉或光的波长。

(2) 抗菌塑料　抗菌塑料是一类具备抑菌和杀菌性能的新型材料，通常在塑料中添加一种或几种特定的抗菌剂而制得。正因为材料本身被赋予了抗菌性，用抗菌塑料制成的各种制品具有卫生自洁功能，在一定的时间内可将沾污在塑料表面的细菌杀死或抑制其繁殖。与常规的化学和物理消毒方法相比，使用抗菌塑料杀菌时效长，既经济又方便。抗菌剂是使细菌、真菌等微生物不能发育，或抑制其生长的物质。这些微生物包括细菌、真菌、酵母菌、藻类以及病毒等。

抗菌剂大致分为有机、无机、天然三大系列。有机抗菌剂短期抗菌效果明显，尤其抗真菌效果好于无机抗菌剂，但耐热性差，易水解，使用寿命短。天然系抗菌剂受到安全和生产的制约，尚未大规模市场化。无机抗菌剂主要是利用离子交换、吸附、沉淀等方面将金属离子附着在沸石、二氧化钛等载体上。无机抗菌剂抗菌时效长，抗细菌效果明显好于有机抗菌剂，其优点是耐高温，适合塑料加工工艺，被广泛用于抗菌塑料中。无机抗菌剂中载银抗菌剂抗菌效果最好，但变色现象严重。

不同的抗菌剂有不同的抗菌机理。无机抗菌剂主要是依靠活性氧和金属离子逐渐溶出，在细胞内扩散，破坏细胞内蛋白质的构造，引起代谢阻碍或与DNA反应，从而起到杀菌作用。有机类抗菌剂则通过破坏微生物呼吸系统或破坏细胞膜而达到杀菌作用。由于抗菌机理很复杂，人们只是在一定的试验基础上，进行假定推断，并没有很成熟的定论。

用于塑料的抗菌剂多为无机抗菌剂或无机与有机抗菌剂的复配。由于抗菌剂多为粉状，这就给加工带来了不便。因此，现在通用的方法是将抗菌剂做成抗菌母料，再以一定的比例与树脂掺混进行后加工。

抗菌塑料多用于家电产品、食品包装、厨房用品、儿童玩具、儿童用品、汽车部件（如把手、内饰件）等。

(3) 海水养殖用营养塑料　海水养殖业发展很快，塑料材料制作的养殖器材品种、数量都已相当可观，已成为水产养殖业不可缺少的材料。各种人工养殖生物对环境的基本要求之一是营养物和饵料。在深水养殖或密殖情况下，通常采用人工方法投放营养物和饵料，其利用率又相当低，不仅造成人力和营养物的巨大浪费，而且严重影响了海水中生物的健康生长。

营养塑料即是针对这种状况而研制的。通过筛选含有既适合单细胞藻类生长需要，又满足塑料加工条件的矿物质、无机盐、有机物等（这些统称营养剂），按照生物所需求的比例，经过改性处理，以科学合理的配方加入到塑料载体中，然后经过造粒制成营养塑料颗粒，用它制成各种养殖器材（板、片）。在水中，营养塑料器材（如板、片）表面受海水的侵蚀，盐类溶解遵循浓度扩散原理，因而会从板内小孔洞内慢慢释放出各种营养元素，各种单细胞藻类就会聚集于此，形成一种生物黏膜，称之为人工生态灶（artificial niche），在此灶中有单细胞藻类生存所需要的营养物质，单细胞藻类就会在营养器材上大量繁殖，这样就给扇贝的生长提供了大量的食物，形成一个食物链，即：营养剂→单细胞藻类→贝类。经过小批量应用试验证明，营养塑料贝类养殖器材可以使扇贝增殖30%以上。

这种"营养塑料"特点如下：①水中连续缓释性，即营养物以微量慢速连续向水中溶出，从而不断满足饵料（单胞藻类）的需要；②释放时间可控；③具有普通塑料的加工特性；④营养物利用率高。

四、填充母料

填充塑料改性所使用的填料和助剂采用直接混合的方法加入到基体树脂中再进行成型加工简便易行，但除聚氯乙烯树脂外多数市售的塑料原料都是颗粒状的，粉末状填料与颗粒状树脂体积差别大、密度相差悬殊，各种粉末状填料很难与颗粒状树脂混合均匀。如果使用加料料斗，在设备振动时，树脂颗粒会不断上浮更难保证进入挤出机或注塑机的物料其各组分的均匀一致。对于挤出机和注塑机这种物料沿轴向运动的加工设备，进入挤出机的物料在轴向方向的混合是很有限的，料斗下料时组分的不均匀势必造成成型制品中组分不均匀，不仅材料性能得不到保证，由于物料组分的波动，也不可能实现稳定的加工成型。在多数情况下，采用母料法可以得到组分均一的成型制品，也可使成型加工稳定进行。

母料系指事先配制成的含有高百分比的助剂的聚合物体系，填充母料就是将所要添加的填料与载体树脂先进行混合混炼造粒，制成与基体树脂体积相近的颗粒。在母料中填料的浓度要高出实际所需要的该组分浓度的数倍至十几倍。当母料按一定比例与基体树脂配合后，在成型加工过程中该组分就可在基体树脂中稀释到预定的浓度。

1. 填充母料的结构模型

填充母料的理想结构模型如图 2-18 所示。

理想的填充母料结构模型是由四个基本部分组成，在这基本微粒单元中，填料核主要起到增溶、提高刚性、降低成本等作用。偶联层主要是由对核和树脂同时起到化学和物理作用的偶联剂以及少量交联剂组成，它可以改善填料与树脂间的结合力。分散层主要是由一些低

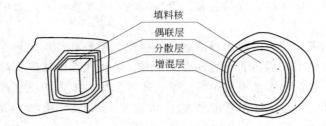

图 2-18 理想的填充母料结构模型

聚物及分散剂构成，它的作用是能使处理好的粉末状填料在母料造粒过程中较好、较多地与增混剂混合并造粒，同时对改善填充母料与树脂体系的流动性、避免无机填料团聚、提高制品表面光洁度和手感等方面起到关键的作用。增混层主要是由与要填充的树脂有很好的相容性，有一定的力学性能的树脂和（或）具有一定的双键的共聚物构成。由于这一层的量比较大，它直接与要填充的树脂接触、混容、因此对体系的力学性能影响较大。根据这个结构模型，可设计填充母料的生产工艺及配方。

2. 填充母料的配方设计

由上述结构模型可知，填充母料除主体部分填料外，还有载体树脂、偶联剂、分散剂及改性剂等，在配方设计时都应加以考虑。

(1) 填料核的选择　塑料用填料很多，除主要使用碳酸钙外，还使用滑石粉、陶土、硅灰石、云母、粉煤灰、玻璃微珠及木粉等。一般来讲，选择填料时应注意以下几点：①根据填充改性目的，选择适当的填料，使之有利于改善材料的使用或加工性能；②填料颗粒细，有利于在树脂中均匀分散；③填料应成本低，来源广。

在配方设计时，填料用量一般为母料的 50%～85%。

(2) 偶联层的选择　填充母料中的无机填料一般都要进行表面处理，使亲水性的无机粉末体表面亲油化，从而改善与高分子材料的亲和性，有利于改善加工性能，增加填充量，提高产品质量。常用的表面处理剂有硬脂酸或其盐类、硅烷、钛酸酯、磷酸酯、硼酸酯及铝酸酯等偶联剂，也可使用一些接枝改性高聚物作为包覆材料。

最早使用的表面处理剂是硬脂酸钙或硬脂酸，它具有价格低廉、使用方便的明显优势。

对于玻璃纤维及其他含硅无机矿物填料（如硅酸盐），用有机硅烷偶联剂进行表面处理，都能得到满意的效果。

对于碳酸钙填料使用硅烷偶联剂并不太好，常改用其他类型偶联剂。

钛酸酯偶联剂主要用来处理含钙、钡等非硅无机填料。这种偶联剂在增加填充体系流动性、提高其冲击强度方面效果较好，但是价格偏高，易氧化变色。

一般来讲，对于经过适当干燥的湿法填料，可采用含焦磷酰酯基的钛酸酯，而对于像沉淀法白炭黑那样高表面积湿法填料，选用含螯合型烷氧基的钛酸酯为宜；采用有机相处理填料时，单烷氧基钛酸酯较有效，在采用水相体系处理填料时宜使用螯合型钛酸酯。

此外，还可用磷酸酯化合物作为碳酸钙填料表面改性剂，不仅可使复合材料的加工性能、力学性能（特别是冲击强度）显著提高，而且对耐酸性和阻燃性的改善也有助益，并且由于其成本较之钛酸酯类、硅烷类偶联剂为低，有利于广泛应用。

美国专利报道了有机硼酸酯（例如硼酸异丙基二鲸蜡基酯等）可作为一种新型偶联剂用于碳酸钙填料的包覆改性，可使复合材料的加工性、冲击强度和伸长率都有大幅度提高。

铝酸酯偶联剂在改善聚烯烃塑料制品加工性能的同时，改善制品的物理力学性能，如提高冲击强度、热变形温度，可与钛系等偶联剂媲美。特点是铝系偶联剂，成本只有钛系的一半，且具有色浅、无毒、使用方便、热稳定性高等优点。不足之处是处理温度较高、处理时间较长。

一般来讲，选择填充母料偶联层的表面处理剂时应考虑以下几点：①偶联剂与填料和树脂的结合力强；②应尽量选择无毒价廉的表面处理剂；③必要时还可选择多种表面处理剂或交联剂一起使用，以便发挥协同效果，增加填料、偶联剂与基体树脂的结合作用。如在碳酸钙填充 HDPE 中，可同时加入钛酸酯偶联剂和双马来酰亚胺协同剂，使复合体系产生交联，增加力学性能。

偶联剂用量随填料种类、形状、大小而变，一般来讲偶联剂用量为填料用量的 0.5%～3%，其他协同剂用量视情况而定。

(3) 分散层树脂的选择　该层主要是由低相对分子质量聚乙烯、低相对分子质量聚苯乙烯、其他低相对分子质量聚合物或硬脂酸及其盐类等构成。由于这些分散剂的相对分子质量低，当温度上升时能够迅速熔融，把经过偶联剂、交联剂处理过的无机填料再经分散剂处理，可以大大改善无机填料的分散性，避免无机填料在聚合物中的结块现象，因而可以获得外观质量较高的填充制品。

经过上述分散剂处理的无机填料在溶解度参数方面与基体树脂接近，表面张力也与基体树脂相似，使复合材料的黏度下降，流动性提高。

配方设计时应综合考虑填充体系其他成分的相互作用。其他成分的用量一般在 5% 以内。

(4) 增混层载体树脂的选择　填充母料的技术关键是如何保证在填充塑料制品加工时，母料能在基体树脂中均匀分散，而分散的均匀性与载体树脂增混层密切相关。

无规聚丙烯（APP）软化点低，对碳酸钙等填料颗粒的包覆效果好，填充母料的熔体流动速率很高，母料的分散效果良好。

除 APP 原料外，需要开发其他载体树脂。选择载体树脂首要条件就是其流动性要好，亦即熔体流动速率高。又由于填充母料主要用于 PE 或 PP 等聚烯烃塑料制品加工，因而可供选择的载体树脂有 LDPE、HDPE、LLDPE、PS、CPE 及 EVA 等。然而，采用 PE 等高分子树脂做填料载体时，尽管与基体树脂的相容性良好，但由于母料中填料的质量百分比高达 85% 以上，其母料本身的熔体流动速率较低，如果对载体树脂的种类和牌号选择不当，往往会在聚烯烃塑料制品加工时，母料塑化不良，在基体树脂中分散不均。

由表 2-21 可知，单独用 LDPE 或 HDPE 作载体生产的填充母料，料片脆；若使用 LLDPE 虽可克服这一缺点，但熔体流动速率低，也不宜单独使用。EVA 树脂与 LLDPE 有类似的效果。

表 2-21　不同载体树脂填充母料的加工情况及熔体流动速率

载体树脂		流动速率 /(g/10min)	混炼及料片情况	母料①的熔体流动速率 /(g/10min)
种类	牌号			
LDPE	1150A	50	易掺混，料片脆，易碎	9.18
LDPE	112A-1	2.0	易掺混，料片软脆	0.19
HDPE	5000S	0.9	不易掺混，料片脆	0.07
LLDPE	A11125	1.78	易掺混，料片柔韧	0.35
EVA	三井 P0803	1.35	易掺混，料片柔韧	0.16

① 载体树脂/重质碳酸钙=1:5（质量比）。

若将 LDPE 与 LLDPE 共混，其共混物作为填料的载体，不仅加工性能好，操作容易，料片有适当的韧性，切粒不掉渣，而且母料本身的熔体流动速率较纯 LLDE 树脂载体有明显提高。

以上所述的填充母料一般应用于 PE、PP 等聚烯烃塑料效果较好，而对于 PVC 这样的极性塑料，应选择其他类型的载体树脂。如选用 AMS 树脂改性的碳酸钙而制得的 MP 改质剂可填充 PVC 树脂，生产各种软、硬塑料制品，降低成本，改善制品的加工性能，而不降低制品的电、热、力学性能。其他可用作 PVC 填充母料的载体树脂还有 CPE 等。

除上述载体树脂外，还可用一些极性聚合物（如无水马来酸酐接枝聚乙烯、聚丙烯、羧化聚丙烯、共聚物、氯磺化聚乙烯等）直接处理填料，具有较大的应用价值。

选择载体树脂时，一般应遵守以下原则：①载体树脂与基体树脂相容性好；②载体树脂的熔体流动速率大于基体树脂的熔体流动速率；③载体树脂最好要与填料其他组分有某种相互作用。载体树脂用量一般为母料的 15%～30%。

一般来说，填充母料中具有这四种层次成分时，效果最好。但有时为降低成本及受材料来源的限制以及有时性能要求不苛刻时，填充母料可以只有其中的三种或两种层次，配方设计应视具体情况而定。

3. 填充母料的制备

目前最常用的填充母料制造工艺工路线为挤出法，其工艺流程如下所示：

用该法生产质量好，效率高，连续化工业生产，其中用双螺杆挤出机制造的填充母料性能优越，单螺杆挤出效果较差，还要二次挤出造粒，甚至三次挤出造粒。

第二种方法即为密炼法，其工艺流程如下所示：

该法投资较大（密炼机价格较贵），而且是间歇式生产，但混炼效果好，而且还能添加大块状回收料或废料。

第三种即为目前最新的组合式、双转子连续混炼造粒法，尤其适用于高填充母料、增强母料等。其工艺流程如下所示：

第四种为开炼法，其工艺流程如下所示：

该法设备投资小，劳动强度大，填料粉尘易飞扬，间歇式生产，造粒质量一般，目前采用该法的厂家较少。

(1) 填料的干燥　由于常用无机填料表面的亲水性，大多数都吸收有一定量的水分，故在制造母料前应干燥处理。干燥常在高速加热捏合机中进行，干燥温度和时间视填料种类而定，见表 2-22 所示。

表 2-22　几种常用无机填料的干燥工艺条件

填　料	温度/℃	时间/min	填　料	温度/℃	时间/min
碳酸钙	110	10～15	高岭土	110	15～20
滑石粉	110	10～12	硅酸钙	110	10～15

填料的吸水量一般控制在 0.5% 以下，个别制品要求严格的，可控制在 0.1% 以下。

(2) 填料活化技术　填料的活化是填充母料制造过程中的一个关键工序，它的成败直接关系到母料性能的好坏。

由于常用填料为亲水性而有极性，对于常用塑料聚烯烃材料的相容性差，混合效果不好，对产品质量影响较大，故常常对填料进行活化处理，使无机填料表面亲油化，降低表面自由能，与树脂相混性提高。

常用的活化处理方法有如下几种。

① 用偶联剂改性填料表面。常用的偶联剂有硅烷、钛酸酯、铝酸酯、磷酸酯、硼酸酯等。这些偶联剂可与填料表面极性基团发生物理化学作用，使填料表面亲油化。

② 通过涂覆表面处理剂调节填料表面特性。常用表面处理剂分为无机和有机材料两种。无机材料如硅酸镁等，它可使高岭土那样的酸性矿物转为中性，用这种方法处理的高岭土具有合适粒度、形状特性、滑石的流变特性和表面化学性质。反过来，中性矿物可以涂覆适当的硅酸铝而制成酸性表面。利用这些填料的表面酸性，使其与胺作用，还可生成亲有机性表面。

使用丁二烯、间戊二烯、异戊二烯三类有机化合物，作为反应性胶囊聚合物，组成填料表面，制成增强填料。

脂肪酸及其盐类涂覆碳酸钙等填料表面，可改善分散性能，提高流动性能。

③ 某些接枝改性聚合物，可用于包覆材料，起到偶联作用。例如用马来酸酐对 PE 及 PE 齐聚物进行接枝改性，引入羧基等极性基团，再对碳酸钙等填料进行改性处理，制成填充母料，效果较好。

填料活化技术可采用如下几种。

① 喷雾法　填料充分脱水后，在高速混合机中与雾状或气态状的表面活性剂反应制成活性填料。这种方法也称干态包覆法，主要适用于偶联剂对填料的表面处理。

② 溶液法　此法是将表面活化剂与其低沸点溶剂配成一定浓度溶液，然后再与填料混合搅拌均匀。这种方法称为湿法包覆。

③ 润湿单体法　将相对分子质量小的单体浸入到填料中去，再聚合之，可改善填料表面特性，增加与树脂的亲和性。这种方法也称为填料表面接枝活化法。

此外，还有在矿物填料原料研磨粉碎过程中直接加入脂肪酸类物质进行改性的做法。

(3) 载体的塑炼与包覆　填料经活化后，与分散剂、载体一起进行混炼，使它们相互分散均匀，然后压片或挤出切粒。

思　考　题

1. 什么叫填料？增量型填料和增强型填料有什么区别？

2. 在聚合物中使用填料有什么作用？
3. 选用粉状填料时应该注意哪些问题？请一一说明。
4. 聚合物常用的填料有哪些？它们的性能如何？
5. 什么是偶联剂和表面处理剂？它们有什么作用？作用机理是什么？
6. 填料在使用之前应如何进行预处理？

第三章

纤维增强改性聚合物复合材料

学习目的与要求

本章主要从材料生产的角度介绍纤维增强改性聚合物复合材料。重点阐述纤维增强聚合物增强改性聚合物的基本原理、增强材料及其表面处理、纤维增强聚合物复合材料的制造。通过本章学习应重点理解纤维增强聚合物复合材料中的基本单元、纤维单轴取向与无规取向时力学强度的理论计算公式、纤维增强对材料各种性能的影响、混杂增强及其效应；熟悉各种增强材料及其特性、主要几类纤维的表面处理方法；掌握纤维增强热塑性塑料（GMT、SFT、LFT）、纤维增强热固性塑料（SMC、BMC）、短纤维增强弹性体的基本方法与工艺过程。

复合材料是材料家族中最年轻、最活跃的新成员。所谓"复合"，是在金属材料、有机高分子材料和无机非金属材料自身或相互间进行，从而获得单一材料无法比拟的、具有综合优异性能的新型材料。按照 GB 3961 国家标准术语，"由两个或两个以上独立的物理相，包括粘接材料（基体）和粒料、纤维或片状材料所组成的一种固体产物"称为复合材料。

基体与增强材料是复合材料的两大组成部分。基体是构成复合材料连续相的单一材料，增强材料则构成复合材料的分散相。按照基体材料的不同，复合材料包括聚合物基复合材料、金属基复合材料、陶瓷基复合材料等。在复合材料的制造中，目前使用最广、效果最好的增强材料是纤维增强。而纤维增强聚合物基复合材料则是最早开发的复合材料。它以纤维增强塑料（树脂基）和纤维增强弹性体（橡胶基）为代表，其特点是加工性能好、加工周期短、强度高、材料轻，抗疲劳性能、减振性能、高温性能和耐腐蚀性能好。本章即介绍纤维增强聚合物基复合材料。

第一节 纤维增强改性聚合物的基本原理

一、增强改性及其类型

1. 增强改性的目的

增强改性是在聚合物基体中加入增强材料以改进聚合物性能，特别是力学性能的一种改性方法。增强材料通常是纤维类材料及其制品，如玻璃纤维、玻璃布、玻璃毡、碳纤维、硼纤维、晶须、有机聚合物纤维及其织物。它们在聚合物中的作用犹如钢筋骨架在水泥建筑材料中的作用一样。这种由作为连续相的聚合物基体与作为分散相的纤维组成的多组分多相结构材料，即为聚合物基复合材料。由于组成复合材料的各组分之间"取长补短"和"协同作用"，极大地弥补了单一材料的缺陷，甚至还具备了单一材料所不具有的新特性。这也是聚合物基复合材料的最大特点。这一特点，使其在各个工程领域里得到了越来越广泛的应用。通过纤维增强改性，赋予聚合物复合材料各种优异的性能，可大大扩展聚合物材料的用途。从目前应用情况看，纤维增强改性的聚合物复合材料主要应用于汽车、机械、电机、电器、船舶、飞机、建筑等行业。具体用途举例如下。

① 一般结构零件：罩壳、支架、接头、手轮、手柄、操纵滑轮等。
② 一般耐磨传动零件：齿轮、轴承支架、凸轮、蜗轮、蜗杆、齿条、辊筒、联轴器等。
③ 电器零件：电气接插件、高低压开关、印刷线路板、线圈骨架、排风扇等。
④ 耐腐蚀零件：化工设备中的化工容器、管道、管件、泵、阀门、测量仪表零件等。
⑤ 耐高温零件：能在较高温度（150℃以上）长期工作，从发展前景来看，电子工业将广泛使用纤维增强塑料制品。
⑥ 特殊用途零件：舰艇、飞机、火箭、导弹等特殊用途。

通过对聚合物进行增强改性并扩展其用途，还有重要的经济意义。首先可以节约大量有色金属，如铜、铝合金或不锈钢等；其次，与金属零件相比，成型方法是最经济的，可提高劳动生产率、降低动力及材料消耗、降低零件成本，特别适于批量性零件生产；再则，若采用热塑性聚合物作为基体，可大大提高材料利用率，废物可重复利用。

2. 纤维增强聚合物基复合材料的类型

复合材料包括三要素：基体材料、增强材料及复合方式。按此三要素，纤维增强聚合物基复合材料可划分为很多种类。

（1）按基体材料划分　可划分为纤维增强塑料（树脂基）与纤维增强弹性体（橡胶基）。按基体聚合物的化学结构，则可划分出许多品种。按基体聚合物的热行为，又可有热塑性与热固性之分。当采用酚醛树脂、环氧树脂、不饱和聚酯树脂等热固性树脂与纤维增强材料进行组合便得到热固性增强塑料，缩写为FRP。将热塑性树脂与纤维增强材料进行组合便得到热塑性增强塑料，简称为FRTP。常用于制作FRTP的热塑性树脂有尼龙6、尼龙66、聚丙烯、聚碳酸酯、聚甲醛、聚乙烯、ABS、聚砜、聚苯醚等。热固性增强塑料制品中的聚合物分子结构为立体网状，不能再熔融成型。热塑性增强塑料制品则可再行加热熔融而再成型。另外，热塑性增强塑料可一次制成形状复杂而尺寸十分精密的制品，且生产周期短。这是热固性增强塑料所不及的。

（2）按增强材料划分　按纤维的排列，可划分为单向纤维、双向纤维与三向纤维聚合物基复合材料；按纤维的形态，可划分为连续（无限长）纤维、长纤维、短纤维与磨碎纤维增强聚合物基复合材料；按纤维的种类，可划分为玻璃纤维、碳纤维、芳纶纤维、硼纤维、金属纤维等纤维增强聚合物基复合材料。增强材料采用玻璃纤维及其制品时所得到的热固性玻璃纤维增强塑料，即一般所称的"玻璃钢"，缩写为GFRP；增强材料采用玻璃纤维及其制品时所得到的热塑性玻璃纤维增强塑料，缩写为GFRTP；增强材料采用碳纤维的热固性增强塑料与热塑性塑料的缩写分别为CFRP与CFRTP。

（3）按复合方式划分　纤维与聚合物可采用多种复合方式，组成复合材料。如预混复合、浸渍复合、层叠复合、骨架复合等。本书所涉及的是适用于模塑成型的复合方式及其复合材料。

3. 纤维增强聚合物复合材料的基本特性

以纤维作为增强材料，使聚合物基体的性能有了很大改善。尤其是 FRTP 的出现，不仅使热塑性塑料的力学性能有了飞跃，同时还赋予材料优异的特性。概括起来，纤维增强聚合物基复合材料的基本特性有如下几点。

(1) 比强度与比模量高　所谓比强度是指材料的强度与相对密度之比值，比模量则指材料的模量与相对密度之比值。纤维增强聚合物基复合材料有很高的比强度与比模量。如一些通用塑料经过增强以后，也可用作工程材料。某些工程塑料，通过纤维增强，其比强度、比模量跨进了金属强度范畴，甚至有的增强塑料的比强度、比模量优于一般的金属材料，从而大大扩展了塑料作为结构材料应用于工程领域的深度和广度。表 3-1 列举了几种典型金属及增强塑料的比强度值。从中可以看到有的增强塑料比强度已超过了高级合金钢。这使得增强塑料成为一类轻质高强的新型工程结构材料。

表 3-1　几种典型金属及增强塑料的比强度值

性　能	A3 普通钢	50CrVA 合金钢	LY12 硬铝合金	H59 黄铜	GFRTP PA6	GFRTP PA66	CFRTP PA66
相对密度	7.85	8.0	2.8	8.4	1.37	1.38	1.28
拉伸强度/MPa	400	1300	470	390	159	179	241
比强度/MPa	51	163	168	46.4	116	130	188

(2) 减震性好　一方面由于聚合物基体的黏弹特性，当受到外界的冲击震动或频繁的机振、声振等机械波作用时，聚合物基体内部的黏弹内耗，可耗散机械能；另一方面由于复合材料中的纤维与基体的界面具有很好的吸振能力，振动阻尼很高，不会因共振引起早期破坏。

(3) 抗疲劳性好　疲劳破坏是材料在循环应力的作用下，由于裂缝的形成和扩展而引起的低应力破坏。由于聚合物基复合材料中的纤维与基体的界面能阻止裂纹扩展，使得抗疲劳性能优于金属。

(4) 过载安全性好　纤维增强聚合物基复合材料中有大量独立的纤维，每平方厘米截面上的纤维根数从上千至上万。当材料因过载而有少数纤维断裂时，载荷会迅速重新分配到未破坏的纤维上，从而使整个构件不致在短期内失去承载能力。

(5) 耐热性高　与聚合物基体相比，经纤维增强的聚合物复合材料的耐热性要高得多。如多数未经增强的热塑性塑料，其热变形温度较低，只能在 50～100℃以下使用。但经纤维增强后，热变形温度则显著提高，可在 100℃以上甚至 150～200℃左右的温度环境中长期工作。例如尼龙 6，未增强前其热变形温度在 60℃左右，而增强以后，热变形温度可提高到 190℃以上。

(6) 线膨胀系数小　由于纤维类材料的加入，聚合物基复合材料的线膨胀系数比聚合物本体低得多，因而制品成型收缩率小，这给制造尺寸精度要求比较高的制品带来很有利的条件。但是成型收缩率有方向性，这一点在产品设计、模具设计及制造时应予以充分考虑。

(7) 材料性能的可设计性好　通过选择不同的聚合物基体、不同的增强材料、不同的其他组分以及不同的组成比例，可实现各种性能组合的纤维增强聚合物基复合材料，以适应不同工程结构的载荷分布、各种各样的环境条件和使用要求。

复合材料所具有的优异性能，使其具备了旺盛的生命力。随着科技的发展，先进复合材料的生产工艺将不断完善和简化，设计、制造技术将不断提高，成本将不断下降，在未来的各工业领域中将获得越来越大规模的应用。据专家预测，21世纪复合材料的用量将会超过钢，成为普遍使用的常规材料。

二、纤维增强聚合物复合材料中的基本单元

从组成与结构分析，纤维增强聚合物复合材料由增强相与基体相组成，而在增强相与基体相之间有一个交界面称为复合材料界面。复合材料的各个相在界面上可以物理地分开，在界面附近的增强相和基体相由于在复合时复杂的物理和化学原因，变得具有既不同于基体相又不同于增强相组分本体的复杂结构，从而对复合材料的宏观性能产生影响。界面处这一结构与性能发生变化的微区也可看作为复合材料的另一相，称之为界面相。因此，确切地说，纤维增强聚合物复合材料是由基体相、增强相（纤维）和界面相三种基本单元组成的，如图3-1。要使复合材料具有优异的性能，每一种单元都必须有适宜的个体的和联合的功能。

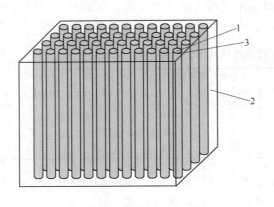

图3-1 连续纤维(单轴取向)/聚合物复合材料理想模型
1—纤维；2—基体相；3—界面相

1. 纤维

纤维是一类长度（纵向尺寸）与横（径）向尺寸比值（通常称为纤维的长径比L/D）很大（至少为10∶1至100∶1）的材料。纤维具有极高的拉伸强度与模量，加之很大的长径比，使其对聚合物具有显著增强效果。在纤维增强聚合物材料中，正是利用纤维的高强度来承受应力，从而提供在应力作用下的抗破坏与抗挠曲能力。不同的纤维品种，其强度与模量有较大差别，因而也直接影响纤维增强聚合物复合材料的强度与模量。此外，不同的纤维，尚有不同的功能。

纤维常以连续纤维、长纤维、短纤维等不同形态应用于各种聚合物增强改性的场合。通常，当纤维保持较高的长径比时，它对复合材料的增强作用总是最为有效。因此，连续纤维具有最好的增强效果。长纤维通常是指长度在10～50mm的不连续纤维，短纤维则是指长度小于10mm的不连续纤维。为使纤维能够发挥较好的增强作用，必须使纤维（直径为D）的长度超过临界长度L_c。纤维临界长度L_c是指以基体包裹纤维的复合物在顺纤维轴向拉伸，当从基体传到纤维上的应力刚能使纤维断裂时纤维的应有长度。通常L_c/D在100～200的范围。

纤维与聚合物在混合过程及其后的成型加工过程中，会逐渐被剪碎变短，从而使纤维长度与初始纤维长度相比大幅度下降。纤维的断裂是由以下三方面的相互作用造成的，即：纤维/纤维、纤维/机械、纤维/聚合物。对纤维断裂的影响因素有纤维含量、短切纤维的初始长度、纤维与树脂的混合方式、纤维的加料方式、聚合物熔体黏度以及混合设

备和混合工艺等。对于不同的聚合物基体和不同的加工设备,各种因素的影响程度也是不同的。如将干燥后 TPU 和平均长度为 6mm 的短切芳纶纤维在布拉本德塑化仪中,经 180℃的温度、60r/min 的转速下混炼 6min 后,几乎 50%~60% 的纤维分布在 0.5~1.5mm 范围内,如图 3-2 所示。这是由于在混炼过程中很强的剪切应力而引起的纤维的断裂。

因此,为使纤维增强聚合物复合材料中的纤维能保持所希望的长度,在制备与成型纤维增强聚合物复合材料时,应尽量减少纤维的断裂。

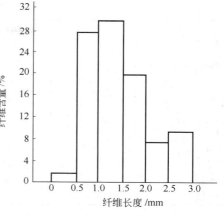

图 3-2 混合后纤维的长度分布

纤维增强聚合物复合材料具有高度的方向性。由于复合的方式及成型工艺的差异,纤维可以是单轴取向(图 3-1)、交叉定向(图 3-3)、无规取向(图 3-4)等多种方式。不同的取向方式,使复合材料表现出不同的力学行为。

图 3-3 连续纤维(交叉取向)/聚合物复合材料

2. 基体相

基体的主要作用是将应力传递和分配到各根纤维上以及将各孤立的纤维粘接在一起并使

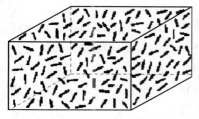

图 3-4 短纤维(无规取向)/聚合物复合材料

其按要求取向。同时基体也使纤维作为一个整体来抵抗负荷下的破坏和变形。当复合材料受平行于纤维方向的拉伸力作用时,基体聚合物会发生"塑性"形式的屈服,并借助于与纤维的粘接性传递应力。因而,即使有一些有裂口的纤维先断,但由于断头部分受到黏着它的基体的塑性流动的阻碍,拉开断纤维的趋势被阻止,断纤维在稍离断头的未断部分仍然与其周围未断纤维一样承担相同的负荷,见图 3-5。

纤维增强聚合物复合材料中的基体在断纤维界面周围传递应力的结果,使得复合作用的原理在即使纤维全部断开后仍然在起作用。因此,可用大量短纤维来代替贯穿整个材料的长纤维作增强材料。

在成型加工过程中,基体聚合物的熔融流动,使增强纤维有一定的取向,同时也对纤维起保护作用,减少纤维的磨损断裂。不同的聚合物基体,有不同的熔融加工温度与流动特性。因此,纤维增强聚合物复合材料的加工条件主要取决于基体聚合物。不仅如此,复合材料的最高使用温度则也为基体所限。一些聚合物的热性能见表 3-2。

表 3-2　一些常用聚合物（未增强）的热性能

聚合物	形态	T_g/℃	T_m/℃	热变形温度(1.82MPa)/℃	加工温度/℃
PP	结晶	−10	165	54～60	200～260
PA66	结晶	50	264	75	270～325
PS	无定形	100	—	90	175～260
PC	无定形	150	—	132	270～310
PSF	无定形	190	—	150～175	315～370
PET	结晶	80	260	65	275～300
PBT	结晶	20	220	60	230～270
PES	无定形	220	—	203	330～390
PPS	结晶	88	273	135	315～360
PEEK	结晶	143	343	165～220	350～400

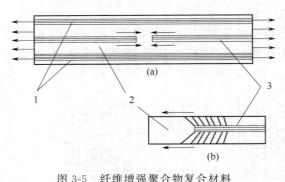

图 3-5　纤维增强聚合物复合材料
中断纤维引起的微小损伤
(a) 断纤维在应力作用下力图拉开，但为黏性基体的剪切力所阻；(b) 作用于纤维断头处的力
1—未断纤维；2—基体；3—断纤维

除了热性能外，基体聚合物的其他不同特性，也将影响复合材料的相关性能。因此，尚需根据具体用途选用基体聚合物材料。

3. 界面相

纤维-聚合物基体间的界面并不是一个单纯的几何面，而是一个多层结构的过渡区域。它包含了基体聚合物与增强纤维的部分原始接触面及相互扩散层、基体聚合物与增强纤维表面的反应产物等。基体聚合物与增强纤维就通过这一界面结合在一起，构成复合材料整体，并通过界面传递应力。显然，界面结合的状态和强度对发挥复合材料在使用过程中的潜在性能有重要的作用。在界面及界面附近通常应力最大，这可能成为聚合物复合材料过早破坏的场所。因此，增强纤维-基体聚合物界面必须有适当的界面结合力，并由此产生复合效果和界面强度，从而能促使负荷从基体聚合物传递到增强纤维。

有许多因素影响界面结合的强度，如表面的几何形状、分布状况、纹理结构；表面吸附气体程度、表面吸水情况；界面处的浸润、扩散与化学反应等。纤维表面的粗糙、裂纹与孔隙仅产生较小的机械黏附力，次价键力与化学键力才构成较强的界面结合，其中化学结合是最强的结合。水的存在常使界面结合力明显减弱。为提高界面结合的强度，一方面可对增强纤维用化学处理剂进行表面处理，也可对基体聚合物进行化学改性。

三、纤维增强聚合物复合材料的力学强度

纤维增强聚合物复合材料具备的优点已人所共知，即比强度大、比模量高、蠕变小、抗疲劳、耐磨耗等。但一系列力学性能又与复合材料中纤维的品种、纤维的排列取向、纤维的含量、纤维的长度、聚合物基体、纤维与基体的界面结合等因素密切相关。

1. 连续长纤维单轴取向时的拉伸性能

连续长纤维增强聚合物并以单轴取向，是纤维增强聚合物复合材料中最为简单的一种形式。在聚合物基体中，平行排列与均匀分布着质量均一的多根纤维，每根纤维的表面均与基

体呈理想的黏着状态。当沿着纤维排列方向施加外力 F，受力过程中，纤维的伸长率总是与基体的伸长率相同，等于整体材料的伸长率。在此情况下，理想模型如图 3-6 所示，对其模量与拉伸强度进行预测可用以下的方程式：

$$E_c = E_f V_f + E_m (1 - V_f) \tag{3-1}$$

$$\sigma_c = \sigma_f V_f + \sigma_m (1 - V_f) \tag{3-2}$$

式中，E_c、E_f、E_m 分别代表复合材料、纤维、基体的模量；σ_c、σ_f、σ_m 分别代表复合材料、纤维、基体的拉伸强度；V_f 是纤维的体积分数。

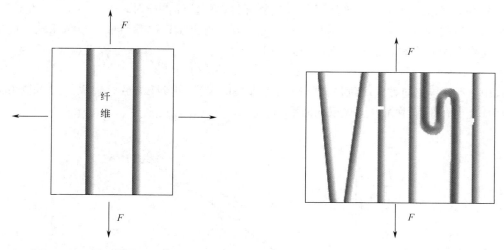

图 3-6　连续长纤维单轴取向　　　　图 3-7　连续长纤维增强聚合物中的结构缺陷

然而事实上，连续长纤维增强聚合物的实测模量与纵向强度达不到式（3-1）、式（3-2）的数值。纤维排列方向的不平行、纤维的曲折、纤维本身的缺陷（如表面凹坑、内部气泡或表面割伤）以及纤维的粗细不均，均会造成纤维受力的不均，缺陷处和直径较细的部位应力较大，纤维中间的断头及纤维结构的缺陷都会造成增强聚合物内局部应力集中（图 3-7），并使这些部位附近的纤维承担较理想情况时更大的载荷。

连续长纤维单轴取向的增强的聚合物受到与纤维方向相垂直的外力 F 时，材料的模量和拉伸强度均大大低于纵向拉伸的性能。由于纤维的模量和强度与基体、纤维与基体界面的结合区相比要高得多，增强聚合物的横向拉伸性能决定于基体和界面结合的强度。当界面结合较弱时，其横向拉伸强度决定于界面结合强度。当界面键很强时，拉伸形成的断面会穿过基体。连续长纤维单轴取向聚合物受到方向介于纵向和横向之间的外力作用时，其力学性能则介于上述两种典型情况之间。

2. 短切纤维单轴取向时的拉伸性能

在单轴取向并且纤维的长度超过临界长度 L_c 的情况下，短切纤维承受的载荷与连续长纤维的相同，可以充分发挥纤维的增强作用。而当纤维长度小于 L_c，应力则无法传递到纤维上，纤维起不到增强的作用。进一步的研究表明，纤维的临界长度 L_c 与纤维的直径 D、纤维的拉伸强度 σ_f、纤维与基体的界面结合强度或界面层的剪切强度 τ 有如下关系式：

$$L_c / D = \sigma_f / 2\tau \tag{3-3}$$

由于界面层的剪切强度 τ 是由纤维与基体的键合强度及基体与纤维的静摩擦力组成，因此通过聚合物基体的化学改性与纤维的偶联处理，提高界面结合强度，可减小临界长度。

在式 (3-1)、式 (3-2) 中引入纤维的实际长度 L 与临界长度 L_c，则可得到短切纤维单轴取向时复合材料的强度 σ_c 为：

$$\sigma_c = \sigma_f V_f(1-L_c/2L) + \sigma_m(1-V_f) \tag{3-4}$$

实际上在短切纤维增强聚合物制品中，纤维的取向是很复杂的。纤维不可能完全按单轴取向，往往在制品的不同部位，有不同的纤维取向方向。制品的拉伸性能总是介于单轴取向纵向拉伸性能与横向拉伸性能之间。在特殊的加工条件下，纤维也可能呈完全无规的排列状态。

3. 短切纤维无规取向时的拉伸性能

在分析无规取向状态的纤维增强聚合物复合材料的拉伸性能时，在式 (3-4) 的基础上，进一步引入取向因子 e 可方便公式的处理，另一方面也更贴近实际情形。预测无规取向短切纤维增强聚合物复合材料的拉伸强度公式如下：

$$\sigma_c = \sigma_f V_f(1-L_c/2L)e + \sigma_m(1-V_f) \tag{3-5}$$

式中，e 为与拉伸方向纤维取向所成角度有关的参数。当纤维沿单轴取向又与拉力同向时，$e=1$；当纤维呈平面内无规取向时 $e=0.33$。

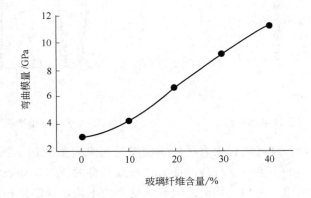

图 3-8　PA-66 与 GF 复合材料弯曲模量和玻璃纤维含量的关系

4. 弯曲性能

与拉伸性能相似，纤维增强聚合物复合材料的弯曲强度与弯曲模量都随纤维的用量、纤维的长度、纤维的取向、基体的力学性质、纤维与基体的结合强度等有关。图 3-8 与图 3-9 分别表示了 PA-66/GF 复合材料弯曲模量和玻璃纤维含量的关系与基体改性对玻璃纤维增

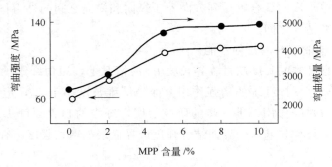

图 3-9　基体改性对玻璃纤维增强聚丙烯弯曲性能的影响
—●— 弯曲模量；—○— 弯曲强度

强聚丙烯弯曲性能的影响。

5. 韧性或冲击强度

纤维对增强聚合物复合材料的韧性或冲击强度影响情况比较复杂。复合物的断裂一般总是从其中的基体薄弱区发生微裂纹开始,裂纹扩展时陆续作用到横跨其间的纤维上。当裂纹发展成裂缝并继续扩展时,断面两侧的纤维可能产生断开、脱开或拉出三种情况。

当断口附近纤维与基体的结合力与摩擦力之和超过纤维自身的强度,纤维即使被拉断也不能与基体脱开。这时试样的断裂伸长率几乎与纤维本身的相同。由于纤维为硬而脆的材料,故在这种情况下,纤维对复合材料的韧性不利。

当断口附近纤维与基体的结合力与摩擦力之和小于纤维自身的强度,纤维的一头可能被拉出基体或两头与基体脱开,形成新的表面。由于纤维的拉出和与基体脱开需要消耗冲击能,从而有利于韧性的提高。对纤维增强塑料,如果随纤维用量增加,制品的缺口冲击强度提高,就表明纤维的拉出和脱开耗能起主导作用。

综上所述,在纤维增强聚合物复合材料中,冲击能量的分散通常是通过纤维与界面的脱粘、纤维拔出、纤维与基体的摩擦及基体的变形来实现。提高复合材料的界面粘接,虽然总是有利于改善材料的拉伸及弯曲强度,但太强的界面结合强度却有可能导致材料韧性或冲击强度的下降。这是因为若界面黏结太强,在应力的作用下,材料破坏过程中增长着的裂纹容易扩展到界面,并透过脆性纤维,因而呈脆性破坏。若适当降低界面结合强度,纤维断裂所引起的裂纹可以改变方向沿着界面扩展,遇到纤维缺陷或薄弱环节时裂纹可跨越纤维,继续沿界面扩展,形成曲折的路径,这样就需要消耗较多的断裂能,提高材料的韧性。因此,为了同时获得较高的拉伸强度与冲击强度,需要使纤维增强聚合物复合材料中有适度的界面结合强度。

纤维增强聚合物复合材料的韧性或冲击强度还与基体材料、纤维长度及增韧剂有关。一般说来,短玻璃纤维的加入常使韧性树脂的冲击破坏模式变为脆性破坏模式,而使脆性基体树脂的韧性提高。尤其是加入增韧剂后,纤维与脆性基体组成的复合材料的冲击强度有较大幅度的提高。另外,与非晶态聚合物相比,结晶聚合物的低温韧性较低,而缺口敏感性较强,因此对尼龙、聚甲醛和聚丙烯等材料进行纤维增强时,需加入有效的增韧剂。如将马来酸酐接枝的 EPM(或 SEBS)和玻璃纤维加入尼龙 66 中,与原基体材料相比,复合材料的抗裂纹扩展和抗裂纹开裂能力都可得到提高,从而大幅度提高了冲击强度,见表 3-3。

表 3-3　加增韧剂时玻璃纤维增强 PA66(含玻璃纤维 24%)的冲击强度　　单位:J/m

增韧剂品种	增韧剂含量/%(质量)				
	0	5	10	15	20
马来酸酐接枝 EPM	65	119	157	216	283
马来酸酐接枝 SEBS	65	116	142	184	250

如果冲击试样时的作用力方向与纤维的取向是垂直的(横向冲击),增加纤维的长度总是对抗冲击能力有利的。无规取向纤维增强塑料的缺口抗冲能力介于单轴取向增强塑料的纵向抗冲能力与横向抗冲能力之间。

6. 蠕变与疲劳

蠕变及疲劳是纤维增强聚合物作为工程材料的一个极为重要的考核特性。在工程应用中,常需要考察纤维增强聚合物复合材料在一定载荷下,随时间推移而发生的变形问题,即蠕变,以及在循环应力作用下的耐疲劳性问题。

加入增强纤维可以大大降低聚合物的蠕变和应力松弛的程度,但并不能完全消除。通常,纤维增强热固性聚合物的抗蠕变性比纤维增强热塑性聚合物要好得多,这是因为在载荷作用下,交联的聚合物分子链不像非交联的热塑性聚合物那样,容易发生分子链相对滑移。另外,长纤维增强聚合物复合材料的耐蠕变性比短纤维增强复合材料要好得多(尤其在高温下)。如果制品的工作温度在室温以上并且需要承受明显的载荷作用,那么长纤维增强热塑性聚合物往往会表现出更可靠的性能。图 3-10 表示不同长度的玻璃纤维增强对聚合物拉伸蠕变的影响。

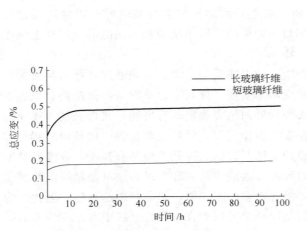

图 3-10　玻璃纤维长度对拉伸蠕变的影响

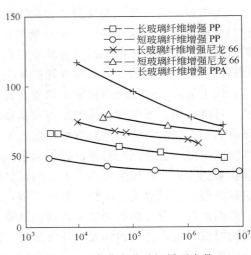

图 3-11　弯曲疲劳破坏循环次数

增强纤维的加入还可提高基体聚合物的耐疲劳性,尤其是碳纤维增强聚合物复合材料的耐疲劳性比玻璃纤维增强复合材料更好一些。这可能是由于碳纤维有更好的导热性,并能均匀散热而产生的结果。通常,结晶聚合物的耐疲劳性有明显的极限:以强度值对疲劳试验的循环次数作图,所得的曲线具有渐近性;非晶态聚合物通常不存在耐疲劳极限,只是强度随疲劳试验次数的增多而下降。玻璃纤维增强聚碳酸酯是个特例,它有明确的耐疲劳极限。长玻璃纤维增强复合材料在循环开始和中间阶段的耐疲劳性明显好于短纤维增强复合材料;但随着循环次数的增加,二者差异逐渐缩小,如图 3-11 所示。

四、纤维增强聚合物复合材料的其他性能

1. 磨损性

磨损发生在相互接触滑移的表面。磨损主要是摩擦系数和表面硬度、外加载荷以及两表面相对移动速度的函数。其他因素,如温度和化学环境对于材料的磨损也有显著影响。因此,磨损性也是纤维增强聚合物复合材料的一项特殊的、复杂的与环境因素相关的性能。使用纤维增强聚合物复合材料制造齿轮、凸轮、棘轮、滑梯、轴承和其他活动部件时需要特别注意其磨损行为。在复合材料中使用纤维可以提高表面硬度和聚合物的耐磨损性。但如果只添加玻璃纤维而不添加润滑剂成分,将会增大摩擦系数。

碳纤维和芳纶纤维不仅能提高表面硬度和聚合物的其他物理性能,而且能够降低摩擦系数,但如再配合添加硅油和 PTFE 粉末等会有更好的效果。芳纶纤维还能显著减少金属配

合面上的磨损。

为使磨损减少到最低程度，使纤维取向是很有效的。在理论上，应使磨损发生在与纤维末端相垂直的面上，从而使纤维深深地包埋于基体中而不致被轻易拔出。因此，使纤维沿着与滑移运动相垂直的方向取向将有利于提高复合材料的耐磨损性；最不希望的取向是沿着纤维轴而与滑移运动相平行方向的取向，因为在这种情况下纤维在基体中是最不牢固的。

2. 热变形温度

纤维增强聚合物作为工程塑料使用时，热变形温度是一重要的技术参数。在添加增强纤维后，热变形温度会有不同程度的提高。同样的玻璃纤维含量，非结晶性塑料的热变形温度提高幅度较小，而结晶性塑料会有很大幅度的提高。这是因为非结晶性聚合物在达到玻璃化温度之前，力学性能便已经开始逐渐降低，在高于玻璃化温度后，由于基体软化而导致增强纤维的承载能力大大下降。即对纤维增强的非结晶性塑料而言，热变形温度主要受玻璃化温度的左右。对结晶性聚合物，同样量的纤维富集在较少的无定形相中，加之晶格的束缚，使其热变形温度主要受聚合物熔点的左右。因此，当用玻璃纤维增强结晶性塑料时，通常在玻璃纤维含量达 30% 以上后，其热变形温度成倍提高，甚至可接近熔点。如当玻璃纤维含量达到 30% 时，PBT/PET 共混复合体系的热变形温度由 65℃ 提高到 205℃；尼龙 6 的热变形温度由 65℃ 提高到 190℃；聚醚醚酮树脂的耐热性从 200℃ 提高到 310℃，超过热固性塑料的耐热温度。然而，与之形成明显对比的是纤维增强 ABS 的热变形温度。经纤维增强后，ABS 的热变形温度提高不大。当纤维含量为 20% 时，ABS 的热变形温度仅比原树脂高约 10℃ 左右。

纤维增强聚合物的热变形温度受增强纤维的用量影响很大。图 3-12 为玻璃纤维增强尼龙 6 中玻璃纤维含量对热变形温度的影响。

3. 热膨胀系数

与非纤维增强聚合物相比，使用纤维增强聚合物的优点之一，就是当温度在一定范围内变化时，制品尺寸的变化较小。因此不仅纤维增强聚合物的模塑收缩率低，

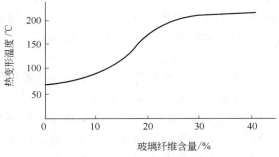

图 3-12　玻璃纤维含量对 PA6 热变形温度的影响

并且成型后的制品尺寸稳定性好。由短纤维增强塑料生产的成型制品能达到较精密的公差。通常，随着增强纤维含量的增加，复合材料的热膨胀系数变得更小。在增强纤维含量较高时，热塑性复合材料比热固复合材料有更低的热膨胀系数。

纤维增强聚合物的热膨胀系数还与基体聚合物的结晶性、纤维的取向情况有关。结晶性聚合物在其玻璃化温度 T_g 以上的热膨胀系数明显高于 T_g 以下时的热膨胀系数。纤维取向的结果，会使顺料流方向的线膨胀系数较小，而垂直于料流方向的线膨胀系数较大。

4. 电性能

大多数增强纤维对基体聚合物的电绝缘性没有突出的贡献，但通过纤维的加入能降低基体聚合物的介电常数和损耗因子，提高介电强度和耐电弧性。

与电绝缘性相反，有些场合需要纤维增强聚合物复合材料能够传导静电荷，或具有电磁波屏蔽（主要是射频的干扰）的特性。在此情况，可使用具有导电性的碳纤维或者金属纤维作为增强成分。通常，为使聚合物复合材料具有良好的导静电能力，应使复合材料的体积电

阻率降到 $10^8\Omega\cdot cm$ 以下，最好降到 $10^6\Omega\cdot cm$ 以下。对电磁屏蔽用途而言，则应使体积电阻率降到 $10^0\Omega\cdot cm$ 以下，最好降到 $10^{-1}\Omega\cdot cm$ 以下。为此，需要添加导电纤维的体积用量为 $5\%\sim30\%$，以便形成导电通道。为了有利于导电通道的形成，在加工与成型过程中除应确保纤维的良好分散外，还应使纤维保持尽可能高的长径比。这与提高纤维的增强效果相类似。

导电纤维增强的聚合物复合材料的电磁屏蔽性能 $S(dB)$ 可用下式计算：

$$S(dB) = 50+10\lg(1/\rho f)+1.7t(f/\rho)^{1/2} \tag{3-6}$$

式中，ρ 为体积电阻率，$\Omega\cdot cm$；f 为电磁波频率，MHz；t 为材料厚度。理论上，只要测得体积电阻率，由式（3-6）即可计算出材料的电磁屏蔽性能。

5. 耐化学药品性

在许多场合，聚合物材料会暴露于各种各样的化学环境中。有直接的浸泡或接触，也有不直接的浸泡或接触；有化学试剂或气体，也有日用物质材料。如这些环境介质与聚合物材料具有反应性，则通过氧化和水解会使聚合物分子链断裂，并造成制品破坏。

最常见的化学腐蚀是溶剂化。环境介质向聚合物内部扩散，使之发生软化和溶胀。这类化学腐蚀会造成复合材料的尺寸变化以及力学性能的降低。添加玻璃纤维增强成分有利于提高基体聚合物在化学试剂（包括水）的作用下保持原有性能的能力。

环境应力开裂（ESCR）是塑料制品在环境介质作用下发生的另一类化学腐蚀现象。一些化学试剂与成型制品的内应力或外加机械载荷（远低于瞬间强度）的共同作用，能诱发塑料制品中内应力集中处发生开裂。有些聚合物很容易发生这种环境应力开裂，如聚乙烯和聚碳酸酯就是具有这种弱点的典型例子。加入增强纤维，可以提高许多聚合物（尤其是非晶态聚合物如聚碳酸酯）的抗应力开裂能力。

6. 成型加工性能

纤维增强聚合物复合材料的熔融流动性不仅与基体聚合物的流动性能有关，而且与增强纤维的类型、品种与含量等有很大的关系。在成型过程中，纤维增强引起的各向异性，熔合线以及熔合线的位置、气孔，不同程度的凹陷等都与复合材料的流动特性有关。通常，纤维含量越高，复合物的熔融黏度越高，流动性越差。

在纤维增强聚合物复合材料的成型过程中，纤维将遭受破坏，通常断裂成较短的长度。混合、挤出、注射和模压均能使增强纤维的长度缩短，从而使复合材料的强度和刚度降低。挤出机的熔融区是引起纤维遭受主要破坏的地点。这是因为在刚高出熔点温度以上的温度下，挤出机的熔融区就可剪切薄的聚合物膜（高黏度），可能产生最大的剪切应力。当用螺杆式注射机加工玻璃纤维增强热塑性塑料制品时，首先由于预塑时物料在螺杆料筒间的混炼，玻璃纤维就要被折断。其次，熔融物料通过注射模具的浇口及流道时，玻璃纤维还会被进一步折断。由于玻璃纤维的长度直接影响着增强塑料制品的力学强度。因此，在工艺技术上，既要能使玻璃纤维在制品中得到均匀分散，获得良好的制品外观，又要尽可能使玻璃纤维在成型过程中少受损伤。具有较高刚性和强度的高性能纤维（碳纤维、芳纶纤维等）有较强的抵抗破坏折断的能力。

纤维增强聚合物复合材料在成型过程中，纤维因聚合物的流动而取向的现象在模压、注射和其他许多复合材料成型工艺中均存在。复合材料的刚性和强度在纤维最大取向方向上很高，而在最小取向方向上很弱。即在纤维取向方向上具有比垂直取向方向上有更高的强度和模量。薄壁制品尤为明显。

熔料流动时的纤维取向，不仅造成了制品物理力学性能的各向异性，而且还表现在制品容易发生翘曲。产生翘曲的原因是：纤维的取向易产生和流动方向成垂直方向的收缩率差，当两者差值大到不能自由收缩时，便产生应力而发生翘曲。

纤维增强聚合物尤其上增强热塑性塑料在成型时如果处理不当，制品的熔接缝强度会显著降低。提高熔接缝处的强度可从提高料筒温度、注射压力、注射速度、模具温度等几个方面着手，还可考虑改变浇口或设置溢料穴来改善。

五、混杂增强

混杂增强聚合物复合材料是由一种以上不同品种的增强纤维或其他增强材料匹配在一起用于聚合物而得到的复合材料。通过混杂增强，可以改善聚合物复合材料的综合性能或降低成本，或赋予功能化。混杂增强聚合物复合材料的力学行为符合一般复合材料的基本力学规律，但因其自身特点，常呈现出混杂效应。混杂效应是混杂增强复合材料中的一种特异的物理现象，它是多种不同纤维或增强材料与聚合物基体间交互作用的结果。混杂效应使得该复合材料的某些性能偏离混合定律的计算结果。超出计算结果的偏离称为正效应，反之为负效应。

混杂效应产生的主要原因是混杂界面，它与单一纤维增强时界面不同，为更加不均匀的过渡，并以多相、多层次方式存在，故而导致混杂增强复合材料具有一些特异现象及功能。一般认为，混杂效应与混杂方式、混杂比和分散度有关，也与界面粘接强度有关。

1. 纤维-纤维混杂

纤维混杂复合材料形式繁多。根据混杂纤维的不同配合，可以有多种混杂方式，如：碳纤维/芳纶纤维、碳纤维/聚乙烯纤维、碳纤维/玻璃纤维、玻璃纤维/芳纶纤维、玻璃纤维/聚乙烯纤维、金属纤维/碳纤维、金属纤维/芳纶纤维等混杂体系。按混杂纤维的形态可以分为长纤维之间的混杂、长短纤维之间的混杂等，如先将聚乙烯短纤维与聚合物基体混合，再与连续长碳纤维混杂增强。此外，还有所谓不等径纤维混杂，即用较小直径（通常是几微米或十几微米）纤维与较大直径（通常是几十微米或上百微米）纤维进行混杂增强而构成聚合物复合材料。这种新型的不等径纤维复合材料与一般的混杂纤维（纤维直径相差不大）复合材料相比，具有纤维体积含量非常高（可达70%～80%）与突出的抗压、抗弯性能等特点。

通过两种或两种以上纤维增强同一种基体材料，不仅保留了单一纤维复合材料的优点，而且不同纤维间混杂可以取长补短，匹配协调。如用有机纤维与玻璃纤维混杂增强酚醛树脂，使材料的冲击强度、弯曲强度大幅度提高。玻璃纤维增强与混杂纤维增强酚醛热固性注塑料的比较见表3-4。

表3-4 混杂纤维增强与单一玻璃纤维增强酚醛热固性注塑料的性能比较

性能指标	混杂纤维增强酚醛热固性注塑料		玻璃纤维增强酚醛热固性注塑料	
粒料长度/μm	20～30	8～10	20～30	8～10
密度/(g/cm^3)	1.70	1.70	1.72	1.72
收缩率/%	≤0.15	≤0.15	≤0.15	≤0.15
马丁耐热(后处理)/℃	≥280	≥280	≥280	≥280
弯曲强度/MPa	283	128	198.7	92
冲击强度/(kJ/m^2)	121	45	90.7	30
表面电阻系数/Ω	2.6×10^{14}	—	3.1×10^{14}	—
体积电阻系数/$\Omega \cdot$cm	3.6×10^{14}	—	3.3×10^{14}	—
介电强度/(kV/mm)	13.5	—	13.2	—

又如，将超高模量聚乙烯纤维与碳纤维混杂，可以明显改善碳纤维增强聚合物复合材料的冲击性能。加入超高模量聚乙烯纤维的聚合物复合材料的冲击强度对缺口很不敏感，往往由于缺口的存在，更易引起材料的分层，从而在冲击破坏中吸收更多的能量。即能通过提高扩展能来改善冲击强度，并且其改善的程度为正混杂效应。

2. 纤维-无机粒子混杂增强

纤维与无机粒子在聚合物增强中都具有重要作用。用纤维增强聚合物可大幅度提高聚合物的强度与模量；使用大量廉价的无机粒子增强聚合物一方面可改进聚合物的某些性能，如刚性、硬度等，另一方面可大大降低材料成本。纤维与无机粒子共同增强聚合物所得的混杂增强复合材料，其性质不是纤维与无机粒子增强作用的简单加和，而是常常会出现不同于单一纤维或单一无机粒子增强聚合物的性质，也即混杂效应。混杂材料中纤维与无机粒子的混杂比、聚合物基体的含量以及纤维与基体间的界面强度都有可能影响混杂材料的拉伸强度。

纤维与无机粒子混杂增强聚合物基复合材料的强度，可看作是纤维增强以无机粒子增强聚合物为复合基体的强度。

$$\sigma_H = \lambda_H \sigma_{fu} V_f + \sigma_{mu}^* (1-V_f) \tag{3-7}$$

式中，σ_H 为混杂复合材料的拉伸强度；σ_{fu} 为单一纤维的拉伸强度；σ_{mu}^* 为复合基体的拉伸强度；λ_H 为混杂增强时纤维的增强系数。

有时，为了减少由于纤维取向而产生的翘曲，还可用高径厚比的云母等片状填料进行混杂增强。少量云母的加入，使复合材料的力学性能发生了明显的变化，强度和刚性显著提高，成型品的尺寸稳定性增加，不易出现翘曲现象。

3. 纤维原位混杂增强

高性能与易于加工对高性能工程塑料及其复合材料具有同等的重要意义。然而，高的力学性能与优异的加工性能往往又是相互制约的。如用短纤维增强热塑性塑料，在大幅度提高力学性能的同时也大幅度地降低了其加工性。此外，高含量的纤维还会加速加工设备的磨损。利用热致液晶聚合物 TLCP 具有切力变稀的加工流变特性与 TLCP 原位形成的微纤结构，可同时解决复合材料的力学性能与加工特性。这是因为分子链呈刚性或半刚性的 TLCP 容易在流动场中形成直径小、长径比足够大的微纤，成为一种增强剂。但它们与通常的玻璃纤维、碳纤维或芳纶纤维不同，在和热塑性塑料共混之前 TLCP 不是以纤维的形式存在的。它们的微纤是在熔融共混过程中原位形成并且分布于熔体之中。由于 TLCP 分子本身具有的高强高模量特性，它作为增强剂存在于基体高聚物中，具有类似于玻璃纤维的增强作用。

原位混杂复合材料不但具有混杂材料中不同增强剂力学性能互补的特点，同时将混杂作用拓宽到了加工性能上的优势互补、加工性与力学性能同时增强的协同效应。TLCP 的加入降低了熔体的熔融黏度，使宏观纤维在挤出和注塑加工中的折断率降低，并使宏观纤维在注塑成型时沿流动方向上的取向增加。

如将 TLCP 与碳纤维、PES 树脂熔融共混，利用使 TLCP 成纤的条件，能够在材料中形成直径在亚微米量级的 TLCP 微纤。从加工来说，由于 TLCP 的作用，体系的加工黏度大为降低，碳纤维的折断也大为减少。从结构来看，材料中有直径在微米级的碳纤维和亚微米级的 TLCP 微纤，它们在两个数量级上起着混杂增强的作用。纤维赋予材料的主要强度与模量，微纤阻断材料中微裂纹的扩展，这样可以赋予材料更均衡的力学性能。从性能判断，原位混杂复合材料的力学性能显著高于碳纤维增强的 PES，见表 3-5。

表 3-5 碳纤维/PES 和 TLCP/碳纤维/PES 注塑试样拉伸性能对比

试 样	拉伸强度/MPa	拉伸模量/GPa
PES	96.0	0.925
CF/PES(5/95)	113.1	1.38
TLCP/CF/PES(5/5/95)	123.8	1.64
TLCP/CF/PES(5/10/95)	167.4	1.90

第二节 增强纤维

在聚合物复合材料中,增强纤维主要用来提高聚合物的强度、模量和硬度。随着材料科学技术的发展,用来增强聚合物的纤维类型与品种越来越多。目前,常用的纤维主要有玻璃纤维、碳纤维、金属纤维、聚合物纤维、植物纤维、无机纤维、陶瓷纤维等。不同的纤维有着不同的物理化学性能,典型增强纤维的主要物理性能见表 3-6。

表 3-6 典型增强纤维的主要物理性能

性 能	E-玻璃纤维	碳纤维(PAN)	芳纶纤维	PET	硅酸镁石棉纤维	剑麻纤维	不锈钢纤维	陶瓷纤维
纤维直径/mm	0.0102	0.0076	0.0127	0.0229	0.0051	0.2540	0.0076	0.0051
相对密度	2.54	1.84	1.45	1.38	2.5	1.5	7.77	2.7
弹性模量/MPa	72.4	359	131	10.0	159	16.5	193	103
拉伸强度/GPa	3.45	3.79	2.76	1.03	2.07	0.52	0.59	1.72
伸长率/%	4.8	1.1	2.4	22	NA	2~3	2.3	NA
热导率/[W/(m·K)]	1.01	8.65	0.50	0.25	NA	NA	1.12	2.88
线胀系数/$\times 10^{-4}$℃	0.08	0.06	NA	NA	NA	NA	0.04	NA
近似相对成本(质量)	1	15	4	2	1	0.7	18	3

由于性能上的差异,不同的纤维有不同的应用效果。在实用上应在全面了解各类纤维的基础上,结合对制品性能的具体要求,正确地选用增强纤维。

一、玻璃纤维

玻璃纤维具有一系列优越的性能,作为聚合物的增强材料效果十分显著。它产量大、价格低廉,是目前应用最为广泛的一类增强纤维。

将玻璃加热熔融并拉成丝,即为玻璃纤维。制造玻璃纤维的方法很多,与玻璃纤维增强聚合物复合材料有密切关系的主要是连续纤维拉丝法。在生产中,首先将经过精选符合规定成分的石英砂、长石、石灰石、硼酸、碳酸镁、氧化铝等原料粉碎成一定细度的粉料并调制成一定比例的配合料、充分混合,加入到玻璃池窑中。在1500℃左右的高温下熔化,制成熔融的玻璃原料,然后用制球机制成一定直径的玻璃球。对这种玻璃球进行质量检验,剔除含有气泡或混有杂质的玻璃球,将优质玻璃球供坩埚拉丝炉拉丝之用。坩埚通常用铂制作,称作铂坩埚。为了减少贵重金属铂的消耗,现在许多玻璃纤维厂使用代铂坩埚拉丝。坩埚的主要作用是通过电流发热熔化玻璃球,并使坩埚内的玻璃液保持所要求的温度和液面高度。玻璃液从坩埚底漏板上的漏孔中稳定地流出来,形成液滴。将液滴引下成丝,集成一束,经集束轮使丝束涂上浸润剂,绕在高速旋转的绕丝筒上,制成一股原丝。图3-13为拉丝工艺示意图。

由拉丝得到的玻璃纤维,再经过后续加工得到各种不同的品种与规格。它们有着各不相同的技术指标或参数。从有利于合理地利用各种玻璃纤维起见,有必要弄清楚玻璃纤维的这些技术规格、指标或参数。

1. 有关玻璃纤维的几个概念

单丝:由坩埚漏板一个漏孔中拉成的丝。

原丝或股:由漏板漏孔拉成的单丝经集束轮汇成之一束即成原丝或称股。例如,代铂坩埚160支单股纱其单丝为104根,而80支单股纱其单丝为202根。虽同为一股,但纤维根数不同。

纱:原丝经退绕加捻而成基本单纱,合股后称合股纱。

捻度:指每一米玻璃纤维原丝经过多少转的加捻次数,以捻/米表示。根据加捻方向,有顺时针回转(Z捻)和反时针回转(S捻)之分。

无捻粗纱:浸有强化型浸润剂的原丝成股后不经加捻而合股者。

支数:1g原丝有多少米长,就称为该原丝的支数。如45支原丝,就是1g重的原丝有45m长;80支原丝,就是1g重的原丝80m长。

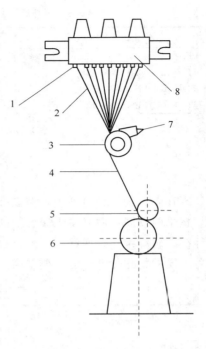

图3-13 拉丝工艺示意图
1—漏孔;2—单丝;3—集束轮;
4—原丝;5—拉丝机排线轮;
6—拉丝机机头;7—浸润剂;8—坩埚

浸润剂:坩埚漏孔中流出的熔融玻璃纤维经集束轮集束,而后卷绕在高速旋转的绕丝筒上。玻璃纤维经过集束轮的同时,即涂上浸润剂。此浸润剂的作用在于保护新生原丝便于后加工,以及提高最终增强制品性能。浸润剂的配方较多,在我国主要有两类,即石蜡乳化型浸润剂和强化型浸润剂。前者主要用于有捻玻璃纤维制品,以便于进行纺织加工。它是由黏合剂、润滑增塑成膜剂、乳化剂等组分配制而成的水乳液。当采用石蜡乳化型浸润剂处理的玻璃纤维制品作增强材料时,一般还应进行热处理,烧除油质并涂上偶联剂,以使增强塑料有较高的性能。强化型浸润剂主要用于无捻粗纱玻璃纤维及其制品,它含油不多,在浸润剂中添加了偶联剂,由于此种偶联剂起到玻璃纤维与聚合物基体的桥接偶联作用,所以它不但可省去热处理工序,而且可以提高增强塑料的物理力学性能。目前主要采用这类用强化型浸润剂处理的玻璃纤维制品作增强材料。

2. 玻璃纤维的分类和性能

玻璃纤维的产品品种、性能和用途各式各样,因而分类方法较多,下面介绍几种常用的分类方法。

(1) 按玻璃的组成、特性与用途分类

① A玻璃 属高碱玻璃。这是最基本的类型,其化学组成类似窗玻璃。此种组成的玻璃纤维的力学强度、化学稳定性、电绝缘性能都较差,已逐步为其他形式的玻璃纤维所取代。

② C玻璃 属中碱玻璃,也叫耐化学玻璃。此种组成的玻璃纤维化学稳定性较好,尤其是耐酸性能比下述E玻璃纤维好。虽然力学强度不如E玻璃纤维,但由于来源较E玻璃

纤维丰富，而且价格便宜，所以对于力学强度要求不高的一般增强聚合物复合材料，可用这种玻璃纤维。

③ D玻璃　也叫介电玻璃。此种组成的玻璃纤维具有特别良好的介电性能，其介电常数与介电损耗都比较小，主要用于电子工业。

④ E玻璃　属无碱玻璃，也叫电气玻璃。其碱含量低且强度高。它有良好的拉伸、压缩强度与刚性，良好的电气性能与热性能，较好的防水性与抗碱性，但耐酸性略差些。因其良好的综合性能与较低的成本而得到了广泛的应用。

⑤ E-CR玻璃　也叫耐腐蚀玻璃。它是在E玻璃的基础上，为改善其长期耐化学性而发展出来的品种。其耐酸性比E玻璃好得多。E-CR玻璃与E玻璃在组成上的主要区别在于前者不含B_2O_3。它是一种铝硅酸盐玻璃。和E玻璃相比，E-CR玻璃的相对密度和折射率稍高。其拉伸、弯曲和剪切强度与E玻璃相当或稍高，而模量及抗蠕变性与E玻璃相同。

⑥ R玻璃和S玻璃　在欧洲称R玻璃，而在美国称S玻璃。R玻璃和S玻璃有高的拉伸强度和模量，并有较好湿态强度保持率。该类玻璃纤维的强度比E玻璃高出约30%，但其价格也明显比E玻璃高得多。其主要用途是高技术性能领域如宇航和国防工业。

此外，为满足各种特殊的应用领域，还有一些添加了特殊成分的玻璃纤维。如高弹性模量玻璃纤维（M-玻璃纤维）、耐高温玻璃纤维、低介电常数玻璃纤维、抗红外玻璃纤维、光学玻璃纤维、导电玻璃纤维等。

典型的E玻璃、D玻璃和R玻璃的物理力学性能如表3-7。

表3-7　E玻璃、D玻璃和R玻璃的物理力学性能

项　目	E玻璃	D玻璃	R玻璃
密度/(g/cm³)	2.6	2.14	2.5
吸水率/%	<0.1	<0.1	<0.1
拉伸强度/MPa	3500	2500	4400
拉伸模量/GPa	70	55	85
断裂伸长率/%	4	4.5	4.8
强度保持率/%			
200℃,24h	98		100
300℃,24h	82		91
400℃,24h	65		77
热膨胀系数/×10^{-5} K^{-1}	0.5	0.35	0.4
热导率/[W/(m·K)]	1	0.8	1
体积电阻率/Ω·cm	$10^{12} \sim 10^{15}$		
介电常数(1MHz)	6.5	3.8	6
介电损耗(1MHz)/×10^{-4}	15	5	19
介电强度/(kV/mm)	10～100		

（2）按玻璃纤维的直径粗细分类　可分为初级玻璃纤维，单丝直径在20μm以上者；中级玻璃纤维，单丝直径在10～20μm之间者；高级玻璃纤维，单丝直径在3～9μm之间者；超级玻璃纤维，单丝直径在3μm以下者。典型的玻璃纤维直径范围及其代码见表3-8。

玻璃纤维的直径越细则强度越高，扭曲性越好。主要原因是纤维直径越细，其表面裂纹较少而且小，因此抗拉强度随纤维直径的减小而大幅度上升。

（3）按玻璃纤维长度分类

表 3-8 典型的玻璃纤维直径范围及其代码

直径代码	直径范围/μm	直径代码	直径范围/μm
DE	5.8～7.1	M	15.2～16.5
F	7.6～8.9	N	16.5～17.8
G	8.9～10.2	P	17.8～19.1
H	10.2～11.4	R	20.3～21.6
J	11.4～12.7	S	21.6～22.9
K	12.7～14.0	T	22.9～24.2
L	14.0～15.2		

① 连续玻璃纤维　用漏板法拉制形成的玻璃纤维原丝。连续玻璃纤维有时也叫连续长纤维。

② 短切玻璃纤维　是指以未经任何形式结合的短切连续玻璃纤维原丝段所构成的产品。其纤维长度通常为 3～25mm。在生产各种模压及增强热塑性塑料时，就大量采用玻璃纤维短切原丝作为增强材料。玻璃纤维原丝短切后的长度规格主要有 3mm、4.5mm、6mm、12mm、24mm 等。用于短切原丝的玻璃纤维直径系列通常为 9μm、10μm、11μm、12μm、13μm、14μm。其中 13μm 的短切原丝（也叫 k 纤维）最为常用。

③ 磨碎纤维（研磨纤维）　是指研磨过的短切纤维，其长度比短切纤维更短，通常在 0.8～1.6mm 之间。磨碎纤维用于要求硬度大、尺寸稳定性好、成型时的流动性高，以及各向异性较小的场合。

(4) 按玻璃纤维的交织结构划分

① 短切原丝毡　将玻璃原丝（有时也用无捻粗纱）切割成 25～50mm 长，将其随机但均匀地铺放在网带上，随后施以乳液粘接剂或撒布上粉末粘接剂经加热固化后粘接成短切原丝毡。短切原丝毡常用于 SMC 中。

② 连续原丝毡　将拉丝过程中形成的玻璃原丝或从原丝筒中退解出来的连续原丝呈"8"字形铺敷在连续移动网带上，经粉末粘接剂粘接而成。连续玻璃纤维原丝毡中纤维是连续的，故其对复合材料的增强效果较短切毡好。连续纤维玻璃毡常用于 GMT 法增强热塑性塑料中。

③ 玻璃纤维布　把单丝本身或按规定粗细并捻的纱线编织而成。因质（重）量、厚度、纱的种类、织法、经纬密度等不同而有多种形式。玻璃纤维布最常用于手糊法（铺叠成型）玻璃钢制品。

二、碳纤维

碳纤维是纤维状的炭材料，其化学组成中碳元素占总质量的 90% 以上（几乎是纯碳），碳原子间的结合方式为石墨状，形成石墨晶格结构。但实际的碳纤维结构并不是理想的石墨点阵结构，而是属于"乱层石墨结构"。不同品种规格的碳纤维具有不同的石墨化程度。在乱层石墨结构中，数张或数十张直径约为 20nm，厚度约为零点几到几个纳米的石墨晶片组成碳纤维的石墨微晶。层片与层片之间的距离约为 0.34nm，微晶厚度约为 10nm，直径约为 20nm。由石墨微晶再组成原纤维结构，其直径为 50nm，长度为数百纳米。最后，由原纤维结构组成碳纤维的单丝（直径一般为 6～8μm）。

由于元素碳在高温时不会熔融（只是在 3800K 以上的高温时不经液相直接升华），在各种溶剂中不溶解,因此碳纤维不可能按一般合成纤维那样通过熔融纺丝或溶液纺丝来制造。通常,碳纤维是通过分解温度低于熔融温度的有机高分子纤维的固相炭化或低分子烃类的气相热解生长来制取。由于所采用的前驱体纤维的不同以及制备工艺的差异,可得到具有不同性能的各种碳纤维。

1. 碳纤维的类型

碳纤维的分类与命名一直比较混乱。各国较多的是按照习惯对碳纤维进行命名与分类。大致有如下三种分类方法。

(1) 按照原料分　纤维素基(人造丝基)、聚丙烯腈(PAN)基、沥青基。

(2) 按照制造条件和方法分类　碳纤维(800~1600℃)、石墨纤维(2000~3000℃)、活性碳纤维、气相生长碳纤维。

(3) 按性能分类　通用级(GP)、高性能(HP)。通用级碳纤维的拉伸强度一般低于1400MPa,拉伸模量小于140GPa。高性能级碳纤维通常又可分为中强型(MT)、高强型(HT)、超高强型(UHT)、中模量型(IM)、高模量型(HM)、超高模量型(UHM)等。

2. 碳纤维的性能

与玻璃纤维比较,碳纤维具有高的强度与弹性模量、更低的密度、优异的导热与导电性、较低的蠕变性和热膨胀系数,在湿态条件下的力学性能保持率好。此外,碳纤维还具有良好的耐化学腐蚀性、自润滑性与耐磨性。表 3-9 为碳纤维与玻璃纤维的性能比较。

表 3-9　碳纤维与玻璃纤维性能比较

名　称	碳纤维	E 玻璃纤维	名　称	碳纤维	E 玻璃纤维
弹性模量/MPa	2.1×10^5	7.4×10^4	相对密度	1.8	2.54
拉伸强度/MPa	2.1×10^3	3.5×10^3	线膨胀系数/$\times10^{-6}℃^{-1}$		
伸长率/%	1.2	4.8	纵向	1.0	2.9
热传导率/[W/(m·K)]	8.58	0.97	横向	17.0	7.2
纤维平均直径/μm	7.5	9~13			

利用碳纤维所具有的各种特性,可将其广泛用于从高技术领域到文体娱乐等各种工业和民用物品。

由于碳纤维增强聚合物复合材料的比强度、比模量明显高于其他纤维复合材料,加之其耐热、耐低温及尺寸稳定,使其成为理想的航天航空材料,在人造卫星的主结构、天线、太阳能电池帆板、航天飞机、导弹、火箭等方面得到应用。碳纤维增强聚合物复合材料还被应用于高速车辆(如铁道机车)、赛车(汽车、摩托车、自行车)、赛艇、纤维机械(织梭、棕框、横向导纱器)、体育用品(高尔夫球杆、棒头、网球拍、羽毛球拍、弓箭、滑雪板)、钓鱼竿、登山用具、武器等。

由于碳纤维具有高导电性,所以特别适用于电磁屏蔽材料与电磁屏蔽设备的制造。根据接触导电理论,碳纤维越长,愈容易彼此接触,从而使体积电阻降低。碳纤维越长,形成导电网络的密度愈大。为进一步提高碳纤维的导电性,又发展了表面镀镍的方法,出现了镀镍碳纤维。一般所镀镍层厚度为 $0.2~0.3\mu m$。

三、有机聚合物纤维

有机聚合物纤维包括芳纶(芳香族聚酰胺)、涤纶(聚对苯二甲酸乙二醇酯)、超高相对分子质量聚乙烯纤维(高强度聚乙烯纤维、超高模量聚乙烯纤维)等。

芳纶具有如下典型分子构造式：

$$\{-\overset{O}{\underset{}{C}}-\underset{}{\bigcirc}-\overset{O}{\underset{}{C}}-\overset{H}{\underset{}{N}}-\underset{}{\bigcirc}-\overset{H}{\underset{}{N}}\}_m\ 和\ \{-\overset{O}{\underset{}{C}}-\underset{}{\bigcirc}-\overset{}{\underset{H}{N}}\}_n$$

由于酰氨基团受芳环的阻碍并且与苯环形成π共轭效应，内旋位能相当高，分子链节呈平面刚性伸直状，使芳纶纤维具有极高的拉伸强度（仅次于石墨纤维和聚苯并咪唑纤维）和优异的耐热性及韧性。芳纶是一种耐高温的合成纤维，长期连续使用温度为－200～200℃，最高使用温度达240℃，T_g＞300℃，分解温度为500℃。芳纶纤维比其他合成纤维更耐氧化、氨化和醇解等化学侵蚀，同时具有良好的耐强碱性、耐有机溶剂和耐漂白剂性能以及抗虫蛀和抗霉变能力。

芳纶通常以短切和经表面处理的两种形式存在。用芳纶制造的复合材料特别适用于配合部件要求高阻尼特性和低磨耗的情况。与玻璃纤维及其他工业纤维相比，芳纶密度较小，有更大的比拉伸强度、比模量。芳纶纤维不像玻璃纤维或碳纤维那样呈直棒状，而是呈卷曲状或扭曲状。这个特点使得芳纶复合材料中的芳纶纤维在加工过程中并不完全沿流动方向取向，因而在各向性能分布上更加均匀。芳纶在与聚合物的混炼过程中也不像玻璃纤维和碳纤维那样易于脆性断裂。因此，芳纶纤维增强橡胶基复合材料以越来越受到重视。

涤纶（PET）短切纤维束可以用来与玻璃纤维混合以提高脆性树脂基体的冲击强度。相对于其他非玻璃增强成分而言，涤纶纤维的成本较低，对模具表面的磨蚀作用也比玻璃纤维小。涤纶纤维增强聚合物复合材料的工作温度可达204℃。

超高相对分子质量聚乙烯纤维（UHMWPE），也称超高强度聚乙烯（UHSPE）或超高模量聚乙烯（UHMPE）纤维。它是继碳纤维、芳纶纤维之后出现的第三代高性能纤维。在目前的高性能纤维中，超高分子量聚乙烯纤维具有最高的比模量与比强度，并且具有耐磨、耐冲击、耐化学药品、不吸水、密度小等优点。同时由于原料聚乙烯易得，大规模使用后可大大降低其生产成本。虽然超高相对分子质量聚乙烯纤维的维卡软化点较低，重荷下易产生蠕变，在耐温及结构型复合材料领域中的应用受到限制，但在防弹复合材料、抗高速冲击的复合材料、防爆炸用复合材料、海上用复合材料、生物医用复合材料、具有独特电性能的复合材料等领域中具有广阔的应用前景。随着成本较高的碳纤维复合材料在民用工业领域中应用的迅速增长，寻找和生产成本较低的高性能纤维作为碳纤维的代用品已成为必然趋势。因此超高相对分子质量聚乙烯纤维是一种在很多领域具有极强竞争力的增强纤维品种。

四、硼纤维

硼纤维的制造方法是由钨丝作为芯线，通过硼的蒸气炉，使硼沉积于钨丝表面。此沉积绝不是硼微粒的无规堆积，而是硼晶核的成长。在制造过程中，钨丝通电加热，而氢气和三氯化硼蒸气进行化学反应，使金属硼蒸发并沉积于钨丝表面。

$$2BCl_3 + 3H_2 \longrightarrow 2B + 6HCl$$

由于硼的比强度及比弹性模量极高，因而作为轻质高强结构材料，特别引人注目。但硼纤维的价格比碳纤维高得多，其主要原因是细直径的钨丝造价很高，钨丝直径越细，其制造成本成几何级数增加。

硼纤维的缺点是直径较粗，可弯性不良，延伸率也不好。目前一般是$\phi 100\mu m$的钨丝，用它制成的硼纤维性能如表3-10所示。

表 3-10　硼纤维的性能

项　　目	纤维直径		项　　目	纤维直径	
	$102\mu m$	$142\mu m$		$102\mu m$	$142\mu m$
相对密度	2.63	2.57	比拉伸强度/GPa	1.22～1.34	1.21～1.36
弹性模量/GPa	420	420	硬度(莫氏)	9以上	9以上
比弹性模量/GPa	160	163	熔点/℃	2050	2050
拉伸强度/GPa	3.2～4.0	3.1～3.5	热膨胀系数/$\times 10^{-6}℃^{-1}$	8	8

五、石棉纤维

石棉纤维是一种天然的多结晶质无机纤维。适宜于作热塑性增强材料的是一种温石棉，它是一种水合氧化镁硅酸盐类化合物。温石棉的单纤维是管状的，内部具有毛细管结构。其内径约为 $0.01\mu m$，外径约为 $0.03\mu m$，当十万根石棉纤维集成一束时，其直径约为 $20\mu m$。它的拉伸强度约为 3.8GPa，弹性模量约为 210GPa（玻璃纤维的拉伸强度为 3.5GPa，弹性模量为 74GPa）。与采用玻璃纤维增强相比，石棉增强聚合物的制品变形小，耐燃性增加，对成型机械的磨损较小，并且价格低廉。但是，石棉增强聚合物制品的电气性能、着色性较差。

六、陶瓷纤维

陶瓷纤维是由金属氧化物、金属碳化物、金属氮化物或其他化合物组成的多晶体耐火纤维，在此硅和硼也被视为金属。目前主要研究的陶瓷纤维包括氧化铝纤维、碳化硅纤维、硅铝纤维以及其他金属氧化物-硅纤维。陶瓷纤维的特点是质轻、高强度、高硬度、高模量、耐高温、很低的热导率。一般来说，它可在高温下连续使用，在某些场合使用温度甚至可达 1800℃。陶瓷纤维有两个显著缺陷：成本高（约为 4.4＄/kg～1100＄/kg）和固有的脆性（复合过程中会导致纤维长度的明显磨损）。

七、金属纤维

金属纤维包括不锈钢纤维、铜纤维、铝纤维、镀镍的玻璃纤维或碳纤维。这类纤维主要用在要求导电或电磁屏蔽的复合材料中。其中，不锈钢纤维是目前使用最广泛的金属纤维。

金属纤维较金属粉末而言，有较大的长径比和接触面积。在相同的填充量的情况下，金属纤维易形成导电网络，其电导率也较高。因此，在复合材料中加入低含量的金属纤维（通常体积含量为 3%～10%），就能够获得令人满意的导电性与电磁屏蔽性能，并且力学性能也可基本保持基体聚合物的性能。

金属纤维的填充量对电导率的影响规律与填充炭黑的情形相似，且纤维体积填充量一定时，纤维直径越小，长径比越大，导电性越好。因此，在将金属纤维与基体复合的过程中，要尽量避免纤维断裂，注射时宜降低螺杆转速和背压，提高机筒和模具温度，有时为提高分散的均匀性，还需加入适当的加工助剂或采用母料添加的方法等。

除了金属纤维的含量、直径、长径比与分散情况外，基体聚合物的性质对复合材料的导电性与电磁屏蔽性能也有重要影响。如在金属纤维含量相同的条件下，不锈钢纤维/聚丙烯复合材料的导电性比不锈钢纤维/ABS 复合材料要好，电磁屏蔽效果也更高。造成这种差别的主要原因是：聚丙烯是结晶性聚合物，受结晶的影响，金属纤维在非晶区富集较多，从而容易形成导电网络。

八、导电性 TRF 纤维

Ti-Si-C-O 纤维（简称 TRF）是继玻璃纤维、碳纤维、铝纤维、硼纤维、SiC 纤维等增强纤维之后，最新开发的一种在性能和功能化方面最优异的增强纤维。而合成 Ti-Si-C-O 纤维的前驱体是聚钛碳硅烷高分子（它是由 Ti、Si、C 元素组成的交联型金属有机高分子）。

Ti-Si-C-O 纤维具有高强度、低密度、耐高温、有导电性、结节强度大、对金属及塑料反应性小、湿润性好等一系列优异特性。由它可制备高性能聚合物基或金属基的复合材料。这种复合材料兼备了高强度、轻质、耐高温、抗电磁波干扰（通过调节电导率，实现对一定波长电磁波的吸收或透过）等综合性能。因而它是宇航工业、汽车工业、通讯设备、计算机工业、体育用品（如跳杆）、高档家用设备等的零部件或壳体结构材料的最佳选料。其主要性能指标如下：耐热温度＞1400℃（一般常规碳纤维 600℃，SiC 纤维在 1100℃ 时强度消失）；拉伸强度约 3.0GPa；相对密度为 2.3～2.4；热膨胀系数约 $3.1\times10^{-6}℃^{-1}$（轴、径两方向几乎相同）；结节强度与碳纤维相近，适于各种复杂编织；体积电阻率 1000000～0.1Ω·cm（根据需要，通过调节组成和条件在绝缘体、半导体、导体范围选择）。

九、植物纤维

近年来，以天然的植物纤维作为聚合物增强材料，越来越引起人们的重视。自然界中的植物纤维资源丰富，价格低廉，密度比所有无机纤维都小，而模量和拉伸强度与无机纤维相近。植物纤维与其他增强材料性能比较见表 3-11。植物纤维最突出的优点是成本低、具有生物降解性和可再生性，这是其他任何增强材料无法比拟的。此外，在加工植物纤维增强聚合物复合材料时，能耗与设备的磨耗小，有利于节约能源，延长设备使用寿命。

表 3-11 植物纤维与其他增强材料性能的比较

纤维材料	相对密度	弹性模量/GPa	比模量/GPa	拉伸强度/GPa
石棉纤维	2.55	164	64.3	4.5
E-玻璃纤维	2.55	72	28.2	3.5
钢纤维	7.90	210	26.6	4.2
碳纤维Ⅱ型	1.90	390	205.3	2.0
亚麻纤维	1.50	100	66.7	1.1
黄麻纤维	1.45	13	—	0.55
牛皮纸纤维	1.54	40	26.0	1.0

植物纤维主要包括 α-纤维素（经碱处理的木纸浆）、棉纤维、剑麻纤维、黄麻纤维等。虽然使用植物纤维可以提高聚合物的拉伸强度和冲击强度，但因其长径比较小，复合材料的强度和韧性的提高幅度较小。并且由于其耐热性较差，强度在大约 124℃ 时开始降低，在 163℃ 时即开始发生热降解。此外，植物纤维的加入，会使复合材料的色泽变暗，在阳光的暴晒和微生物作用下容易发生降解。

天然纤维素大分子的重复单元（图 3-14）中，每一个基环内含有 3 个羟基（—OH），这些羟基形成分子内氢键或分子间氢键，并使纤维具有吸水性，吸湿率达 8%～12%。吸水的纤维素加工性能很差。纤维素很容易降解。在共混过程中，纤维素受到热机械作用，会发生热降解、氧化降解、机械降解等，其中以热降解和机械降解尤为重要。热对纤维素的破坏还表现在热的时间累积效应,在持续不高于 50℃ 的长时间作用下,纤维素的聚合度也会显著地减小。在植物纤维中,具有反应活性的基团对于热、力学、化学等环境作用极其敏感,使纤维素很容易降解。在共混过程中,纤维素受到热力学作用,会发生热降解、氧化降解、力学降解等而使纤维的形态性能发生改变。其中热能激活纤维中的反应性基团(如醇羟基等)而发生热降解;力学剪切作用使纤维碎片化,化学作用(如加工环境中的 O_2、酸碱度等)也能使纤维发生降解,使纤维丧失部分强度性能,对复合材料的力学性能具有不良影响。因此,纤维的形态、性能在其与聚合物共混复合过程中必须保护。

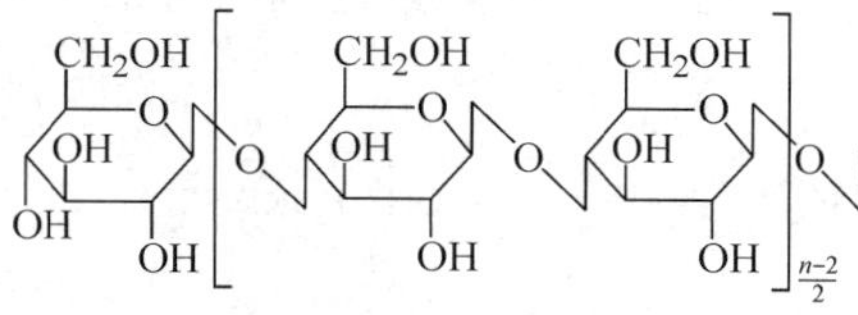

图 3-14 纤维素的分子结构

第三节 增强材料的表面处理

与第二章中所述无机填料类似,作为增强材料的无机纤维(如碳纤维、玻璃纤维、硼纤维、碳化硅纤维等)与聚合物基体之间的亲和性都较差。即使是有机纤维,也会由于化学结构上的差异而与聚合物基体间的相容性欠佳。这就导致复合时容易在界面上形成空隙和缺陷,增强材料与聚合物基体相之间难于形成有效的粘接。为解决这一问题,可以通过对纤维的表面处理(如刻蚀、表面接枝、偶联剂处理等)及聚合物基体的改性而增强聚合物对纤维的润湿性,甚至在纤维与基体之间形成化学键结合,从而提高纤维与基体树脂之间的界面粘接强度,获得层间剪切强度较高的复合材料。

为获得较好的增强效果,进行纤维表面处理时有其共同遵循的基本原则。甚至对于不同类型的纤维,其表面处理的方法与原理也有许多共同之处。

一、纤维表面处理应遵循的基本原则

1. 极性相似原则

一般来说,无机类增强材料的表面极性与聚合物基体有较大的差别,易造成二者相容性差,基体不易浸润增强材料的表面,造成复合过程中基体材料难以完全排除增强剂表面已吸附的气体,使复合材料孔隙率高、性能差;同时由于二者不相互浸润,使两个接触面间距离难以达到 0.5nm 的近程,因而削弱或丧失界面分子间的色散、偶极与氢键等作用力,导致基体聚合物对增强剂表面不发生粘接作用,二者不可能复合成完整的整体材料。为了避免发生这种不良后果,对增强材料表面予以改性处理,使其极性达到与基体聚合物树脂极性相似,增加二者相容性。

2. 界面酸碱匹配原则

无机增强材料的表面大多具有酸碱性,故在选择表面处理剂时,应考虑与增强材料表面的酸碱性相匹配。这样才能使接触体系界面电子斥引作用相匹配,充分发挥界面酸碱配位作用而产生粘接力,提高复合材料界面的粘接强度。

3. 形成界面化学键原则

如果复合材料界面粘接仅仅凭分子间的作用力，尽管这种界面有一定的粘接强度，但抗腐蚀耐湿热老化性能仍然是低水平的。为了使复合材料既有优良的物理力学性能，又具有抗腐蚀、耐湿热老化性能，粘接的界面必须具备既有分子间作用力又有化学键力，前者是粘接强度主要贡献者，后者则是实现抗腐蚀和耐湿热老化性能的保证。故选择表面处理剂处理增强材料表面时，除考虑上述二原则之外，同时必须考虑选用的表面处理剂是否具有能与增强材料表面及聚合物表面起化学反应的反应性基团和反应的可能性。如偶联剂含有一种化学官能团与玻璃纤维表面的硅醇基作用形成共价键，还含有至少一种别的不同官能团与聚合物分子键合，从而偶联剂就起着无机相与有机相之间相互连接的桥梁作用，导致较强的界面结合（图 3-15）。

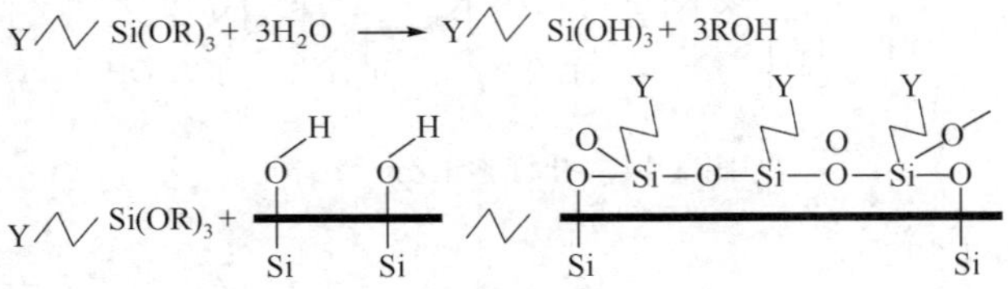

$$Y\sim Si(OR)_3 + 3H_2O \longrightarrow Y\sim Si(OH)_3 + 3ROH$$

图 3-15　硅烷偶联剂与玻璃纤维表面的作用机理

4. 引入可塑界面层原则

纤维增强聚合物复合材料的成型过程，大多在高温下进行。由于基体聚合物与增强纤维的热膨胀系数不同，当材料从高温降至室温，会在界面处产生热应力。此外聚合物的固化交联等过程还会在界面处产生化学应力。界面上这两种应力的存在，会使复合材料的力学强度大大地降低。另外还有一些复合材料要求耐高温，基体聚合物的固化交联度程度高，材料脆性变大，韧性较差。为了克服这种弊端，往往采用掺混橡胶组成复合基体的方法来提高韧性。但这是以牺牲材料的部分刚性和耐温性为代价来换取韧性的。若在进行增强材料的表面改性处理时，从界面设计的角度，考虑在处理过程中将一个可塑的界面层引入到复合材料中去，以求尽可能地消除内应力，从而在提高复合材料的力学强度与韧性的同时，保持材料的刚性和耐温性。通过在复合材料中引入可塑界面层，可实现整体增韧，且不会出现树脂相和橡胶相并存的现象，当然也不会出现减低材料刚性和耐温性的可能。

二、玻璃纤维的表面处理

1. 玻璃纤维的表面性质

在连续的玻璃内部，每个阳离子按其配位数，被一些氧的阴离子所包围，各种离子处于平衡状态。但在玻璃表面（即在边界处），阳离子在该处不能获得所需数量的氧阴离子。处于不平衡状态的玻璃表面，有强烈地吸附类似状态的极性分子的趋向。而大气中的水气，就是最容易遇到的极性分子。因而在玻璃纤维表面，水以多分子吸附层的形式而存在。湿度愈高，吸附的水层就愈厚。玻璃纤维愈细，表面积愈大，吸附的水量也就愈多。这层水膜的存在，会严重地影响玻璃纤维与聚合物基体间的粘接强度。由于玻璃纤维表面的光滑性，本来就不易与其他材料粘接，再加上这层水膜，粘接力就更差了。此外，吸附水会渗入到玻璃纤维表面的微裂痕中，使玻璃水解成庞大的硅酸胶体，从而降低玻璃纤维的强度。玻璃纤维中含碱量愈高，这种水解性就愈强，强度降低也愈甚。

由于玻璃纤维表面的特殊性质而引起的种种问题，可通过表面处理技术予以解决。对玻璃纤维进行表面处理的方法通常有硅烷偶联剂处理、表面接枝、酸碱刻蚀等。

2. 硅烷偶联剂处理

硅烷偶联剂处理的基本做法是：将玻璃纤维高温处理后，浸渍浓度为1%～2%的硅烷偶联剂的稀水溶液（对水溶解性差的偶联剂可以用0.1%的醋酸溶液或水-乙醇的混合溶液），然后进行干燥处理。硅烷偶联剂的水解产物通过氢键与玻璃纤维表面作用，在玻璃纤维表面形成具有一定结构的膜。偶联剂膜含有物理吸附、化学吸附和化学键作用的三个级分。部分偶联剂会形成硅烷聚合物。在加热的情况下，吸附于玻璃纤维表面的偶联剂将与玻璃纤维表面的硅羟基发生缩合，在两者之间形成牢固的化学键结合。对玻璃纤维增强热固性聚合物或极性的热塑性聚合物复合材料，只要偶联剂能与聚合物形成化学键，则作为此类聚合物的偶联剂是有效的。因此，选择偶联剂的主要依据是基体聚合物的官能团与偶联剂的官能团之间的化学作用。不同的聚合物具有不同官能团，故对不同的聚合物应选用不同的偶联剂。如几种常见偶联剂适用的热塑性塑料见表3-12。

表 3-12 几种常见偶联剂适用的热塑性塑料

偶联剂	适用的热塑性塑料
A-1100	热塑性聚酯类(PC、PET、PBT)、聚苯醚类(PPO、MPPO)、PVC、改性聚丙烯、聚甲醛等
A-174	聚苯乙烯类(PS、HIPS、AS、ABS等)
	聚烯烃类(PP、PE等)
A-187	聚酰胺类(PA6、PA66、PA1010等)

以硅烷偶联剂与聚合物成膜剂等配制成浸润剂，然后用于玻璃纤维的浸渍处理，也是玻璃纤维表面处理的常用方法。在浸润剂中添加成膜剂，主要是促进玻璃纤维与树脂的结合，保护玻璃纤维表面，提高其加工性能，并吸收树脂与玻璃纤维之间的温度收缩差。通常，商业上出售的玻璃纤维都经过浸渍处理。对直径 $10\sim14\mu m$ 之间的玻璃纤维，浸渍剂的厚度一般在 $0.5\sim1.0\mu m$ 范围内。浸渍剂包含多种成分：80%～90%（质量）的聚合物成膜剂，5%～10%（质量）的硅烷偶联剂，5%～10%（质量）的其他助剂，其中聚合物成膜剂对界面粘接强度起着重要作用。

3. 表面接枝处理

在采用含双键的偶联剂处理过的玻璃纤维表面涂覆过氧化物，在玻璃纤维与聚合物的复合过程中，聚合物就可能在过氧化物的引发作用下与玻璃纤维表面偶联剂分子中的双键形成化学键，从而提高界面粘接强度。

在采用含双键的偶联剂处理过的玻璃纤维表面涂覆橡胶溶液，并经引发剂引发，使橡胶分子链与玻璃纤维表面的偶联剂发生接枝反应，在玻璃纤维表面形成了橡胶层，一部分橡胶分子链也可在玻璃纤维表面发生交联而包覆于玻璃纤维表面。

此外，也可采用过氧化硅烷偶联剂直接涂覆于玻璃纤维表面，引发与聚合物基体的自由基反应。利用这种偶联剂引发苯乙烯单体在玻璃纤维表面聚合，从而在玻璃纤维表面接枝一层聚合物。聚合物在玻璃纤维表面的接枝，可大大提高玻璃纤维表面与聚合物基体的相容性，从而提高界面粘接强度。

类似地，还可采用磺酰叠氮硅烷（其结构通式为 $R'—SiRSO_2—N_3$）。一种代表性的磺酰叠氮硅烷为 $(CH_3)_3Si—R—SO_2—N_3$。硅烷部分水解成硅醇与玻璃纤维表面的OH反应，而叠氮基受热时生成的活化基团与聚烯烃中的任何一个CH键起反应，从而实现聚烯烃分子链与玻璃纤维的偶联。

4. 酸碱刻蚀处理

在玻璃纤维中 SiO_2 以连续相存在，组成均匀、统一和连续的网络结构。同时，众多碱金属的氧化物如 Al_2O_3、MgO、Na_2O 等在玻璃中产生分相，形成 $5\sim20nm$ 的富集相。SiO_2 相对于酸很稳定，而 Al_2O_3、MgO、Na_2O 等相则易溶于酸。利用这个原理，用酸等将玻璃纤维表面层的 Al_2O_3、MgO、Na_2O 等相溶解出来，使玻璃纤维表面形成一些凹陷。当玻璃纤维与聚合物基体进行复合时，一些高聚物的链段进入到空穴中，起到类似于"锚固"的作用，增强玻璃纤维与聚合物界面之间的结合力。

三、碳纤维的表面处理

1. 碳纤维的表面性质

碳纤维表面是十分粗糙的，其粗糙度（也称凹凸度）是指表面高低不平的程度。测量凹凸度可采用激光衍射法和氮吸附法相结合的混合方法，即根据激光衍射法测得的碳纤维圆柱体的几何表面积 SA_1 与氮吸附法求出的吸附比表面积 SA，求出凹凸度：

$$凹凸度=(SA-SA_1)/SA_1$$

碳纤维的凹凸度一般在 $10\%\sim100\%$ 之间。经表面处理后，表面粗糙度明显提高，有利于与聚合物基体的机械"锚固"。

在碳纤维微晶中，处于石墨层片边缘的碳原子和层片内部结构完整的碳原子是不同的。层片内部的碳原子所受的引力对称，键能高，反应活性低；处于层片边缘的碳原子受力不对称，具有未成对电子，活性比较高。因此，碳纤维的表面活性与处于边缘位置的碳原子数目有关。石墨微晶越大，处于碳纤维表面棱角和边缘位置的不饱和碳原子数目越少，表面活性越低。相反，微晶越小，与树脂粘接有利的活性碳原子数就越多。

2. 碳纤维的化学性质

从化学角度看，碳纤维表面可能含有一种或多种官能团。例如，在未经处理的碳纤维表面上可能有低浓度的羧基和羟基及其他官能团（包括羰基和内酯基基团）。将碳纤维进行表面处理，可提高表面官能团的浓度。如碳纤维经表面氧化处理后，碳纤维表面含氧官能团浓度增加。氧化过程如图 3-16：

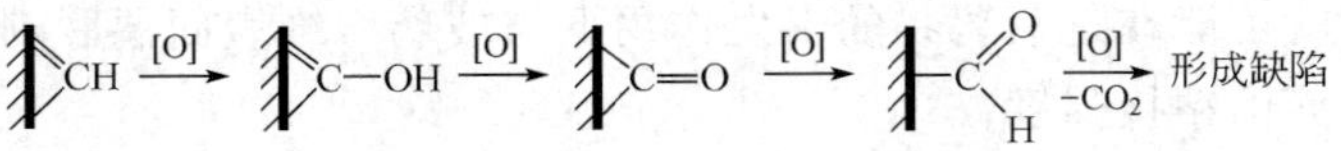

图 3-16　碳纤维的氧化过程

当碳纤维表面上的官能团与基体表面上的官能团起化学反应时，基体与碳纤维之间可产生较强的化学键结合，形成两相粘接的主价力。为形成良好的界面粘接，需要在进行碳纤维的表面处理时，注意控制各种官能团的含量。羟基（—OH）和氨基（—NH_2）可适当多些，而羧基（—COOH）含量应尽量少。这是因为尽管—COOH 与—OH 等官能团相比具有更高的反应活性，但—COOH 在产生过程中，为使两个 O 原子与 C 原子键合，碳纤维表面石墨微晶的六元环会断裂。

3. 碳纤维的表面处理

与玻璃纤维的表面处理不同，对碳纤维的表面处理主要是氧化处理。例如硝酸、高锰酸、空气、臭氧等，使其表面接有 O＝、HO—、—COOH 等活性基团，以改善与聚合物基体的粘接性能。

（1）气相氧化法　该法是将碳纤维在气相氧化剂气体（如空气、O_2、O_3）中进行表面氧化处理。在通常条件下，它的表面不会被一般的气相氧化剂所氧化，为了达到氧化改性碳纤维表面，使之生成一些活性基团（如—OH，—COOH等）之目的，必须创造一定的外界条件，如加温、加入催化剂等以促进气相氧化剂氧化碳纤维表面，形成含氧活性官能团。

（2）液相氧化法　这类方法中，有浓HNO_3法、混合酸氧化法以及强氧化剂溶液氧化法等。其中，以前两种方法应用较多。浓HNO_3法的原理是根据HNO_3的强氧化性能，在一定温度下将惰性的碳纤维表面氧化形成含氧活性官能团（如—COOH、—COH等）。混合酸氧化法采用酸性高锰酸钾、酸性重铬酸钾（钠）、可溶性氯酸盐与$NaNO_3 + H_2SO_4 + KMnO_4$混合液、$(OsO_4 + NaIO_4)/(HNO_3 + H_2SO_4)$的混合液、$NaClO_4/HNO_3$等对碳纤维进行表面处理，以改善碳纤维的表面性能，提高复合材料的界面粘接强度。

（3）阳极氧化法　也叫电化学氧化法。该法是把碳纤维作为电解池的阳极，石墨电极作为阴极。电解过程中，电解液中含氧阴离子在电场作用下向阳极碳纤维移动，在其表面放电生成新生态氧，继而使其氧化，生成羟基、羧基、羰基等含氧官能团。与此同时，碳纤维也会受到一定程度的刻蚀。

（4）等离子体氧化法　等离子体是具有足够数量而电荷数近似相等的正负带电粒子的物质聚集态。它是有别于物质固、液、气三态的另一种物质聚集态，称之为物质第四态。电离的气体中粒子具有的正负电荷数相等，故显电中性；而等离子体中带正电的离子和带负电的离子电荷数只是近似相等，故不显电中性，是由带电粒子和中性粒子组成的表现出集体行为的准中性气体。等离子体共有三种，即高温等离子体、低温等离子体和混合等离子体。等离子体撞击材料表面时，可引起材料表层刻蚀，碳纤维表面的粗糙度增加，比表面积也相应增加。等离子体粒子的能量一般为几个到几十个电子伏特，这就足够引起材料中各种化学键发生断裂或重新组合，使表面发生自由基反应并引入含氧极性基团。反应性的等离子体氧，具有高能高氧化性，当它撞击碳纤维表面时，能将晶角、晶边等缺陷处或具有双键结构部位处氧化成含氧活性基团，如—COOH、=C=O、C—OH等。

（5）表面涂层改性　该法是将某种聚合物涂覆在碳纤维表面，从而改变复合材料界面层的结构与性能，使界面极性等相适应，以提高界面粘接强度，并提供一个可塑界面层，消除界面内应力。如用热塑性羟基醚（PHE）作为涂覆剂，对碳纤维进行涂层处理，用此处理碳纤维增强环氧树脂，结果得到了较好的增强效果。这可认为是由两方面因素促成，其一是羟基与环氧基反应形成醚键，以及与碳纤维表面的羧基反应形成酯键，提高了界面上化学键的比例；其二是提供了一个能消除界面内应力的可塑层所致。

（6）表面电聚合改性　该方法利用电极氧化还原反应过程引发产生的自由基使单体在电极上聚合或共聚。聚合的机理取决于聚合所在位置，即碳纤维作阳极还是阴极，相应地有阳极引发聚合机理或阴极引发机理。用于聚合的单体有各种含有烯基的化合物如丙烯酸系、丙烯酸酯系、马来酸酐、丙烯腈、乙烯基酯、苯乙烯、乙烯基吡咯烷酮等。形成的聚合物可与碳纤维表面的羧基、羟基等基团发生化学键合而形成接枝聚合物，从而赋予牢固的界面粘接。

四、有机纤维的表面处理

有机纤维的品种较多，作为典型的有机纤维表面处理，这里主要针对芳纶纤维（芳香族聚酰胺纤维）以及超高相对分子质量聚乙烯（UHMWPE）纤维。这两种纤维表面都是惰性且光滑，表面能低，与聚合物基体构成的复合材料的界面粘接强度低，因而限制了它们自身优越性的发挥。通过对其进行表面改性，可改变其表面性能，提高界面粘接强度。

1. 芳纶纤维的表面处理

芳纶纤维表面处理方法主要有物理改性方法和化学改性方法。

物理改性方法是通过等离子体处理、电子束辐照等物理技术对纤维表面进行刻蚀和清洗，并在纤维表面引入羟基、羰基等极性或活性基团。利用等离子体聚合工艺，可以在纤维表面生成大量活性自由基，引发单体在纤维表面上的接枝聚合反应。这样，通过刻蚀、清洗、活化和接枝的综合作用可大大改善纤维表面的物理和化学状态，进而加强纤维与基体之间的相互作用。

化学改性则是通过硝化/还原、氯磺化等化学反应在芳纶纤维表面引入氨基、羟基、羧基等活性或极性基团，通过化学键合或极性作用提高纤维与基体之间的粘接强度。利用二异氰酸酯与芳纶表面的—OH、—CO—NH—等活泼氢的基团反应，可在芳纶表面引入异氰酸酯基（—NCO）、伯氨基（—NH$_2$）等（图 3-17），它们具有高度的极性和活泼性，能参与许多种化学反应。

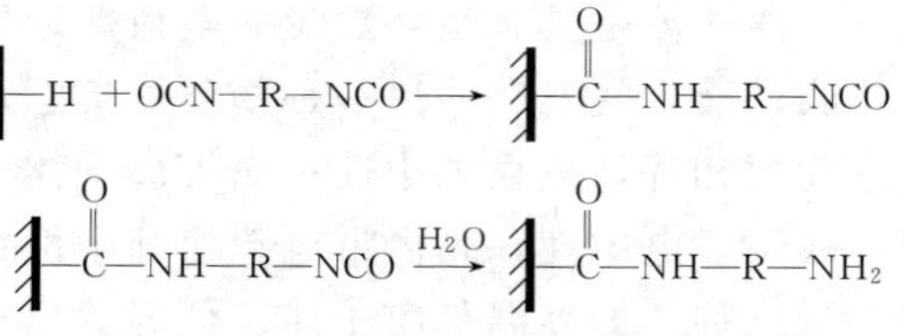

图 3-17 芳纶表面引入异氰酸酯基与伯氨基

2. 超高相对分子质量聚乙烯纤维的表面处理

由于超高相对分子质量聚乙烯纤维具有高度对称的亚甲基结构，使得纤维具有很高的结晶度和取向度。这一方面保证其具有较高的力学强度，另一方面也使得纤维表面的化学惰性特别突出，集中表现在与树脂基体制成复合材料后，界面结合力很低。因此，必须对纤维进行适当的表面处理后，才能在所制得的复合材料中发挥其高强度与高模量的优点。目前，国内外已出现了多种对超高相对分子质量聚乙烯纤维进行表面处理的方法，包括低温等离子体处理、辐射引发表面接枝处理、电晕放电处理、氧化性化学试剂表面氧化处理等方法。

通过采用氧等离子体处理超高相对分子质量聚乙烯纤维，一方面在纤维表面可能形成多种活性基团，包括—C—OH、—CO—、—COOH、—COO—等，另一方面处理后纤维的表面能提高，纤维表面形成沟槽，表面粗糙度也增加。这些有利于基体树脂液对纤维的浸润，有利于纤维与基体聚合物间的机械结合、化学结合。

辐射引发表面接枝处理是在纤维的表面上通过辐射引发而进行接枝聚合，纤维表面上生长出能够与基体紧密结合的缓冲层，从而改善纤维与基体间的粘接性。通常辐射源为 ^{60}Co、γ射线、紫外光等。其中紫外光引发接枝的过程是：紫外光使光敏剂引发剂（如二苯甲酮）发生光降，产生自由基，引发单体接枝到 PE 纤维表面。目前所用的接枝单体主要是丙烯酸类单体，如丙烯酸、丙烯酸甲酯、甲基丙烯酸缩水甘油酯（GMA）等。

在用电晕放电的方法处理聚乙烯纤维时，也会使其表面产生极性基团，如过氧基、羟基、羰基等，从而改善聚乙烯纤维与基体树脂之间的粘接性能。在处理过程中，会产生大量的等离子体和臭氧，它们与聚乙烯纤维表面的分子直接或间接地发生作用，使其表面产生大量的极性基团。

表面氧化处理是通过氧化性化学试剂或气体对纤维表面进行氧化处理，从而改变纤维表面的粗糙程度和表面极性基团的含量。对 UHMWPE 纤维进行表面氧化处理时，常用的氧化性化学试剂为铬酸、高锰酸钾溶液和双氧水等。这些试剂攻击纤维表面，一方面产生含氧活性基团，它们可与树脂基体形成化学键；另一方面在纤维表面形成不规则的条纹，有利于纤维和树脂间的力学啮合。

五、植物纤维的表面处理

由于纤维素分子中含有大量羟基，使植物纤维具有很强的亲水性，从本质上来说很难和与疏水性的热塑性聚合物具有相容性。而增强用纤维与基体聚合物两种材料不相容时，就很难形成良好的增强复合材料。此外，由于纤维素中大量未反应羟基的吸湿性和不易被基体聚合物的润湿性引起了基体聚合物与纤维之间不良的黏附性，使界面粘接效果较差。为得到性能优良、符合要求的植物纤维复合材料，首先要解决的问题是植物纤维与热塑性聚合物之间的相容性与润湿性问题。为此，可用物理或化学的方法进行植物纤维的改性。这些方法本质上都是降低植物纤维的极性，使纤维更好地被基体聚合物浸润，改善纤维与聚合物间的黏合。

1. 热处理法

纤维素纤维中有游离水和结合水，游离水可通过干燥除去，结合水则很难除去。复合过程中水的存在是极其不利的，未经很好干燥的植物纤维在共混过程中因温度上升而失水，就不可避免地在复合材料中产生孔隙和内部应力缺陷。具有缺陷的复合材料，外力的作用很容易使其中的纤维拔脱和脱键，导致材料的断裂。另一方面，绝干状态下的植物纤维相对较脆，这会影响其加工性能，力学剪切作用会强化对处于绝干状态的纤维的碎断作用。可见，纤维含水量与体系性能可能存在某种平衡关系。对于不同种类的植物纤维，加热处理温度也不尽相同。但一般在低于 200℃、氮气保护下处理，可以得到很好的处理效果。所得植物纤维具有较好的稳定性。

2. 碱处理法

碱处理法已广泛用于天然植物纤维的表面处理。该法采用 NaOH 溶液浸泡植物纤维。经过处理，使植物纤维中的部分果胶、木素和半纤维等低分子杂质被溶解，纤维表面的杂质被除去，纤维表面变得粗糙，使纤维与树脂界面之间粘接能力增强。另一方面，碱处理导致纤维原纤化，即复合材料中的纤维束分裂成更小的纤维，纤维的直径减小，长径比增加，与基体的有效接触表面增加。碱法处理不会改变植物纤维的化学结构，但可改变纤维的某些物理特性，如模量和强度。

3. 改变表面张力法

纤维的表面能与纤维的亲水性有很密切的关系。用硬脂酸、苯甲酸等有机酸对植物纤维进行表面包覆改性，可使纤维疏水化，并提高了它们在热塑性聚合物中的分散性。这主要是因为羧酸根（—COOH）有助于减少动植物纤维的羟基（—OH）数目，使羟基发生酯化反应，减低了纤维的极性与吸湿性，从而提高了植物纤维与聚合物的相容性。如使剑麻纤维表面进行轻度乙酰化，降低了纤维的表面张力，同时轻度乙酰化可使剑麻纤维的纤维素大分子链上引入少量乙酰基，限制其结构规整性。

4. 偶联法

以硅烷偶联剂的水溶液处理植物纤维，以其极强的渗透性渗透至植物纤维颗粒的所有间隙，从而进一步浸润植物纤维颗粒的全部表面，使得偶联剂与植物纤维表面保持良好的接触，而有机硅烷中的烷氧基团水解后形成的硅醇跟植物纤维中的羟基发生化学作用，在纤维表面形成有机硅烷分子层，从而降低了纤维的极性，使纤维的疏水性增强。利用有机硅烷中的乙烯基等反应性基团，还可与聚合物形成偶联作用，从而有效地提高植物纤维与聚合物之间的粘接强度，从而使复合材料的强度提高。使用钛酸酯偶联剂，同样可使植物纤维表面得到有机化，提高纤维与聚合物的相容性。

5. 表面接枝法

对植物纤维进行表面接枝处理，可改善纤维与基体聚合物的相容性。借助于光引发、辐射引发、等离子体表面刻蚀等方法，使不饱和单体在纤维表面上形成接枝聚合物。变换单体的种类，获得不同的表面改性效果，以适应不同的聚合物体系。利用官能团的缩合反应也可进行表面接枝，并且是一种颇为有效的方法。例如用马来酸酐接枝聚丙烯蜡（MAH-PP 蜡）作为接枝试剂，在170℃下处理植物纤维，纤维素中的羟基与马来酸酐的酸酐基团发生酯化反应，将聚丙烯链接枝到纤维表面（图3-18）。类似地，异氰酸酯基、缩醛基、羟甲基等与纤维素都有较好的反应性，因而也可用于植物纤维的表面接枝改性。

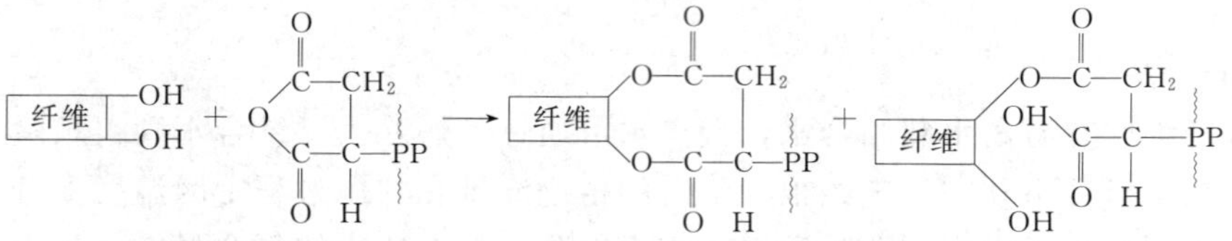

图 3-18 MAH-PP 蜡与纤维素的反应

第四节　纤维增强聚合物复合材料的制造

随着科学技术的发展，纤维增强聚合物复合材料的应用越来越广泛。针对不同的用途，人们开发了多种聚合物复合材料成型技术。而不同的成型方法，纤维增强聚合物复合材料的应用形态各有差异。一方面限于篇幅，另一方面本着侧重于材料改性与生产的角度，本节以纤维增强热塑性塑料、纤维增强热固性模塑料与短纤维增强弹性体为例，介绍纤维增强聚合物复合材料的制造。

一、纤维增强热塑性塑料

根据材料制造方式的不同，纤维增强热塑性复合材料通常有短纤维增强热塑性塑料粒料（SFT）、长纤维增强热塑性塑料粒料（LFT）和纤维增强热塑性塑料片材（RTPS）三大类型。SFT 是目前纤维增强热塑性复合材料的主要品种之一，但是短纤维增强复合材料不适用于对材料性能要求更高的场合。LFT 是用树脂熔体或溶液浸渍连续纤维束，得到预浸带，将预浸带切成大约 10mm 长的颗粒。而 RTPS 是以连续纤维或者纤维毡的形式与热塑性树脂预制成半成品片材，供后续的成型加工。后两者在性能上比 SFT 有了很大进步，尤其是 RTPS 与纤维增强热固性复合材料（如片状模塑料 SMC 与团状模塑料 BMC）相比，有加工工艺简单、无环境污染、可回收利用等特点。因此 LFT 和 RTPS 越来越受到人们重视。目前，LFT 和 RTPS 是纤维增强热塑性复合材料研究和发展的两个主要方向。

1. 纤维增强热塑性塑料片材（GMT法）

由于基材、增强材料及其形式、工艺方法等的不同，纤维增强热塑性片材有许多品种。各种热塑性树脂都可以用作增强热塑性片材的基体，但应用最多的是聚丙烯（PP）与高密度聚乙烯（HDPE）、聚苯乙烯（PS）、聚对苯二甲酸乙二醇酯（PET）、聚对苯二甲酸丁二醇酯（PBT）、聚碳酸酯（PC）、尼龙（PA）、聚苯硫醚（PPS）、聚醚醚酮（PEEK）等。片材中的增强纤维可以是各种材料，如玻璃纤维（GF）、碳纤维（CF）芳纶纤维（AF）等，其形式也多种多样，如连续纤维毡、针刺毡、短切原丝毡及单向连续纤维等。增强材料及其形式对片材的工艺性能和材料性能影响很大，而采用不同的工艺方法，所获得制品的力学性能也有很大差别。目前，国际上主要的热塑性塑料片材品种是玻璃纤维毡增强热塑性片材（glass mat reinforced thermoplastics）简称GMT，其生产方法即GMT法则是目前国际上研究最为活跃的复合材料生产工艺方法。

GMT有两类：一类是连续玻璃纤维毡或针刺毡与热塑性塑料层合而成；另一类是随机分布的短切原丝与粉末状热塑性树脂熔合制成的片材。针对不同的片材结构，其生产工艺各不相同。常用的工艺方法有熔融浸渍法、悬浮沉积法、静电吸附热压法和流态化床法等。

熔融浸渍法工艺又称干法工艺。其工艺过程为：首先将连续纤维或短切纤维制成毡或针刺毡，经预热，与挤出机挤出的热塑性树脂薄膜层合，通过双带式压机热压浸渍，然后冷却固化，最后切割成所需规格的片材——供模压（或冲击）的半成品。根据需要，片材中的增强纤维毡可以是一层或多层（最多可有6层）。熔融浸渍法工艺过程见图3-19。

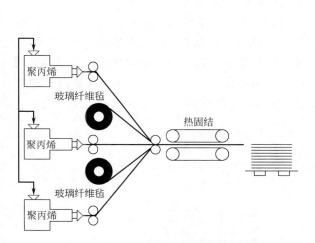

图3-19 熔融浸渍法工艺过程

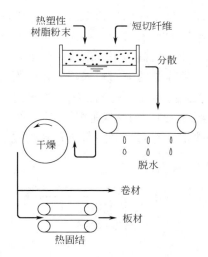

图3-20 悬浮沉积法工艺过程

悬浮沉积法又称湿法。其工艺过程为：首先将短切纤维原丝（6～25mm）、热塑性树脂粉末和悬浮助剂加入水中，借助于悬浮助剂和搅拌作用将密度差较大的纤维和树脂微粒均匀分散在水介质中，使纤维呈单丝分散，树脂达到单粒分散，再将这种均匀的悬浮液通过流浆箱和成型网，加入絮凝剂使其凝聚，并使凝聚物与水分离，将水滤出后形成湿片，再经过干燥、粘接、压轧成为增强热性塑料片材。该片材的形式有两种：毡状片材或刚性片材（也叫板材）。刚性片材即板材是通过将毡状片材固结制成的。将毡状片材固结为板材的最有效方法是采用双带式压机进行热压。在悬浮法工艺中，使用的纤维长度要适中，太短，片材的力学性能比较低,太长则纤维很难在悬浮体系中均匀分散。选用的基体材料为粉末状热塑性树脂,其颗粒直径通常为 $100 \sim 400 \mu m$,有的可达到 $800 \mu m$。采用的悬浮介质是水或泡沫。片材里的纤维含量一般为 $25\% \sim 40\%$(质量),纤维量低于 20% 时,片材很难达到纤维连续分布;高于 40% 时,片材性能的各向异性特明显,且工艺十分困难。悬浮沉积法工艺过程见图 3-20。

高静电吸附热压法中,首先将热塑性树脂制成薄膜,使薄膜带静电,当带静电的树脂薄膜通过短纤维槽时,纤维被吸附在薄膜上。然后将上述吸附有纤维的薄膜在双带式热压机上层合、热压成增强热塑性塑料片材(图 3-21)。

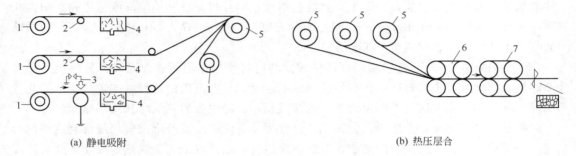

图 3-21 静电吸附热压法

1—热塑性树脂薄膜;2—静电摩擦辊;3—高压静电发生器;4—中长玻璃纤维;
5—已吸附有玻璃纤维的薄膜卷材;6—热轧区;7—冷轧区

流态化床法也叫粉末浸渍法。该法是将热塑性树脂粉末直接用于增强纤维浸渍。首先将一定粒度的粉末树脂放在流化床的孔床上。在流化床上,使干燥的树脂粉末带上一定量的静电荷,并在气流作用下翻腾。然后,使连续纤维经过一扩散器被空气吹松散后进入流化床。于是,带静电的树脂粉末很快被吸附沉积在接地的纤维上。附着树脂的纤维通过切断器被切成定长,降落在输送网带上,再通过热轧区(被加热和辊压)和冷却区后制成增强热塑料片材(图 3-22)。加热区通常采用电加热或远红外加热;冷却区则采用风冷;输送带、热轧带和冷轧带均为高强度的耐热材料制成。

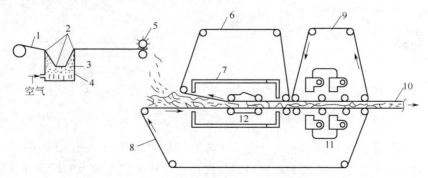

图 3-22 流态化床法(粉末浸渍法)

1—纤维;2—导向辊;3—基体;4—多孔床;5—切断器;6—热轧带;7—加热区;
8—输送带;9—冷轧带;10—片材;11—冷却区;12—压辊

2. 短纤维增强热塑性塑料粒料(SFT)的制造(双螺杆挤出法)

制造热塑性增强塑料制品的工艺方法有许多种,但主要的成型方法是注射成型。这就要先将体积庞大、结构疏松的纤维加入到基体树脂中去，以制成热塑性增强塑料粒料。而热塑性增强塑料粒料有长纤维型和短纤维型之分。长纤维型增强粒料一般采用包覆电线的方法制造。对于熔融黏度高的树脂，由于纤维在树脂中的分散情况不良，长纤维增强塑料制品性能及外观皆不太理想，因而需要分散型的短纤维增强粒料来注射成型制品。另外，对于柱塞式注射成型机，即使树脂的流动性能较好，也必须制成分散型的短纤维增强塑料粒料。短纤维型增强粒料是由短切增强纤维原丝和热塑性树脂一起混炼造粒而制得。在此过程中纤维被折断，以长度约为 0.2~1mm 的短纤维形式，均匀分散于热塑性树脂基体中。制造短纤维增强热塑性塑料粒料有以下要求：纤维能均匀地分散于树脂之中；纤维与树脂应尽可能包覆或粘接牢固；制造过程中应尽可能减少对纤维的机械损伤，尽可能减少对树脂相对分子质量的降解。

制造短切纤维增强热塑性塑料粒料较理想的制造方法是采用双螺杆排气式挤出机进行熔融、混合与挤出造粒。图 3-23 为在 ZSK 型同向旋转、啮合型双螺杆挤出机中加入短切玻璃纤维制作短切玻璃纤维增强热塑性塑料粒料的流程图。短切玻璃纤维是在聚合物熔融后才加入的。

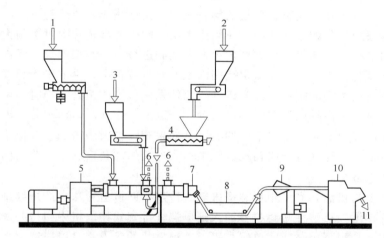

图 3-23　向同向双螺杆挤出机中加入短切玻璃纤维进行增强改性
1—聚合物；2,3—短玻璃纤维；4—ZSB 双螺杆式送料螺杆；5—ZSK 型双螺杆挤出机；6—真空排气；7—条状料挤出机头；8—水浴；9—吹气装置；10—切粒机；11—卸料装袋

短切玻璃纤维也可通过连续玻璃纤维纱在挤出机的入口处被啮合的螺杆旋转时搅断而获得。由连续玻璃纤维纱在线配料、就地切断，是生产短玻璃纤维增强热塑性塑料粒料的另一种工艺方法。图 3-24 为同向旋转啮合型双螺杆挤出机中加入连续玻璃纤维纱制备增强粒料的流程图。

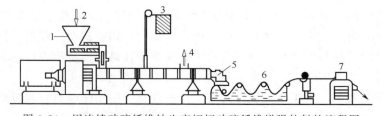

图 3-24　用连续玻璃纤维纱生产短切玻璃纤维增强粒料的流程图
1—计量加料装置；2—热塑性塑料；3—连续玻璃纤维束；4—排气口；5—机头；6—冷却水槽；7—切粒机

聚合物经计量加料装置由加料口加入，在外加热器和螺杆旋转所产生的剪切热作用下逐渐熔融塑化。在物料已熔融处设第二加料口，连续玻璃纤维纱在此加入并被旋转的螺杆搅断，与聚合物熔体混合，经过下游挤出段，由机头排出已混合好的混合物，经冷却、切粒，制得短玻璃纤维增强粒料。

用双螺杆挤出机制造短纤维增强粒料，有十分明显的优点。首先，纤维是在挤压系统下游物料已熔融塑化处加入（在另设的第二加料口加入），即采用所谓后续进料，这就可大大减少由第一加料口加入后经固体输送段时造成的纤维过度折断。由于纤维是直接加到熔体中，故纤维一进入挤出机中，便与熔体混合，从而被熔体包裹起来。这样，熔体对纤维起到润滑保护作用，减少了纤维的过度折断和摩擦热，并有利于纤维在熔体中的分散和分布。

同向旋转双螺杆挤出机装有捏合盘，故能使纤维和树脂很好地混合在一起，纤维长度能保证在合适的范围之内，分布也均匀，因而能生产出高质量的粒料。但应采用菱形捏合盘，它的剪切比较柔和，不至于使纤维过度断裂。由于纤维是在树脂熔融后加入的，熔体把纤维包裹起来，减少了纤维与机筒和螺杆表面的直接接触，从而大大减少了机筒和螺杆的磨损。这对于具有高硬度的玻璃纤维来说，更具重要性。此外，又因同向双螺杆挤出机一般都采用积木式，故可方便地更换和调整已磨损的螺杆元件，比起整体式要经济得多。

同向双螺杆挤出机的积木式结构，还给生产条件的改变和选择提供了很大的方便，特别适合于增强粒料的生产。通过改变螺杆的组合方式和选择不同类型的螺杆元件以及改变纤维加入后的那一段螺杆长度，可以在一定范围内改变所得粒料中纤维的平均长度。对于不同的聚合物可以采用不同类型的螺杆元件和组合。此外采用积木式组合结构时，可方便地设置排气区。排气口的位置可沿轴向调节，还可设置一个以上的排气口，把水分、聚合物及浸润剂的分解物排除干净，以利于纤维与熔体的混合。如果增强粒料中需加入其他添加剂，如阻燃剂、颜料、稳定剂等，这些成分应在玻璃纤维加入口前的加料口加入，使它们在玻璃纤维加入以前与树脂彻底混合。

除了双螺杆挤出机法，尚可用单螺杆排气式挤出机回挤造粒法生产短纤维增强热塑性塑料粒料。将长纤维增强热塑性塑料粒料加入到单螺杆排气式挤出机中回挤一次造粒。若物料中低分子挥发物少，则可用普通的单螺杆机。这种方法的优点是可以连续化生产，所得增强粒料外观尚佳、质地致密、劳动保护好。缺点是存在树脂热老化情况，粒子外观也无双螺杆挤出法生产的好。

3. 长纤维增强热塑性塑料粒料（LFT）的制造（电缆包覆法）

生产长纤维增强热塑性塑料粒料通常采用电缆包覆式工艺。该工艺方法所用设备简单，操作连续。连续纤维纱通过十字形挤出机头被熔融树脂包覆，经冷却、牵引、切粒即得长纤维增强热塑性塑料粒料。生产中，将树脂充分干燥后加入挤出机，在其熔融达到黏流态并进入挤出机头时，将连续纤维纱（一般有6～8股）由送料机构送入包覆机头（类似于电缆机头）。聚合物熔体在压力作用下包覆在纤维束的周围，而纤维束在牵引装置的牵引下向前移动。包覆好的纤维自机头出来后通过冷却水槽，冷却后经切粒机切成粒料，再经干燥，即得到包覆的长纤维增强热塑性塑料粒料。包覆式长纤维增强热塑性塑料粒料的制造工艺流程如图3-25所示。

在上述生产装置中，由于机头设计的差异，所得长纤维增强塑料粒料可有三种形式（图3-26）：纤维成一大束包于粒子之中［如图(a)］，通常是包覆不紧，切粒时易拉毛，纤维容易飞扬，注射成型时不利于纤维在树脂中的分散；纤维成几小束分布于粒子四周［如图(b)］，

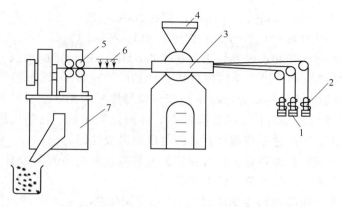

图 3-25 长纤维增强热塑性塑料粒料工艺流程图（包覆式）
1—连续纤维；2—送丝机构；3—机头；4—挤出机；5—牵引辊；
6—水冷或风冷；7—切粒机

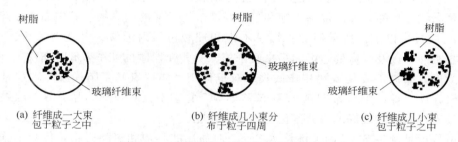

图 3-26 长纤维增强塑料粒料端面结构形式

虽然纤维已呈纵向分散，但纤维过于靠近粒子的边缘部位，树脂对其包覆力不够，因而在切粒时也容易拉毛，致使纤维飞扬；纤维成几小束包于粒子之中［如图（c）］，纤维既分散得好，且由于外围树脂较厚，粒子包覆结实，因而粒料端面平整，纤维不易被拉毛及飞扬，是最理想的粒子结构形式。

需要指出的是，在长纤维增强热塑性塑料粒料中，由于纤维尚未得到良好的预分散，必须有赖于在注射成型机中，通过螺杆的塑化、混合作用，才使纤维分散开，分布于熔体之中。但通常由于注射成型机的混合分散效能较差，因此纤维的分散情况不够理想，只有大约一半的纤维能分散开来，其余的并未分散，故不适于制作结构复杂的制品或薄壁制品。

二、纤维增强热固性模塑料

在纤维增强热固性塑料的成型工艺中，模压成型与注射成型占有很高的比例（约占43%）。为适应不同的应用需要与模压、注射成型工艺，发展了各种纤维增强热固性模塑料。尤其是近年来，随着片状模塑料与团（散）状模塑料的快速发展，纤维增强热固性塑料的模压成型与注射成型越来越显示出重要的工业地位。一般地讲，生产批量大、数量多及外形复杂的产品，宜采用团（散）状模塑料以模压成型或注射成型工艺制造，如机械零件、电工器材与仪器仪表部件等。对形状简单的大尺寸制品如浴盆、汽车部件与各种箱体、壳体，宜采用片状模塑料以大台面压机模压成型。本节就着重介绍这两类最为重要的、发展最快的纤维增强热固性模塑料即片状模塑料与团（散）状模塑料。

1. 片状模塑料（SMC）

片状模塑料（sheet molding compound，简称 SMC）是一种用于成型最终制品的半成品，主要由树脂、增强材料和填料等组分组成。SMC 所用的树脂主要是不饱和聚酯树脂，也有以环氧树脂、酚醛树脂和乙烯基树脂为基体的 SMC。SMC 中的增强材料主要是玻璃纤维，其长度约为 25~50mm。当需要特殊性能的产品时，也可加入能提供较高性能的纤维。如在 SMC 混合料中加入作为导电性添加剂的磨碎碳纤维和炭黑，制成具有电磁波屏蔽性能的 SMC。磨碎碳纤维的长度越长，添加量越多，屏蔽效果越好。在使用磨碎碳纤维的同时联合使用导电性炭黑，则能进一步提高制品的电磁波屏蔽性能。

为控制固化、收缩和其他性能，通常还需加入其他各种类型的添加剂，如固化剂、低收缩添加剂、化学增稠剂、内脱模剂、溶剂等。

由于以普通不饱和聚酯树脂为基体的 SMC 具有固化收缩率大（6%~10%），从而导致 SMC 制品收缩率大的缺陷。随着 SMC 成型工艺的发展，尤其是 SMC 在汽车等方面的应用，对降低收缩率提出了很高的要求。就 SMC 而言，收缩率越低，制品表面光洁度越高。因此用于 SMC 的低收缩添加剂一直备受关注。已被工业上广泛应用的低收缩添加剂主要有羧基化的改性聚醋酸乙烯酯，即乙烯基不饱和羧酸与醋酸乙烯酯的共聚物，其中醋酸乙烯酯含量大于 50%（质量）以上。所采用的乙烯基不饱和羧酸包括丙烯酸、甲基丙烯酸、马来酸、富马酸、衣康酸等以及相应的酸酐如马来酸酐等。一些弹性体也可作为低收缩添加剂。添加弹性体作为低收缩剂，兼具增韧和降低收缩双重作用，如端氨基丁腈橡胶、端羧基丁腈橡胶、液态聚异戊二烯、丁二烯-己酸内酯-苯乙烯等，它们不仅对模塑制品有好的收缩控制效果与增韧效果，而且能较好地保持其他物理力学性能。

化学增稠也是制备 SMC 的关键技术之一。对通用的不饱和聚酯树脂，传统上采用氧化镁增稠，通过聚酯的端羧基与氧化镁配位形成网状结构，进而使聚酯的黏度增大，满足模压成型工艺的需要。氧化镁增稠剂虽然价格低，但增稠速度慢，其粒度、分散性、活性等因素对树脂的增稠性能也有较大影响，从而易导致其增稠效果不稳定。采用二异氰酸酯化合物如端异氰酸酯基的液体线性聚氨酯对端羟基的不饱和聚酯进行增稠，聚氨酯的端异氰酸酯基与不饱和聚酯的端羟基反应生成一种交替分散的高分子网状片段，这种网状片段是由两种聚合物经交联与互穿所形成。这种技术可以更快、更有效地控制黏度，而且模压制品收缩率低，冲击强度高，容易得到强韧性材料。

SMC 的制造过程通常由两阶段组成。树脂、填料和其他添加剂先行混合成糊，然后再和纤维增强材料进行复合。对于 SMC 的连续生产而言，树脂糊经增稠并通过刮刀定量地涂敷在两层移动承载膜上，短切玻璃纤维或连续玻璃纤维经切割器切割后均匀地落在涂有树脂糊的薄膜上，另一层薄膜覆盖其上，成一整体夹心结构，进入浸渍区通过各类压辊的揉捏作用，驱除被困集于夹层之内的空气，并实现浸渍。随后即可收卷得到片状模塑料。片材在一定的环境条件下，经过一定时间的熟化与存放，物料增稠并达到模压黏度要求后，即可用于模压成型。

SMC 生产设备主体上分两部分：其一是制备树脂糊的设备，它包括投料、混合、输送三个过程；其二是制片设备，它包括上糊、粗纱短切、浸渍、压紧和最后收卷成材，它的主功能是使纤维为树脂糊充分浸渍，驱除片内之空气并将模塑料制成片状。SMC 的生产工艺流程示意图见图 3-27。

SMC 有多种改进品种，如耐热型、高强型、高玻璃纤维含量/环氧型、碳纤维/环氧型。这些特种 SMC 的性能见表 3-13。

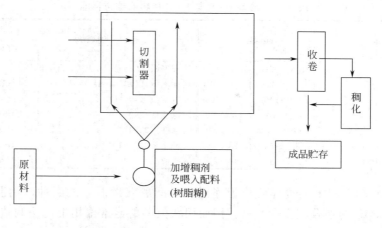

图 3-27 SMC 生产工艺流程示意图

表 3-13 特种 SMC 的性能

性　　能	ASTM 试验标准	耐热型	高强型	高玻璃纤维含量/环氧型	碳纤维/环氧型
增强材料含量/%	—	50	—	63	55
相对密度	D792	1.82	1.9	1.82	1.45
拉伸强度/MPa	D638	194	330	241	296
拉伸模量/GPa	D638	18.7	26.1	—	69.6
弯曲强度/MPa	D790	311	610	455	621
弯曲模量/GPa	D790	15.2	21.3	17.9	34.5
压缩强度/MPa	D695	173	280	—	276
压缩模量/GPa	D695	—	18.6	—	31.7
剪切模量/GPa	D4065	54	—	—	—
巴氏硬度	D2538	60	—	—	—
吸水性/%	D570	0.15	—	0.08	—
成型收缩率/%	D955	0.1	—	0.1	0.1
可燃性	ISO 3795	自熄	—	—	—
线膨胀系数/$\times 10^{-6}$℃$^{-1}$	TMA	15	—	—	2.7

2. 团（散）状模塑料（BMC 与 DMC）

与片状模塑料（SMC）一样，团（散）状模塑料（bulk mulding compound，简称 BMC）也是一种短切纤维增强的热固性模塑料。这类模塑料有多个称呼，如 DMC（dough molding compound）、BMC、Premix（预混料）等。在欧洲被称之为 DMC。而在美国，同时使用着 BMC 与 Premix 的名称。根据美国塑料工业协会定义，BMC 为加入了化学增稠剂的 DMC，通常也常加入低收缩添加剂。而事实上，BMC 是在继 DMC 后发展出来的具有更高质量、性能更好、其制品外观更佳的 DMC。BMC 与 DMC 在美国也普遍地被称为 Premix。但相对而言，Premix 的含义更加广泛。通常，BMC 与 DMC 主要指聚酯模塑料，而 Premix 既包括了聚酯型模塑料，也包括了环氧型、酚醛型等类型的模塑料。

与片状模塑料相比，BMC 所用的增强材料品种更加广泛，所用纤维的短切长度比较短（3~12mm），含量比较低（15%~20%）。SMC 是以片状形式在应用，而 BMC 可以是团状、木节状或散状。虽 BMC 的力学性能比 SMC 稍低，但其成型工艺性及其制品的外观质量明显优于 SMC，并可用于成型各种结构复杂的制品。典型 BMC 与 SMC 材料的综合性能比较见表 3-14。

表 3-14 典型 BMC 与 SMC 材料的综合性能

性能	品种		性能	品种	
	BMC	SMC		BMC	SMC
密度/(g/cm³)	1.65~2.0	1.65~2.5	体积电阻/Ω·cm	10^{12}~10^{15}	10^{14}~10^{16}
成型收缩率/%	0.1~0.7	0.1~0.4	击穿电压/(kV/mm)	11~15.6	14~16
弯曲强度/MPa	50~140	70~253	介电常数（10^6Hz）	5.2~6.4	4.2~5.8
拉伸强度/MPa	21~70	56~140	耐电弧性/s	120~240	120~202
压缩强度/MPa	140~210	105~210	吸水性（24h）/%	0.06~0.12	0.1~0.15
冲击强度/(kJ/m²)	3.2~34	15~47	线膨胀系数/×10^{-6}℃$^{-1}$	20~33	20
热变形温度（1.8MPa）/℃	204	188~260	氧指数/%	23~40	23~40

BMC 模塑料的配制工艺过程可分为连续法和间歇（批混）法两种。批混法比较经济，而且易于更换 BMC 的混合配方和品种，因而团状模塑料通常都用批混法制造。批混法又可分无（或含）溶剂批混法和无（或含）溶剂预浸渍法两类。无溶剂批混法中采用液体纯树脂，各组分的混合过程可在与之适应的混合机（如螺带型桨叶混合机等）内进行。所配制成的 BMC 无需作进一步的处理，但为了使预混好的 BMC 物料在成型时便于投料等的操作，通常可将其挤压成条状或丸块状，并将其密封包装贮存，以便备用。在无溶剂预浸渍法中，由无捻粗纱玻璃经无溶剂的液体树脂预浸渍后，通过切割机的切割并将其压成一种致密的软质复合物。

在含溶剂的批混法和预浸渍法中，所采用的树脂是带有挥发性溶剂的固体树脂，如醇酸树脂、DAP（预聚体）、酚醛树脂或有机树脂等。溶剂的作用是使固体树脂能浸透玻璃纤维和其他组分，但溶剂在混合或浸渍后需将其加热除去。用这种方法制成的 BMC 比较硬，不便于在压机内操作。

BMC 的配制工艺分两步进行。第一步是将树脂、固化剂、颜料、脱模剂、化学增稠剂、低收缩添加剂及可能加入的部分填料等组分放进高剪切型搅拌机中进行搅拌混合，然后再加入剩余填料并进一步混合，以制取含有上述组分的树脂浆料。第二步，将搅拌好的浆料倒入 Z 型双桨式混合机或行星式混合机，并加入玻璃纤维短丝，进行搅拌混合。经 10~15min 的混合后即可卸料。料团进一步用挤出机挤成小圆柱条料或丸块状，并用聚酯薄膜密封包装，以便贮存备用。其配制工艺流程如图 3-28。

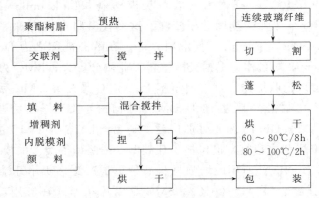

图 3-28 BMC 配制工艺流程

在上述 BMC 配制工艺过程中，影响预混料质量的因素很多。例如，树脂体系的组成与黏度、增强纤维的类型、含量与纤维长度、混合器类型、加料顺序、混合温度和混合时间等。为适应不同的制品与后续的成型工艺，应注意对各工艺因素的调整。如对树脂体系的黏度，就成型过程而言，为防止因某一组分优先流动而导致制品产生空穴和不均匀性的现象，树脂体系以较高的黏度较好，但是从混合过程来说，过高的黏度会造成玻璃纤维的折断，使制品的拉伸强度和冲击强度急剧下降。因此，树脂体系的黏度应在这两方面取得适当的平衡。又如增加混合时间，虽能提高混合均匀性，但不必要的时间延长将使玻璃纤维过度损伤，降低制品的力学性能。因此，当配制高玻璃纤维含量（达35%）的预混料时，须较快地、均匀地加入玻璃纤维，以适当缩短所需要的总混合时间，防止先加入的玻璃纤维受到损伤。基于类似的原因，一般是在其他各组分已混合好后才均匀而缓慢地将玻璃纤维加入，而不是一下将其扔进混合器内。较好的办法是采用机械供料器，使玻璃纤维能均匀地分布在混合器的整个区域内。此外，采用热混合可改善混合工艺，提高制品力学强度。在热混合中，所有组分开始时都是温热的，树脂和填料在49～54℃之间按常规方法混合。玻璃纤维至少应预热至66℃，并少量、分批加入混合器内。虽然热混合的成本要略高些，但这样制成的预混料与室温下混合的预混料相比，其拉伸强度、弯曲强度与弯曲模量可得到大幅度提高，且还能获得表面质量优良的制品。

三、短纤维增强橡胶复合材料

在传统的橡胶工业中，炭黑被认为是最有效的补强剂。对要求具有高硬度、低形变下高模量、耐撕裂和耐穿刺的制品，通常采用的办法是在胶料中加入大量炭黑的办法来实现。其结果往往会使加工难度增大，同时致使其他性能降低，特别是引起胶料或硫化胶的生热性增大等缺陷。对于生胶强度很低的胶料，加入大量炭黑会使胶料的开炼机混炼操作性变差从而变得难以加工。此外，增加炭黑用量还会引起胶料硫化特性的很大变化。但是，若向橡胶基体中加入适量经预处理的短纤维，可将纤维的刚性和橡胶的柔性结合在一起，赋予橡胶制品一系列优良的力学性能。通过加入特种纤维（如碳纤维）还可使制品有耐燃、导电等特性。因而，短纤维增强橡胶复合材料，是一种新型的复合材料。

由于短纤维可以与其他添加剂一起直接加至胶料中，因此所制得材料仍可按传统橡胶加工方法（挤出、压延）和各种成型方法（模压、注射和传递成型）进行加工。与橡胶-长纤维复合材料制品相比，简化了生产工艺，产量高，经济上合理。因此，短纤维增强橡胶复合材料（SFRC）越来越受到橡胶工业界的重视。

1. 短纤维对橡胶的补强作用

在橡胶中添加短纤维，并在加工中可使短纤维按需要的方向进行取向排列，控制取向程度，不仅能提供常规橡胶制品较难以具备的高性能和特种性能，还能部分取代现有橡胶-长纤维复合材料。

由于橡胶本身具有低的弯曲模量和高的回弹性，故分散在整个橡胶基体中的短纤维增强材料必须综合考虑基体的这些特点。橡胶基体在复合材料中，不仅对纤维起着保护性密封剂和粘接剂的作用，更主要的是起到外加负荷和不连续增强纤维之间的应力传递介质的作用。纤维在复合材料中的增强效果，取决于决定应力传递的纤维（f）和基质（m）的模量比E_f/E_m。由于橡胶基体的模量远低于纤维的模量而且橡胶受力时处于非常复杂的不均匀拉伸和剪切状态。所以短纤维在低模量的橡胶材料中的补强效果必然低于刚性材料的。这也就是短纤维补强橡胶的效果远不如增强塑料的原因。因此，在基体与纤维具有良好粘接的基础上，基体的剪切模量成为纤维补强的关键参数。假如基体没有足够的强度，它的破裂，通常就发生在纤维的剪切界面上，从而发挥不了纤维的补强能力。显然，短纤维橡胶复合材料的拉伸强度主要受其基体性能所控制，而与纤维无多大关系。含有短纤维的橡胶硫化胶的拉伸强度，并不会得到很大改善。这与刚性基体的纤维复合材料是不相同的。因此，只是为了获得更高的拉伸强度而使用短纤维补强胶料是难以奏效的。

短纤维增强橡胶复合材料的拉伸强度虽不及增强塑料与长纤维橡胶复合材料，但具有保持橡胶制品形状的性能，有利于保持胶带、胶管、密封件等橡胶制品的形状。短纤维的存在使硫化胶的硬度明显提高，应力-应变曲线变陡，初始及低伸长下的模量明显增大，这种变化随纤维用量增加以及纤维与基体粘接性的提高而增强。

对于一定的短纤维-橡胶复合材料，当其内部结构中存在着一定的纤维取向分布时，模量也有所提高。为了获得高模量的纤维-橡胶复合材料，应该使纤维很好地纵向取向。理论上，完全取向材料的模量比无规排列纤维复合材料高5倍。

由于纤维使橡胶复合材料模量增加，平行于梁的轴向方向排列的纤维会使弯曲刚度提高，而垂直于弯曲弧方向的纤维对弯曲刚度无影响，却会成为微薄弱区。

含短纤维的硫化胶的撕裂强度和撕裂破坏机理受粘接剂、短纤维用量、取向以及撕裂方式的影响。对于通常测定的撕裂强度的直角撕裂而言，一般认为在低填充量（<5%）下，短纤维可提高复合材料的撕裂性能。而在高填充量下，撕裂强度出现明显的各向异性。当撕裂沿着平行于纤维取向方向发展时，撕裂强度降低。如果纤维排列垂直于撕裂方向或无规排列，纤维的存在会阻碍撕裂裂口的发展，从而提高撕裂强度。在裤形撕裂中，纤维的存在均会阻碍裂纹的发展，并随纤维用量的增加撕裂能也增加。当大部分纤维沿着撕裂方向的平行方向排列时，与垂直方向相比，会相对降低纤维的阻碍作用，使撕裂能降低。在高填充量情况下尤其是这样。

2. 短纤维对橡胶复合材料其他性能的影响

除了上述性能外，短纤维的加入对橡胶复合材料的其他性能也会产生较大的影响。

通常，短纤维会加剧黏弹滞后与动态疲劳，从而缩短橡胶复合材料的屈挠疲劳寿命，并且这种影响随纤维用量的增加而加剧。从机理上分析，短纤维橡胶复合材料的疲劳损坏一般是由基体中产生的龟裂或由于橡胶-纤维界面破坏，或两种效应兼有引起的。这是由于在短纤维-橡胶复合材料中，外部应力是通过橡胶传递到纤维上的，而纤维和橡胶在刚度（或模量）方面存在很大差异。所以在纤维-橡胶界面上会产生严重的应力集中。这种应力集中会加速疲劳过程的发展。另外，在周期性应变下产生较高的黏弹滞后也会导致疲劳过程的加快。而纤维界面附近的机械振动引起生热是高频疲劳寿命降低的另一主要原因。

短纤维增强橡胶复合材料的耐疲劳性能还取决于橡胶基体的化学稳定性、基体材料的滞后性能与经受的疲劳条件。如果对材料施加应力相同时，填充纤维与未填充纤维的基体相比，一般是提高了疲劳寿命。因为纤维的加入，模量大幅提高，从而相同应力条件下的形变量较小。

由于短纤维能降低复合材料的松弛速度，所以含短纤维橡胶复合材料的抗蠕变性能大大提高。但具体的变化情况涉及纤维与橡胶基体的粘接强度、纤维用量、纤维长度、纤维的取向分布以及外加应力的大小等。如经增黏处理纤维素-橡胶复合材料的抗蠕变性能较尼龙、聚酯及玻璃纤维为好，但经硅烷偶联剂处理了的玻璃短纤维增强复合材料，由于界面结合较为牢固，因而可减小蠕变速率，尤其是在长时间试验以后的蠕变速率。此外，随短纤维用量增大、短纤维的长度增加，可进一步使复合材料的抗蠕变性能不断改善。

在橡胶中加入短纤维，可明显提高复合材料在溶剂中的抗溶胀性能。其提高的程度，随着纤维与基体界面黏着力的增强及纤维含量的增加而增强。需要指出的是，短纤维增强橡胶复合材料的溶胀有明显的各向异性，在纤维取向的方向上溶胀受到明显限制。

经短纤维增强的橡胶复合材料，其耐热老化性能有很大提高。不同的纤维品种、纤维用量、纤维与基体的黏结状况，也都会对耐热老化性能产生影响。通常，随着复合材料中短纤维用量的增加，耐热老化性能得到提高。

3. 短纤维增强橡胶复合材料的制备与加工

一般说来，短纤维橡胶复合材料的制备与加工主要包括三个步骤：混入预处理过的纤维；加工，加工过程伴随着纤维的取向；硫化。每一步骤对复合材料都有重要的影响。若基体为传统橡胶，硫化过程与非纤维增强的基体硫化胶基本相同，若基体为热塑性弹性体，则可省略硫化工序。从材料制备角度，这儿主要关注短纤维的混入-混合与分散。

与其他粉状补强填料一样，短纤维在橡胶基体中均匀分散，是保证复合材料性能良好的前提。若短纤维在橡胶基体中分散不良，会严重造成物理力学性能的波动，以致完全失去短纤维橡胶复合材料的特点。通常用的橡胶混炼加工设备如密炼机、挤出机、开炼机和压延机等，均可用来制备各种短纤维增强橡胶复合材料。

为使短纤维在橡胶中达到良好的分散，通常需要对纤维实施表面预处理或制成纤维/弹性体母胶。在进行短纤维的预处理时，通常采用胶乳浸渍或用相应的软化剂、增塑剂，使纤维保持分离状态。在用增塑剂预处理短纤维时，这种增塑剂应既与纤维又与橡胶基体有良好的相容性。它可涂覆在短纤维表面上，或直接与短纤维混合制成短纤维-增塑剂分散体。然后，将其按常规橡胶加工方法与橡胶基体混炼。此法可大大改善短纤维在橡胶中的分散程度。

用弹性体预涂覆纤维是迄今最好的短纤维预处理方法。实现这种预涂覆弹性体的处理过程实际上就是制备短纤维/弹性体母胶（预分散体）。一般可通过如下几种可行的制备母胶（预分散体）的方法，来制备这种纤维弹性体组分。

（1）干胶共混法　将少量橡胶、一定量的润滑剂和大量短纤维混炼均匀制成短纤维的预分散体。该法由于预分散体中橡胶的存在，阻止了短纤维的缠结，而润滑剂的存在，不仅降低了短纤维之间的亲和力，而且也改善了纤维与弹性体之间的结合作用。

（2）胶乳-短纤维共沉预处理法　该法是目前制备短纤维预分散体的一种十分有效的方法。按共沉预处理过程又可分正凝法及倒凝法两种。正凝法是将短纤维浸于足量的清水中，加入相当于干胶与短纤维等量的相应胶乳，再加入少量皂液制成悬浮液，混合均匀后，在搅拌情况下，缓慢加入电解质凝聚剂，使短纤维与胶乳一起共沉，经水洗、烘干后备用。倒凝法是先将短纤维加至凝聚剂溶液中，混匀，然后在搅拌下加入胶乳，使胶乳附着在短纤维表面而共沉下来。

（3）胶浆-短纤维共沉法　先将橡胶溶解在有机溶剂中形成橡胶溶液，再将短纤维的水预分散体缓慢加至搅拌中的橡胶溶液中，然后分离得到含短纤维的橡胶溶液相，通入100℃的水蒸气，使有机溶剂蒸发，最终得到短纤维橡胶的预分散体。

经处理的高浓度短纤维-橡胶预分散体与基体橡胶的混炼与分散，在密炼机中采用倒炼法较为有效。即先加纤维预分散体、粉状填料和增塑剂，后加橡胶，可减少混炼时的能量消耗。在这种情况下，胶料不需要精炼，但会增加混炼周期。在混炼操作中，为了避免短纤维过分断裂及防止胶料过炼和焦烧，也可将基体橡胶预先制成除硫化剂外的母胶与短纤维预分散体共混,可明显提高共混效果。需要指出的是:在用开炼机、密炼机、捏炼机等高剪切力橡胶加工机械进行短纤维增强橡胶胶料的混炼加工时要注意混炼调整。因为像玻璃纤维、碳纤维等较脆的短纤维在该加工中容易断裂、粉碎。而短纤维混炼后的破碎程度随所用橡胶的种类、配方、短纤维种类和直径而有所差异。表 3-15 是含纤维胶料加工对纤维尺寸的影响。

表 3-15 含纤维胶料加工对纤维尺寸的影响

纤维种类	纤维直径/μm	加工前		加工后	
		纤维长度/mm	L/D	纤维长度/mm	L/D
棉	17	30.5	1800	0.34	20
黏胶	15	37.5	2500	0.31	21
纤维素	12	2.0	167	1.20	100
聚酰胺	35	6.35	254	4.51	180
芳纶	12	6.35	529	1.31	110
聚酯	15	38.0	2500	0.50	33
玻璃纤维	13	6.35	488	0.22	17
碳纤维	8	6.35	794	0.18	22

4. 短纤维增强橡胶复合材料的应用

经短纤维增强可赋予橡胶复合材料与橡胶制品高模量、高硬度、耐切割、耐撕裂、耐刺穿、耐疲劳、抗溶胀和抗蠕变等一系列特点,因此短纤维增强橡胶复合材料已获得多种工业应用。人们已在胶管、胶带、轮胎、密封件与各种各样的橡胶工业制品中使用短纤维增强橡胶复合材料,以改善制品性能,降低成本。

(1) 胶管 短纤维橡胶复合材料最早应用领域之一是取代胶管中的针织材料或螺旋缠绕线材,制造中低压胶管。短纤维胶料通过专门设计的挤出口型,使纤维获得特定方向的取向,以制得具有不同特性的胶管,如使纤维在软管管壁内主要呈周向分布,则胶管具有较高的爆破压力。若纤维沿径向取向,可使挤出的胶料半成品表现出良好的挺性,从而可以在无芯棒或专门编织层条件下,实现胶管的连续硫化。对于高压胶管,可用含纤维填料的橡胶半成品胶带,缠在高压胶管的金属编织层之间,以防止编织层线切断胶料,从而延长了胶管的使用寿命。

(2) 胶带 若在 V 形带制造中,使用掺有短纤维的复合胶料,则可按 V 形带的使用性能要求使短纤维群取向和定位,从而明显提高 V 形带的横向刚度和承受侧面压力作用,使载荷更加均匀地分布在强力层上,以提高其动态力学性能。例如,在压缩层中加入 5~20 份长度为 1.5~6.5mm 的短纤维,可明显提高 V 形带的横向刚度并有较好的纵向屈挠性和较低的纵向弯曲模量。在伸张层中使用短纤维胶料,可更有效地提高胶带的横向刚性。而在表面覆盖胶中短纤维的使用可提高耐磨性。在防止胶带磨损同时,也增大了胶带与槽轮的抓着力,降低了传动中的噪声。短纤维还可用于运输带带芯的覆盖胶中,完全或部分代替织物骨架材料。部分取代时,可用两层织物作带芯层,中间用含短纤维胶料。

(3) 轮胎 短纤维橡胶复合材料被成功地应用于轮胎,特别是工程轮胎。当短纤维有一定的长径比,少量添加于胶料中时,即可大大提高胶料的撕裂性能和抗裂口增长能力。短纤维用在胎面胶中时,不仅可以提高胎面的刚性,而且可以使胎面的摩擦系数下降,改进其耐磨性能。尤其当短纤维在胎面胶中沿轮胎径向取向时,可获得最佳的耐磨性。将短纤维应用于轮胎胎面及其他部位时,通过短纤维的模量和各向异性改变胶料的性能,能降低轮胎行驶过程中的噪声。短纤维胶料用于胎体中，可减少胎体帘布层作用的"盲点区"，使应力分布更均匀。用于胎圈三角胶中，可增强胎侧上部的刚性，并提高胎圈包布的耐磨性，从而延长轮胎的使用寿命。

（4）密封件　将短纤维橡胶复合材料用于密封制品，能显著改善其密封效果。这是因为短纤维的加入能限制橡胶基体的变形，降低橡胶在油和溶剂中的膨胀程度。在接触热油的环境中，短纤维橡胶复合材料不仅提高橡胶的挺性，还可减少橡胶在热油介质老化时的溶胀，因而延长了使用寿命。

（5）各类工业杂件　短纤维橡胶复合材料除了用于以上典型制品外，还常用于各种各样的工业杂品，如：利用其良好的抗撕裂与耐穿刺性用于屋面隔板的片材；利用其优异的耐压缩永久变形性能用于吸能减震器等；利用其非常高的模量，较高的抗弯模量及抗撕裂性能，可用来制作坦克履带垫。

思 考 题

1. 纤维增强聚合物复合材料有哪些基本特性？
2. 纤维增强聚合物复合材料的基本单元有哪些？并简要说明它们的作用。
3. 试分析式（3-3）、式（3-4）、式（3-5），说明影响短纤维增强聚合物复合材料拉伸强度的因素。
4. 简述纤维增强对聚合物复合材料性能的影响。
5. 纤维增强对提高结晶性塑料的热变形温度更为有效，为什么？
6. 何为混杂增强？常见的有哪些形式？混杂增强有何实用价值？
7. 常用增强纤维有哪些品种？它们各有什么特性？
8. 玻璃纤维按其组成划分有哪些类型？各有何特点？
9. 简述纤维表面处理应遵循的基本原则。
10. 对玻璃纤维、碳纤维和植物纤维各有哪些常用的表面处理方法？
11. 简述制造纤维增强热塑性材料片材的常用方法。
12. 双螺杆挤出法生产短纤维增强热塑性塑料粒料时如何合理地进行螺杆组合与控制工艺？
13. 简述配制 SMC 与 BMC 的基本工艺过程。
14. 简要说明短纤维增强对弹性体性能的影响。

第四章

聚合物的共混改性

学习目的与要求

聚合物共混改性是开发具有高性能高分子材料的重要途径。本章主要介绍聚合物共混改性的目的与方法、原理、工艺及聚合物共混物结构-性能及其应用实例。通过本章的学习,应全面了解共混改性的目的和方法,加深理解共混改性的基本原理、共混物结构及其影响因素、共混物的性能及其与结构的关系,重点掌握聚合物共混原则及增溶方法,尤其是增溶剂增溶原理与方法;对橡胶共混及橡塑并用,应充分了解硫化助剂、填充剂对共混胶结构与性能的影响,理解并熟悉促使共混橡胶组分同步硫化与共硫化的方法与措施,掌握动态硫化热塑性弹性体的结构、性能及其影响因素。在此基础上,学习并理解各类共混产物(如并用胶、橡塑共混物及动态硫化热塑性弹性体、塑料合金等)的制备及其应用。

当今世界,聚合物已成为工农业生产和人民生活不可缺少的一类重要材料。但是随着现代科学技术的日新月异,对聚合物材料的性能提出了更为多样的和更加苛刻的要求,单一聚合物材料往往是难以胜任的。为获得综合性能优异的聚合物材料,除继续研制合成新型聚合物外,通过混合、混炼方法对聚合物的共混改性已成为发展聚合物材料的一种卓有成效的途径。例如,橡胶与塑料通过动态反应共混可生产热塑性弹性体;通用塑料经共混改性可成为优异的工程塑料;高分子与含特种官能团材料的反应共混或复合可生产出具有导电、缓释、导声、光导、信息显示等特殊性能的功能材料。总之,通过共混改性来使聚合物材料高性能化是发展方向。本章将主要介绍聚合物共混改性方法、原理、工艺及聚合物共混物结构-性能及其应用实例。

第一节 聚合物共混改性的目的和方法

聚合物共混改性起源于1846年,Hancock将天然橡胶与古塔波胶混合制成了雨衣,由此提出了两种橡胶混合以改进制品性能的思想。当今,聚合物共混不仅是聚合物改性的一种重要手段,更是开发具有崭新性能新型材料的重要途径,而且聚合物共混技术已被广泛用于塑料、橡胶工业中。聚合物共混改性已成为高分子材料科学及工程中最活跃的领域之一。

一、共混改性的基本概念

将两种或两种以上的高分子物加以混合与混炼，使其性能发生变化，形成一种新的表观均匀的聚合物体系，这种混合过程称为聚合物的共混改性，所得到的新的聚合物体系称为聚合物共混物。聚合物共混物（或共混改性）通常都是以一种聚合物为基体，掺混另一种或多种小组分的聚合物，以后者改性前者。聚合物共混不仅是聚合物改性的一种重要手段，更是开发具有崭新性能新型材料的重要途径。当前，聚合物共混改性已成为高分子材料科学及工程中最活跃的领域之一，而且聚合物共混技术已被广泛用于塑料、橡胶工业中。

聚合物共混物是一个多组分体系，在此多组分聚合物体系中，各组分始终以自身聚合物的形式存在。在显微镜下观察可以发现其具有类似金属合金的相结构（即宏观不分离，微观非均相结构），故聚合物共混物通常又称聚合物合金或高分子合金。正如金属合金具有单一金属无法比拟的优异性能一样，聚合物合金也同样具有单一聚合物难以具备的优异性能。

聚合物共混体系有许多类型，常见的有塑料与塑料的共混、塑料与橡胶的共混、橡胶与橡胶的共混、橡胶与塑料的共混等四种类型。前两种是塑性材料称为塑料共混物，常被称为高分子合金或塑料合金；后两种是弹性材料，称为橡胶共混物，在橡胶工业中多称为并用胶。

一般来说，高分子共混物与高分子共聚物是有区别的，高分子共混物各组分之间主要靠分子次价力结合，即物理结合；而共聚物是不同单体组分以化学键的形式连接在分子链中。但是，要严格划分高分子共混物和高分子共聚物又是有困难的。因为在高分子共混物中不避免地存在着少量的化学键，例如在强剪切力作用下的熔融混炼过程中，可能由于剪切作用使得大分子断裂，产生大分子自由基，从而形成少量嵌段或接枝共聚物。此外，近年来为强化参与共混聚合物组分之间的界面粘接而采用的反应增溶措施，也必然在组分之间引入化学键。

二、共混改性的目的

聚合物共混改性的主要目的是改善聚合物的性能，以获得性能优异功能齐全的新的高分子材料，其主要体现在以下几个方面。

1. 综合均衡各聚合物组分的性能，以改善材料的综合性能

在单一聚合物组分中加入其他聚合物改性组分，可取长补短，消除各单一聚合物组分性能上的缺点，使材料的综合性能得到改善。如：聚丙烯密度小，透明性好，其力学性能、硬度和耐热性均优于聚乙烯，但抗冲击性能差，尤其是低温抗冲击性能、耐应力开裂性能及柔韧性都不如聚乙烯。如将聚丙烯与聚乙烯共混，制得的两者共混物既保持了聚丙烯较高的抗张、抗压强度和聚乙烯的高冲击强度的优点，又克服了聚丙烯冲击强度低、耐应力开裂性能差的缺点。

2. 将量小的一聚合物作为另一聚合物的改性剂，以获得显著的改性效果

在一种基体聚合物中加入少量的某种聚合物，通过共混改性可以使基体聚合物某一方面的性能获得显著的改善。例如：在硬质聚氯乙烯中加入 $10\%\sim20\%$ 的丁腈橡胶或氯化聚乙烯或 EVA 等，可使硬质聚氯乙烯的冲击强度大幅度提高，同时又不像加入增塑剂那样明显降低热变形温度，从而可以获得性能优异，又可满足结构器件使用要求的硬质聚氯乙烯材料。

3. 改善聚合物的加工性能

对于性能优异但较难加工的聚合物可与熔融流动性好的聚合物共混改性，便可以方便地成型。例如：难熔融难溶解的聚酰亚胺与少量的熔融流动性良好的聚苯硫醚共混后即可很容易地实现注射成型，又不影响聚酰亚胺的耐高温和高强度的特性。

4. 制备具有特殊性能的聚合物材料

采用具有特殊性能的聚合物共混改性，可获得全新功能的新材料。例如：用溴代聚醚作为聚酯的阻燃剂，二者共混后可得到耐燃性聚酯，用聚氯乙烯与 ABS 共混也可大大提高 ABS 的耐燃性；用折射率相差较悬殊的两种树脂（如 PMMA 与 PE）共混可获得彩虹的效果，市场上供应的彩虹膜就是根据这一原理制成的；利用硅树脂的润滑性可以使共混物具有良好的润滑性能；利用拉伸强度相差悬殊，相容性又很差的两种树脂共混后发泡，可制成多孔、多层材料，其纹路酷似木纹。

5. 提高性能/价格比

对某些性能卓越，但价格昂贵的工程塑料，可通过共混，在不影响使用要求的条件下，降低原材料的成本，提高性价比。如聚碳酸酯、聚酰胺、聚苯醚等与聚烯烃的共混；橡胶与价格较低的塑料或树脂共混等。

6. 回收利用废弃聚合物材料

随着绿色环保理念的不断深入，各种废料的回收利用亦将成为聚合物共混改性普遍关注的问题。如用弹性体或纤维对废旧聚丙烯进行增韧改性、用不同树脂制备高分子合金等，经过改性后的废旧聚丙烯的某些力学性能可达到或超过原树脂制品的性能。

总之，聚合物共混改性技术，在开发多功能高强度新型高分子材料的领域中，将发挥越来越重要的作用。

三、共混改性的方法

聚合物共混物的制备方法有物理方法和化学方法。物理共混法是依靠聚合物分子链之间的物理作用实现共混的方法，按共混方式可分为机械共混法（包括干粉共混法和熔融共混法）、溶液共混法（共溶剂法）和乳液共混法；化学共混法是指在共混过程中聚合物之间产生一定的化学键，并通过化学键将不同组分的聚合物连结成一体以实现共混的方法，它包括共聚-共混法、反应-共混法和 IPN 法形成互穿网络聚合物共混物。物理法应用最早，工艺操作方便，比较经济，对大多数聚合物都适用，至今仍占重要地位。化学法制备的聚合物共混物性能较为优越，近几年发展较为迅速。

1. 物理共混法

（1）机械共混法　将不同种类的聚合物通过混合或混炼设备进行机械混合便可制得聚合物共混物。根据混合或混炼设备和共混操作条件的不同，可将机械共混分为干粉共混和熔融共混两种。

① 干粉共混法　将两种或两种以上不同品种聚合物粉末在球磨机、螺带式混合机、高速混合机、捏合机等非熔融的通用混合设备中加以混合，混合后的共混物仍为粉料。干粉共混的同时，可加入必要的各种助剂（如增塑剂、稳定剂、润滑剂、着色剂、填充剂等）。所得的聚合物共混物料可直接用于成型或经挤出后再用于成型。干粉共混法要求聚合物粉料的粒度尽量小，且不同组分在粒径和密度上应比较接近，这样有利于混合分散效果的提高。由于干粉共混法的混合分散效果相对较差，故此法一般不宜单独使用，而是作为融熔共混的初

混过程；但可应用于难溶、难熔及熔融温度下易分解聚合物的共混，例如氟树脂、聚酰亚胺、聚苯醚和聚苯硫醚等树脂的共混。

② 熔融共混法　熔融共混法系将聚合物各组分在软化或熔融流动状态下（即黏流温度以上）用各种混炼设备加以混合，获得混合分散均匀的共混物熔体，经冷却、粉碎或粒化的方法。为增加共混效果，有时先进行干粉混合，作为熔融共混法中的初混合。熔融共混法由于共混物料处在熔融状态下，各种聚合物分子之间的扩散和对流较为强烈，共混合效果明显高于其他方法。尤其在混炼设备的强剪切力的作用下，有时会导致一部分聚合物分子降解并生成接枝或嵌段共聚物，可促进聚合物分子之间的相容。所以熔融共混法是一种最常采用、应用最广泛的共混方法。其工艺过程如图4-1所示。

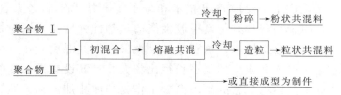

图 4-1　熔融共混法工艺过程示意图

熔融共混法要求共混聚合物各组分易熔融，且各组分的熔融温度和热分解温度应相近，各组分在混炼温度下，熔体黏度也应接近，以获得均匀的共混体系。聚合物各组分在混炼温度下的弹性模量也不应相差过大，否则会导致聚合物各组分受力不均而影响混合效果。

熔融共混设备主要有开炼机、密炼机、单螺杆挤出机和双螺杆挤出机。开炼机共混操作直观，工艺条件易于调整，对各种物料适应性强，在实验室应用较多。密炼机能在较短的时间内给予物料以大量的剪切能，混合效果、劳动条件、防止物料氧化等方面都比较好，较多用于橡胶和橡塑共混。单螺杆挤出机熔融共混具有操作连续、密闭、混炼效果较好、对物料适应性强等优点。用单螺杆挤出机共混时，其各组分必须经过初混。单螺杆挤出机的关键部件是螺杆，为了提高混合效果，可采用各种新型螺杆和混炼元件，如屏障型螺杆、销钉型螺杆、波型螺杆等或在挤出机料筒与口模之间安置静态混合器等。采用双螺杆挤出机可以直接加入粉料，具有混炼塑化效果好、物料在料筒内停留时间分布窄（仅为单螺杆挤出机的五分之一左右）、生产能力高等优点，是目前熔融共混和成型加工应用越来越广泛的设备。

(2) 溶液共混法（共溶剂法）　将共混聚合物各组分溶于共溶剂中，搅拌混合均匀或将聚合物各组分分别溶解再混合均匀，然后加热驱除溶剂即可制得聚合物共混物。

溶液共混法要求溶解聚合物各组分的溶剂为同种，或虽不属同种，但能充分互溶。此法适用于易溶聚合物和共混物以溶液态被应用的情况。因溶液共混法混合分散性较差，且需消耗大量溶剂，工业上无应用价值，主要适于实验室研究工作。

(3) 乳液共混法　将不同聚合物分别制成乳液，再将其混合搅拌均匀后，加入凝聚剂使各种聚合物共沉析制得聚合物共混物。此法因受原料形态的限制，且共混效果也不理想，故主要适用于聚合物乳液。

2. 化学共混法

(1) 共聚-共混法　此法有接枝共聚-共混与嵌段共聚-共混之分，其中以接枝共聚-共混法更为重要。接枝共聚-共混法的操作过程是在一般的聚合设备中将一种聚合物溶于另一聚合物的单体中，然后使单体聚合，即得到共混物。所得的聚合物共混体系包含着两种均聚物及一种聚合物为骨架接枝上另一聚合物的接枝共聚物。由于接枝共聚物促进了两种均聚物的相容性，所得的共混物的相区尺寸较小，制品性能较优。

近年来此法应用发展很快，广泛用来生产橡胶增韧塑料，如高抗冲聚苯乙烯（HIPS）、ABS塑料、MBS塑料等。

(2) IPN法 这是利用化学交联法制取互穿聚合物网络共混物的方法。互穿网络共聚物（IPN）技术可以分为分步型IPN（简记为IPN）、同步型IPN（SIN）、互穿网络弹性体（IEN）、胶乳-IPN（LIPN）等。IPN的制备过程是先制取一种交联聚合物网络，将其在含有活化剂和交联剂的第二种聚合物单体中溶解，然后聚合，第二步反应所产生的聚合物网络就与第一种聚合物网络相互贯穿，通过在两相界面区域不同链段的扩散和纠缠达到两相之间良好的结合，形成互穿网络聚合物共混物。该法近年来发展很快。

此外，还有动态硫化技术、反应挤出技术和分子复合技术等制备聚合物共混物的新方法。动态硫化技术主要用于制备具有优良橡胶性能的热塑性弹性体。反应挤出技术是目前在国外发展最活跃的一项共混改性技术，这种技术是把聚合物共混反应在（聚合物与聚合物之间或聚合物与单体之间）混炼和成型加工在长径比较大，且开设有排气孔的双螺杆挤出机中同步完成。分子复合技术是指将少量的硬段高分子作为分散相加入到柔性链状高分子中，从而制得高强度、高弹性模量的共混物。

第二节 聚合物共混改性基本原理

一、共混物的相容性

相容性是指共聚物各组分彼此相互容纳，形成宏观均匀材料的能力。研究证明，不同聚合物之间相互容纳的能力是非常悬殊的。因此，不同种类聚合物共混时可能出现三种形态：即完全相容、部分相容和完全不相容。

完全相容的聚合物共混体系，其共混物可形成均相体系，因而它具有单一的T_g，如图4-2(a)所示。部分相容的聚合物，其共混物为两相体系。因而，其共混物具有两个T_g，且两个T_g峰较每一种聚合物自身的T_g峰更为接近，如图4-2(b)所示。还有许多聚合物之间是不相容的。不相容聚合物的共混物也有两个T_g峰，但两个T_g峰的位置与每一种聚合物自身的T_g峰是基本相同的。如图4-2(c)所示。

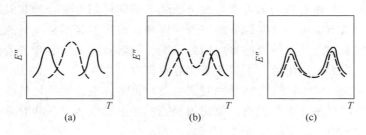

图4-2 以T_g表征共混物相容性的示意图
——单一聚合物；--- 共混物

在聚合物共混体系中，最具应用价值的体系是聚合物间"部分相容"的两相体系。对于两相体系，人们总是希望其共混组分之间具有尽可能好的相容性。良好的相容性，是聚合物共混物获得良好性能的一个重要前提。因此，学习共混体系的热力学相容性及共混加工过程中的动力学因素对研究共混体系的形态与结构有着极其重要的意义。

1. 热力学相容性

从热力学的角度来探讨聚合物之间的相容性，其研究范畴实际上是聚合物之间的互溶性（或称溶解性、相溶性），这里称之为"热力学相容性"。聚合物热力学相容性是指两种高聚物在任何比例时都能形成稳定的均相体系的能力。因此，若要使两种聚合物相互溶解，在恒温恒压下聚合物混合时必须是自由能减少，即 $\Delta G<0$。而体系自由能的变化取决于混合时焓的变化（ΔH_m）和熵的变化（ΔS_m），以及混合时的温度（T），即应满足：

$$\Delta G = \Delta H_m - T\Delta S_m < 0 \tag{4-1}$$

式(4-1)也可用于判定热力学相容是否成立。

在式(4-1)中，对于两种聚合物的共混：

$$\Delta S_m = -R(n_1\ln\phi_1 + n_2\ln\phi_2) \tag{4-2}$$

式中　n_1，n_2——两种聚合物的物质的量；
　　　ϕ_1，ϕ_2——两种聚合物的体积分数；
　　　R——气体常数。

由式(4-2)可以看出，ΔS_m 为正值，即在混合过程中，熵总是增加的。但是，对于大分子间的共混，熵的增加是很小的，且聚合物相对分子质量越高，熵的变化就愈小。这时，ΔS_m 的值很小，甚至接近于 0。

Scott 将溶解度参数 δ 用于判定聚合物之间的热力学相容性：

$$\Delta H_m = V_m(\delta_1 - \delta_2)^2 \phi_1 \phi_2 \tag{4-3}$$

式中　δ_1，δ_2——两种聚合物的溶解度参数；
　　　V_m——共混物的摩尔体积；
　　　ϕ_1，ϕ_2——两种聚合物的体积分数。

为满足热力学相容的条件，即 $\Delta H_m - T\Delta S_m < 0$，且 ΔS_m 的值很小，甚至接近于 0，从式(4-3)中可以看出，δ_1 与 δ_2 必须相当接近，才能使 ΔH_m 的值足够地小。因此，δ_1 与 δ_2 之间的差值，就成了判定热力学相容性的判据。

若干聚合物的溶解度参数如表 4-1 所示。

表 4-1　若干聚合物的溶解度参数

聚合物	$\delta/(J/cm^3)^{1/2}$	聚合物	$\delta/(J/cm^3)^{1/2}$
聚乙烯	16.1~16.5	聚甲基丙烯酸甲酯	18.9~19.4
聚丙烯	16.3~17.3	尼龙 6	27.6
聚苯乙烯	17.3~18.6	聚丙烯腈	26.0~31.4
聚氯乙烯	19.2~19.8		

利用溶解度参数相近的方法来判定两种聚合物之间的相容性，可用于对两种聚合物的相容性进行预测，具有一定价值。但是，这一方法具有如下缺陷：其一，此法在预测小分子溶剂对于高聚物的溶解性时，就有一定的误差，用于预测大分子之间相容性，误差就会更大；其二，对于聚合物共混物两相体系而言，所需求的只是部分相容性，而不是热力学相容性。一些达不到热力学相容的体系，仍然可以制备成具有优良性能的两相体系材料；其三，对于大多数聚合物共混物而言，尽管在热力学上并非稳定体系，但其相分离的动力学过程极其缓慢，所以在实际上是稳定的。尽管溶解度参数法如上所述的不足，这一方法仍然可以在选择聚合物对进行共混时用作初步筛选的参考。

2. 工艺相容性

从热力学上讲，目前绝大多数聚合物共混都是不相容的，即很难达到分子或链段水平的混合。但由于聚合物的相对分子质量很高，黏度特别大，靠机械力场将两种聚合物强制分散混合后，各相自动析出或凝聚的现象也很难产生，故仍可长期处于动力学稳定状态，并可获得综合性能良好的共混体系。这称为工艺（广义）相容性。

由此看来，工艺（广义）相容性仅仅是一个工艺上相对比较的概念。其涵义是指两种材料共混时的分散难易程度和所得共混物的动力学稳定性。对于聚合物而言，相容性有两方面的含义：一是指可以混合均匀的程度，即分散颗粒大小的比较，若分散得越均匀、越细，则表示相容性越好；另一方面是指相混合的聚合物分子间的作用力，即亲和性比较，若分子间作用力越相近，则越易分散均匀，相容性越好。这种广义相容性概念比狭义的相容性应用更为普遍。

3. 提高共混物相容性的方法

提高共混体系相容性的方法有：利用聚合物分子链中官能团间的相互作用、改变分子链结构、加入相容剂、形成互穿网络、进行交联和改变共混工艺条件等。

（1）利用聚合物分子链中官能团间的相互作用　如果参加共混的聚合物分子链上含有某种可相互作用的官能团，它们之间的相容性必定好。例如：聚甲基丙烯酸甲酯（有机玻璃）与聚乙烯醇、聚丙烯酸或聚丙烯酰胺等，由于分子键之间可以形成氢键、具有较好相容性。又如：聚合物分子链上分别含有酸性和碱性基团，共混时可以产生质子转移，分子链间可生成离子键或配位键。离子键的键能要强于氢键，所以聚合物之间相容性更好。

由于上述原因，在共混改性技术中，常常采用向分子链引入极性基团的方法来改善聚合物的相容性，并收到较好的效果。

（2）改变聚合物分子链结构的方法　通过对高分子链的化学改性（如氯化、磺化等），就有可能明显改善共混体系的相容性。如 PE 氯化形成氯化聚乙烯，就可以与 PMMA 较好地相容。其次，通过共聚的方法改变聚合物分子链结构，也是一种增加聚合物之间相容性的常用而有效的方法。如聚苯乙烯是极性很弱的聚合物，一般很难与其他聚合物相容，但苯乙烯与丙烯腈的共聚物（SAN），由于改变了分子中的链结构，就可与聚碳酸酯、聚氯乙烯和聚砜等许多聚合物共混相容。又如，非极性的聚丁二烯与聚氯乙烯很难相容，但丁二烯与丙烯腈的共聚物与聚氯乙烯却具有很好的相容性；聚乙烯与聚氯乙烯难以相容，但乙烯与醋酸乙烯的共聚物（EVA）也能与聚氯乙烯很好相容。同样道理，乙烯与丙烯酸的共聚物可与尼龙 6 组成相容体系，而聚乙烯与尼龙 6 则不能。

（3）加入第三组分——增溶剂的方法　增溶剂指的是那些能够促进共混体系各组分相容的物质。又称为相容剂、增混剂。实践证明，增溶剂能卓有成效地解决共混体系中因热力学不相容而导致宏观相分离、两相界面粘接力差、应力传递效率低、力学性能不好、甚至综合性能低于单一组分聚合物的性能等问题。增溶剂的出现和广泛地应用是当今聚合物共混改性最成功和最活跃的领域之一。有关增溶剂的相关知识及其应用将在本章第四节作详细介绍。

（4）通过加工工艺改善聚合物之间的相容性　热力学相容性好的共混体系尽管是相容的必要条件，但如果没有很好的加工设备和加工工艺，也不能实现真正的混溶；反之，相容性差的共混体系，如能采用好的加工设备，合理的工艺条件，借助提高温度和强剪切力的作用，增加相间接触面，同样可以改善聚合物之间的相容性，使之形成较好的共混体系。

温度是实现聚合物共混的重要条件,绝大多数情况下,提高加工温度有助于本来不相容的聚合物转化为相容或部分相容。但有时相反,当温度升高到某一温度或降低到某一温度(称为最高临界温度或最低临界温度)时,本来已相容的共混体系会出现相分离。

机械混合时,强烈的剪切力可以强迫两种不相容或相容性不好的聚合物的分子链缠绕在一起,通过扩大相间的接触而增加链段的扩散程度,增加相容性。有时在强烈的剪切力和加热的作用下,共混物的分子链发生部分断裂,生成不同组分之间接枝或嵌段共聚物,该共聚物都是很好的增溶剂,可增加组分之间的相容性。这就是所谓的机械力-化学作用。

(5)在共混物组分间发生交联作用以改善相容性　交联可分化学交联和物理交联两种情况。例如,用辐射的方法可使 LDPE/PP 产生化学交联,其相容性得到改善。结晶作用属于物理交联,例如 PET/PP 及 PET/尼龙 66,由于取向纤维组织的结晶,使已形成的共混物形态结构稳定,从而体系相容性增加。

(6)共溶剂法和 IPN 法　两种互不相溶的聚合物常可在共同溶剂中形成真溶液。将溶剂除去后,相界面非常大,以致很弱的聚合物-聚合物相互作用就足以使形成的形态结构稳定。

互穿网络聚合物(IPN)技术是改善共混物相容性的新方法。其原则是将两种聚合物结合成稳定的相互贯穿的网络,从而提高其相容性。

二、共混物的形态结构

由于聚合物共混物是由两种或两种以上的聚合物组成的,故其形态结构是多种多样的。对于热力学互溶的共混体系,有可能形成均相的形态结构,反之,则可能是两个或两个以上的多相结构。这种多相形态结构最为普遍,也最为复杂。

1. 均相结构

若形成共混物的各种聚合物组分是在热力学上完全互溶,则所得共混物的结构为均相体系,即保持分子水平上的混合,形成均一的相态。这种能满足热力学相容的聚合物共混物很少,且此类共混物的性能往往介于各组分单独存在时的性能之间,很难具有高的性能,所以目前对此研究较少。

2. 非晶聚合物构成的多相共混物体系的形态结构

由非晶聚合物构成的多相共混物体系,按相的连续性,形态结构有三种基本类型(以双组分共混物为例):单相连续结构、两相互锁或交错结构和相互贯穿的两相连续结构。

聚合物共混物中的两个相或多个相中只有一个是连续相。此连续相可看作分散介质,称为基体,其他的相分散于连续相中,称为分散相。在复相聚合物体系中,每一相都以一定的聚集形态存在。由于相之间的交错,故连续性较小的相或不连续的相就被分成很多的微小区域,这种区域称作相畴或微区。单相连续的形态结构又因分散相相畴的形状、大小以及与连续相结合情况的不同而表现为多种形式。

① 分散相形状不规则　分散相是由形状很不规则、大小极为分散的颗粒所组成。机械共混法制得的共混物一般具有这样的形态结构,如图 4-3。一般情况下,含量较大的组分构成连续相,含量较小的组分构成分散相,分散相的颗粒尺寸通常为 $1\sim10\mu m$。

② 分散相较规则　分散相颗粒(一般为球形)内部不包含或只包含极少量的连续成分,苯乙烯-丁二烯-苯乙烯三元嵌段共聚物(SBS,其中 B 含量为 20%时)就是这种结构的例子,如图 4-4 所示。

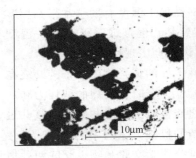
图 4-3　机械共混法 HIPS
电子显微镜照片
黑色不规则颗粒为橡胶分散相

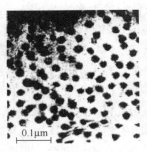
图 4-4　SBS 三元嵌段
共聚物形态结构
丁二烯含量为 20%

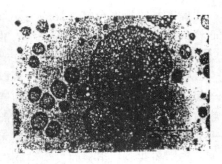
图 4-5　G 型 ABS 形态结构的
电子显微镜照片

③ 分散相为胞状结构或香肠状结构　即分散相颗粒内尚包含连续相成分所构成的更小颗粒，在分散相内部又可把连续相成分所构成的更小的包容物当作分散相，而构成颗粒的分散相成分则成为连续相，这时分散颗粒的截面形似香肠，如图 4-5。接枝共聚-共混法制得的共混物多数具有这种形态结构，如乳液接枝共聚法制得的 ABS 共混物，这种类型的 ABS 是橡胶颗粒（颗粒粒径约为 0.1～0.5μm）和树脂基体构成的两相共混物。

④ 分散相为片状结构　此种形态是分散相呈微片状均匀分散于连续相中，当分散相浓度较高时，进一步形成了分散相的片层，见图 4-6。当分散相的熔体黏度大于连续相的熔体黏度，共混时采用适当的剪切速率及适当的增溶技术就有可能形成这样的形态结构。

图 4-6　分散相为片层状聚合物
共混物的形态结构
微片状分散相（PA）均匀分布于
连续相（HDPE）中

3. 两相互锁或交错结构

这类形态结构有时也称两相共连续结构，包括层状结构和互锁结构。此类结构中，每一组分都没有形成典型的连续相，只是以明显的交错排布结构形式存在，很难分清哪个是分散相哪个是连续相。以嵌段共聚物为主要成分的聚合物共混物，当其两组分含量相近时容易形成这种结构。图 4-7 给出了 SBS 嵌段共聚物（丁二烯含量为 60%左右）的形态结构。

通常情况下，聚合物共混物可在一定的组成范围内会发生相的逆转，原来是分散相的组分变成连续相，而原来是连续相的组分变成分散相（图 4-8）。在相逆转的组成范围内，常可形成两相互锁或交错的共连续形态结构，使共混物的力学性能提高。

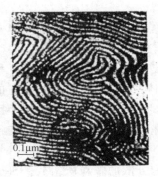
图 4-7　SBS（丁二烯含量 60%）
形态结构电镜照片
样品为以甲苯为溶剂的浇铸薄膜，
用四氧化锇染色。黑色部分为
聚丁二烯嵌段相，白色部分为
聚苯乙烯嵌段相

应当指出，交错层状的共连续结构在本质上并非热力学稳定结构，但由于聚合物屈服应力的存在，此结构可长期稳定存在。

4. 相互贯穿的两相连续结构

此类结构的典型例子是互穿网络聚合物（IPN）。在 IPN

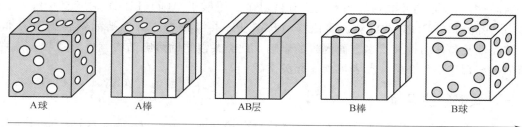

图 4-8　嵌段共聚物及嵌段共聚物/均聚共混物形态结构模型

中，两种聚合物网络相互贯穿，使得整个体系成为一个交织网络，两个相都是连续相，如图 4-9 所示。

在 IPN 中，两个相的连续程度可以不同，连续性较大的相，对性能影响也较大。两组分的相容性越大、交联度越大，则 IPN 两相结构的相畴越小。

在某些文献中，描述聚合物共混物的形态结构时常用"海-岛"结构和"海-海"结构的概念。两相结构中的连续相比作海，分散相则比作岛，分散相分散在连续相中就好比是海岛分散在大海中一样，显然，上述的单相连续结构即为"海-岛"结构，而上述的两相互锁或交错结构和相互贯穿的两相连续结构可看成"海-海"结构。

5. 结晶-非结晶聚合物共混物的形态结构

对于结晶-非结晶聚合物共混体系和结晶-结晶聚合物共混体系，上述原则同样适用。但除了不相容的两组分的相态结构

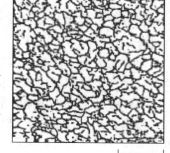

图 4-9　顺式聚丁二烯/聚苯乙烯 IPN 电镜照片
聚丁二烯/聚苯乙烯=24/50
黑色部分为聚丁二烯

外，还需要考虑晶态结构、晶相同非晶相的织态结构因素，使得凝聚态结构的研究更加复杂。

对于结晶聚合物与非结晶聚合物组成的共混体系，其形态结构早期曾归纳成以下四种类型，见图 4-10：①晶粒分散在非晶态介质中；②球晶分散于非晶态介质中；③非晶态分散于球晶中；④非晶态形成较大的相畴分布于球晶中。根据近年来广泛的研究报道，以上四类结晶结构尚不能充分代表晶态/非晶态聚合物共混物形态的全貌，即至少应增加如下四种：球晶几乎充满整个共混体系（为连续相），非晶聚合物分散于球晶与球晶之间；球晶被轻度破坏，成为树枝晶并分散于非晶聚合物之间；结晶聚合物未能结晶，形成非晶/非晶共混体系（均相或非均相）；非晶聚合物产生结晶，体系转化为结晶/结晶聚合物共混体系（也可能同时含存一种或两种聚合物的非晶区）。

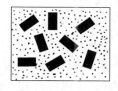 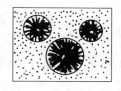  

(a) 晶粒分散在非晶区中　(b) 球晶分散在非晶区中　(c) 非晶态分散于球晶中　(d) 非晶态集聚成较大的相畴分散在球晶中

图 4-10　晶态/非晶态共混物形态结构示意图

结晶/结晶聚合物共混物的例子主要有聚对苯二甲酸丁二酯（PBT）/对苯二甲酸乙二酯（PET）共混物、PE/PP共混物、聚酰胺（PA）/PE共混物等。由于结晶聚合物尚有非晶区，结晶性及晶体结构又受多方面因素的影响，此类共混物的形态结构就更为复杂。有关此方面的内容暂且不作介绍，读者可参看相关文献。

三、共混物的界面

两种聚合物共混时，共混体系存在三个区域结构，即两聚合物各自独立的区域以及两聚合物之间形成的过渡区，这个过渡区称为界面层。界面层的结构与性质，反映了共混聚合物之间的相容程度与相间的粘接强度，对共混物的性能起着很大的作用。

1. 界面层的形成

热力学不相容的聚合物在共混过程中，经历两个过程，第一步是两相相互接触，第二步是两聚合物大分子链段相互扩散。这种大分子链相互扩散的过程也就是两相界面层形成的过程。

聚合物大分子链段的相互扩散有两种情况：若两种聚合物大分子具有相近的活动性，则两大分子链段以相近的速度相互扩散；若两大分子的活动性相差很大，则两相之间扩散速度差别很大，甚至发生单向扩散。

两聚合物大分子链段相互扩散的结果是两相均会产生明显的浓度梯度，如图4-11所示，聚合物1向聚合物2扩散时，其浓度逐渐减小，同样聚合物2在向聚合物1扩散时，其浓度亦逐渐减小，最终形成聚合物共存区，这个区域即为界面层。

2. 界面层厚度

界面的厚度主要取决于两聚合物的相容性。相容性差的两聚合物共混时，两相间有非常明显和确定的相界面；两种聚合物相容性好则共混体中两相的大分子链段的相互扩散程度大，两相界面层厚度大，相界面较模糊；若两种聚合物完全互溶，则共混体最终形成均相体系，相界面完全消失，见图4-12。

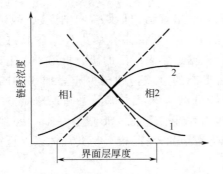

图4-11 界面层中两种聚合物链段的浓度梯度
1—聚合物1链段浓度；
2—聚合物2链段浓度

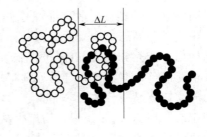

图4-12 界面层示意图
ΔL为界面层厚度

一般情况下，界面层厚度ΔL约为几纳米到数十纳米。例如共混物PS/PMMA用透射电镜法（TEM）测得的ΔL为5nm。相畴很小（即高度分散）时，界面层的体积可占相当大的比例，例如当分散相颗粒直径为100nm左右时，界面层可达总体积的20%左右。因此界面层可视为具有独立特性的第三相。

界面层厚度可根据不同的理论进行估算。Ronca 等人提出,界面层厚度 ΔL 可表示为:

$$\Delta L^2 = k_1 M T_c Q (T_c - T) \tag{4-4}$$

式中　M——聚合物相对分子质量;

　　　T_c——临界混溶温度,℃;

　　　Q——与 T_c 及 M 有关的常数;

　　　T——温度,℃;

　　　k_1——比例常数。

根据 Helfand 理论,对非极性聚合物,当相对分子质量很大时,界面层厚度为:

$$\Delta L = 2(k/\chi_{1,2})^{1/2} \tag{4-5}$$

式中　k——常数;

　　　$\chi_{1,2}$——Flory-Huggins 相互作用参数。

从热力学观点,界面层的厚度决定于熵和能两种因素。能量因素是指聚合物 1 和聚合物 2 之间的相互作用能,它与两种聚合物溶解度参数 δ_1 及 δ_2 差的平方成正比,而此差的平方又与 $\chi_{1,2}$ 成比例。

当然,以上所述是指非极性聚合物的情况。当聚合物极性较大或两种组分间存在特殊的相互作用时,上述结论就不再适用。

3. 界面的粘接

对于两组分聚合物共混物,两聚合物界面的粘接好坏和链段的扩散程度,对共混物的性能,尤其是力学性能具有决定性的作用。粘接越好、扩散性能越大,力学性能越优异。

两聚合物相界面间的粘接力大小,一方面取决于两聚合物大分子间的化学结合(如接枝和嵌段共聚物之间),另一方面,则取决于两相间的次价力。对于大多数聚合物共混物,尤其是机械共混物来说,两相之间主要是以次价力作用粘接。而次价力的大小主要决定于界面张力,两相的界面张力越小,粘接强度就越高。从两聚合物链段相互扩散考虑,次价力粘接又与两聚合物之间的相容性有关,相容性越好,链段相互扩散程度越高,界面厚度越大,界面也越模糊,界面的粘接强度就越高,共混物的力学性能就越优异。

4. 界面层的性质

界面层的性质主要是指界面层的稳定性。其稳定性与界面层的组成结构有很大关系。Helfand 证实,处在界面层的聚合物密度较其本体相的密度会有所改变;聚合物大分子的形态和聚合物的超分子结构亦都有不同程度的改变,例如在界面层大分子尾端的浓度要比本体高,即链端向界面集中,并倾向垂直于界面取向,而大分子链整体则大致平行于界面取向。此外,在共混体系中若有其他添加剂时,添加剂在两种聚合物组分单独相中和在界面层中的分布一般也不相同,具有表面活性的添加剂、增溶剂以及表面活性杂质会向界面层集中,这可增加界面层的稳定性;当聚合物相对分子质量分布较宽时,由于低相对分子质量级分表面张力较小,因而它会向界面层迁移。这有利于提高界面层的热力学稳定性,但往往会使界面层的力学强度下降。

Bares 证实,界面层的玻璃化温度介于两种聚合物组分玻璃化温度之间。随着分散相颗粒尺寸的减小,界面层所占体积分数的增大,作为第三相的玻璃化转化也越明显。

上述事实表明,界面层的力学松弛性能与本体相是不同的;界面层及其所占的体积分数对共混物的性能有显著影响。这也解释了相畴尺寸对共混物性能有明显影响的事实。

5. 界面层的作用

在两相共混体系中,由于分散相颗粒的粒径很小(通常为微米数量级),具有很大的比表面积。分散相颗粒的表面,亦可看作是两相的相界面。如此量值巨大的相界面,可以产生多种效应。

(1) 力的传递效应　在共混材料受到外力作用时,相界面可以起到力的传递效应。譬如,当材料受到外力作用时,作用于连续相的外力会通过相界面传递给分散相;分散相颗粒受力后发生变形,又会通过界面将力传递给连续相。为实现力的传递,要求两相之间具有良好的界面结合。

(2) 光学效应　利用两相体系相界面的光学效应,可以制备具有特殊光学性能的材料。譬如,将 PS 与 PMMA 共混,可以制备具有珍珠光泽的材料。

(3) 诱导效应　相界面还具有诱导效应,譬如诱导结晶。在某些以结晶高聚物为基体的共混体系中,适当的分散相组分可以通过界面效应产生诱导结晶的作用。通过诱导结晶,可形成微小的晶体,避免形成大的球晶,对提高材料的性能具有重要作用。

相界面的效应还有许多,譬如声学、电学、热学效应等。

四、影响共混物形态结构的因素

聚合物共混物理想的形态结构应为宏观均相、微观或亚微观分相、界面结合好的稳定的多相体系。然而,能否得到人们所期望的共混物形态结构,则主要取决于聚合物的相容性、配比、黏度、内聚能密度和制备方法等诸多因素。

1. 相容性

热力学相容性是聚合物能否获得均匀混合的形态结构的主要因素。两种聚合物的相容性越好,就越容易相互扩散而达到均匀的混合,界面层厚度也就宽,相界面越模糊,相畴越小,两相之间的结合力也越大。前已述及,完全相容和完全不相容的共混体系,均不利于共混改性的目的(尤其指力学性能改性)。一般而言,我们所需要的是两种聚合物有适中的相容性,从而制得相畴大小适宜、相之间结合力较强的多相结构的共混产物。

为说明相容性对共混物形态结构的影响,下面以 PVC/NBR 共混物为例进行讨论。PVC 的 δ 为 9.7。丁腈橡胶(NBR)的溶解度参数 δ 与丙烯腈(AN)的含量有关,如表 4-2 所示。

表 4-2　NBR 的 δ 与 AN 含量的关系

AN/%(质量)	51	41	33	29	21	0
δ	10.2	9.6	9.4	9.1	8.6	8.2

根据动态力弹性能的测定和电镜分析,PVC 与 PB 是不相容的,相畴粗大,相界面明显,两相之间结合力弱,冲击强度小。对 PVC-NBR 共混体系,当 AN 含量为 20% 左右时,是部分相容体系,相畴适中,两相结合力较大,冲击强度很高。当 NBR 中 AN 含量超过 40% 时,PVC 与 NBR 二者的 δ 很接近,基本上完全相容,共混物近于均相,相畴极小,冲击强度亦低。图 4-13 可充分说明相畴大小与互溶性的关系。

聚合物的相对分子质量分布对共混物界面层及两相之间的结合力亦有影响。前曾述及,聚合物之间相容性与相对分子质量有关,相对分子质量减小时相容性增加。聚合物相对分子质量分布较宽时,低分子级分倾向于向界面层扩散,在一定程度上起到乳化剂的作用,增加

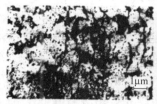  

(a) PVC/PB(100/15),AN%=0　　(b) PVC/NBR-20(100/15)　　(c) PVC/NBR-40(100/15)

图 4-13　PVC/NBR 共混物超薄片电镜照片

两相之间的粘接力。

应当指出，在混合加工过程的流动场中，聚合物之间的相容性可能发生变化。有两种不同的情况：①应力引起不可逆变化，如沉淀、结晶、蛋白质变性等。这时组分之间的相容性降低。②应力引起可逆性变化使相容性增大。应力使相容性增大的现象常称为应力均化。由于分散相珠滴的可形变性，在流动场中表现弹性效应，所储存的弹性能是珠滴破碎而产生均化作用的主要原因。

2. 配比

共混组分之间的配比是影响共混物形态的一个重要因素，也是决定哪一相为连续相，哪一相为分散相的重要因素。当共混物中两聚合物的初始浓度和内聚能相接近时，则用量多的组分容易形成连续相，用量少的组分容易形成分散相。

通过理论推导，可以求出连续相（或分散相）组分的理论含量。假设分散相颗粒是直径相等的球形，并且这些球形颗粒以"紧密填充"的方式排布，如图 4-14 所示，在此情况下，其最大填充分数（体积分数）为 74%。因此可以推论，当两相共混体系中的某一组分含量（体积分数）大于 74% 时，则此组分易形成连续相。同样，当某一组分含量（体积分数）小于 26% 时，则此组分易形成分散相。当组分含量在 26%～74% 之间时，哪一组分为连续相，将不仅取决于组分含量之比，而且还要取决于其他因素，主要是两个组分的熔体黏度。在多相结构的共混物中，多数共混体系相逆转不一定发生在组分含量为 50/50 处，大多数情况下都偏离 50/50，而发生在此配比附近的某处。

上述理论临界含量是建立在一定假设的基础之上的，因而并非是绝对的界限，在实际应用中仅具有参考的价值。实际共混物的分散相颗粒，一般都并非直径相等的球形；另一方面，这些颗粒实际上也不可能达到"紧密填充"的状态。尽管如此，对于大多数共混体系，特别是熔融共混体系，仍然可以用上述理论临界含量对哪一相为分散相，哪一相为连续相作出一个参考性的界定。也有一些例外的情况，如 PVC/CPE 共混体系，在 CPE 含量为 10% 时，CPE 仍可为连续网状结构。

从图 4-14 可知，在熔融共混制备的两相共混体系中，随着组分含量的变化，在某一组分的形态由分散相转变为连续相的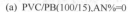

图 4-14　紧密填充示意图

时候，或由连续相转变为分散相的时候，会出现一个两相连续的过渡形态。而产生这一形态结构的组分含量，与共混体系组分的特性有关，并且与共混组分的熔体黏度有关。

共混组分间的配比对共混物形态结构的影响可从如下两个例子中得到印证。例如，在 SBR/PS 共混物中，PS 含量对其相结构形态的影响如图 4-15 所示。从图中可以看出，当 PS

含量较少时，SBR 呈连续相，PS 呈分散相 (a)；随着 PS 含量增多，PS 逐渐粘连 (b)，但 PS 仍然为分散相，SBR 仍为连续相；当 PS 再增加，则两个相都是连续相，构成交错贯穿结构 (c)；当 PS 含量再进一步增加，则发生相逆转，由原来 SBR 是连续相转换成 PS 为连续相 (d)；再增加 PS 含量，PS 仍为连续相，SBR 仍为分散相 (e)。再如，采用熔融共混制备的 PVC/PP 共混物中，共混体系的形态结构随两种组分的体积比变化为：当 PVC/PP 体积比为 80/20 时，共混物形态是组分含量较多的 PVC 为连续相，组分含量较少的 PP 为分散相；在体积比为 60/40 时，该共混物形态为两相连续的交错贯穿结构；在体积比为 40/60 和 20/80 时，PP 变为连续相，PVC 为分散相。

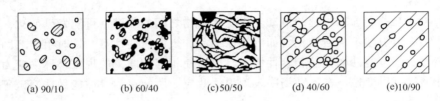

(a) 90/10　　(b) 60/40　　(c) 50/50　　(d) 40/60　　(e)10/90

图 4-15　共混物配比对结构形态的影响（SBR-30/PS）

□—SBR；▨—PS

3. 黏度

（1）基本规律　对于熔融共混体系，共混组分的熔体黏度亦是影响共混物形态的重要因素。关于共混组分的熔体黏度对共混物形态的影响，有一个基本的规律——"软包硬"法则。即黏度低的一相（软相）总是倾向于生成连续相，而黏度高的一相（硬相）则总是倾向于生成分散相。

需要指出的是，黏度低的一相倾向于生成连续相，并不意味着它就一定能成为连续相；黏度高的一相倾向于生成分散相，也并不意味着它就一定能成为分散相。因为共混物的形态还要受组分配比的制约。于是，就有必要来讨论黏度与配比的综合影响了。

（2）黏度与配比的综合影响　共混组分的熔体黏度与配比对于共混物形态的综合影响，

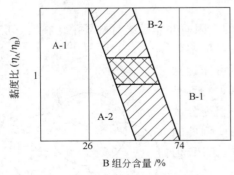

图 4-16　共混组分的熔体黏度与配比对共混物形态的综合影响（示意图）

可以用图 4-16 来表示。从图 4-16 中可知，在某一组分含量（体积分数）大于 74% 时，这一组分一般来说是连续相（如在 A-1 区域，A 组分含量大于 74%，A 组分为连续相）；当组分含量小于 26% 时，这一组分一般来说是分散相。组分含量在 26%～74% 之间时，哪一相为连续相，哪一相为分散相，将取决于配比与熔体黏度的综合影响。由于受熔体黏度的影响，根据"软包硬"的规律，在 A-2 区域，当 A 组分的熔体黏度小于 B 组分时，尽管 B 组分的含量接近甚至超过 A 组分，A 组分仍然可以成为连续相。在 B-2 区域，亦有类似的情况。

在由 A 组分为连续相向 B 组分为连续相转变的时候，会有一个相转变区存在（图 4-16 中的阴影部分）。从理论上讲，在这样一个相转变区内，都会有两相连续的"海-海结构"出现。但是，只有在 A 组分与 B 组分熔体黏度接近于相等的区域内，才能较为容易地得到具有"海-海结构"的共混物。A 组分与 B 组分熔体黏度相等的这一点，称为"等黏点"。等黏点在聚合物共混改性中极具重要性。

(3) 黏度比 λ 对分散相颗粒尺寸的影响 为探讨黏度比对共混物形态（主要是分散相粒径）的影响，可引入两个参数，λ（即黏度比）与 k：

$$\lambda = \eta_2/\eta_1 \tag{4-6}$$

式中，η_1 与 η_2 分别是连续相与分散相物料的黏度。

$$k = \tau d/\sigma \tag{4-7}$$

式中　τ——剪切应力；

　　　σ——两相间界面张力；

　　　d——分散相粒径。

令 $\tau = \eta_1 \dot{\gamma}$，则有：

$$k = \eta_1 \dot{\gamma} d/\sigma \tag{4-8}$$

式中　$\dot{\gamma}$——剪切速率。

以上参数是以稀乳液为模型体系提出的，也被应用于聚合物共混体系。这两个参数本身并不复杂，但却可以用来反映影响聚合物共混物形态（主要是分散相粒径）的错综复杂的因素之间的关系。

许多研究者研究了黏度比 λ 与参数 k 的关系，取得了很有价值的研究结果。当共混物形态为"海-岛结构"，且分散相粒子为接近于球形时，可以发现黏度比 λ 与参数 k 的关系呈现一定的规律性，并可由此而进一步探讨黏度比 λ 与分散相粒径的关系。Wu 采用双螺杆挤出机，对 PET/乙丙橡胶、尼龙/乙丙橡胶等进行试验，并探讨了共混体系物料的熔体黏度比 λ 与参数 k（$k = \eta_1 \dot{\gamma} d/\sigma$）的关系，其结果表明：当 λ 值接近于 1 时，即当分散相黏度与连续相黏度接近于相等时，k 值可达到一极小值，如图 4-17 所示。若 η_1、$\dot{\gamma}$、σ 都保持不变，则图 4-17 所示实验结果表明：在 λ 值接近于 1 时，即当分散相黏度与连续相黏度接近于相等时，分散相颗粒的粒径（d）可达到一个最小值。

如前所述，在由 A 组分为连续相向 B 组分为连续相转变的时候，即在相转变区内，当 A 组分与 B 组分熔体黏度接近于相等时，可以较为容易

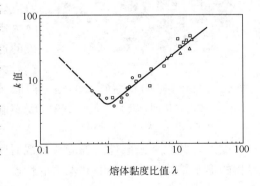

图 4-17　k 值与 λ 值的关系曲线
共混体系为 PET/乙丙橡胶、尼龙/乙丙橡胶

地得到具有"海-海结构"的共混物。图 4-17 所示的实验结果则表明，当共混物形态为"海-岛结构"，且分散相粒子为接近于球形时，若分散相黏度与连续相黏度接近于相等，则分散相颗粒的粒径可达到一个最小值。以上结果都表明了"等黏点"在聚合物共混改性中的重要性。

4. 内聚能密度

内聚能密度大的聚合物，其分子间作用力大，不易分散，因此，在共混物体系中趋向于形成分散相。如共混比为 25/75 的 CR/NR 共混物中，尽管 CR 占 75 份，但其在共混物中仍然为分散相。其原因为 CR 的内聚能密度值大。

5. 制备方法

同种聚合物共混物采用不同的制备方法，其形态结构会有很大不同。一般而言，接枝共

聚-共混法制得的产物，其分散相为较规则的球状颗粒；熔融共混法制得的产物，其分散相的颗粒较不规则且尺寸也较大。但有一些例外，如乙丙橡胶与聚丙烯的机械共混物，分散相乙丙橡胶颗粒是规则的球形。这大概是由于聚丙烯是结晶的，熔化后黏度较低，界面张力的影响起主导作用的缘故。

用本体法和本体-悬浮法制备高抗冲聚苯乙烯（HIPS）和 ABS 时，丁腈胶颗粒中包含有 80%～90% 体积的树脂（PS）。树脂包容物的产生主要是由于相转变过程的影响。用同样的方法制备橡胶增韧的环氧树脂时无相转变过程，因此橡胶颗粒中不包含环氧树脂。以乳液聚合法制得的 ABS，橡胶颗粒中包含有约 50% 体积的树脂，橡胶颗粒的直径亦较小。不同制备方法所制得的 ABS 的形态结构示于图 4-18。

当用溶液浇铸成膜时，产品的形态结构与所用的溶剂种类有关。例如 SBS 三嵌段共聚物浇铸成膜时，若以苯/庚烷（90/10）为溶剂，丁二烯嵌段为连续相。这是由于苯可溶解丁二烯嵌段亦可溶解苯乙烯嵌段，而庚烷只能溶解丁二烯嵌段；因此先蒸发掉苯再干燥除去庚烷时，苯乙烯嵌段首先沉析而分散于丁二烯嵌段的连续相中。反之，若用四氢呋喃/甲乙酮（90/10）为溶剂时，由于四氢呋喃为共同溶剂，甲乙酮只溶胀苯乙烯嵌段，因此先蒸发掉四氢呋喃再除去甲乙酮而制得的薄膜中，苯乙烯嵌段为连续相而丁二烯嵌段为分散相。

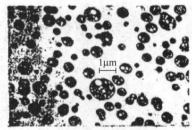

(a) 本体-悬浮法ABS

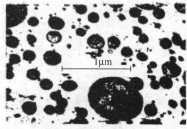

(b) 乳液聚合法ABS

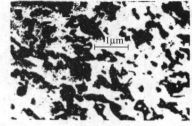

(c) 机械共混法ABS

图 4-18　三种不同方法制得的 ABS 形态结构的对比（用四氧化锇染色的电镜照片，黑色部分为橡胶相）

此外，共混工艺条件如温度、共混时间、剪应力、助剂及加料次序等因素都可以影响共混物的形态结构，进而影响共聚物的性能。

五、共混体系聚合物的选择原则

对于多数不具有相容性的聚合物，虽然可以通过一定的工艺手段使之混合，且可以得到具有优异性能的共混物。但在实际工业应用中，并不是任意两种聚合物共混都能得到满意的效果，它要求共混物的性能必须稳定，共混工艺简单，并可降低成本。因此，在选择共混材料时，应注意几个原则。

1. 化学结构相似原则

共混体系中若各聚合物组分的结构相似，则容易获得相容的共混物。所谓结构相近，是指各聚合物组分的分子链中含有相同或相近的结构单元，如 PA6 与 PA66 的分子链中都含有—CO—NH—、—CH$_2$—、—NH$_2$，故有较好的相容性。

2. 极性相近原则

即体系中组分之间的极性越相近，其相容性越好。

3. 溶解度参数相等或相近原则

聚合物相容规律为$|\delta_1-\delta_2|<0.5$，相对分子质量越大其差值应越小。但溶解度参数相近原则仅适用于非极性组分体系。

4. 黏度相近原则

组成共混体系的各聚合物组分的黏度越接近，越能混合均匀，且不易出现离析现象，共混物的性能亦越好。

5. 表面张力相近原则

在共混体系中，总希望两界面的表面张力尽量接近。这样可使两种聚合物共混时相之间的表面张力差很小，以保持两相之间的浸润和良好接触。因此，两聚合物的γ越相近，两相间的浸润、接触与扩散就越好，界面的结合也越好，共混物的性能就越优良。如常用的共混体系 BR/PE、NBR/PVC、NR/EVA 等均遵循表面张力相近的原则。

6. 分子扩散动力学原则

分子扩散动力学原则即分子链段渗透相近原则。当两种聚合物相互接触时，会发生链段之间的相互扩散。若两种聚合物大分子具有相近的活动性，则两种大分子的链段就以相近的速度相互扩散，形成模糊的界面层，界面层厚度越宽，共混物的性能越优异。若两种聚合物的大分子链段的活动性相差悬殊，则两种聚合物分子间渗透差，两相之间有非常明显和确定的相界面，共混物的性能很差。

第三节　聚合物共混物的性能

聚合物共混物的性能，包括流变性能、力学性能、光学及电学性能、阻隔及抗渗透性能等。在具体介绍聚合物共混物性能之前，先根据影响共混物性能的因素，介绍共混物性能与单组分性能的一般关系。

一、聚合物共混物性能与其纯组分性能间的一般关系

影响共混物性的因素，首先是各共混组分的性能。共混物的性能与单一组分的性能之间，都存在着某种关联，以双组分共混体系为例，其性能与组分性能之间的关系常可用最简单的关系式表示，这种简单关系称作"混合法则"。最常用的有如下两个关系式：

$$P=\beta_1 P_1+\beta_2 P_2 \tag{4-9}$$

$$\frac{1}{P}=\frac{\beta_1}{P_1}+\frac{\beta_2}{P_2} \tag{4-10}$$

式中　P——双组分体系的某指定性能，如密度、电性能、黏度、热性能、力学性能、玻璃态转变温度、扩散性质等；

P_1，P_2——分别为组分 1 及 2 的相应性能；

β_1，β_2——分别表示组分 1 及 2 的含量。可用体积分数、质量分数或摩尔分数表示。

在大多数情况下，式(4-9)给出双组分体系性能P的上限值；式(4-10)则给出P的下限值。

采用式(4-9)及式(4-10)表征双组分共混物性能P与单一组分性能P_1、P_2之间的关系，由于未考虑共混物的形态结构，因而与实际共混物的性能会有较大的偏差。为了更好地反映共混物性能与单一组分性能之间的关系，应根据不同的共混物形态，分别建立相应的关系式。

1. 均相共混物

若两种聚合物组分是完全相容的，则构成均相的共混物。常常把无规共聚物归入这一类型，以低聚物作增塑剂的体系也常常属于这一类型。

均相体系共混物性能与单一组分性能之间的关系式，可在式(4-9)基础上加以改进而获得。式(4-9)实际上表示组分1与组分2之间没有相互作用。但对于大多数共混物而言，各组分之间通常是有相互作用的。因而，均相体系共混物性能可以用下式表征：

$$P = \beta_1 P_1 + \beta_2 P_2 + I\beta_1\beta_2 \tag{4-11}$$

式中，I 为两组分之间的相互作用参数，称为作用因子。

根据两组分之间相互作用的具体情况，可取正值或负值。若 I 值为0，则式(4-11)就是式(4-9)。

2. 单相连续的复相共混物

影响单相连续复相共混物性能的因素，较之均相共混物要复杂得多。Nielsen提出了单相连续复相共混物的性能与单一组分性能及结构形态因素的关系式。由于单相连续复相共混物形态结构的复杂性，这些关系式也远较均相共混物的关系式复杂。

按 Nielsen 的"混合法则"，若两相体系中的分散相为"硬组分"，而连续相为"软组分"（这一设定主要适用于填充体系，或塑料增强橡胶的体系），则单相连续复相共混物的性能与单一组分性能及结构形态因素的关系如式(4-12)所示：

$$\frac{P}{P_1} = \frac{1 - AB\phi_2}{1 + B\Psi\phi_2} \tag{4-12}$$

式中　P——共混物的性能；

P_1——两相体系中连续相的性能；

ϕ_2——分散相的体积分数；

A，B，Ψ——参数，其中

$$A = K_E - 1 \tag{4-13}$$

K_E 为爱因斯坦系数，是一个与分散相颗粒的形状、取向、界面结合等因素有关的系数。对于共混物的不同性能，有不同的爱因斯坦系数（譬如力学性能的爱因斯坦系数、电学性能的爱因斯坦系数）。在某些情况下（譬如分散相粒子的形状较为规整时），K_E 可由理论计算得到；而在另一些情况下，K_E 值需根据实验数据推得。某些体系的力学性能的爱因斯坦系数 K_E 如表4-3所示。

表 4-3　力学性能的爱因斯坦系数 K_E

分散相粒子的类型	取向情况	界面结合情况	应力类型	K_E
球　形		无滑动		2.5
球　形		有滑动		1.0
立方体	无规			3.1
短纤维	单轴取向		拉伸应力，垂直于纤维取向	1.5
短纤维	单轴取向		拉伸应力，平行于纤维取向	$2L/D$

注：L/D 为纤维长径比。

B 是取决于各组分性能及 K_E（体现在 A 值中）的参数：

$$B = \frac{P_2/P_1 - 1}{P_2/P_1 + A} \tag{4-14}$$

式中　P_2——分散相的性能。

Ψ 为对比浓度,是最大堆砌密度 ϕ_m 的函数:

$$\Psi = 1 + \left(\frac{1-\phi_m}{\phi_m^2}\right)\phi_2 \quad (4\text{-}15)$$

$$\phi_m = \frac{\text{分散相粒子的真体积}}{\text{分散相粒子的堆砌体积}} \quad (4\text{-}16)$$

引入这个 ϕ_m 因子的前提,是假想将分散相粒子以某种形式"堆砌"起来,"堆砌"的形式取决于分散相粒子在共混物中的具体状况,与分散相粒子的形状、粒子的排布方式(有规、无规、是否聚结)、粒子的粒径分布等有关。换言之,ϕ_m 是分散相粒子在某一种特定的存在状况之下所可能达到的最大的相对密度。因此,将 ϕ_m 命名为最大堆砌密度。ϕ_m 这一因子所反映的,正是分散相粒子的某一种特定的存在状况的空间特征。若干种不同"存在状况"的分散相粒子的 ϕ_m 值见表 4-4。

表 4-4 最大堆砌密度化

分散相粒子形状	"堆砌"的形式	ϕ_m(近似值)	分散相粒子形状	"堆砌"的形式	ϕ_m(近似值)
球形	六方紧密堆砌	0.74	棒形($L/D=8$)	三维无规堆砌	0.48
球形	简单立方堆砌	0.52	棒形($L/D=16$)	三维无规堆砌	0.30
棒形($L/D=4$)	三维无规堆砌	0.62			

如果分散相为"软组分",而连续相为"硬组分",譬如橡胶增韧塑料体系,则式(4-12)应改为:

$$\frac{P_1}{P} = \frac{1 + A_i B_i \phi_2}{1 - B_i \Psi \phi_2} \quad (4\text{-}17)$$

式中

$$A_i = 1/A \quad (4\text{-}18)$$

$$B_i = \frac{P_1/P_2 - 1}{P_1/P_2 + A_i} \quad (4\text{-}19)$$

其余符号的涵义与式(4-12)相同。

3. 两相连续的复相共混物

互穿网络聚合物(IPN)、许多嵌段共聚物结晶聚合物等都具有两相连续的复相结构。采用机械共混法,亦可在一定条件下获得具有两相连续的复相结构。对于两相连续的复相结构体系,共混物性能与单组分性能之间,可以有如下关系式:

$$P^n = P_1^n \phi_1 + P_2^n \phi_2 \quad (4\text{-}20)$$

式中 ϕ_1——组分 1 的体积分数;
ϕ_2——组分 2 的体积分数;
n——与体系有关的参数,$-1 < n < 1$。

另一个常用关系式为:

$$\lg P = \phi_1 \lg P_1 + \phi_2 \lg P_2 \quad (4\text{-}21)$$

在发生相逆转的组成范围内,式(4-21)对预测共混物的弹性模量比较适用。

以结晶聚合物为例,结晶聚合物可以看作是晶相与非晶相的两相体系,且两相都是连续的。一些结晶聚合物(如 PE、PP、尼龙)的剪切模量可满足下式(取 $n=0.2$):

$$G^{0.2} = G_1^{0.2} \phi_1 + G_2^{0.2} \phi_2 \quad (4\text{-}22)$$

式中 G——结晶聚合物样品的剪切模量;

G_1，G_2——分别为晶相、非晶相的剪切模量；

ϕ_1，ϕ_2——分别为晶相、非晶相的体积分数。

以上所述是几种典型的类型，实际体系常常要复杂得多。所以上述关系式仅为基本的指导原则，对于具体的共混体系，应根据体系的特点，建立相应的关系式。

二、聚合物共混物的物理性能

1. 透气性和可渗性

聚合物的透气性和可渗性具有很大的实用意义，例如在薄膜包装、提纯、分离、海水淡化及医学方面的应用。这往往需要聚合物薄膜具有较好的力学强度、透过作用的高度选择性和较大的透过速度等。单一的聚合物一般难于满足多方面的综合要求，常需借助于共混方法来制得综合性能优异的共混物薄膜。例如用三醋酸纤维素与二醋酸纤维素共混制成适于海水淡化的隔膜，聚乙烯吡咯烷酮与聚氨酯共混制得高性能的渗析膜等。

一般而言，连续相对共混物的透气性起主导作用。当渗透系数较大的组分为连续相时，共混物的渗透系数接近按式(4-9)的计算值。若渗透系数较小的组分为连续相时，共混物的渗透系数接近式(4-10)的计算值。当两组分完全混溶时，共混物的渗透系数 P_c 一般符合下式：

$$\ln P_c = \phi_1 \ln P_1 + \phi_2 \ln P_2 \tag{4-23}$$

对液体和蒸气的透过性称为可渗性。被共混物所吸附的蒸气或液体常常发生明显的溶胀作用，显著改变共混物的松弛性能。因此共混物对蒸气或液体的渗透系数常依赖于浓度。共混物对蒸气或液体的平衡吸附量与共混中两组分分子间的作用力有关。两组分间的 Huggins-Flory 作用参数 $\chi_{1,2}$ 越大，则平衡吸附量越小。因此也可以据此探测共混组分之间的混溶性。

2. 共混物的电性能

共混物的电性能主要决定于连续相的电性能。例如，聚苯乙烯/聚氧化乙烯，当聚苯乙烯为连续相时，共混物的电性能接近于聚苯乙烯的电性能。当聚氧化乙烯为连续相时，则与聚氧化乙烯电性能相近。

3. 光学性能

由于复相结构的特点，大多数共混物是不透明的或半透明的。改善共混物透明性的方法有：减小分散相颗粒尺寸，但分散相颗粒太小时常使韧性下降；最好的办法是选择折射率相近的组分。若两组分折射率相等，则不论形态结构如何，共混物总是透明的，例如 MBS 树脂（它是由苯乙烯-丁二烯共聚物与甲基丙烯酸甲酯-苯乙烯-丁二烯三元共聚物共混而得）的透明性就很好，透明 PVC 塑料已为人们所注目，用 MBS 改性的抗冲 PVC 具有很好的透明性。

由于两组分折射率的温度系数不同，共混物的透明性与温度有关，常常在某一温度范围透明度达极大值，这对应于两组分折射率最接近的温度范围。

若两相体系的两种聚合物折射率相差较大时，则会具有珍珠般的光泽。譬如，PC/PMMA 共混物就是有珍珠光泽的共混材料。

4. 密度

当两组分不混溶或互溶性较小时，共混物的密度可按式(4-10)作粗略估计。但当两组分混溶性较好时，例如 PPO/PS、PVC/NBR 等，其密度可超过计算值 1%~5%。这是由于两组分间有较大的分子间作用力，使得分子间堆砌更加密切的缘故。

5. 共混物的热性能

共混物的热性能包括热容、热传导、热膨胀、耐热性和熔化等。

对于共混物的耐热性，则取决于所选用的聚合物组分及助剂。如采用增塑剂增韧的聚合物，会因增塑剂的加入使体系的耐热性下降较大，若采用共混增韧也会使耐热性有所降低，但其影响不如增塑剂明显，如橡胶增韧的环氧树脂，通过对橡胶的类型和含量的优化，可以在大幅度提高韧性的同时，维持其耐热性的要求，如果选用一些高性能的热塑性塑料如聚砜、聚醚醚酮、聚苯醚增韧，对其耐热性的影响更小。

三、聚合物共混物的力学性能

共混物的力学性能包括其热力学性能（如玻璃化温度）、力学松弛特性以及力学强度等。

1. 力学松弛性能

与均聚物相比，聚合物共混物的玻璃化转变有两个主要特点：一般有两个玻璃化温度；玻璃化转变区的温度范围有不同程度的加宽。这里起决定性作用的是两种聚合物的互溶性，这一点前面已讨论过了。

两个玻璃化转变的强度和共混物的形态结构及两相含量有关。以损耗正切值 $\tan\delta$ 表示玻璃化转变强度，有以下规律：构成连续相组分的 $\tan\delta$ 峰值较大，构成分散相组分的 $\tan\delta$ 峰值较小；在其他条件相同时，分散相的 $\tan\delta$ 峰值随其含量的增加而提高；分散相 $\tan\delta$ 峰值与形态结构有关，一般而言，起决定作用的是分散相的体积分数。以 HIPS 为例，机械共混法 HIPS 橡胶相颗粒中不包含聚苯乙烯，本体聚合法 HIPS 分散颗粒中包含 PS，故在相同组成比时，后者的分散相所占的体积分数较大，所以，其分散相的 $\tan\delta$ 峰值较大。但是，由于包容 PS 也使橡胶相的 T_g 稍有提高，如图4-19所示。

某些实验表明，分散相颗粒大小对玻璃化温度亦有影响。Wetton等指出，当颗粒尺寸减小时，由于机械隔离作用的增加，分散相的 T_g 会有所下降。此外，某些情况下会出现与界面层对应的转变峰。

共混物力学松弛性能的最大特点是力学松弛谱的加宽。一般均相聚合物在时间-温度叠合曲线上，玻璃化转变区的时间范围为 10^9 s 左右，而聚合物共混物的这一时间范围可达 10^{16} s。这可用图4-20作粗略的解释。共混物内特别是在界面层，存在两种聚合物组分的浓度

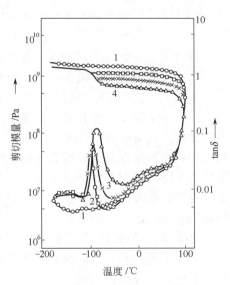

图4-19 HIPS动态力学损耗曲线
1—聚苯乙烯；2—机械共混法 HIPS，10%聚丁二烯（质量）；3—本体聚合法 HIPS，5%聚丁二烯（质量）；4—本体聚合法 HIPS，10%聚丁二烯（质量）

梯度。共混物恰似由一系列组成和性能递变的共聚物所组成的体系，因此，松弛时间谱较宽。

由于力学松弛时间谱的加宽，共混物具有较好的阻尼性能，可作防震和隔音材料，具有重要的应用价值。

2. 模量和强度

（1）模量　共混物的弹性模量可根据混合法则作近似估计。最简单的是根据式(4-9)及式(4-10)分别给出模量 M 的上、下限。一般而言，当模量较大的组分构成连续相，模量较小的组分为分散相时较符合式(4-9)。若模量较小的组分构成连续相，模量较大的构成分散相时，

较符合式(4-10)，如图 4-21 所示。图中曲线 2 为共混物模量实测值的示意曲线。AB 区中，模量较小的组分为连续相，实测值接近按式(4-10) 所得的理论值曲线 1。在 CD 区，模量较大的组分为连续相，故实测值较接近按式(4-9) 所得的上限值曲线 3。BC 区为共混物的相转变区。

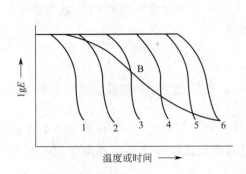
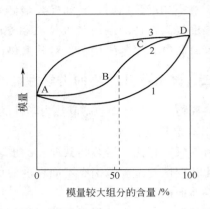

图 4-20　模量-温度（时间）关系
曲线 1~6—六种组成的无规共聚物；曲线 B—由上述六种无规共聚物所组成的共混物

图 4-21　共混物弹性模量与组成关系示意图
1—理论值；2—实测值；3—上限值

对两相都连续的共混物弹性模量，可按式(4-20) 作近似估计。

上述原则也适用于以无机填料填充的塑料或橡胶。

近年来已提出了更接近实际的一些经验近似式，如 Hashin 近似式、Kerner 公式等。

(2) 力学强度　聚合物共混物是一种多相结构的体系，各相之间相互影响，又有明显的协同效应，其力学强度并不等于各组分力学性能的简单平均值。高分子材料的最大优点之一是它们内在的韧性及其在断裂前能吸收大量的机械能，但是这种内在的韧性不是总能表现出来的，实际应用中不少聚合物总是由于冲击负荷下容易脆裂。因此，大多数情况下增加韧性是聚合物共物改性的主要目的，而冲击强度则是共混物力学性能重要的指标之一。下面将主要讨论共混物的冲击强度。

许多高分子材料特别是热塑性塑料发生断裂的原因，是因为制品在使用过程中会出现银纹。银纹是在材料表面或内部出现的微小而稠密的裂痕。这种微裂痕的界面能使光全反射而出现银色光，故称为银纹。银纹可分为表面的、裂缝尖端的、内部的三种，它不同于裂缝，厚度约为 $10\mu m$，平面尺寸远大于厚度，并且具有可逆性，在压力或玻璃化温度以上退火时，银纹会回缩以至消失。脆性聚合物只能在薄弱的部位产生少数的银纹，吸收能量有限，产生的银纹在外加应力的作用下，发展成裂缝并进一步扩展，最终使材料断裂。为此，应对材料进行增韧。

以橡胶为分散相的增韧塑料是聚合物共混物的主要品种（称橡胶增韧塑料）。在橡胶增韧塑料中，一般橡胶含量为 5%~20%，冲击强度可以大幅度提高，大到几倍乃至几十倍，这是因为橡胶相的存在使材料的破裂能大大提高。围绕增韧机理出现了许多理论，普遍达成共识的解释为：橡胶颗粒引发银纹，并能终止银纹。

橡胶以微粒状分散于连续的塑料中，应力场不再是均匀的，橡胶粒子起着应力集中物的作用。在张应力的作用下，橡胶粒子的周围引发大量银纹，大量银纹的产生和发展要消耗大量能量，因而可以提高材料的冲击强度。同时，橡胶粒子可以控制银纹的发展，使银纹及时终止，不至于发展成为破坏性裂纹。此外，橡胶颗粒还能阻滞、转向并终止已经存在的小裂纹发展，如图 4-22 所示。这里要注意的是橡胶粒子的形变能吸收部分能量，但是它不是冲击能的主要吸收者，主要吸收者是产生银纹的塑料基体，因此说在橡胶粒子和塑料基体两者协同作用下使共混物获得韧性。

在橡胶增韧塑料中，影响冲击强度的因素可从基体特性、橡胶相结构及相间粘接三方面来考虑。

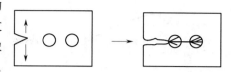

图 4-22 玻璃态聚合物基体中的橡胶颗粒使裂纹终止的示意图

① 树脂基体 增加基体树脂的分子量及韧性可提高冲击强度。基体韧性较大的增韧塑料如 ABS 增韧的 PVC，由于银纹和剪切带的相互作用，橡胶组分的含量存在一最佳值。如图 4-23 所示。

② 橡胶相结构 在橡胶含量一定时，颗粒尺寸越大，粒子数越少，颗粒间距越大，显然这对引发银纹和终止银纹都不利，增韧效果不佳，但是，颗粒尺寸太小不能终止银纹，也没有明显的增韧效果。因此对一定的增韧体系，存在一个临界的橡胶颗粒尺寸。

在橡胶颗粒尺寸基本不变的情况下，一定范围内，橡胶含量增大，橡胶粒子数增多，引发银纹，终止银纹的速率相应增大，对材料的冲击韧性提高有利。但是橡胶含量过高，会引起其他性能下降。

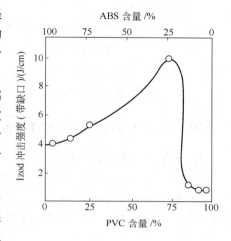

图 4-23 共混物 PVC/ABS 冲击强度与基体组成的关系

橡胶相与基体间应有较好的相容性。只有塑料基体和橡胶颗粒在界面层内两种分子相互渗透，形成很强的界面粘接力，橡胶颗粒以一定的尺寸均匀分散在基体中，才有最佳的增韧效果。

橡胶的交联程度也有最适宜的范围。交联度过大，橡胶相模量过高，难于发挥增韧作用，交联过大，在加工中，橡胶颗粒易变形破碎，也不利于发挥增韧效能。最佳交联度是凭经验决定的。

此外，还有橡胶的玻璃化温度、橡胶颗粒间的距离等。

③ 橡胶相与基体树脂之间粘接力 只有当两相之间有良好粘接力时，橡胶相才能有效地发挥作用。为增加两相之间的粘接力，可采用接枝共聚-共混或嵌段共聚-共混的方法，所生成的共聚物起增溶剂的作用，可大大提高冲击强度。

3. 其他力学性能

共混物的其他力学性能，包括拉伸强度、伸长率、弯曲强度、硬度等，以及表征耐磨性的磨耗，对弹性体还应包括定伸应力、拉伸永久变形、压缩永久变形、回弹性等。

在对塑料基体进行弹性体增韧时，在冲击强度提高的同时，拉伸强度、弯曲强度等常常会下降。例如，PVC/MBS 共混体系拉伸强度、弯曲强度与 MBS 含量的关系如图 4-24、图 4-25 所示。可以看出，二者都随 MBS 用量增大而呈下降之势。

有人研究了在 PVC/ABS 共混物中添加 SAN 作为增韧剂，结果表明，在 SAN 用量为 3 质量份以内时，共混物的冲击强度、拉伸强度、伸长率、屈服强度都随 SAN 用量增大呈上升之势。

关于耐磨性，某些弹性体与塑料共混，可提高塑料的耐磨性，譬如粉末丁腈橡胶（如 P83）与 PVC 的共混体系。

共混物的耐热性、耐寒性，也可以借助于力学性能测试来表征，如软化点、低温脆性等。

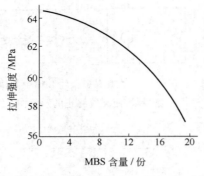

图 4-24　PVC/MBS 共混物拉伸强度与 MBS 含量的关系

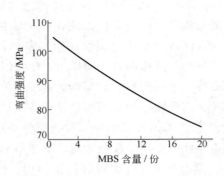

图 4-25　PVC/MBS 共混物弯曲强度与 MBS 含量的关系

四、聚合物共混物熔体的流变性能

1. 聚合物共混物熔体的黏度

聚合物共混物的熔体黏度一般都与混合物法则有很大的偏离，常有以下几种情况。

① 小比例共混就产生较大的黏度下降。例聚丙烯与苯乙烯-甲基丙烯酸四甲基哌啶醇酯（PDS）共混物和 EPDM 与聚氟弹性体 Viton 共混物的情况（图 4-26）。有人认为，这种小

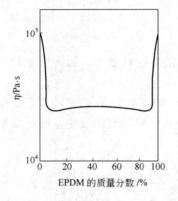

图 4-26　Viton/EPDM 共混物熔体黏度与组成的关系
温度 160℃，剪切速率 14s^{-1}

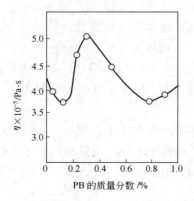

图 4-27　共混物 PS/PB 熔体黏度与组成的关系

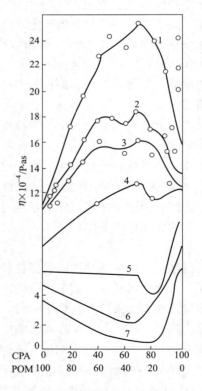

图 4-28　CPA/POM 共混物熔体黏度与组成的关系
剪切应力（10^4 MPa）：1—1.27；2—3.93；3—5.44；4—6.30；5—12.59；6—19.25；7—31.62

比例共混使黏度大幅度下降的原因是少量不相混溶的第二种聚合物沉积于管壁，因而产生了管壁与熔体之间滑移所致。

② 由于两相的相互影响及相的转变，当共混比改变时，共混物熔体黏度可能出现极大值或极小值，如图 4-27 所示。

③ 共混物熔体黏度与组成的关系受剪切应力大小的影响。例如，POM（甲醛和 2% 1,3-二氧戊环共聚物）和 CPA（44% 己内酰胺和 37% 己二酸乙二醇酯、19% 癸二酸己二醇酯的共聚物）共混物熔体黏度与组成的关系对剪切应力十分敏感，如图 4-28 所示。

2. 聚合物共混物熔体的弹性

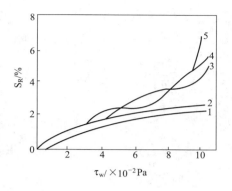

图 4-29　恢复剪切形变 S_R 与剪切应力 τ 的关系

1—75/25，PE/PS；2—PE；3—PS；4—50/50，PE/PS；5—25/75，PE/PS

共混物熔体流动时的弹性效应随组成比而改变，在某些特殊组成下会出现极大值与极小值，并且弹性的极大值常与黏度的极小值相对应。弹性的极小值与黏度的极大值相对应。共混物 PE/PS 就是这种情况。共混物熔体的弹性效应还与剪切应力的大小有关，见图 4-29。

单相连续的共混物熔体，例如橡胶增韧塑料熔体，在流动过程中会产生明显的径向迁移作用，结果产生了橡胶颗粒从器壁向中心轴的浓度梯度。一般而言，颗粒越大、剪切速率越高，这种迁移现象就越明显，这会造成制品内部的分层作用，从而影响制品的强度。

第四节　聚合物共混增溶剂

如前所述，大多数聚合物之间互溶性较差，这往往使共混体系难以达到所要求的分散程度。即使借助外界条件，使两种聚合物在共混过程中实现均匀分散，也会在使用过程中出现分层现象，导致共混物性能不稳定和性能下降。解决这一问题的办法可用所谓"增溶"（或称相容化）措施，以提高共混体系的相容性。可参见本章第二节相关内容。

采用增溶剂增溶共混体系是目前共混改性中运用最成功和最广泛的方法之一。增溶剂是指在共混的聚合物组分之间起到增加相容性和强化界面粘接作用的共聚物。因此增溶剂也称作相容剂、界面活化剂和乳化剂等。增溶剂的开发与应用，为创制一系列性能卓著的聚合物共混物做出了突出的贡献。因而近年来，新型增溶剂的研制、新的增溶共混物的开发，是目前聚合物共混科学与工程领域中最热门的研究课题之一。

一、增溶剂的分类

与偶联剂的功能相似，增溶剂可增加共混体系的均匀性，减少相分离，改善聚合物共混物的综合性能，尤其是力学性能。增溶剂一般为高分子化合物，也有反应型低分子化合物。

增溶剂的分类方法很多，有按照分子大小、其中聚合物种类、反应性质（即在聚合物共混体系中的作用）进行分类，还有按照其加入共混体系中的方式进行分类等，其分类方式见图 4-30 所示。

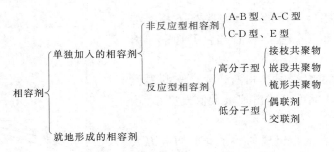

图 4-30 增溶剂的分类

1. 非反应型增溶剂

非反应型增溶剂多为两种成分构成的高分子聚合物。从结构上看,大多数为嵌段共聚物和接枝共聚物。其分类若以 A、B 分别代表组成共混物的两个组分,可以将此类增溶剂分为四种类型。表 4-5 为这几类增溶剂的种类及其应用实例。

表 4-5 非反应型增溶剂种类及其应用实例

类型	增溶剂组成	聚合物 A	聚合物 B	类型	增溶剂组成	聚合物 A	聚合物 B
A-B	PS-b-PMMA/PA-g-PMMA	PS	PMMA		CPE,S-g-EP,SIS	PS	PE
	PS-b-PP	PS	PP		SEBS	PS	PPO
	PS-b-PE/PS-g-PE	PS	LDPE		SBS/SEBS	PS	PP
	PS-b-PA/PS-g-PA	PS	PA		PS-g-EEA	PS	PPO
	PS-g-PPO	PS	PPO	A-C	PDMS-g(b)-PMMA	PE	PDMS
	PS-PEA	PS	PEA		PS-b-PCL,SEBS	PS	PVC
	PS-PB	PS	PB		PCL-b-PS,CPE	PVC	PS,PE,PP
	PS-b-PI	PS	PI		SEBS	PET	HDPE
	PP-g-PA6	PP	PA6		氢化 SP	PS	LDPE,PE
	PS-g-PA6	PS	PA6,EPDM		氢化 SIS,SEBS	PET	PE
	EPDM,EPR	PE	PP		PS-g-PMMA	PPE	PVDF
	SI	PS	PIP		PS-PMMA	PPE	SAN
	CPE	PVC	LDPE		SEBS	PPO	PA
	PAN-ω-AC-cell	AC-cell	PAN	C-D	SEBS	PET	PE
	PP-EPDM	PP	EPDM		PB-PCL	PVC	LDPE
	AC-cell- PAN	AC-cell	PAN		EVA	PVC	BR
	PMMA-g-PF	PMMA	PF		BR-b-PMMA	SAN	SBR
	PEO-g-PDMS	PEO	PDMS		EAA	PA	PE
A-C	PS-PBA	PS-MMA	PC	E	EPDM(无规)	PP	LDPE
	PP-g-PMMA	PP	PA6		MAH-acryate(无规)	PC	PA6

① A-B 型 聚合物 A 及聚合物 B 形成的嵌段或接枝共聚物。

② A-C 型 聚合物 A 及能与聚合物 B 相容或反应的 C 形成的嵌段或接枝共聚物。

③ C-D 型 由非 A 非 B,但分别能与它们相容或反应的聚合物 C 及聚合物 D 组成的接枝或嵌段共聚物。

④ E 型 由非 A 非 B 的两种单体组成的能与聚合物 A 及聚合物 B 相容或反应的无规共聚物。

2. 反应型增溶剂

反应型增溶剂是一种分子链中带有活性基(如羧基、环氧基)的聚合物。由于其非极性聚合物主体能与共混物中的非极性聚合物组分相容,而极性基团又能与共混物中的极性聚合物的活性基团反应,故能起到较好的相容作用。

反应型增溶剂按照其含有的活性基团，可分为马来酸（酐）型、丙烯酸型、环氧改性型、噁唑啉改性型和链间盐形式等。表 4-6 是反应型增溶剂的分类及应用实例。

反应型增溶剂具有如下特点。

① 烯烃和苯乙烯系列树脂采用共聚法引入羧酸（酐）者居多。

② 反应型增溶剂用于 PA 与聚烯烃或苯乙烯系树脂共混者居多，用于热塑性聚酯和其他工程塑料共混则相对较少，其中有些属于氢键键合增溶。

表 4-6　反应型增溶剂的分类及应用实例

增溶剂	共混物	增溶剂	共混物
酸或酸酐改性 PO/EVA、EPR、EPDM 等	PO/PA(PC、PET)、PO/EVOH、PS/EVOH	聚己内酰胺	PVC/PS
离子聚合物	PO/PA	SMAH	PC/PA(PBT)
有机硅改性 PO	PA/聚酯	酸酐改性 SEBS	PA/PPO、PP/PA(PC)、PS/PO
噁唑啉改性 PS	PS 类/PA(PC、PO)、PA/PC	酸酰亚胺共聚物	PE/PET
聚苯氧基树脂	PC/ABS(SMC)、PE/ABS	过氧化聚合物	PA/PC
			EPR/工程塑料

③ 添加量少，效果明显。一般加入 3%～5%（质量），最多可达 20%（质量）左右。

④ 反应型接枝共聚物增溶剂居多，嵌段共聚物只占少数。

⑤ 使用反应型增溶剂时，共混体系易产生副反应，可能会影响共混物的性能和质量，混炼和成型条件不易控制。

⑥ 反应型相容剂的应用广泛。不仅可以使聚合物合金具有各共混组分的优良性能，还可以增加和改善某些性能，并兼具其他用途，如涂料、表面改性剂等。

3. 低分子型增溶剂

低分子型增溶剂也属于反应型增溶剂，它可与共混聚合物组分发生反应。其应用见表 4-7。

表 4-7　低分子型增溶剂及其应用

聚合物 A	聚合物 B	增溶剂	聚合物 A	聚合物 B	增溶剂
PET	PA6	对甲基苯磺酸	PVC	LDPE	多官能化单体+过氧化物
PA6	NR	PF+六亚甲基四胺+交联剂	POM	丙烯基聚合物	有机官能化钛酸酯
PMMA	丙烯基聚合物	过氧化物	PBT	EPDM-g-富马酸	聚酰胺
PVC	PP	双马来酰亚胺或氯化石蜡	PE	PP	过氧化物
PPE	PA66	氨基硅烷、环氧硅烷或含多官能团的环氧等	PP、PA6	NBR	二羟甲基酚衍生物
PBT	MBS、NBR		PA6	PA66	亚磷酸三苯酯
PC	芳香族 PA	氨基硅烷、环氧硅烷或含多官能团的环氧等	PS	EPDM	Lewis 酸
			EVA、HDPE	EVACO	EVACO 交联剂
PVC	PE	过氧化物+三嗪三硫酚或 TAIC+MgO	PP	NR	过氧化物+双马来酰亚胺

反应型增溶剂和非反应型增溶剂的区别见表 4-8。

表 4-8　反应型与非反应型增溶剂的比较

项目	反应型	非反应型
优点	1.添加少量即有很大的效果 2.对于相容化难控制的共混物效果大	1.容易混炼 2.使共混物性能变差的危险性小
缺点	1.由于副反应等原因可能使共混物的性能变差 2.受混炼及成型条件制约 3.价格较高	需要较大的添加量

二、增溶剂的增溶作用原理

在聚合物共混过程中,增溶剂的增溶作用有两方面涵义:一是使聚合物之间易于相互分散以得到宏观上均匀的共混产物;二是改善聚合物之间相界面的性能,增加相间的粘接力,从而使共混物具有长期稳定的优良性能。

增溶剂分子中具有能与共混各聚合物组分进行物理的或化学的结合的基团,是能将不相容或部分相容组分变得相容的关键。由于增溶剂种类、制造方法较多,产品的结构不一,因此各种增溶剂在聚合物共混物中的作用机理是完全不同的。

1. 非反应型增溶剂的增溶作用原理

对于非反应型增溶剂来说,一般是两组分的接枝或嵌段共聚物,根据"相似相溶"原理,共聚物分子链中的不同链段,通过范德华力或链段的扩散作用与共混体系内两组分聚合物混溶,从而达到增溶目的。其增溶作用模型如图 4-31 所示。

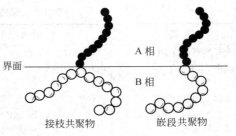

图 4-31 非反应型增溶剂作用模型

非反应型增溶剂的增溶效果主要通过以下作用实现:①降低两相之间的界面能;②促进相分散;③阻止分散相再凝聚;④强化相间的粘接力。

2. 反应型增溶剂的增溶作用原理

反应型增溶剂的增溶原理与上述不同,它是借助于分子中的反应性基团,与共混体系内两组分聚合物发生化学反应,通过化学链实现增溶目的,也称为化学增溶。化学增溶的概念包括外加反应性增溶剂与共混聚合物组分反应而增溶,也包括使共混聚合物组分官能化,并凭借相互反应而增溶。在 PE/PA 共混体系中外加入羧化 PE 就属前一种情况,若使 PE 羧化后与 PA 共混就为后一种情况。反应型增溶剂尤其适用于那些相容性很差并且含有易反应官能团的聚合物之间的共混增溶。

三、增溶剂的制备

1. 非反应型增溶剂的一般制法

非反应型增溶剂主要是各种嵌段和接枝共聚物,它们可以专门合成,有时也可"就地"产生(在进行聚合物共混时同时生成)。

专门合成时,首先应按所需增溶的共混体系,对相应的增溶剂进行分子设计,设计的主要依据应是前面所述的增溶机理。合成嵌段和接枝共聚物的原理及工程,已不乏论著,这里不再详述。

"就地"产生嵌段和接枝共聚物在某些场合不是有意识进行的,例如两种聚合物在高温熔融混炼过程中,由于强剪切、温度等作用产生大分子自由基,进而形成了含有两聚合物链段的嵌段或接枝共聚物,其客观上就起到了增溶效果,因而是一种"就地"产生的增溶剂。

当然,为了更有效地"就地"合成所需的增溶剂,最好是有目的、有控制地进行,这方面近年来已有了长足的进步。主要的控制因素为过氧化物引发剂用量、混炼时剪切作用及温度。过氧化物常用过氧化二苯甲酰、过氧化二异丙苯。熔融混炼设备已由开放式双辊筒混炼机向双螺杆挤出机转移。双螺杆挤出机不仅有强化的剪切、混炼效果,而且便于控制稳定的混炼条件。至于混炼温度主要考虑聚合物组分的熔化温度和分解温度,还应兼顾对"就地"产生增溶剂结构及数量的影响。

2. 反应型增溶剂的一般制法

反应型增溶剂也可分为预先专门制备和"就地"产生两种方式得到，但其关键不在于方式，主要是如何在共混组分中引入预定的可反应增溶的官能团。操作可在一般混炼设备（开放式混炼机、双螺杆挤出机等）中完成，但最好采用先进的排气式反应挤出机。

主要的反应型增溶剂是羧化 PE、羧化 PP、羧化 PS 等，它们是为促进非极性的聚烯烃（PE、PP、PS 等）与极性的聚酰胺（PA）的相容而设计的。合成这种含羧酸酐基的反应型增溶剂示例如下。

合成含羧基的反应型增溶剂则大多采用与丙烯酸类单体共聚的方法获得，如将丙烯腈、丁二烯、丙烯酸进行无规共聚，就得到含羧基的丁腈胶（羧化 NBR）；又如将丙烯酸酯-丙烯酸无规共聚物（MMA）与甲基丙烯酸（MAA）的混合物放在反应器中与丁苯弹性体接枝共聚也得到此种类型增溶剂，它们都适用于作为 PA 共混体系增溶。

此外，目前一种叫做大分子单体法的制造技术得到了应用。此法是用一种具有聚合活性的大分子单体与其他类型低分子单体共聚制成接枝共聚物的方法，若低分子单体含有反应性基团，此反应性基团就进入接枝共聚物的主干，而大分子单体成为该接枝共聚物的支链，如图 4-32 所示。其合成方法主要有四种：自由基引发聚合、阴离子聚合、阳离子催化引发聚合及基团转移聚合。此法是合成帘状或梳形接枝共聚物和嵌段共聚物的有效方法。

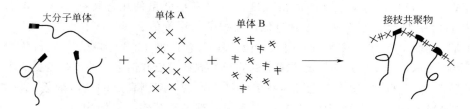

图 4-32　大分子单体法制备接枝共聚物示意图

四、增溶剂的应用

增溶剂在聚合物共混改性技术中有着广泛应用，而且越来越显示出它的重要价值。这里举一些典型聚合物共混物为例，说明增溶剂的实际应用效果。

1. 增溶剂在聚烯烃类共混物中的应用

PE、PP、PS 等聚烯烃之间，性能具有互补性，但缺乏良好的相容性，因此采取增溶措施非常必要。

PP/PE 共混物由于两组分相容性差，界面粘接力不足，其力学性能不理想。当以 EPR（乙烯-丙烯共聚物橡胶）作为增溶剂，性能可得到明显改善。在共混体系中加入 20% EPR后，其延伸率大为提高，并与 PP/HDPE 共混组分比基本符合线性关系，从而间接证明了增溶后该共混物形态结构的均化以及相界面粘接的强化。

PS/LDPE 共混物中加入增溶剂 PS-LDPE 接枝共聚物后，可明显改善材料的拉伸强度，其拉伸强度的提高幅度随着接枝共聚物添加量的增加而加大。

加氢（PB-b-PS）共聚物在 PE/PS 共混体系中能起到良好的增溶效果，因其嵌段结构分别与 PE/PS 极为相似，对 LDPE/PS 共混物增溶效果极为明显。在 LDPE/PS 共混体系中仅加入 1%（质量）的加氢（PB-b-PS）共聚物，就能使分散相粒径就由不加时的 $20\mu m$ 降至 $1.5\mu m$ 左右，从而使共混物的拉伸率大为提高。

在PP/PS（70/30）共混物中加PP-g-PS10份，使单独共混时的明显相分离形态转化为精细的两相形态结构，PS分散相降至$1\mu m$以下。

将AS与PS的嵌段共聚物作为ABS/PS共混物的增溶剂，其增溶效果亦很明显。加入10份的嵌段共聚物试样的冲击强度为不加的3倍左右。电镜观察到的形态结构（电镜照片略）也表明，加入增溶剂后，形态结构显著精细化，已无宏观相分离。

2. 增溶剂在聚酰胺（PA）类共混物中的应用

PA是最重要的五大工程塑料之一，但由于PA与其他聚合物的难混溶性，长期以来PA共混物的开发成效甚微，直到反应型增溶剂的研制成功，含PA的聚合物共混物才大量涌现。所用反应型增溶剂以含羧基和酸酐基的共聚物为主。

将MAH接枝的PP作为增溶剂加入到PA、PP混合物中经挤出机熔融混炼得到增溶的PA/PP共混物（MAH基与PA末端氨基反应），与普通PA/PP共混物对比，由于相容性的提高，两者断裂面的电子显微镜照片呈现极大的差异。未增溶的试样，分散相粒子粗大、光滑，界面粘接力弱，而增溶处理的试样分散相粒径极小，界面模糊，几乎成为均相。

与PA/PP共混体系相似，美国杜邦公司开发并工业化生产的PA/EPDM共混物，经羧化EPDM接枝聚合物的增溶，冲击强度获得大幅度提高。经增溶改性的PA/EPDM共混物，甚至在-20℃时，仍有很高的冲击强度，可以满足低温使用环境的要求，但普通PA/EPDM共混物在13℃时已因冲击强度过低而失去了使用价值。

在PA6/ABS（60/40）共混物中加入2份反应型增溶剂（主干含羧基，支链为PMMA），经247℃熔融混炼，产物的延伸率比未增溶的同样共混物高出6倍多，冲击强度提高1倍。

某些特制的非反应型增溶剂也可能在PA共混体系中起到良好的增溶效果，例如P（S-b-MMA）加到不相容的PA6/PVDF共混体系中，其形态结构明显均化。

3. 增溶剂在其他聚合物共混物中的应用

为了提高PBT、PPO、PPS（聚苯硫醚）等耐高温树脂与其他聚合物的相容性，改善其综合性能，扩充它们的应用领域，常需借助于增溶剂。

据报道，以MAH接枝的EPDM作为PBT/EPR共混物的反应型增溶剂，其增溶效果卓越，增溶机制是增溶剂中酸酐基与PBT末端所含的—OH基反应生成了PBT与EPDM的接枝物，因而促进了两聚合物的相容。

PBT与PPO（聚苯醚）完全不相容，且成型性极差，当使用带有环氧基的PS接枝共聚物作为增溶剂，相容性得以提高，并使力学性能、加工性能全面改善，从而创制出一种新型的聚合物合金。它有可能取代PA/PPO而占领市场。

PPS耐高温性能卓越，但价格昂贵，与通用树脂共混虽可降低成本，却又有损其耐热性，而与其他工程树脂共混则无此弊病。PPS/PPO共混物由于相容性差只有在加入增溶剂情况下才有使用价值，例如使用5份含环氧基的反应型增溶剂，PPS/PPO（70/30）共混物的拉伸强度提高了约50%，断裂延伸率增加了60%左右。

此外，增溶剂在制造具有特殊分散形态的聚合物共混物时，可起到使形态稳定的作用，例如欲制造分散相为层片状的阻隔功能性聚合物就必须借助于增溶剂的帮助，否则即使共混物混炼时形成层片状分散，最终还会凝聚成球粒，消除了所需的功能性。增溶剂对聚合物共混物还可能在其他一些功能性方面产生影响，例如离子导电性的提高，光学双折射性的消除，抗静电性的赋予等。

第五节　橡胶的共混改性

橡胶可以分为通用橡胶和特种橡胶。通用橡胶包括天然橡胶（NR）、顺丁橡胶（BR）、丁苯橡胶（SBR）、乙丙橡胶（EPM）、丁腈橡胶（NBR）、氯丁橡胶（CR）、丁基橡胶（IIR）等。特种橡胶包括氟橡胶、硅橡胶、丙烯酸酯橡胶等。

以橡胶为主体的共混体系包括橡胶与橡胶的共混（称为橡胶并用），橡胶与塑料的共混（称为橡塑并用）。橡胶的共混，可以实现橡胶的改性，也可以降低产品成本。因此，橡胶的共混改性已成为橡胶制品生产的重要途径。本节主要介绍以橡胶为主体的共混体系。

一、橡胶共混物中的助剂分布

在橡胶共混中，需添加许多助剂，如硫化剂及硫化促进剂（通常合称硫化助剂）、补强剂、防老剂等。这些助剂在两相间如何分布，对橡胶共混物的性能影响很大。

1. 硫化助剂在橡胶共混物中的分布

橡胶共混改性的一个重要问题是橡胶的交联（硫化）问题。对于两种橡胶共混形成的两相体系，两相都要达到一定的交联程度，这就是两相的同步交联，或称为同步硫化。为实现同步硫化，就要求硫化助剂在两相间分配较为均匀。否则，就会造成一相过交联，一相交联不足，严重影响共混物的性能。这就提出了硫化助剂在各相中的分布和扩散问题。显然，硫化助剂在各相中的分布对该相聚合物的硫化速率和最终的硫化程度有着重要影响。

（1）硫化助剂在橡胶共混物中的溶解度　硫化助剂在各种橡胶中的溶解度通常遵循相似相容原理，即硫化助剂与橡胶的极性相近则容易溶解，溶解度也大。具体分析时，可通过硫化助剂与橡胶的溶解度参数的比较，来定性地判断硫化助剂在橡胶中的溶解度。若硫化助剂与橡胶的溶度参数相近，则硫化助剂在其中的溶解度也大。常用硫化助剂的溶解度参数如表4-9所示。

表 4-9　硫化助剂的溶解度参数

硫 化 助 剂	$\delta/(J^{1/2}/cm^{3/2})$	硫 化 助 剂	$\delta/(J^{1/2}/cm^{3/2})$
硫黄	29.94	二丁基二硫代氨基甲酸锌(BZ)	22.94
二硫化二吗啡啉(DTDM)	21.55	硫醇基苯并噻唑(M)	26.82
过氧化二异丙苯(DCP)	19.38	二硫化二苯并噻唑(DM)	28.66
过氧化二苯甲酰(BPO)	23.91	二硫化四甲基秋兰姆(TMTD)	26.32
对醌二肟	28.55	环己基苯并噻唑基次磺酰胺(CZ)	24.47
对苯二甲酰苯醌二肟	25.12	氧联二亚乙基苯并噻唑基次磺酰胺(NOBS)	25.15
酚醛树脂(2123)	33.48	六亚甲基四胺(H)	21.36
叔丁基苯酚甲醛树脂(2402)	25.99	二苯胍(D)	23.94
二甲基二硫代氨基甲酸锌(PZ)	28.27	亚乙基硫脲(NA-22)	29.33
二乙基二硫代氨基甲酸锌	25.59	硬脂酸	18.67
乙基苯基二硫代氨基甲酸锌(PX)	26.75	硬脂酸铅	18.85

硫化助剂在橡胶中的相对溶解度（K_s）可用下式表示：

$$K_s = \frac{S_p}{S_r} \tag{4-24}$$

式中　S_r——硫化助剂在标准橡胶中的溶解度；

　　　S_p——硫化助剂在被比较橡胶中的溶解度。

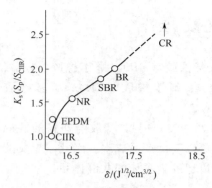

图 4-33 硫黄在各种橡胶中的相对溶解度

在153℃的条件下,硫黄在各种橡胶中的相对(氯化丁基橡胶)溶解度与橡胶溶解度参数的关系如图 4-33 所示。由图可以看出,硫黄在溶解度参数大的橡胶中的溶解度,比在溶解度参数小的橡胶中大。这是因为硫黄的溶解度参数是 $29.94 J^{1/2}/cm^{3/2}$,只有溶解度参数大的橡胶,硫黄在其中的溶解度才大。

温度对硫化助剂在橡胶中的溶解度也有影响。温度愈高,其在橡胶中的溶解度愈大。因此,硫化助剂在橡胶中的溶解度,如果在室温下是饱和或近于饱和的,在硫化温度下就不是饱和的了。图 4-34 列出了不同温度下硫黄与促进剂 TMTD 在各种橡胶中的溶解度情况。

(2) 硫化助剂在共混物中的扩散 单相体系中硫化助剂的扩散是从浓度高的区域向浓度低的区域扩散,平衡时硫化助剂在体系内的浓度处处均匀。在共混体系中,由于共混物的多相性,硫化助剂粒子会从溶解度低的相(即不饱和度低的橡胶相)向溶解度高的相(即不饱和度高的橡胶相)扩散。这些溶于橡胶中的硫化助剂以布朗运动形式进行扩散,并符合 Einstan 公式:

$$\overline{X} = \sqrt{4Dt} \qquad (4-25)$$

式中 $\overline{X}$——扩散距离,cm;
D——扩散系数,cm^2/s;
t——扩散时间,s。

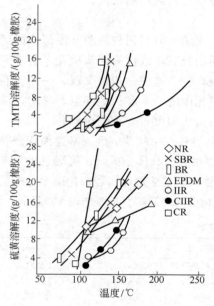

图 4-34 不同温度下硫黄与 TMTD 在各种橡胶中溶解度

扩散系数 D 值的取值范围通常是 $10^{-6} \sim 10^{-8} cm^2/s$,它不是常数,其值与其相对分子质量、浓度、扩散所在橡胶类型及温度有关。表 4-10 列出了硫黄、促进剂在不同橡胶中的扩散系数。

由式(4-25) 可知,随着扩散系数的增加和扩散距离的缩短,在极短的时间内便可完成配合剂的迁移。当 D 为 $10^{-7} cm^2/s$ 时,配合剂在数秒钟内即可达到并用胶分散相在 $1 \sim 10 \mu m$ 的扩散距离,如表 4-11 所示。因此,并用胶中各相中硫化剂浓度达到平衡所需时间和硫化时间相比是极短的,更何况硫化温度远高于100℃,使扩散从各个方向发生,而进入分散相,因此实际上的扩散是十分迅速的。

表 4-10 硫黄、硫化促进剂在橡胶中的扩散系数(100℃)

橡 胶	$D \times 10^7/(cm^2/s)$					
	CZ	NS	DIBS	DM	TETD	S
SBR	0.5	0.6	0.6	—	0.3	3.2(60℃)
NR	0.8	1.0	1.1	0.6	0.5	16~22(135℃)
BR	1.6	1.9	2.1	1.0	1.0	2.2(20℃)

表 4-11　交联剂在不同时间内的平均扩散距离 $\overline{X}$　　　单位：μm

时间/s	1	2	3	4	5	10	60	120
$D=10^{-7} cm^2/s$	3.2	4.5	5.5	6.3	7.1	10.0	24.5	34.6
$D=10^{-2} cm^2/s$	1.0	1.4	1.7	2.0	2.2	3.2	7.7	11.0

硫化助剂的扩散现象不仅会在并用胶的微区相内发生，而且还能在两种橡胶互相接触的地方发生迁移扩散作用，从一种橡胶中迁移到另一种橡胶中去。现举例说明如下：将硫黄加到天然橡胶内，制成含 4% 硫黄的胶料，然后与丁基橡胶接触，观察在 150℃ 时硫黄从高不饱和度的天然橡胶向低不饱和度的丁基橡胶中迁移的情况。所得结果如图 4-35 所示。尽管大多情况下硫黄是从低不饱和度橡胶（如丁基橡胶、乙丙橡胶等混炼胶）进入未加硫剂的高不饱和度橡胶（如天然橡胶、丁苯橡胶）的纯胶中，但也可以从高不饱和度橡胶混炼胶进入低不饱和度的纯胶中（如上述硫黄-NR 混炼胶中硫黄进入 IIR 的例子）。图 4-36 所示为促进剂 DM 由丁苯胶中向顺丁胶中扩散的情况。从图 4-36 中可以看出，促进剂 DM 在橡胶中的扩散与硫黄的扩散较相似，但由于 DM 相对分子质量较硫黄相对分子质量大，因此在每种橡胶中的溶解度较硫黄低，所以扩散量也较低。

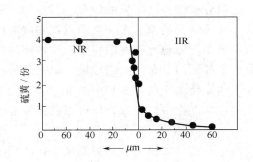 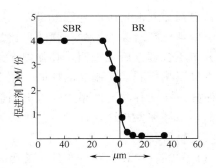

图 4-35　硫黄从 NR 向 IIR 表面扩散（150℃，9s）　　图 4-36　促 DM 由 SBR 向 BR 扩散（150℃，16s）

硫化助剂在并用胶中的这种分布的不均匀性，会影响并用胶中各胶相的交联动力学。尤其是在不饱和度差别较大的两胶并用体系中，除了由于硫化助剂在各胶相中溶解度不同引起的扩散，而造成硫化助剂浓度的不均匀分布外，由于不饱和度高的橡胶相硫化速度快，消耗硫化助剂较多，在硫化时将有更多的硫化助剂从低不饱和度的橡胶中，扩散迁移到高不饱和度的橡胶中去，使并用胶两相的硫化程度更不均匀，严重时，出现一相可能过度交联，而另一相交联严重不足，导致共混胶性能低劣。

（3）硫化助剂在共混物中的分布　硫化助剂在多相体系中达到平衡时的浓度由其在各相聚合物的溶解度决定。在共混物中，硫化助剂在各相中的浓度差异可以定量地由分配系数 K 表示：

$$K=\frac{S_A}{S_B} \tag{4-26}$$

式中　S_A——硫化助剂在橡胶 A 中的溶解度；
　　　S_B——硫化助剂在橡胶 B 中的溶解度。

各种硫化助剂在 153℃ 时在各种橡胶共混体系中的分配系数如表 4-12 所示。由表可以看出，K 值随共混体系、硫化助剂的种类不同而异。硫化助剂在共混体系中的 K 值与硫化助剂及橡胶的溶解度参数有关，二者相差愈大则 K 值偏离 1 愈远。如果 K 值接近于 1，则硫化助剂在共混物两相中均匀分布；如果 K 值很大或很小，则硫化助剂在共混物两相中分布不均匀。例如，TMTD 在 SBR/CIIR 中的 K 值大于 10，如果在 SBR/CIIR 中配入 TMTD 则 TMTD 的绝大部分将进入 SBR 相。由此可见，要设计好共混物的硫化体系，必须掌握硫化助剂的分布规律。

表 4-12　硫化助剂的分配系数（153℃）

共混体系	硫黄	DM	DOTG	TMTD	共混体系	硫黄	DM	DOTG	TMTD
SBR1502/NR(RSS#1)	1.18	1.44	1.86	>2	EPDM/CIIR	1.25	1.6	0.76	1.52
BR/SBR1502	1.09	0.64	0.46	—	NR(RSS#1)/CIIR	1.56	2.95	1.7	4.8
BR/NR(RSS#1)	1.26	0.92	0.85	—	SBR1502/CIIR	1.84	4.25	3.14	>10
NR(RSS#1)/EPDM	1.25	1.85	2.22	3.17	BR/CIIR	2.00	2.7	1.43	>10
SBR1502/EPDM	1.48	2.66	4.15	>6.6	CR(WRT)/CIIR	>2.5	>6	>3.6	>10
BR/EPDM	1.60	1.69	1.89	>6.6					

2. 补强填充剂在共混物中的分布

炭黑等细粒子补强剂是橡胶的重要配合剂之一。各种橡胶制品的特定性能，有其最佳填充剂及其用量。

补强剂在共混物中的补强效果，在某些情况下是组分橡胶补强效果的加和。但在另一些情况下，填充剂对共混物的补强效果比加和效果低。这种情况的原因之一是填充剂在共混物中的分布不合理。研究表明，补强填充剂在共混物中难于均等地分布在两相中。这种不均匀分布直接影响橡胶及其制品的性能。填充剂在共混物中各相的分布，常因橡胶、填充剂种类不同而异。在同种共混体系中，也会因混炼方法等不同而使填充剂在各相中的分布有很大变化。如能掌握那些规律，通过各种手段，调整填充剂在共混物中的分布，便可以获得性能优异的共混物材料。

(1) 共混物中补强剂分布的影响因素　在两相共存的橡胶共混物中，炭黑难于在两相中均等分布。影响炭黑分布的因素有橡胶的不饱和度、黏度、极性、炭黑的品种、用量和混合方法等。

① 炭黑与橡胶的亲和性　炭黑在与橡胶共混体系中的分布与炭黑和橡胶的亲和性有关，而炭黑和橡胶的亲和力与橡胶的不饱和度有关。由于炭黑与橡胶分子链中的双键有很强的结合力，所以不饱和度大的橡胶与炭黑的亲和力大。此外，炭黑与橡胶的亲和性还与橡胶的极性有关。炭黑在 NR 与各种橡胶的共混体系中的分布见图 4-37。一般认为，在 50/50 的橡胶共混物中，炭黑与各种橡胶的亲和力顺序为：

$$BR>SBR>CR>NBR>NR>EPDM>IIR（CIIR）；$$

由此规律可以看出，当 NR 与高不饱和橡胶共混时，炭黑将大部分不在 NR 相中。这样的分布对共混物的拉伸强度十分有利。但当 NR 与不饱和度低的橡胶共混时，炭黑将大部分在 NR 相中。这种分布对共混物的拉伸强度不利，应当加以调整。

在 NR/PE 中，加入炭黑或白炭黑时，由于 NR 分子链中带有双键，可与炭黑表面上的活性基团作用，而白炭黑表面上的羟基与 NR 中的蛋白质亲和力大。因此，NR/PE 中的炭黑或白炭黑容易分散到 NR 中去，这种分布对提高 NR/PE 的物性有利。

② 橡胶黏度对炭黑分布的影响　橡胶黏度对炭黑在共混物中的分布起重要作用。在一般情况下，炭黑容易进入黏度小的橡胶相中。

研究表明，在混合比为 50/50 的 NR/BR 中，加入 20 份 ISAF，将 NR 的黏度（用转矩

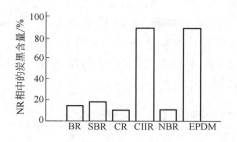

图 4-37 炭黑在 NR 与各种橡胶的共混体系中的分布

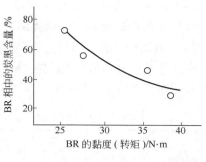

图 4-38 BR 黏度对炭黑在 NR/BR 中分布的影响

表示)固定在 20N·m 不变,改变 BR 的相对分子质量,黏度由 25N·m 提高到 40N·m。将 NR 与不同黏度的 BR 合炼,然后添加炭黑。BR 黏度对 BR 相中炭黑含量的影响从图 4-38 可以看出。在 BR 黏度低时 BR 相中的 ISAF 含量高达 75%,但黏度增大时,BR 相中的 ISAF 含量则相应减少。

软化剂对橡胶的黏度影响很大,因此也可用软化剂调节炭黑在共混物中的分布。

③ 炭黑表面特性及用量对其分布的影响 为考察炭黑表面特性对炭黑在共混橡胶中分布的影响,首先将 50/50 的 NR/CIIR 及 NR/BR 的橡胶合炼,然后添加正常 ISAF、化学氧化 ISAF 和沉淀二氧化硅三种填料。三种填料在共混橡胶中的分布情况如图 4-39 所示。从图 4-39 可以看出,添加正常 ISAF 时,炭黑的分布符合前述规律。如果将炭黑进行表面氧化处理,改变其表面性质,则炭黑在 NR 相中的分布量将有所提高。其中沉淀二氧化硅在 NR 相的高分配是由于 NR 中的蛋白质等组分与沉淀二氧化硅表面所带羟基的相互作用所致。

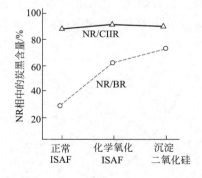

图 4-39 炭黑表面特性对其分布的影响

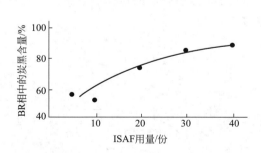

图 4-40 炭黑用量对其在 NR/BR 中分布的影响

在混合比为 50/50 的 NR/BR 中,如预先将 NR 与 BR 合炼。然后加入 ISAF,炭黑用量对 NR/BR 中炭黑分布的影响从图 4-40 可以看出。当炭黑的用量较少时,如用量为 10 份,则 ISAF 几乎均匀分布在 NR 相和 BR 相;如果炭黑用量增加,则炭黑进入 BR 相中的数量也随之增多,当 ISAF 用量增至 40 份时,则几乎 90% 的炭黑进入 BR 相。此外,随着炭黑用量增加,分散相尺寸变小。由此可见,炭黑在共混物中的配入量增加,则分布的选择性增强。

④ 混炼方法对填料分布的影响 除上述几种影响填料分布的因素外,混炼方法对填料

在橡胶共混物中的分布也有重要影响。如 BR/CIIR 中，加入炭黑的工艺方法如表 4-13 所示，则炭黑在两相的分布为：绝大部分炭黑集中在 BR 相中（因 BR 对炭黑的亲和力较强之故），但在 CIIR 相中的炭黑含量则随工艺方法不同而异，其顺序为：方法Ⅰ＞方法Ⅱ＞方法Ⅲ。由此可见，在 BR/CIIR 中，如将炭黑加入到 BR 中去则它迁移到 CIIR 中概率较小，反之，如将炭黑加入到 CIIR 中，炭黑却很容易迁移到 BR 中去。

表 4-13 BR/CIIR 中添加 ISAF 的工艺方法

项 目	方 法 Ⅰ	方 法 Ⅱ	方 法 Ⅲ
起始炭黑母胶	BR/100%ISAF	BR/50% ISAF,CIIR/50%ISAF	CIIR/100%ISAF
最终共混胶料	母胶再加 CIIR	两种母胶相加	母胶再加 BR

(2) 填料分布对共混物性能的影响　由上述讨论得知，炭黑等细粒子补强剂在各相中的分布是不均等的。此外，炭黑对橡胶的补强作用与橡胶的种类有关。自补强橡胶，即使不添加炭黑其物性也比较高，而非自补强橡胶必须添加炭黑进行补强，其硫化胶的物性才能明显改善。各种橡胶的特定性能有其最佳炭黑用量。由此可见，炭黑在共混物各相中的分布不是愈均匀愈好，需要合理分配，存在一个炭黑分配量对胶料物性的平衡问题。下面以 50/50 的 NR/BR 为例，说明炭黑分布对橡胶共混物性能的影响。

在 50/50 的 NR/BR 中，通过不同炭黑母炼胶及不同工艺方法添加 40 份 ISAF，使 BR 相中的分配量从 7% 至 95% 不等，炭黑分配量对共混物性能的影响如图 4-41、图 4-42 所示。从图 4-41 可以看出，当炭黑大部分集中在 NR 相时，硫化胶的拉伸强度很低，这是由于 BR 相内炭黑含量少，BR 没能得到很好地补强，其共混物的拉伸强度低。

共混物的撕裂强度随炭黑在 BR 相中的分配量不同而异。当 60% 的炭黑分布于 BR 相中时，共混物的撕裂强度出现极大值。当 BR 相中的炭黑量再增大时，则 NR 相中的炭黑量太少，NR 没有得到必要的补强，共混物的撕裂强度也低。由此可见，BR 相中含 60% 的炭黑是 NR/BR 撕裂强度的最佳值。另外，里程试验的耐磨性也随着炭黑在 BR 相中增加而得以改善。

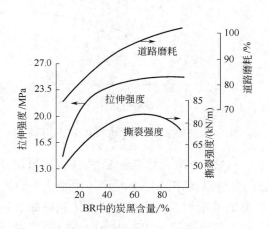

图 4-41　炭黑分布对硫化胶性能的影响

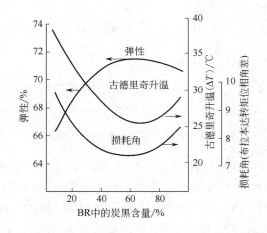

图 4-42　炭黑分布对滞后性能的影响

从图 4-42 可以看出，在 NR/BR 中，炭黑在 BR 中的含量在 60% 左右时，其弹性好，生热低、滞后损失最小。

二、橡胶共混物的共硫化

单一橡胶硫化的研究,往往致力于阐明硫化的化学历程和动力学。而对于共混体系,由于多数属于热力学不相容的微观多相体系,因此对共混物硫化的研究,既要考虑微观多相性,又要考虑可能有多种交联点的存在,使共混物的交联结构复杂化。

1. 橡胶共混物的交联结构

共混物的交联结构包括聚合物相内和聚合物界面层相间的交联。如果包括未交联状态,定性地讨论共混物的交联结构,则有图 4-43 所示的 8 种类型。图中 A、B 表示两种不同聚合物。A、B 间圆周线表示界面层。斜线和圆周上的短线表示交联。这些结构在工业生产中都能遇到。对于橡胶/橡胶共混物来说,正常的交联结构为 7、8;如有一相未交联则呈 5、6 状态,用少量塑料改性的橡胶/塑料共混物,多数交联结构为 5、6,即塑料相未交联,也有可能呈 7、8 状态;3、4 则是典型的共混型热塑性弹性体的交联结构状态;2 很罕见,1 显然是交联前的状态。

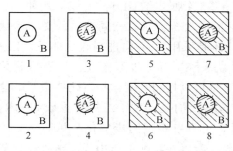

图 4-43 共混聚合物的交联结构

2. 橡胶共混物的同步硫化与共硫化

(1) 同步硫化 橡胶共混体系的多相性,产生了硫化体系助剂在共混物各相中分布不均的现象。由于两相中硫化剂浓度相差悬殊,经硫化后,两聚合物相的交联程度不一,造成一相过硫,而另一相欠硫,必然使得共混物性能低劣。为了防止这一现象的产生,必须使交联剂在共混物中分布均匀。这种通过调整和控制交联剂均匀分布使共混胶两相获得相同或相近硫化速度与程度的方法叫同步硫化。为使两个橡胶相实现同步硫化并都能获得必要的硫化程度,工业可采取以下方法。

① 使用溶解度相近的硫化剂 如在 EPDM/NBR 并用体系中,若使用 TMTD 及其锌盐作促进剂,则溶解度相差太大,共混胶性能欠佳;若使用高烷基秋兰姆化合物,改善它在 EPDM 中溶解度,使之分布系数接近 1,则硫化性能较好。

② 采用两种聚合物都不溶解的硫化剂 如在 NBR/EPDM 中以 Pb_3O_4 代替 ZnO 进行 TETD 硫化,硫化胶性能良好,如图 4-44 所示。

③ 聚合物改性接枝 对于硫化性质相差较大的共混胶,可对硫化速度慢的聚合物进行化学改性,在其分子链中引入硫化剂或硫化活性点。

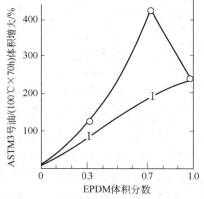

图 4-44 硫化体系对 NBR/EPDM 共混硫化胶耐油性能的影响
○—ZnO 5 份;I—PbO_2 4 份、Pb_3O_4 3 份、ZnO 2 份

④ 采用复合硫化体系 对于硫化特性完全不同的共混体系,可采用复合硫化体系。如二烯类橡胶与氯丁胶共混时,采用硫黄-促进剂和金属氧化物硫化体系;NBR/氟胶或聚丙烯酸酯胶并用,采用硫黄-促进剂和胺类硫化体系等。

⑤ 采用适当混炼方法 在某些场合,先在一种橡胶中加入全部用量硫化配合剂制成母胶,然后与另一种橡胶混合。此法可提高前一种橡胶的硫化程度。

（2）共硫化　橡胶共混体系的多相性，产生了各相交联特性的不同。在硫化过程中，各相独自交联，自成体系，两相间缺少联系。使共混物整体性能下降。为了获得具有实用价值的共混胶，必须使两相互相产生交联，提高体系的稳定性，这种使两聚合物相间产生交联的方法即为共硫化。

共混物的共硫化，本质上异种聚合物之间产生交联。因此共混物的相间交联特性主要取决于聚合物的化学结构，尤其产生交联活性点的条件。共混物的共硫化方法有以下几种。

① 具有相同性质交联活性点的硫化　如果参与共混的聚合物具有相同性质的交联活性点，可选用共同的交联体系。如二烯类 NR、BR 和 SBR 等采用硫黄-促进剂硫化体系；EPDM 与 IIR 共混，采用树脂硫化或硫黄硫化体系；对氟橡胶、丙烯酸酯橡胶、氯醚橡胶共混，可以采用胺类硫化体系；乙丙橡胶与硅橡胶的共混物可以选用过氧化物硫化体系等。这些体系容易使共混胶硫化速度同步和产生共交联。应该指出的是：对于二烯类橡胶如 NR、BR 和 SBR 的共混物，尽管采用硫黄-促进剂硫化体系，可具备实现同步硫化和相间交联的条件，但由于硫化助剂在各种橡胶中的溶解度存在差异，所以在实际工作中仍需精心设计硫化体系才能获得较好的共硫化性。

橡胶常用硫化体系如表 4-14 所示。

表 4-14　橡胶常用硫化体系

硫化剂	橡胶	交联键类型	硫化剂	橡胶	交联键类型
硫黄（加促进剂）	不饱和聚合物 NR SBR BR IR NBR IR EPDM	—S—，—S$_n$— —S—，—S$_n$— —S—，—S$_n$— —S—，—S$_n$— —S—，—S$_n$— —S—，—S$_n$— —S—S— —S—S—	金属氧化物 二胺或多胺	含卤素聚合物 CR CIIR CSM 羟基橡胶 含卤素聚合物（如上） 氟橡胶 聚丙烯酸酯橡胶	Mo—C 或醚 金属盐 C—N C—C 和 C—N
过氧化物	不饱和聚合物（除 IIR） 饱和聚合物 硅橡胶 聚乙烯 聚氨酯	—C—C— —C—C— —C—C— —C—C— —C—C—	酚醛树脂 醌 马来酸亚胺	不饱和聚合物	C—C

② 具有不同性质交联活性点的硫化　如果共混聚合物的交联活性点性质不同时，可根据各自的活性点选用不同的交联体系，通常采用以下方法进行共硫化。

第一种方法是采用多官能或多功能交联剂，使两聚合物相各自交联并共交联。如 PVC/NBR 体系，用硫黄或过氧化物硫化体系，只能使 NBR 交联，而 PVC 则处未交联状态。而 6-二丁胺-1,3,5-均三嗪-2,4-二硫醇（DB）在一定条件下既能使 PVC 交联，又能使二烯类橡胶交联，因此 PVC/NBR 体系常用 DB-DM-MgO-ZnO 体系共硫化。此外，六氯对二甲苯是一种多功能交联剂，它对多种共混胶都有共交联效果，如在 CR/NBR 及 SBR/IR 体系中常加入六氯对二甲苯以提高共交联效果。多卤素芳香族化合物六氯对二甲苯脲（ΓΧΠΚ）也是一种多功能交联剂，在 EPDM/NBR 及 EPDM/SBR 中，它既是 EPDM 的硫化剂，又是 NBR、SBR 的硫化促进剂。它能促进 EPDM/NBR（或 SBR）两相间产生共交联。

第二种方法是对一种聚合物进行化学改性，形成新活性点，使之与另一聚合物活性点相同或两者能相互反应。如氯醚橡胶用不饱和羧酸处理发生酯化反应可在侧链形成不饱和基团，改善了与 NBR 共混胶用氧化物硫化的性能；EVA 在磺酸作用下产生双键，可与 BR 共混，采用硫黄-促进剂硫化体系硫化；再如，为改善 EPDM/NR 的共交联性能，常对 EPDM 进行化学改性，即通过化学反应，在硫化活性较低的 EPDM 分子链上引入促进剂 M、CZ、TMTD 等，生成具有硫化活性的侧挂基团的改性 EPDM（如 M-EPDM，P-EPDM 等），以实现 EPDM/NR 胶料的同步硫化和两相间的共硫化。

第三种方法是加入选择性交联剂进行选择性交联，对于交联活性点不同的两种共混物，如果加入的硫化剂只对一种聚合物活性点起作用，则将会产生选择性交联。如在异戊橡胶中加入少量的 CR 或 NBR，分别采用氧化锌和六氯对二甲苯、二苯胍、氧化镁等选择性交联剂进行选择性交联；又如 CR 与 NR 及 BR 等二烯类橡胶共混时，由于这两类橡胶的硫化机理不同，且在一般情况下 CR 的硫化速度比较快，应采用选择性交联方法设计硫化体系；再如聚丙烯与丁腈橡胶、三元乙丙橡胶和丁苯橡胶共混，用过氧化物或硫黄体系对橡胶作选择性交联，这是制取热塑性弹性体的重要步骤。

③ 具有相互化学反应基因的硫化　对于这种体系，只需加热或加入催化剂就可使两聚合物共交联。如氯醚橡胶与羧酸反应后，可以实现与羧基丁腈橡胶的共交联。

④ 可聚合单体或初聚体与共混聚合物在引发剂作用下的接枝聚合交联　该法是将单体或初聚体在硫化条件下聚合，并与聚合物接枝。如常用方法是在胶料中加入初聚体甲基丙烯酸酯，可以改善硫化胶的强度、耐磨、抗撕和耐热等性能。

此外，辐射硫化也是产生共硫化的一种手段。

在实际并用胶中，应综合考虑选择适宜的交联体系，使共混物达到同步硫化和共硫化。

3. 共硫化结构的测定方法

测定硫化结构的常用方法有两种，即动态力学谱法和差示溶胀法。

(1) 动态力学谱法　动态力学谱法的原理是如果共混体系中两相之间不发生相互交联，其动力学谱，如 $\tan\delta$ 值等保持共混各组分原先各自特点，即其两个峰值不发生变化；如果共混物两相间产生共硫化时，则上述谱图将为一个新的力学特性谱所代替，出现一个介于两个单相橡胶之间的 $\tan\delta$。图 4-45 所示是 NR/BR 并用体系硫化胶的机械损耗谱。从图 4-45 中可以看出，在两种橡胶的损耗峰间出现一个新的中间峰值，这说明在 NR/BR 并用体系中的界面层内产生了共交联，即由于共硫化，出现了新的界面层共聚物体系。

(2) 差示溶胀法　差示溶胀法测定共混胶共硫化结构的原理是利用 G. Kraus 关于填充硫化胶溶胀的理论（称 Kraus 方程）：

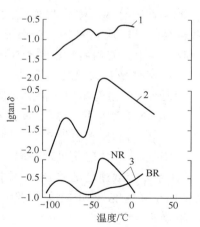

图 4-45　NR/BR 共混胶的机械损耗谱
1—共混胶经 150℃×30min 硫化；
2—共混胶经 150℃×30min 加热（不含硫化剂）；3—单一 NR、BR 硫化胶

$$\frac{V_{\text{ro}}}{V_{\text{r}}} = 1 - M\frac{\phi}{1-\phi} \qquad (4-27)$$

式中　V_{ro}——无分散相时单独弹性体在溶胀凝胶中的体积分数；

V_{r}——存在轻微溶胀的分散相时连续相弹性体在溶胀凝胶中的体积分数；

ϕ——分散相在未溶胀硫化胶中的体积分数；

M——取决于 V_{ro} 和溶胀程度的特性参数。

式(4-27)是一线性方程,如果以V_{ro}/V_r对$\phi/(1-\phi)$作图(简称$V\sim\phi$图)将绘制出一条直线,其斜率为M。如果共混物中两相间不存在交联键,分散相不限制连续相的溶胀,则$V\sim\phi$接近于1,且斜率M为零或为正值。如果共混物两相间形成交联键,分散相将限制连续相的溶胀,M将为显著负值。

测试时,溶剂选择也是十分重要的。通常需选择一种有选择溶胀能力的溶剂,其将对分散相几乎不溶胀,而对连续相有高度溶胀性能。

如用硫黄和 TMTD 硫化的 NBR/SBR 共混胶,其配方如表 4-15。

表 4-15　用硫黄/TMTD 硫化的 NBR/SBR 配方　　　　　单位:质量份

SBR 配方	SBR1502	100	NBR 配方	NBR	100
	氧化锌	5.0		氧化锌	5.0
	硫黄	2.0		硫黄	2.0
	促进剂 TMTD	0.5		促进剂 TMTD	0.5

胶料硫化胶在环己烷和丙酮中溶胀,采用 Kraus 方程分析其相间交联情况如图 4-46 所示。由图可见,硫黄、促进剂 TMTD 体系可以使 NBR/SBR 产生相间交联。

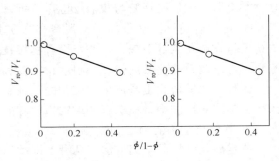

图 4-46　NBR/SBR 的相间交联分析图
左图为 NBR 在 SBR 中,右图为 SBR 在 NBR 中

三、通用橡胶的共混

近年来随着对橡胶材料性能的要求越来越复杂,单一品种橡胶已很难满足要求。在大多数情况,都是橡胶与橡胶共混或橡胶与塑料共混,以取长补短,降低成本,因此在橡胶工业中,使用共混物制造橡胶制品已十分普遍。

1. 天然橡胶共混物

天然橡胶虽有单用,但更多的是与其他橡胶共混使用。

(1) NR/BR 共混物　BR 具有高弹性、低生热、耐寒性、耐屈挠和耐磨耗性能优良的特点。BR 与 NR 相容性较好,因而适用于对 NR 进行改性。

NR 与 BR 的硫化机理相同,硫化速度也相差不大。但不同的硫化助剂体系应用于 NR/BR 体系,交联速度的差异是不同的。如选用 CZ(环己基苯并噻唑次磺酰胺)体系交联,则 NR 的交联速度与 BR 相差就要大一些;选用 DM(二硫化二苯并噻唑)交联体系,交联速度相差就甚小。

(2) NR/SBR 共混物　SBR 是最早实现工业化生产的合成橡胶,其加工性能、力学性能接近于 NR,耐磨性、耐热老化性能还优于 NR。在 NR/SBR 共混体系中若采用 DM 交联体系,则交联反应速度相差较小。

NR/SBR 共混物可应用于制造轮胎、输送带等用途中。

(3) 其他 NR 共混物　NR 还可与 NBR 共混。NR 与 NBR 的相容性较差,但由于两相间的界面交联,力学性能下降并不太大。NR 还可改善 NBR 的耐寒性。

在橡胶轮胎的使用过程中,抗臭氧老化和抗日光老化是需要解决的重要问题。CIIR 具有丁基橡胶的优良的耐臭氧老化和耐天候老化性能,同时又具有较快的硫化速度和较好的粘接性。采用 NR 与 CIIR 共混，对 NR 而言，可改善其耐老化性能；对 CIIR 而言，则可进一步提高其黏合性和抗撕裂性能。

2. 顺丁橡胶共混物

（1）BR/1,2-聚丁二烯橡胶共混物　1,2-聚丁二烯橡胶（1,2-PB）具有优良的抗滑、低生热、耐老化等性能，但耐低温性、弹性、耐磨耗和压出工艺性能较差。BR 的耐老化、耐湿滑性能较差。将二者共混，可以互相取长补短。

1,2-PB 的脆性温度为 $-38℃$，而 1,2-PB/BR 配比为 80∶20（质量比）时，脆性温度可降至 $-70℃$。BR/1,2-PB 共混还可明显改善 BR 的耐湿滑性和耐热老化性，并可使其生热降低。对 1,2-PB 而言，则可提高其弹性和耐磨性。

（2）BR/SBR 共混物　由于 BR 与 SBR 的溶解度参数相差比较小，同时二者有相同的硫化机理，均可用硫黄促进剂硫化体系，因此 BR/SBR 的拉伸强度、扯断伸长率以及定伸应力都与共混比呈直线关系，拉伸强度、扯断伸长率随 SBR 含量的增加而线性增加，定伸应力则随 SBR 含量的增加而线性下降。

BR/SBR 主要用来制作轮胎胎面胶，也可以制作许多工业产品。

（3）BR/CIIR 共混物　在轮胎等许多橡胶制品中，常常使用不饱和的二烯类橡胶。二烯类橡胶因其分子结构中存在很多双键，在热的作用及光的照射下易和臭氧发生化学反应，使制品表面出现严重的老化裂纹，导致制品报废，严重影响制品寿命。为提高二烯类橡胶的耐热氧、臭氧老化和耐气候性能，常采用二烯类橡胶与氯化丁基橡胶共混。

BR/CIIR 的性能与其交联有很大关系。为提高 BR/CIIR 的性能，应恰当地选择硫化体系。如当共混比接近时，选择相间交联效果好的秋兰姆硫化体系比硫黄-次磺酰胺硫化体系的拉伸强度高。

3. 乙丙橡胶共混物

（1）EPDM/IIR 共混物　丁基橡胶（IIR）具有优异的气密性、耐热老化和耐天候老化性能，适用于制造内胎。但在使用中会出现变软、黏外胎及尺寸变大等问题。这些缺点可通过与 EPDM 共混来解决。EPDM 有完全饱和的主链，耐臭氧和耐氧化性能优良。EPDM 老化后会产生交联而变硬。所以，EPDM 与 IIR 共混不仅具有极好的耐老化性能，而且能互相弥补缺陷。

在 EPDM/IIR 共混体系中，EPDM 品种的选择很重要。宜选用 ENB 型（第三单体为亚乙基降冰片烯）EPDM，且乙烯含量在 45%～55% 为宜。EPDM 相对分子质量分布宽一些的，较为容易混炼。

（2）EPDM/PU 共混物　EPDM 具有优良的耐候性和良好的低温性能。但是，由于 EPDM 大分子链中缺少极性基团，其黏附性较差。为提高 EPDM 的黏附性，可选用强极性橡胶——聚氨酯橡胶（PU）与 EPDM 共混。EPDM/PU 共混可选用 DCP 作为交联剂。

EDPM 中混入 PU 后，可使黏着力得到明显提高。在 EPDM 中加入 PU 的量为 10 质量份时，即可使黏着力明显提高。而在这一配比下，EPDM/PU 共混物的拉伸强度与 EPDM 基本相同。EPDM/PU 共混物的耐老化性也很好。

四、特种橡胶的共混

1. 氟橡胶共混物

氟橡胶是指主链或侧链的碳原子上连接有氟原子的高分子弹性体。氟橡胶具有极优的耐热性、耐候性、耐臭氧性、耐油性、耐化学药品性都极好，气体透过性低，且属自熄型橡胶。氟橡胶的缺点是耐寒性差，而且价格颇为昂贵。将氟橡胶与一些通用橡胶共混，目的在于获得性能优异而成本较低的共混物。

氟橡胶与 NBR 共混，宜选用与氟橡胶相容性较好的高丙烯腈含量的 NBR，氟橡胶可选用偏氟乙烯-三氟乙烯-四氟乙烯三元共聚物（如 Viton B50 或 Viton GH）。对 NBR 而言，氟橡胶可明显提高其耐热性、耐油性。

将四丙氟橡胶（四氟乙烯-丙烯共聚物）与 EPDM 共混，可改善四丙氟橡胶的耐寒性，同时降低其成本。四丙氟橡胶的脆性温度为$-26℃$，四丙氟橡胶/EPDM 配比为 50∶50 时，脆性温度降至$-40℃$。该共混体系需选用 DCP 和 TAIC 作为交联剂和交联助剂。

2. 硅橡胶共混物

硅橡胶是指主链以 Si—O 单元为主，以单价有机基团为侧基的线型聚合物弹性体。硅橡胶耐寒性极好，耐热性则仅次于氟橡胶。

将硅橡胶与氟橡胶共混，可以改善氟橡胶的耐寒性，且成本降低。当硅橡胶与氟橡胶的适当品种共混时，硅橡胶用量为 20%，脆性温度可降低 10℃。

硅橡胶的力学性能较低，耐油性差。将硅橡胶与 EPDM 共混，共混物兼具硅橡胶的耐热性和 EPDM 的力学性能。共混中添加硅烷偶联剂，以白炭黑补强，可得到耐热性优于 EPDM，而力学性能优于硅橡胶的共混物。

3. 丙烯酸酯橡胶共混物

（1）丙烯酸酯橡胶与硅橡胶的共混 丙烯酸酯橡胶（ACM）具有良好的耐热性和耐油性能，但耐寒性较差。改善其耐寒性虽然可以通过调节分子结构中二单体比例，添加增塑剂等方法得到某种程度的解决，然而其耐热性、耐油性同时又会受到很大程度损失。耐热性、耐寒性和耐油性之间的平衡十分困难。新近研究表明，如果将耐寒性及耐热性极其优良的硅橡胶（Q）与 ACM 共混，便可得到既具有 ACM 的耐热性，又能显示 Q 的耐寒性的 ACM。

ACM/Q 的硫化体系由有机过氧化物、促进剂和防焦剂组成。硫化体系中防焦剂对获得较高拉伸强度十分必要，且压缩永久变形等随防焦剂用量的增加而增大。

（2）丙烯酸酯橡胶与氯醚橡胶的共混 丙烯酸酯橡胶具有耐温高达 200℃，耐氧、耐光、燃料和润滑油等优异性能。但是，其硫化胶在$-10℃$以下工作时会严重丧失工作性能。氯醚（也称氯醇）橡胶是 3-氯-1,2-环氧丙烷与环氧乙烷的共聚物（CHC）。CHC 除具有良好的耐碳氢化物、耐透气性、耐臭氧性外，还有良好的耐低温（$-45℃$）性能。但耐高温性能却不超过 150℃。为扩大丙烯酸酯橡胶的工作温度范围、降低成本和提高 CHC 的耐热性，可以将丙烯酸酯橡胶与氯醚橡胶共混使用。

CHC 占 30%～35% 的共混胶料，在空气或烃类介质中的长期热应力下，其力学性能稳定，衰变很小。共混时，最好选择碱性炭黑（如 FEF）作补强剂，它能使胶料具有低门尼黏度和易加工性能。选择聚醚或癸二酸二辛酯作增塑剂，以改善胶料低温柔性。

ACM/CHC 的硫化体系，应选择那些能够同时硫化两种橡胶的硫化体系，以便能够产生共硫化。常用的硫化体系有对二氮己环六水合物、氨基甲酸己二胺和二碱式亚磷酸铅组成的配合体系。

五、橡胶与塑料的共混

橡胶与塑料共混的目的是改善新产品的物理力学性能、加工工艺性能和技术经济性能。

如何有效地利用现有大品种橡胶、塑料，通过共混改性拓宽应用领域已经引起了广泛重视。

1. 橡胶/PVC 共混物

（1）NBR/PVC 共混物　橡胶与 PVC 的共混目前仍以 NBR 与 PVC 共混为主。NBR 与 PVC 的相容性较好，其共混体系应用颇为广泛。在以丁腈橡胶为主体的 NBR/PVC 共混体系中，PVC 可对丁腈橡胶产生多方面的改性作用，可提高 NBR 的耐天候老化、抗臭氧性能，提高耐油性，使共混物具有一定的自熄阻燃性和良好的耐热性，还可提高 NBR 的拉伸强度、定伸应力。此外 NBR/PVC 还可以改善 NBR 的加工性能及海绵的发泡性能。

NBR 中的丙烯腈含量对 NBR/PVC 共混物的相容性影响较大。一般来说，中等丙烯腈含量（含量为 30%～36%）的 NBR，与 PVC 共混有较好的综合性能。NBR/PVC 多采用硫黄硫化体系，只对 NBR 产生硫化作用，促进剂多用促进剂 M。NBR/PVC 共混物并用比对共混物硫化后的力学性能的影响如图 4-47 所示。

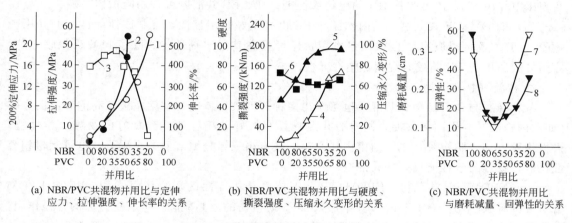

图 4-47　NBR/PVC 共混胶硫化后的力学性能与并用比的关系

1—拉伸强度；2—定伸应力；3—伸长率；4—撕裂强度；5—硬度；6—压缩永久变形；7—回弹性；8—磨耗减量

从图 4-47 中可以看出，在 NBR/PVC 共混物中，随 PVC 用量增大，拉伸强度、定伸应力、撕裂强度、硬度都呈上升之势；断裂伸长率在 PVC 用量少于 35% 时为增长；永久变形有所减少；磨耗也下降（在 PVC 用量少于 35% 时）。图 4-48 所示为 PVC/NBR 共混硫化胶耐油性与并用比的关系。从图中可以看出，PVC 可明显提高 NBR 的耐油性。

NBR/PVC 共混物可广泛应用于制造耐油的橡胶制品，如油压制动胶管、输油胶管、耐油胶辊、油槽密封、飞机油箱、耐油性劳保胶鞋等。

（2）其他橡胶/PVC 共混物　氯丁橡胶（CR）与 PVC 共混，可提高 CR 的耐油性，并改善 CR 的加工性能。并用比为 50/50 的 CR/PVC 并用胶，其压出收缩率仅为 CR 的 30%。CR/PVC 的定伸应力和硬度也比 CR 有较大提高。CR/PVC 共混物可用于制造各种耐油橡胶制品。

聚氨酯（PU）橡胶也可与 PVC 共混，两者有一定的相容

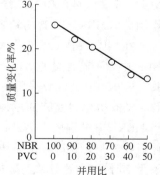

图 4-48　NBR/PVC 共混硫化胶耐油性与并用比的关系

实验条件：苯∶汽油＝1∶3，98℃，60min

性。PVC 可提高 PU 橡胶的弹性模量。氯磺化聚乙烯弹性体也可以与 PVC 共混。PVC 可以显著改善氯磺化聚乙烯的加工性能。随着 PVC 含量增大，并用胶料的压出收缩率明显下降。

2. 橡胶/PE 共混物

聚乙烯（PE）具有很高的化学稳定性、力学强度、耐油、耐寒和耐射线辐射的性能，具有加工容易、无色泽污染、价格便宜等优点，PE 能与 NR、BR、SBR 和 IIR 等多种橡胶很好地掺和，并具有良好的效果。

（1）SBR/PE 共混物　丁苯胶（SBR）与 PE 的并用，应用颇为广泛。PE 对 SBR 有优良的补强作用。在 SBR 中并用 15 质量份的 HDPE，可显著提高 SBR 的抗多次弯曲疲劳性能。PE 还可显著提高 SBR 的耐臭氧性能以及耐油性。

（2）IIR/PE 共混物　丁基橡胶（IIR）与 PE 有良好的相容性。IIR/PE 共混硫化胶的拉伸强度、定伸应力、撕裂强度、硬度都随 PE 用量增大而增加，断裂伸长率则随之下降。在 IIR 中并用 PE，还可改善 IIR 的电绝缘性能。IIR/PE 共混胶可采用硫黄体系硫化。

（3）EPDM/PE 共混物　乙丙橡胶与 PE 也有良好的相容性，可制成性能良好的并用硫化胶。PE 对乙丙橡胶有明显的补强作用，还可提高其耐溶剂性能。除了制备硫化胶之外，乙丙橡胶还可与 PE 制成共混型热塑性弹性体。

3. 橡胶/PP 共混物

各种橡胶与聚丙烯塑料共混，也可制出多种共混胶，特别是利用非极性高饱和度的橡胶（如乙丙橡胶）与聚丙烯共混，制得的共混胶具有较好的相容效果和良好的物理力学性能。极性橡胶（如丁腈橡胶）也可与聚丙烯共混，在有第三组分增溶剂的作用下，也可制得相容性良好、物理力学性能良好的共混胶。

（1）EPDM/PP 共混物　EPDM/PP 共混体系是相容性良好的并用体系。PP 对 EPDM 有良好的补强作用。在 PP/EPDM 中加入 3~5 质量份的丙烯酰胺，可有更显著的补强作用，并降低了永久变形。EPDM/PP 并用体系可采用硫黄硫化体系，或者马来酰亚胺化合物。EPDM/PP 共混物还可制成热塑性弹性体。

（2）NBR/PP 共混物　极性的丁腈橡胶与非极性的聚丙烯共混时，为改善相容效果，必须应用第三组分增溶剂。常用的增溶剂有聚丙烯的马来酸酐（MA）接枝反应物（PP-g-MA）或聚丙烯的甲基丙烯酸甲酯（MMA）的接枝反应物（PP-g-MMA）。在这些增溶剂的作用下，NBR 与 PP 的相容效果可增大，从而改善了共混硫化胶的物理力学性能。

在 NBR/PP（50/50）共混胶中，50 份 PP 中有 5.0 份参与制成 PP-g-MA 增溶剂，50 份 NBR 中以不同含量的 NBR 与不同含量的端氨基液体丁腈橡胶（ATBN）共混，制成各种母炼胶。NBR/PP 共混胶采用酚醛树脂与氯化亚锡为动态硫化剂，最后制成 NBR/PP 动态硫化共混胶。动态硫化共混胶的拉伸强度及扯断伸长率都随配方中 ATBN 含量的增加而增大。例如，当 NBR/PP 共混胶中 ATBN 含量为 0.16 份、丁腈橡胶母炼胶为 0.78 份时，共混硫化胶的拉伸强度为 12.1MPa，扯断伸长率为 170%；而当共混胶中 ATBN 含量为 5.0 份、丁腈橡胶母炼胶为 25 份时，这种共混硫化胶的拉伸强度增至 25.7MPa，扯断伸长率达到 430%。

此外，在橡胶中还可并用无规聚丙烯（APP），可降低成本。一些非极性橡胶（如 BR）与 APP 共混，明显地改善了橡胶的加工性能。APP 对橡胶没有补强作用，随 APP 用量增大，橡胶力学性能有所下降。所以，APP 用量不宜太大。APP 可改善 NR、EPDM 的耐油性或耐溶剂性。

4. 橡胶/EVA 共混物

EVA 是乙烯与醋酸乙烯的无规共聚物。由于在乙烯的结构中引入极性的醋酸基团，使共聚物表现出一定的柔软化和弹性。共聚物中的醋酸乙烯（VA）含量对共聚物的物性有明显的影响。醋酸乙烯含量越高，共聚物的熔融指数（MI）也越高，介电常数也越大。耐化学腐蚀性越差，极性也越大。当醋酸乙烯含量 10%～15% 时，共聚物与非极性橡胶有较好的相容性。当醋酸乙烯含量在 40% 以上时，共聚物与极性橡胶有较好的相容性。

（1）非极性橡胶与 EVA 共聚物的共混　一些非极性橡胶，如 NR、BR、SBR 及 EPR 等，它们与醋酸乙烯含量 15%～20% 的 EVA 共聚物，都有较好的相容性。

非极性的二烯类橡胶与 EVA 共聚物并用体系所用的硫化配合剂是有机过氧化物硫化体系，它有良好的硫化效果。有时也用硫黄硫化剂，但需对 EVA 共聚物进行化学改性，以实现非极性橡胶与 EVA 共聚物并用体系的共硫化。

采用有机过氧化物硫化剂时，应使用助硫化剂如氰尿酸三烯丙酯（TAC）或异氰尿酸三烯丙酯（TAIC）等物质。

非极性橡胶与 EVA 并用的目的，主要是改善橡胶的加工工艺性能，降低胶料的门尼黏度，而 EVA 共聚物对橡胶没有明显的补强作用，但能有效地改善橡胶的耐热老化性和耐化学腐蚀性。并用胶可用以制造耐一般化学腐蚀的胶布制品、电绝缘制品。应用最广泛的是制造发泡的微孔橡胶制品，如微孔鞋底等。

（2）极性橡胶与 EVA 共聚物的共混　氯丁橡胶与醋酸乙烯含量为 30%～40% 的 EVA 共聚物，有较好的相容性。为了实现氯丁橡胶与 EVA 共聚物的同步硫化作用，必须对 EVA 共聚物进行化学改性。改性的结果使 EVA 共聚物大分子中的侧乙酸基转变为羟基。若 EVA 共聚物大分子中，有 4%～9% 的侧乙酸基转变成羟基，就可以二异氰酸酯为硫化剂，使并用两组分发生共同的硫化作用。硫化活性较大的二异氰酸酯有亚甲基二苯基二异氰酸酯（MDI）等；硫化活性较小的有异亚丙基双环己基二异氰酸酯（IPCI），同时需加入二烷基硫代氨基甲酸锌及四乙基二胺等为硫化促进剂。采用 IPCI 为硫化剂，硫化胶的强伸性能都优于金属氧化物的硫化胶。

CR/EVA 并用体系具有良好的加工工艺性能，易于压延和模压成型，并改善氯丁橡胶的炼胶工艺。并用体系的共混温度在 100～110℃。EVA 共聚物对氯丁橡胶没有补强作用，甚至降低了氯丁橡胶的物理力学性能。并用体系却改善了橡胶的耐热老化及耐化学腐蚀性。

5. 橡胶/苯乙烯系树脂共混物

苯乙烯系树脂主要包括聚苯乙烯（PS）及高苯乙烯（HSR）树脂等聚合物。聚苯乙烯是苯乙烯在热和引发剂作用下聚合而成的均聚物。高苯乙烯树脂是高含量苯乙烯与丁二烯等二烯类单体的无规共聚物，苯乙烯含量可达 60%～85%（质量）。共聚物为白色固体物。非极性橡胶与聚苯乙烯或高苯乙烯树脂有一定的相容性。尤其与高苯乙烯树脂的相容性能更好些。它们对非极性橡胶有一定的补强作用。

（1）橡胶/PS 共混物　非极性的二烯类橡胶（如 NR、SBR、BR）可与 PS 共混，显著地改善橡胶的加工性能。并用胶料的门尼黏度和门尼焦烧时间都随 PS 量的增加而增大。对于 BR/PS 并用体系，PS 有良好的补强作用。

并用体系的配方主要是橡胶的配方体系。聚苯乙烯对配合剂没有要求。实际上，并用体系中，聚苯乙烯组分含量一般不超过 30 份（并用比，质量份）。聚苯乙烯组分含量过多，可显著增大硬度、降低弹性。硫化体系多采用硫黄体系或有机过氧化物。

橡胶与聚苯乙烯并用体系适于制造较高硬度的橡胶制品胶辊、胶板及电绝缘性橡胶制品。

(2) 橡胶/HSR 共混物　HSR 也属于非极性的聚合物。它与非极性的二烯类橡胶都有较好的相容性。HSR 对非极性二烯类橡胶有良好的补强作用。

BR 并用体系中，门尼焦烧时间随高苯乙烯树脂增量而延长。

非极性橡胶/HSB 并用体系的配方中，硫化体系多采用硫黄体系或采用有机过氧化物为硫化剂。并用胶料的焦烧时间随 HSR 增量而延长，但收缩率减小，对门尼黏度影响则不明显，这对加工工艺过程十分有利。提高并用体系的硫化程度，能显著地提高抗拉伸疲劳性能。

该并用体系主要是用于制造较高硬度的橡胶制品，如磨米胶辊、胶板等，也用于制造仿革鞋底及发泡微孔鞋底，还适于做自行车外胎的浅色胎侧胶等。

此外，HSR 还能与极性橡胶共混，以改善极性橡胶的加工及使用性能。

6. 橡胶/PA 共混物

NBR 可与 PA 共混，两者有较好的相容性。PA 对 NBR 有较大的补强作用，且可改善 NBR 的耐热、耐油及耐化学腐蚀性。

此外，橡胶还可与各种合成树脂（如酚醛树脂、氨基树脂、环氧树脂）等共混。

第六节　动态硫化热塑性弹性体

热塑性弹性体（TPE）是在常温下显示橡胶高弹性、高温下又能塑化成型的高分子材料，又被称作第三代橡胶，根据生产方法的不同，可分为共聚型和共混型两大类。共聚型 TPE 是采用嵌段共聚的方式将柔性链（软段）同刚性链（硬段）交替连接成大分子，在常温下软段呈橡胶态，硬段呈玻璃态或结晶态聚集在一起，形成物理交联点，材料整体具有橡胶的许多特性；在熔融状态，刚性链呈黏流态，物理交联点被解开，大分子间能相对滑移，因而材料可用热塑性塑料的方式加工成型。共混型 TPE 是采用机械共混方式使橡胶与树脂在熔融共混时形成两相结构。它经历了从简单的机械共混到部分动态硫化共混再到完全动态硫化共混的三个发展阶段；采用简单共混和部分动态硫化方法制备的共混型 TPE 在耐热、耐溶剂、耐压缩永久变形等性能方面存在局限，难以制得高性能的 TPE。而采用动态全硫化技术制备的 TPE，又称作热塑性硫化胶（TPV），是非常重要和特殊的一大类 TPE。它与共聚型 TPE 相比，具有品种牌号多、性能范围广、耐热温度高、耐老化性能优异、高温压缩永久变形小、尺寸稳定性更为优异、性能更接近传统硫化橡胶的特点。

共混型 TPE 的开发与应用为橡胶制品生产开辟了新的原料来源。采用共混型 TPE 生产制造橡胶制品，可以除掉传统的硫化工艺过程，简化了生产工艺，并节省了能耗。共混型 TPE 制品的边角废料还可重复使用。这对传统的橡胶制品的生产工艺实现了重要的改革。本节将重点介绍共混型 TPE 的相关知识。

一、共混型热塑性弹性体的反应性共混及动态硫化作用

热塑性弹性体的基本特性表现在成型加工温度下有良好的热塑性和流动性，便于成型加工。在常温或使用温度下，成型的制品又表现出优异的物理力学性能及橡胶的高弹性质。形成热塑性弹性体的这种特有性质决定于共混型热塑性弹性体的交联程度以及力学性质。

1. 共混型热塑性弹性体的硫化作用

共混型热塑性弹性体可分为硫化型与非硫化型。硫化型是指橡胶与塑料共混物中的橡胶组分经过不同方法的硫化作用，使橡胶产生一定程度的交联结构。非硫化型是指橡塑共混后

橡胶未经硫化作用而形成了热塑性弹性体。这两种热塑性弹性体的物性差别很大,前者的橡胶组分经过硫化的交联反应,具有良好的物理力学性能。

共混型热塑性弹性体的硫化一般有两种方法。一种方法是静态硫化法,另一种是动态硫化法。前者采用传统的硫化方法,橡胶组分先行硫化。硫化剂的用量是传统硫化剂用量的 2/3 或 1/2 以至更少些,使橡胶组分产生部分的交联结构,交联凝胶含量为 40%~50%。经过部分交联的橡胶与定量的塑料进行熔融共混掺和均匀,即可制得静态硫化型的共混型热塑性弹性体。

动态硫化型的共混热塑性弹性体的制备是橡胶与塑料两组分在机械共混的同时就使橡胶与交联剂"就地"产生化学交联完成硫化作用,因此也称这种硫化作用为"现场硫化"作用。动态硫化可使橡胶组分形成部分交联或完全交联的结构。实现这种动态硫化反应的共混过程也称为反应性共混过程。

共混型热塑性弹性体的动态硫化反应发生在橡塑组分的激烈机械共混过程中。橡胶组分在进行硫化反应的同时,生成的交联结构使其黏度骤然增大,此时的机械剪切力也骤然地增大。结果将橡胶组分剪成细小的颗粒,其粒径只有几个微米。全动态硫化时,橡胶的交联密度至少达 7×10^{-5} mol/ml 或凝胶含量 $\geqslant 97\%$,且交联的橡胶微粒均匀地分散于塑料基体中。

动态硫化所用的硫化剂也是一般常用的硫化体系,如硫黄体系、有机过氧化物及酚醛树脂等硫化剂,它们都有良好的硫化效果。动态硫化所用硫化剂量都低于传统硫化的用量,但动态硫化的反应速度远远快于传统的硫化作用。

静态及动态硫化作用的共混型热塑性弹性体的物理力学性能有较大的差异,如表 4-16 所示。从表中看出,经过动态硫化的橡胶粒径都显著地减小,粒径只有 $1 \sim 2 \mu m$。这种热塑性弹性体的拉伸强度及扯断伸长率较大。

表 4-16 EPDM 体系的动态及静态硫化胶性能的比较

聚烯烃树脂/份	硫黄/份	硫化方法	交联密度/($\times 10^{-5}$ mol/ml)	橡胶粒径/μm d_n[①] d_w[②]	硬度(邵氏 D)	弹性模量/MPa	100%定伸应力/MPa	拉伸强度/MPa	扯断伸长率/%	永久伸长率/%
PP,66.7	2.0	静态	16.4	72 750	43	97	8.2	8.6	165	—
PP,66.7	2.0	静态	16.4	39 290	41	102	8.4	9.8	215	22
PP,66.7	2.0	静态	16.4	17 96	41	105	8.4	13.9	380	22
PP,66.7	2.0	静态	16.4	5.4 30	42	103	8.4	19.1	480	20
PP,66.7	2.0	动态	16.4	1~2	42	58	8.0	24.3	530	16
PP,66.7	1.0	动态	12.3	—	40	60	7.2	18.2	490	17
PP,66.7	0.5	动态	7.8	—	39	61	6.3	15.0	500	19
PP,66.7	0.25	动态	5.4	—	40	56	6.7	15.8	510	19
PP,66.7	0.125	动态	1.0	—	35	57	6.0	9.1	407	27
PP,66.7	0.0	—	0.0	—	22	72	4.8	4.9	490	66
PP,33.3	1.0	动态	12.3	—	29	13	3.9	12.8	490	7
PP,42.9	2.0	动态	16.4	—	34	22	5.6	17.9	470	9
PP,53.8	2.0	动态	16.4	—	36	32	7.6	25.1	460	12
PP,81.8	2.0	动态	16.4	—	43	82	8.5	24.6	550	19
PP,122	2.0	动态	16.4	—	48	162	11.3	27.5	560	31
PP,233	5.0	动态	14.5	—	59	435	13.6	28.8	580	46
PP,0	2.0	静态	16.4	—	11	2.3	1.5	2.0	150	1
PP,100	0.0	—	—	—	71	854	19.2	28.5	530	—
PE,66.7	2.0	动态	12.3	—	35	51	7.2	14.8	440	18
PE,66.7	0.0	—	0.0	—	21	46	4.1	3.5	240	24

① 数均粒径。
② 重均粒径。

经过动态硫化作用的共混型热塑性弹性体具有优良的物理力学性能。它的物理力学性能完全优于未经硫化的并用体系。如动态硫化的 EPDM/PP 共混物的物理力学性能明显优于未经硫化的 EPDM/PP 并用体系。

2. 共混型热塑性弹性体的反应性共混

如前所述，共混型热塑性弹性体是橡胶与塑料两种组分在高温及高剪切速率的机械共混条件下制备而成。能满足这种反应性共混条件的机械设备有密闭式炼胶机及双螺杆混合挤出机。在这两种机械设备中，前者是分次混合，分批生产，所以生产能力较低。后者是连续化混合，连续生产。双螺杆混合挤出机具有高温、高剪切作用及高生产能力的优点，所以，双螺杆混合挤出机是当前制造共混型热塑性弹性体的最有效的共混设备。

共混机械在反应性共混过程中，除完成共混组分的均匀混合外，还能完成各种化学反应，如橡胶组分的动态硫化反应，橡塑组分的接枝、嵌段共聚反应，具有反应活性单体以及低分子物与橡胶的聚合或缩合反应，热固性树脂的固化反应等。

（1）密闭式炼胶机的反应性共混　具有高剪切力的密闭式炼胶机可以对橡塑共混物进行机械共混，最后制得性能优越的共混型热塑性弹性体。NBR/PP 型热塑性弹性体就可采用密闭式炼胶机进行混炼，效果良好。在共混物中，丁腈橡胶组分与聚丙烯组分以及马来酸酐改性的聚丙烯（MPP）可同时在密炼机中混合反应。密炼机的共混温度为 185～190℃，转子转数为 80r/min，共混时间为 8min，高剪切力密炼机的反应性共混过程如图 4-49 所示。图中共混料经开炼机炼胶压片后，送至挤出机造粒。

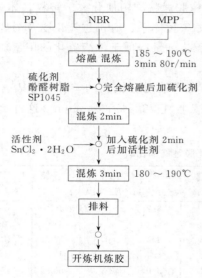

图 4-49　高剪切力密炼机的反应性共混过程

密闭式炼胶机的共混效果及生产效率都不及双螺杆混合挤出机优越。但在产量较低时，密炼机的生产有较好的效果。

（2）双螺杆混炼挤出机的反应性共混　双螺杆混炼挤出机是近 20 年来发展起来的炼胶设备，它由机筒、螺杆等结构所组成。机筒及螺杆是分段组合而成，按每段的混合作用及送料速度，螺杆具有不同的螺纹形状与结构。整个螺杆由若干个混合段和送料段交替组合而成。在送料段的机筒上设有若干个投料口，在投料口的上方设有若干个定量的投料装置。所以，在挤出机的整个机筒上，按投料顺序设有若干个投料口。经过每个投料口，顺序的投入定量的橡塑组分及各种助剂。橡胶、塑料及各种助剂经过混合段螺杆的混合及剪切作用，先后发生混合与化学反应，实现反应性共混作用。

对于 NBR/PP 共混型热塑性弹性体，采用双螺杆混炼挤出机进行反应性共混，其反应过程示意见图 4-50。从图中可知，双螺杆混炼挤出机是由六个混合段和六个送料段交替组合而成。最末的送料段连接真空减压装置以抽出共混料中的气体。共混料通过挤出机口模进入造粒装置，进行造粒。

采用双螺杆混炼挤出机使橡胶与塑料共混，能充分满足反应性共混条件，获得最佳的共混效果；且其炼胶速度也明显地快于密闭式炼胶机，制得的混炼胶物性也优于密炼机的共混胶料。因此，双螺杆混炼挤出机对聚合物共混起到了重要的作用。

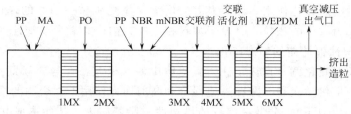

图 4-50　双螺杆混炼挤出机的反应性共混过程示意图
PP—聚丙烯；MA—马来酸酐；PO—有机过氧化物；
NBR—丁腈橡胶；mNBR—马来酸酐改性丁腈橡胶

3. 共混型热塑性弹性体的形态结构

热塑性弹性体所以具备有热塑性质，又具有高弹性质，这是由它们独特的聚集状态所决定的。热塑性弹性体的聚集状态都是由它们不同的软质和硬质结构所组成。组成硬结构的是聚合物的玻璃态结构或结晶结构及氢键等。组成软结构的主要是聚合物的柔性大分子链或柔性的大分子网状结构。

SBS（苯乙烯-丁二烯-苯乙烯嵌段共聚物）热塑性弹性体的硬结构由聚苯乙烯的玻璃态区（区域直径数十纳米）所构成。软结构是聚丁二烯的柔性大分子链，它连接并分布于各个硬结构之间，如图 4-51（b）所示。常温下，聚苯乙烯玻璃态区起到物理交联作用，使 SBS 聚合物具有弹性体的强度及高弹性质。在高温状态下，聚苯乙烯玻璃态区发生熔融。此时，SBS 聚合物又产生良好的热塑性质，便于成型加工。

共混型热塑性弹性体也具有软的和硬的结构。它们的软硬结构表现在共混体系中的橡塑组分所形成的分散状态。橡胶组分表现为软结构，塑料组分表现为硬结构。如图 4-51（a）所示。

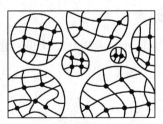　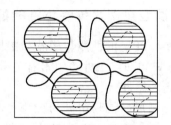

(a) 共混型热塑性弹性体　　　　　　　　(b) SBS型热塑性弹性体

图 4-51　热塑性弹性体结构示意图

对共混型热塑性弹性体来说，其硫化方法对其相态结构有很大的影响。对于未经硫化及部分交联的热塑性弹性体，其相态结构与橡塑组分的并用比及两组分的黏度比有密切关系。黏度低含量高的组分易形成连续相，而黏度高含量低的组分易形成分散相；并用比在某一比例下会形成两相连续结构。但经过动态硫化的共混型热塑性弹性体，尤其是完全动态硫化的 TPV，其相态结构不随橡塑并用比的变化而改变，总是以硫化橡胶颗粒为分散相，分散于塑料的连续相中。作为连续相的塑料，起到硬结构的作用，而交联的橡胶颗粒则分散在塑料中成为软结构。

共混型热塑性弹性体的这种形态的形成，是在高温和高剪切速率之下经反应性共混的结果。橡胶组分经过动态硫化作用，黏度显著的增大，遭受机械剪切力的作用也显著地增强。结果橡胶被剪切成为微小的颗粒，分散于塑料相之中，构成共混型热塑性弹性体的相态。

4. 共混型热塑性弹性体的动态硫化

前已述及，动态硫化就是在热塑性树脂基体中混入橡胶，在与交联剂一起混炼的同时，使橡胶"就地"产生化学交联，并在高速混合和高剪切力作用下，交联的橡胶被破碎成大量的微米级颗粒（$2\mu m$ 以下），分散在连续的热塑性树脂基体中，从而形成共混型热塑性弹性体。制造共混型热塑性弹性体的关键是动态硫化技术。

（1）动态硫化作用对共混物相态及结晶结构的影响　采用双螺杆挤出机制备共混型热塑性弹性体时，其形态结构将随混炼作用及动态硫化作用的进行，不断地发生改变。如用双螺杆挤出机制备 NR/LDPE 共混型热塑性弹性体时，混合初期，塑料组分呈分散相，分散于橡胶之中。经橡胶经混炼过程及动态硫化作用，塑料组分逐渐地向连续相转变，橡胶组分经硫化反应而形成交联结构，交联橡胶在机械剪切作用下粉碎成微小颗粒，并分散于塑料组分之中，成为分散相。随着橡胶组分硫化程度的深入，被剪碎的程度也加大，结果，橡胶粒径也进一步地减小，最终形成 TPV。

经过动态硫化作用，共混物中塑料组分的结晶度有明显的下降。这是因为交联橡胶的微小颗粒大量分散于塑料相中，在很大的程度上限制了塑料相分子链段的运动性，减弱了塑料相分子链段的有序化性，以致降低了塑料相的结晶能力。

（2）动态硫化作用对物性的影响　动态硫化时间及动态硫化程度对共混物的物理力学性能都有明显的影响。如 NR/LDPE 共混体系，尽管动态硫化时间对不同并用比的 NR/LDPE 共混物的物理力学性能有着不同的影响，但从总体上看，增加动态硫化时间，不同并用比共混物的拉伸强度都有一定的增加，但定伸应力及硬度变化不大。

动态硫化体系、硫化剂用量及动态硫化程度对共混物的物性也有影响，具体内容将在以后有关章节中讨论。

二、影响共混型热塑性弹性体性能的因素

大量研究表明，TPV 的性能与橡胶和塑料的特性、并用比、橡胶相的交联程度和粒径、配合体系、共混方式和加工条件等因素有关。

1. 橡胶和树脂的特性

TPV 的性能与组成共混物组分的特性密切相关。

（1）动态剪切模量（G）　G 是 TPV 韧性的量度，当已知橡胶和树脂的 G 时，则可测出 TPV 的 G。

（2）树脂的拉伸强度（σ_H）　σ_H 为 TPV 拉伸强度的临界值。选用 σ_H 高者，在其他条件相同时，TPV 的强度亦高。

（3）树脂的结晶度（W_c）　树脂的 W_c 影响 TPV 的强度与弹性。当选用 W_c 高者，可改善 TPV 的强度和弹性。

（4）临界表面张力（γ_c）　通常制备 TPV 时，要求橡胶与树脂的表面能相匹配，这样可获得较低的界面张力，有利于橡胶粒子的精细分散，从而提高 TPV 的强度和伸长率。

（5）橡胶相大分子的临界缠结间距（N_c）　N_c 是指聚合物在未稀释状态下分子间发生链缠结时聚合物链原子的数目。N_c 值越小，表明大分子链趋于紧密缠结，缠结点之间的分子量也越小。聚合物在共混初期易牵引成细纤维状，并易剪断成细小的橡胶微粒，有利于提

高 TPV 的强度。

表 4-17 列出了部分树脂与橡胶的有关特性参数。若要得到性能优良的 TPV，则要求共混物两组分的表面能要相互匹配，橡胶的 N_c 值要小，树脂的 W_c 值要高。如果在熔融混合温度下，有其他物质存在时，要求橡胶和树脂不会分解，并且硫化体系应与橡胶相适应。

此外，使用具有特殊性能的橡塑材料进行共混，所得到的共混型 TPE 就应具有特殊的性能。如以 PP 与 EPDM 共混时，可以得到优异的耐臭氧、耐热和耐候性能；用 PP/NBR 共混时，则可赋予材料优异的耐油性等。

表 4-17 部分聚合物的有关特性参数

聚 合 物	拉伸强度/MPa	模量 G/MPa	γ_c/(mN/m)	N_c/链原子数	W_c
聚丙烯(PP)	30.0	520	28	—	0.63
聚乙烯(PE)	31.7	760	29	—	0.70
聚苯乙烯(PS)	42.0	1170	33	—	0.00
丙烯腈-丁二烯-苯乙烯共聚物(ABS)	58.0	926	38	—	0.00
苯乙烯-丙烯腈共聚物(SAN)	58.0	1330	38	—	0.00
聚甲基丙烯酸甲酯(PMMA)	61.8	—	39	—	0.00
聚对苯二甲酸丁二醇酯(PBT)	53.3	909	39	—	0.31
聚酰胺(PA)	46.0	510	39	—	0.25
聚碳酸酯(PC)	66.5	860	42	—	0.00
聚对苯二甲酸乙二醇酯(PTP)	—	—	31	417	0.00
丁基橡胶(IIR)	—	0.46	27	570	0.00
三元乙丙橡胶(EPDM)	—	0.97	28	460	0.00
异戊橡胶(IR)	—	0.32	31	454	0.00
顺丁橡胶(BR)	—	0.17	32	416	0.00
丁苯橡胶(SBR)	—	0.52	33	460	0.00
氯丁橡胶(CR)	—	—	38	350	0.00
丁腈橡胶(NBR)	—	0.99	39	290	0.00
氯化聚乙烯(CPE)	—	—	37	356	0.00
乙烯-醋酸乙烯共聚物(EVA)	—	0.93	34	342	0.00
丙烯酸酯橡胶(ACM)	—	—	37	778	0.00

2. 橡塑并用比

在制备 TPV 时，橡塑并用比对性能影响很大。通常，随树脂用量的增加，TPV 的性能愈接近树脂，表现为硬度、模量、永久变形随之增大。当树脂用量低于 30 份时，TPV 的拉伸强度较低，当树脂用量高于 30 份时，则强度迅速上升，但当达到 50 份后，上升的幅度极为缓慢。PP 用量对 EPDM/PP 的热塑性弹性体性能影响如图 4-52 所示。

纯 PP 拉伸时，拉伸曲线有屈服点，当 PP 用量少于 75 份时，则 TPV 拉伸曲线无屈服现象，可见，动态硫化可极大地改善共混型 TPE 的力学性能。

3. 橡胶相的交联密度

随橡胶相交联程度的提高，TPV 的强度呈线性增加，而拉伸或压缩永久变形降低，如图 4-53 所示，耐化学品性能提高，加工成型性能变好。这是由于高度交联了的橡胶相在高剪切应力作用下，更易于破碎与分散，形成更为适宜的

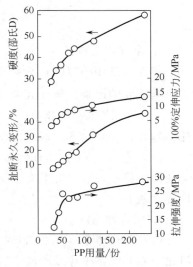

图 4-52 PP 用量对 EPDM/PP TPV 性能影响

微畸形态所致。

此外，橡胶相的交联程度还会影响到 TPV 相态的变化，从而导致共混物在力学性能上的改变。例如，在 SBR/PE 以 70/30 进行共混的体系中，随着橡胶相交联程度的改变，共混物的应力-应变曲线特征如图 4-54 所示。由图 4-54 可知，在橡胶相 SBR 的相对交联程度 W 为 0.6 左右时，其力学性能存在转折点。当 $W<0.6$ 时，拉伸负荷很低时即产生断裂，伸长也很小，拉伸曲线具有塑料的拉伸特征——屈服现象。随 W 值的降低，这种现象就更加明显。当 $W>0.6$ 时，橡胶相中存在一定程度的交联，共混材料的强度及伸长性能由塑料相和橡胶相束共同提供。因此，试样能经得住一定负荷的拉伸，表现出较高的拉伸强度，并达到应有的伸长。随着交联程度的提高，不再有屈服现象出现。其性能同硫化胶一样，即拉伸强度提高，而伸长率、永久变形下降。出现这种现象的原因，可以认为是在交联过程中，共混体系中相的结构发生变化所致。

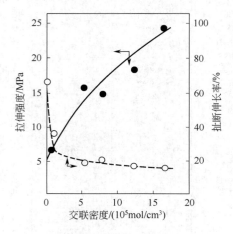

图 4-53 交联密度对 TPV 性能的影响

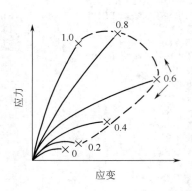

图 4-54 不同交联程度的 TPV 应力-应变曲线（SBR/PE=70/30）
×表示断裂点，图中数值为相对交联程度 W

4. 橡胶相的粒径

作为分散相的橡胶，其颗粒大小，即分散程度对 TPV 的性能，尤其是成型加工性能有着极其重要的影响。研究表明，分散相橡胶的粒径越小，TPV 的拉伸强度越高，伸长率越大，其加工性能也越好，如图 4-55 所示。当橡胶相的粒径在 1～1.5μm 左右时，TPV 具有类似于传统硫化胶的应力-应变性能特征，表现为具有较高强度、较低的永久变形等性能。

5. 配合体系的组成

（1）硫化体系　制备 TPV 的关键性技术是动态硫化，而共混物中橡胶的硫化特性，如硫化速率及硫化程度，则对 TPV 的形态及其大小，最终反映在对物理力学性能及加工性能上有很大影响。因此，应根

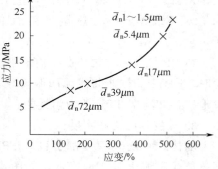

图 4-55 胶相粒径与应力-应变关系
×表示断裂

据不同的体系情况，选用不同的硫化体系，所以合理地选择硫化体系是十分重要的。表4-18列出了各种共混体系所采用的动态硫化剂。常用的硫化体系有：硫黄/促进剂硫化体系，过氧化物或过氧化物/助交联剂硫化体系，烷基酚醛树脂硫化体系，双马来酰亚胺硫化体系及金属氧化物硫化体系等。有些硫化剂，特别是单用某些过氧化物类硫化剂时，会引起塑料的降解。在工业上，部分交联的热塑性聚烯烃一般是采用过氧化物（如DCP）硫化体系硫化，但对于完全交联的烯烃类TPV，则主要采用硫黄/促进剂硫化体系硫化，或者采用双马来酰亚胺硫化体系及烷基酚醛树脂硫化体系硫化。

表 4-18 橡胶与塑料共混物所用动态硫化剂

塑料或橡胶	IIR	EPDM	PTPR	NR	BR	SBR	EVA	ACM	CPE	CR	NBR
PP	P	S	P	P	M	P	O	SO-S	M-O	M-O	M-O
PE	P	S	M	S	M	M-M	M-M	SO-S	O	S	M-M
PS	P	M-O	P	M-M	M	M	M-O	SO-S	O	M-M	O
ABS	S	S	P	M-M	M	M-M	M-O	SO-S	O	M-M	O
SAN	S	M-O	P	M-M	M	M-M	M-O	SO-S	O	M-M	O
PMMA	P	P	S	M	M	M	M-O	SO-S	O	S	M
PTMT	P	M-O	M	P	M-O	M	M-O	SO-S	O	M	—
PA	P	M-O	P	M-O	M	M	M-O	SO-S	O	M	M
PC	P	M-O	P	M-M	M	M	M-O	SO-S	O	—	M-M

注：P为二羟甲基苯酚-甲醛树脂；M为双马来酸酐缩亚胺；M-M为双马来酸酐缩亚胺-MBTS（二硫化硫醇基苯并噻唑）；M-O为双马来酸酐缩亚胺-有机过氧化物；O为有机过氧化物；S为硫黄硫化体系；SO-S为含硫化物体系。

TPV硫化体系的选择，除了要根据橡胶的品种，使之在熔融共混温度下，既能使橡胶充分硫化，又不产生硫化返原或降解外，还应考虑橡胶相的硫化速率与分散程度的匹配，即应在保证橡胶充分混匀后才开始交联。有的TPV几种硫化体系均适用，此时应根据性能、成本权衡利弊。表4-19为一些TPV的参考硫化体系及共混条件。

表 4-19 不同 TPV 的硫化体系及共混条件

TPV 品种	共混条件 配比（质量）	共混条件 温度/℃	硫 化 体 系
EPDM/PP	50/50	180～190	SP1045 5份；$SnCl_2 \cdot 2H_2O$ 1份
NBR/PA-6、PA-66	65/35	215	SP1045 1.3份；防老剂124 2份
EA/PA-6、PA-66	45/55	235	MgO 1.1份
PU/PA-6、PA-66、PA-610	50/50	180	HVA-2 1份；L-101 0.5份
ECO/PA-6、PA-66、PA-610	50/50	170～180	ZnSA 1.67份；促进剂DM 1.0份；S 0.4份；防老剂124 1份

注：表中 TPV 中 EA 为乙烯-丙烯酸酯弹性体；ECO 为氯醚橡胶；SP1045 为叔丁基苯酚甲醛树脂；L-101 为 2,5-二甲基-2,5-双(叔丁基过氧)已烷。

（2）软化增塑体系 为了改善TPV的加工流动性，并降低材料的硬度，可在预制的母胶中，加入一定量与橡胶相应的软化剂或增塑剂，以增大软相（橡胶相）的容积。若在橡塑熔融共混阶段加入，又可增大硬相（塑料相）的容积。如果硬相是结晶性树脂，则在冷却时硬相的结晶性可迫使软化增塑剂从硬相中进入软相。因此，软化增塑剂在熔融温度下是加工助剂，而在使用温度下又是软化剂。但软化增塑剂的用量一般不应超过80份，否则不仅会延长共混时间，而且混合料会在密炼机中打滑从而破坏混合过程。若在体系中使用充油橡胶，则更有利于共混操作及更有效地降低硬度，便于制造十分柔软的热塑性弹性体。

(3) 补强填充剂　就 TPV 材料而言，它的强度主要取决于树脂相的结晶度、橡胶相的交联度以及橡塑界面的结合程度，所以通常在传统橡胶中有较强补强作用的炭黑和白炭黑，一般对 TPV 没有明显的补强效果。但填充剂的加入能使 TPV 的硬度、定伸强度及耐介质稳定性有所提高，同时还会使共混材料的伸长率及热塑流动性下降。适量的填充剂与油并用所制得的 TPV 不仅可以降低共混材料成本，使热塑性不受影响，还可使耐油、抗疲劳；耐压缩形变及耐寒性能得到改善。

6. 共混方式及加工条件

(1) 共混方式　为了使配合剂能在橡胶共混物中均匀分散，以充分发挥每种配合剂的作用，可预先将一些配合剂与橡胶在常温下制成母胶，再在高温密炼机中与树脂共混进行动态硫化。对于制备橡胶组分含量较高的 TPV，橡胶相往往不易分散，使橡胶相达不到应有的细度而影响材料性能。此时可采用二阶二段共混法，即首先在橡塑并用比较小的情况下共混，使之生成互锁结构，然后再补加剩余的橡胶进行二次动态硫化共混，这样不但可以使橡胶相粒径降低，而且还改善了 TPV 的力学性能。

(2) 加工条件　共混温度主要影响橡胶和塑料的熔体黏度，当两者的黏度接近时，共混物的相态结构比较细致，综合性能较好。由于动态硫化是在熔体混合期间进行的，因此要求混合温度高于树脂组分的熔点 20~30℃为好，若温度过高，则硫化剂可能在与其他组分混合均匀以前分解而失效。为了使 TPV 的分散相既要充分交联又要有一定的细度，采用具有强剪切混合效果和严格控温的高效混合设备是十分重要的。在通常情况下，共混体系中随剪切速率的增大，分散相的粒径会减小，所以适当提高剪切速率对改善共混物性能是有利的。但必须注意到由于剪切速率的提高，会导致共混体系黏度的下降，而对分散相粒径的影响产生相互抵消作用。

三、共混型热塑性弹性体的制备

经过 30 多年的开发研究，共混型热塑性弹性体有了显著的发展。目前，可用于制备 TPV 可选择的橡胶至少有 14 种，树脂至少有 22 种，但实际研究中只选择了 11 种常用橡胶和 9 种常用树脂（表 4-18），可以制备 99 种橡塑共混物，涉及非极性橡胶/非极性塑料型 TPV、非极性橡胶/极性塑料型 TPV、极性橡胶/非极性塑料型 TPV 和极性橡胶/极性塑料型 TPV 四大类。目前，已广泛生产的品种有 EPDM/PP 共混物、NR/PP 或 NR/PE 共混物及 NBR/PP 共混物等。

1. EPDM/PP 动态硫化热塑性弹性体（EPDM/PP TPV）

共混型 EPDM/PP TPV 是开发最早、技术最成熟的品种之一。目前除美国孟山都公司生产有 Santoprene 商品外，意大利 Mantepolymeri 公司也有 Dutralene 商品出售。我国 1985 年也有专利发表。这类 TPV 的特点有：密度小、耐臭氧、耐候、耐热老化性能优异；优良的加工性能和弹性；耐油及耐化学药品等性能与 CR 相当；比热固性 EPDM 具有更好的耐压缩变形性（对低硬度 EPDM/PP TPV 而言）、耐油性、耐热性以及更优异的耐动态疲劳性能。同时还具有优良的绝缘性和良好的耐寒性。

实验表明，制备 EPDM/PP TPV 的重要问题之一是橡塑共混比及硫化体系的选择。

根据 EPDM/PP（质量配比为 20/80~80/20）橡塑共混比的不同，其 TPV 的硬度从邵氏 A 型硬度 35 至邵氏 D 型硬度 50 可调。随着 EPDM 用量的增加，TPV 的硬度降低，性能更接近于橡胶。

若用硫黄硫化体系，制备的 TPV 具有较好的力学性能，但加工性能较差，因为硫黄硫化体系生成的多硫键是可逆的，导致橡胶粒子重新聚集，从而增大了橡胶粒子分散相的尺寸。用过氧化物硫化体系制备的 TPV 力学性能较差，这是因为过氧化物对连续相的 PP 有严重降解作用。而用酚醛树脂硫化体系制备的 TPV 具有较好的力学性能和流变加工性能的平衡性。制备 EPDM/PP TPV 一般在 180～220℃时混合 5min 即可。

EPDM/PP TPV 的应用十分广泛，它可应用于汽车配件、电线电缆、土木建筑、橡胶制品及家庭应用的橡胶制品。其各类制品可以通过注塑、挤出、压延与吹塑等工艺方法进行加工成型。

2. NR/PE TPV 和 NR/PP TPV

NR 分子结构高度不饱和，高温时易氧化降解，且 NR 中蛋白质易分解产生臭味。制备 TPV 时一般采用过氧化物或有效硫黄硫化体系，以防止 NR 硫化返原。一般在 150℃混合 4min 即可。长时间混炼和过量交联剂均会使 NR/PE TPV 失去热塑性和良好的物理力学性能，这正是树脂和橡胶热氧降解所造成的。但长时间的混炼又有助于分散相均匀分散在连续相中，所以，NR/PE TPV 的制备就有一个明显的最佳混合时间。用硫黄硫化体系制得的 NR/PE TPV 具有更好的物理力学性能。若加入少量 EPDM、氯化聚乙烯、氯磺化聚乙烯、马来酸酐改性 PE 或环化 NR 可以大大提高 NR/PE TPV 的物理力学性能。NR/PE TPV 具有比热固性 NR 更好的耐热、耐氧老化性能。

制备 NR/PP TPV 时，要求 NR 初始黏度较低，不含有凝胶，并需在交联剂存在下被破碎以降低黏度，在 165～185℃混合 5min 即可。实验证明，高温动态硫化是不可取的，因为 NR 在 200℃以上就会降解。在制备过程中，由于交联剂的作用，会有部分的 NR 产生自由基，可以和 PP 就地发生接枝，有助于提高两者的相容性。硫化体系可用硫黄、酚醛树脂、过氧化物等，采用硫黄硫化体系应注意 NR 的硫化返原。NR/PP TPV 的硬度可以通过调整橡塑比来实现，也可以通过调节软化剂和填料的种类及用量来实现。尽管 NR/PP TPV 强度低于热固性 NR 的最大值，但压缩变形性相当，并且耐溶剂、耐热氧老化。

热塑性天然橡胶的成型加工性能及应用范围与热塑性乙丙橡胶相类似。这种材料也广泛用于制造汽车的配件，如汽车的缓冲器护罩、空气阻流片、排气风扇环箍、挡泥板、门窗密封条，以及导风橡皮管、导水橡皮管等，也可制造电线电缆的护套及铁道轨枕垫等制品。其制品可以采用注塑机或挤出机进行工艺成型。

3. 动态硫化热塑性丁苯橡胶

共混型动态硫化热塑性丁苯橡胶（TPSBR）是近年开发的一种热塑性二烯类橡胶。它是丁苯橡胶与聚丙烯或聚乙烯的动态硫化共混物。

热塑性丁苯橡胶中 SBR/PE 的组分并用比对共混物的物理力学性能有明显影响。研究表明，共混物的拉伸强度、撕裂强度及硬度都随聚乙烯的增量而增大，扯断伸长率及弹性随之下降；SBR/PE 的并用比为 70～65/30～35 时，热塑性丁苯橡胶有最佳的性能。

SBR/HDPE 的共混物可采用硫黄体系或有机过氧化物为动态硫化剂，特别是硫黄体系硫化剂有良好的反应效果。当 SBR/HDPE 并用比为 70/30 时，硫化剂的硫黄用量为 SBR 用量的 0.4%，超速促进剂用量为 0.8%时，有较好的硫化效果。

为了改善并用体系的相容性质，可采用马来酸酐改性聚乙烯，作为体系的增溶剂。马来酸酐改性聚乙烯的用量可明显地影响共混物的物理力学性能，共混物的拉伸强度及定伸应力随增溶剂的增量有所提高。

热塑性丁苯橡胶的工艺加工性能与热塑性天然橡胶相同。它的应用范围也与热塑性天然橡胶相同。

4. 共混型热塑性丁腈橡胶

共混型热塑性丁腈橡胶（TPNBR），也是丁腈橡胶与聚烯烃中的聚乙烯及聚丙烯的共混物。丁腈橡胶也可与聚氯乙烯、氯化聚乙烯等聚合物共混，制成 NBR/PVC 及 NBR/CPE 等共混物。这些共混物有良好的性能，已得到广泛的使用。

（1）NBR/PP 共混型热塑性丁腈橡胶　NBR/PP 共混物是 20 世纪 80 年代初由美国孟山都公司开发出来的。这种共混物的商品名为 Geolast，此类商品具有良好的物理力学性能、耐酸碱性、耐热氧性、耐臭氧性、低温性和耐油性能。适用于汽车、飞机及机械设备上所用的耐油橡胶制也适用于制造耐酸碱的橡胶制品。

NBR/PP 是一个非相容体系，所以在共混过程中采用了有效的增溶体系，有效地改善了两组分的相容性。目前的增溶方法主要有两种：其一是加入嵌段共聚物；其二是先将 PP 改性官能化，如可用羟甲基酚醛树脂改性 PP，也可用马来酸（酐）改性 PP（MAPP），或用羟甲基马来酰胺改性 PP，使之与 NBR "就地" 生成 NBR-PP 嵌段共聚物来提高共混物的相容性。同时为了提高改性 PP 与 NBR 的化学反应活性，在 NBR 中使用部分活性较大的端氨基液体 NBR。这种接枝嵌段共聚物亦可预先合成。然后加至 NBR/PP 共混物中。

在 NBR/PP 的共混物中采用含羟甲基的甲阶酚醛树脂为硫化剂，可产生良好的硫化效果。当酚醛树脂的用量为 6～8 份（质量份）时，共混物有最好的综合性能。

NBR/PP 共混型热塑性丁腈橡胶具有良好的成型加工性能，很适于注塑机和挤出机的生产操作，能制出良好的橡胶制品。

（2）NBR/PA TPV　NBR/PA TPV 具有优异的耐高温性、耐油性、耐溶剂性及物理力学性能。制备这种 TPV 时用的 PA 有 PA6、PA66、PA610 等许多品种，如用高熔点 PA，可预先用双马来酰酸亚胺或酚醛树脂将橡胶硫化；若用低熔点 PA，则用硫黄硫化体系最有效。其动态硫化温度视所用 PA 的熔点而定。影响 NBR/PA TPV 性能的因素有很多，如 PA 的熔点、极性，NBR 的丙烯腈含量、黏度、自交联难易程度。但不同熔点的 PA 与不同丙烯腈含量的 NBR 可在较宽的比例范围内共混，还可以加入填料和软化剂，这样便可制备出多种硬度、不同牌号的 NBR/PA TPV。

NBR/PA TPV 主要用于制造耐热油的橡胶制品、耐化学腐蚀的橡胶制品等，如耐热油密封、耐油软管、耐高压油管及纺织工业用的各种胶辊配件。还有一些耐酸、耐碱的橡胶制品。其制品的成型可采用注塑或挤出的方法。

5. 动态硫化热塑性氯化聚乙烯弹性体

氯化聚乙烯（CPE）是一种性能良好的橡胶材料，它在橡胶工业中得到广泛的应用。氯化聚乙烯也可与一些塑料共混，制成氯化聚乙烯与塑料的共混物。如 CPE 可以与 PVC 共混，制成 CPE/PVC 共混型热塑性氯化聚乙烯的共混物。CPE 也可与 PA 共混，制成 CPE/PA 共混型热塑性氯化聚乙烯共混物。它们都具有良好的物理力学性能，已得到广泛的应用。

（1）CPE/PVC 共混型热塑性氯化聚乙烯弹性体　氯化聚乙烯与聚氯乙烯有良好的相容性，所以氯化聚乙烯对聚氯乙烯有良好的改性效果。在共混弹性体中氯化聚乙烯经过动态硫化作用产生交联结构。它能很好地分散于聚氯乙烯中，组成共混弹性体的两相结构，使氯化聚乙烯的弹性体具有良好的物性。

CPE/PVC 共混型热塑性氯化聚乙烯弹性体是用密闭式炼胶机或双辊炼胶机共混制备成。共混温度为 150～160℃。在共混过程中，氯化聚乙烯产生了动态硫化作用。共混使其成为分散相，分散于聚氯乙烯中，聚氯乙烯成为连续相。

CPE/PVC 共混型热塑性氯化聚乙烯弹性体具有良好的物理力学性能。其拉伸强度及撕裂强度均随 PVC 的增量而增大，但伸长率随 PVC 的增量而减小。此外，这种共聚物也具有优良的耐热老化、耐天候老化及抗臭氧化性能，优良的耐油、耐溶剂及阻燃性能。

CPE/PVC 共混物的加工成型可采用注塑法、挤出法及压延法成型。这种共混物可用于制造阻燃电缆护套、防水卷材、耐油软管、耐油容器、耐油胶板以及一些汽车配件制品等。

(2) CPE/PA 共混型热塑性氯化聚乙烯弹性体　CPE/PA 共混型热塑性氯化聚乙烯弹性体是氯化聚乙烯与尼龙的共混物。由于氯化聚乙烯与尼龙有较好的相容性，所以氯化聚乙烯与各种尼龙树脂都有较好的改性效果。改性后提高了尼龙树脂的柔软性、强韧性及抗冲击性能，也增大了尼龙在成型加工时的熔融黏度，改善了成型加工性能。

CPE/PA 热塑性氯化聚乙烯弹性体具有良好的物理力学性能，并有良好的耐热、耐油、耐化学腐蚀性质。对于低熔点的共聚尼龙与氯化聚乙烯的共混物，其破坏应力和弹性模量都随 PA 的增量而增大；共混物的耐油性也随 PA 的含量增加而增大，且提高共混物的动态硫化程度也能改善共混物的耐油性。

共混弹性体在机械共混时可以进行动态硫化作用，使 CPE 产生充分的交联反应，并形成分散相，分散于 PA 组分中。共混体系的硫化剂是有机过氧化物或马来酰亚胺等物质。

这种共混弹性体的共混方法及条件与 NBR/PA 共混物基本相同，共混时务需缩短共混时间使共混物有较小的分解。应添加氯化聚乙烯的稳定剂，力争减小氯化聚乙烯的热解程度。

CPE/PA 热塑性氯化聚乙烯弹性体的成型可采用挤出、注塑等方法。成型条件大致与 NBR/PA 共混弹性体相同。CPE/PA 共混物适于制造耐热油的橡胶制品，如输油软管、高压油管、耐油胶板、耐油胶辊等，也可用于制造纺织配件制品。

此外，CPE 还能与 PP 制成共混型热塑性弹性体，它具有良好的物理力学性能。

目前，国外对共混型热塑性弹性体的开发与应用已有迅速发展，其最新研究动向包括：开发多段联动式双螺杆挤出机来制备 TPV，以更好地实现 TPV 生产的高效化和低成本化；进一步拓宽 TPV 的品种牌号，进一步提高性能和降低成本；研制阻燃 TPV、磁性 TPV、导电 TPV 等。在我国，20 世纪 80 年代以来，一些高等院校及科研院所对共混型热塑性弹性体的结构与性能及制造与加工成型，进行了深入的全面研究。他们的研究结果为我国今后对共混型热塑性弹性体的开发与应用打下了坚实的基础。可以相信，我国共混型热塑性弹性体的开发与应用将有更美好的前景。

第七节　塑料合金

在塑料的共混体系中，两种或两种以上不同塑料品种的共混改性占主要地位，特别是在塑料合金的制备中，更是如此。塑料合金通常是指具有较高性能的塑料共混体系。塑料合金可分为通用型工程塑料合金与高性能工程塑料合金等不同类型。其中，通用型工程塑料合金是以通用型工程塑料（如尼龙、聚酯、聚碳酸酯等）为主体，与其他通用型工程塑料或通用塑料的共混体系。必要时，体系中可以加入弹性体。高性能工程塑料合金则是指特种工程塑料与特种工程塑料，或特种工程塑料与通用工程塑料的共混体系。

在制备塑料合金时，为使不同塑料组分的性能达到较好的互补，塑料组分的结晶性能是需要考虑的重要因素。结晶性塑料与非结晶性塑料在性能上有明显的不同。结晶性塑料通常具有较高的刚性和硬度，较好的耐化学药品性和耐磨性，加工流动性也相对较好。结晶性塑料的缺点是较脆，且制品的成型收缩率高。非结晶性工程塑料则具有尺寸稳定性好而加工流动性较差的特点。

结晶性塑料的品种有 PO、PA、PET、PBT、POM、PPS、PEEK 等。非结晶性塑料的品种有 PVC、PS、ABS、PC、PSF、PAR 等。

按结晶性能分类，塑料合金可分为非结晶性工程塑料/非结晶性通用塑料，非结晶性工程塑料/结晶性通用塑料，结晶性工程塑料/非结晶性通用塑料，结晶性工程塑料/结晶性通用塑料，非结晶性工程塑料/结晶性工程塑料，非结晶性工程塑料/非结晶性工程塑料，以及结晶性工程塑料/结晶性工程塑料等类型。

在工程塑料与通用塑料的共混体系中，由于通用塑料与工程塑料相比，一般都具有较好的加工流动性，所以，不仅结晶性通用塑料可以用于改善非结晶性工程塑料的加工流动性（如 PC/PO 体系），非结晶性通用塑料也可以起改善加工流动性的作用（如 PPO/PS、PC/ABS 体系）。此外，一些通用塑料可以对工程塑料起增韧作用，这一增韧作用属于非弹性体增韧，已在工程塑料共混体系中广泛应用。通用塑料加入工程塑料中，还可以降低成本。

在工程塑料与工程塑料的共混体系中，采用非结晶性品种与结晶性品种共混，制成的共混物可以兼有结晶性品种与非结晶性品种的优点，譬如非结晶性品种的高耐热性，结晶性品种加工流动性较好等。由于这一类型的塑料合金所具有的优越特性，在近年来已得到较多的开发，主要品种有 PC/PBT、PC/PET、PPO/PA、PAR/PA、PAR/PET 等。

在对聚合物共混物进行分类时，通常还可采用以主体聚合物进行分类的方法，譬如 PVC 共混物、尼龙共混物等。本书采用按主体聚合物分类的方法，介绍一些主要的聚合物共混改性体系。

一、ABS 合金

ABS 树脂是目前产量最大、应用最广泛的聚合物共混物。在人们的心目中，认为 ABS 树脂是由丙烯腈、丁二烯和苯乙烯共聚而成的三元共聚物，实际上它是一类复杂的聚合物共混体系，是由以聚丁二烯为主链接枝丙烯腈、苯乙烯的接枝共聚物和由苯乙烯与丙烯腈共聚而成的无规共聚物（AS 树脂）以及聚丁二烯均聚物组成的共混体系。由于三者之间相容性好，形成均匀的复相体系，使 ABS 树脂集 PAN、PBR 与 PS 的性能于一体，不仅具有韧、硬和刚相均衡的优良力学性能，还具有较好的耐化学腐蚀性、耐低温性、尺寸稳定性、表面光泽性、着色性和加工流动性。自问世以来，发展极其迅速，应用范围也逐渐扩大。

随着 ABS 树脂的应用范围不断扩大，对它的性能要求也越来越高，近年来，开拓了许多新型的 ABS 树脂，如 MBS、MABS、AAS、ACS、EPSAN 等，亦可将 ABS 作进一步共混改性。

由于 ABS 树脂分子中含有苯基、氰基和碳碳不饱和双键，所以与许多聚合物具有较好的相容性，为共混改性创造了十分有利的条件。通过共混改性，可以进一步改善 ABS 的冲击强度、耐化学性、耐热性，提高其阻燃性和抗静电性，或降低成本。下面介绍 ABS 与 PVC 和 ABS 与 TPU 共混的实例。

1. ABS/PVC 合金

随着科学技术的发展和人们安全意识的不断提高,世界各国对家电材料的阻燃性要求越来越高,ABS 的阻燃性比较差,家电又是 ABS 应用的一大领域,提高 ABS 的阻燃性具有重要应用价值。实践证明:ABS/PVC 共混物不仅阻燃性好,而且冲击强度、拉伸强度、弯曲性能、铰接性能、抗撕裂性能和耐化学腐蚀性能等都比 ABS 好,其综合性能/成本指标是其他树脂不可比拟的。

在共混体系中,PVC 与 ABS 的整体相容性较好,而与 ABS 中的分散相即橡胶粒子相容性差,所以 ABS/PVC 共混物属"半相容"体系。由于相界面间的粘接力较强,仍然具有理想的工程相容性。一般认为 ABS/PVC 共混物具有单相连续的形态结构,最近又有人提出具有部分的 IPN 结构。正因为如此,才赋予 ABS/PVC 共混物优异的综合性能。

ABS/PVC 共混物优良的阻燃性能是由 PVC 赋予的,但二组分之间并无协同作用。在共混过程中为防止加入的大量 PVC 受热分解,常加入少量的阻燃剂三氧化二锑,这样可适当减小 PVC 的用量。

随 PVC 用量的增加,共混物的拉伸强度、伸长率和抗弯曲性能也逐步提高,基本符合线性加和关系。但在共混比为 50:50 左右时,上述性能指标却高于线性加和值,从这一点来看,ABS/PVC 共混体系确有 IPN 的形态结构。

ABS/PVC 共混物一般都采用机械共混法生产,由于 PVC 的热稳定性差,在受热和剪切力作用下易发生降解和交联,在共混体系应加入适量的热稳定剂、增塑剂、加工助剂和润滑剂等。由于 ABS 与各种助剂的相容性比 PVC 好,所以应先将 PVC 与各种助剂预混合后再加入 ABS。即共混工艺包括预混合和熔融共混两个阶段。

2. ABS/TPU 合金

TPU 即为热塑性聚氨酯,它是多嵌段共聚物,硬段由二异氰酸酯与扩链剂反应生成,它可提供有效的交联功能;软段由二异氰酸酯与聚乙二醇反应生成,它提供可拉伸性和低温柔韧性。因此,TPU 具有硫化橡胶的理想性质。ABS 与 TPU 的相容性非常好,其共混物具有双连续相。在 (10~30)/50 的共混比范围内,TPU 的抗开裂性大大提高。对 ABS 来说,少量的 TPU 作为韧性组分,可提高 ABS 的耐磨耗性、抗冲性、加工成型性和低温柔韧性,TPU 对低聚合度、低抗冲性能 ABS 树脂的增韧效果尤其明显。TPU 含量对共混物流动性的影响关系参见图 4-56。

控制适当的共混比,可制得流动性好的 ABS/TPU 共混物,并可用于制造形状复杂的薄壁大型制品及汽车部件、皮带轮、低载荷齿轮和垫圈等。

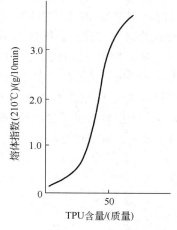

图 4-56 TPU 含量对 ABS/TPU 共混物流动性的影响

长时间处于 200℃ 以上的成型温度,TPU 容易分解;共混前需将原料的水分含量降至 0.05% 以下。

二、聚酰胺合金

聚酰胺 (PA) 通常称为尼龙,主要品种有尼龙 6、尼龙 66、尼龙 1010 等,是应用最广泛的通用型工程塑料。PA 为具有强极性的结晶性聚合物,它有较高的力学性能、耐磨、耐腐蚀,有自润滑性,加工流动性较好。但缺点是吸水率高、低温冲击性能较差,其耐热性也有待提高。为改善尼龙的吸湿性、提高其耐热性、低温冲击性和刚性,常对尼龙进行合金化处理,尼龙合金化即以尼龙为主体,掺混其他聚合物经共混而成的高分子多组分体系。

尼龙与很多聚合物的相容性差,不能组成性能优良的产品,由于反应性增溶技术和相容剂的开发与应用,使得尼龙与其他聚合物的相容性问题得以解决,极大地促进了尼龙合金的发展。目前,在聚合物合金中,尼龙合金是主要的,也是十分重要的品种。尼龙合金的品种已发展到上百种,但主要品种有以下几类(图4-57)。在众多的尼龙合金中,PA6与PA66合金品种最多,也是十分重要的品种。

尼龙共混合金 {
PA/PP、PE
PA/PPO、PPS
PA/PP、PBT、PET
PA/PTFE
PA/PS、ABS
PA/PA
PA/PPTA、6T、9T、LCP
}

图4-57 尼龙合金的种类

1. PA/PE合金

PA6/PE合金是十分重要的尼龙合金。聚乙烯有三种:HDPE、LDPE和LLDPE。这三种PE对PA的作用有很大差异。总体上讲,PE具有无毒、价廉、密度小、吸水性小、化学稳定性好、低温韧性和易成型加工性好等特点,与PE共混可改善PA的吸水性,提高PA的韧性与制品的尺寸稳定性。与PP相比,PE的耐老化性较好。在PA/PE合金中,PA6/PE合金已得到广泛使用,主要品种有PA6/LDPE和PA6/HDPE。从合金结构上讲,通过不同的制造工艺,可得到粒状结构与层状结构。这两种结构的合金在性能上有很大差异。层状结构的PA6/PE合金除有一般合金的特性外,还具有很好的阻隔性,是农药、药品、汽油等易渗漏物品理想的包装材料。

(1) PA6/LDPE合金　LDPE与PA6共混能产生两个方面的作用,一是明显改善PA6的吸水性;二是提高PA6的冲击强度。用LDPE增韧PA6与用弹性体增韧PA6相比,制得的增韧PA6的弯曲强度与拉伸强度下降减少,既保持了PA6刚性基本不变,又提高了PA6的韧性,具有很高的实用价值。

由于LDPE与PA6之间不具有热力学相容性,因此,必须在LDPE分子链中引入极性基团,即使用高活性反应单体与LDPE接枝反应制备增溶剂。在PA6/LDPE体系中加入LDPE-g-MAH,能有效地改善共混组分间的相容性。从图4-58、图4-59可看出,不论是干态,还是低温下,未接枝LDPE对PA6来说没有增韧作用。而接枝LDPE对PA6具有明显的增韧效果,当LDPE-g-MAH含量达到40%时,PA6/LDPE合金的冲击强度比纯PA6高5~6倍。

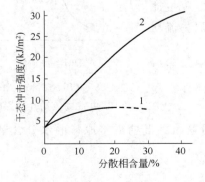

图4-58　PA6/LDPE-g-MAH共混体系
干态冲击强度与共混比的关系
1—PA6/LDPE;2—PA6/LDPE-g-MAH

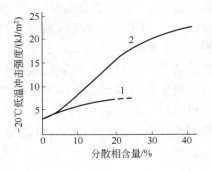

图4-59　PA6/LDPE-g-MAH共混体系
低温冲击强度与共混比的关系
1—PA6/LDPE;2—PA6/LDPE-g-MAH

(2) PA6/HDPE 合金　这种合金具有独特的微观结构与特性，这就是在一定条件下，能形成层状结构，使合金具有一定的阻隔性，从而引起众多学者与产业界的关注。

在 HDPE/PA6 共混合金的形态结构中，HDPE 基体系形成连续相，而 PA6 呈层状分散于 HDPE 中，其形态特征是分散相 PA6 呈细微薄片状，当达到足够浓度时，使可形成连续的片网在基体中构成层状（图 4-6），这种微观结构赋予 HDPE/PA6 合金优良的阻隔性能。这种层状结构的形成主要依靠两聚合物的黏度差、合理的挤出共混工艺条件。由于 PA6 黏度高，HDPE 的黏度低，在共混挤出过程中，低黏度的 HDPE 包裹 PA6，在一定的剪切力作用下，两组分产生变形塑化。而由于 PA6 黏度较高，变形的难度较 HDPE 大，所以，PA6 被充分拉伸，取向形成微细层流。

HDPE/PA6 合金的力学性能与组分配比的变化有很大影响。当 HDPE/PA6 合金中 PA6 含量增加时，合金的拉伸强度提高，而冲击强度下降，伸长率的变化则随 PA6 含量增加先升高后降低。有人认为这与增溶剂能否和 PA6 充分发生反应有关。

HDPE/PA6 合金的最大特点就是具有优良的阻隔性，较低的吸湿性，良好的低温韧性。HDPE/PA6 对有机物如烃类化合物、有机溶剂有很好的阻隔性，是汽油、柴油、有机溶剂良好的包装用材。很多国家用这种合金制造汽车油箱、有机溶剂包装桶，同时，HDPE/PA6 合金隔氧性能也很好，作为食品保鲜包装材料具有广阔的应用前景。

2. PA/PP 合金

与 PE 相同，PP 与 PA 的相容性也很差。性能良好的 PA/PP 共混物实际上也是改性的 PP 与 PA 共混的产物。主要品种有 PA6/PP 和 PA66/PP。

(1) PA6/PP 合金　PP 共混改性 PA6 时，常用的增溶剂有 PP-g-MAH、EPR-g-MAH、SEBS-g-MAH、离子交联聚合物。合金的力学性能与增溶剂的种类、相对分子质量大小及其用量有关，同时 PP 的相对分子质量、用量及共混挤出温度等对合金的性能也有较大影响。

由于 PP 的加入，PA6/PP 合金的吸水性大为改善，通常体系中 PA6 含量在 70% 以下时，合金的吸水性很小且变化不大，PA6 含量越过 80% 时合金的吸水性急剧上升；合金的力学性能有较大的变化，其拉伸强度比纯 PA6 略低，冲击强度略有提高，这说明 PP 对 PA6 也有一定的增韧作用；合金中由于接枝 PP 的存在，降低了合金的流动性，且随接枝 PP 用量的增加流动性下降。表 4-20 列出几种 PA6/PP 合金的力学性能。

表 4-20　几种 PA6/PP 合金的力学性能

项　目	日本昭和电工 S400		清华大学 PA6/EPDM		清华大学 PA6/PP		巴陵石化公司	
	RH0	RH50%	RH0	RH50%	RH0	RH50%	RH0	RH50%
拉伸强度/MPa	48	42.1	52.9	42.2	56.2	62.3	47	43
断裂伸长率/%	50	>200	44	126	—	—	80	250
弯曲强度/MPa	71.5	49	>5.9	66.1	81	87.0	91	52.5
缺口冲击强度/(kJ/m^2)	8.3	11.6	14.9	24.0	6.3	6.0	21	28
饱和吸水率/%	—							1.3
弯曲弹性模量/GPa								2.0

(2) PA66/PP 合金　PA66/PP 的制备方法与 PA6/PP 类似。但由于 PA66 熔点较高，在高温下，PP 易发生热降解，因此在生产过程中，应注意适当增加抗氧剂的用量以及减小物料的停留时间。再是尽可能降低熔融共混挤出温度以保证合金的性能不受加工条件的影响。

PA66/PP 的基本特点是低吸湿性，制品的尺寸稳定性较 PA66 有所提高，韧性略有增加。

3. PA/ABS 合金

PA/ABS 合金既综合了 PA 的耐热、耐化学药品性，又综合了 ABS 的韧性、刚性。具有较佳的冲击强度、耐热翘曲性，优良流动性和外观，在电子电气、汽车、家具、体育用品等领域具有极为广阔的市场。PA/ABS 合金中，主要有 PA6/ABS，PA1010/ABS 合金，其中 PA6/ABS 由于其价格便宜等原因得到实际应用。

（1）PA6/ABS 合金　PA6 和 ABS 是不相容体系，其共混物的力学性能较差，一般应添加增溶剂。PA6/ABS 合金的增溶剂主要有 ABS-g-MAH、SMAH。

图 4-60　PA6/ABS 合金的形态结构　　　图 4-61　PA6/ABS 合金的形态结构
　　　PA 为连续相（TEM 照片）　　　　　ABS 的 AS 为连续相（TEM 照片）

PA6 与 ABS 合金是结晶/非结晶共混体系，体系的形态结构呈细微的相分离状态，见图 4-60 和图 4-61。在体系中加入增溶剂，能提高与 ABS 的相容性，分散相尺寸变得细小，如图 4-62 所示。

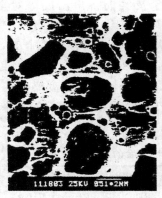 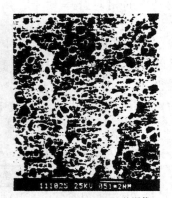

(a) PA6/ABS 共混物　　　　(b) PA6/ABS-g-MAH 共混物

图 4-62　PA6/ABS 和 PA6/ABS-g-MAH 共混物 SEM 照片
（以丁酮刻蚀液）

PA6/ABS 合金配方中，增溶剂和 ABS 的用量对合金性能有较大影响。如表 4-21 所示，增加 ABS-g-MAH 的用量，合金的流动性下降，热变形温度、缺口冲击强度有所上升，说明 ABS-g-MAH 用量增加，意味体系中可反应的酸酐基团增加，PA6 与 ABS-g-MAH 之间反应的可能性增加。由于 ABS 的流动性较差，因此，PA6 大分子上接枝 ABS，一定程度上影响了合金的流动性。

表 4-21　ABS-g-MAH 与 ABS 配比对合金性能的影响

项　目	B₁#	B₂#	B₃#
MFR/(g/10min)	0.29	0.26	0.20
热变形温度(1.82MPa)/℃	79	81	82
缺口冲击强度/(kJ/m²)	11.4	12.3	13.3
拉伸强度/MPa	44.6	44.3	37.9

注：1. 配方为 PA6 70 份，(ABS-g-MAH＋ABS) 30 份。
　　2. ABS-g-MAH 与 ABS 配比为：$B_1^\#=1:2$，$B_2^\#=1:1$，$B_3^\#=2:1$。

在 PA6/ABS 合金中，PA6 与 ABS 的配比对性能的影响较大，表 4-22 列出了几种配比的合金性能。此外，在 PA6/ABS 合金中加入一定的弹性体可提高合金的韧性，用于 PA6/ABS 体系的弹性体有 SBS、SEBS、MBS 等热塑弹性体，但这些弹性体与 PA6 的相容性不好，需将 MAH 或丙烯酸及其衍生物与热塑弹性体接枝，使其带有能与 PA6 反应的基团。

表 4-22　PA6/ABS 合金的性能

试　样	PA6	PA6/ABS 合金				ABS
		1	2	3	4	
PA6	100	5	10	30	50	0
ABS	0	95	90	70	50	100
拉伸强度/MPa	63	33	34	36	36	36
伸长率/%	250	35	35	160	205	25
悬臂梁冲击强度(缺口)/(J/m)						
23℃	13	34	37	13	11	46
－40℃	40	90	80	80	70	140
热变形温度(1.82MPa)/℃	50	83	82	77	72	89
硬度(洛氏)	104	89	89	95	82	87

（2）PA1010/ABS 合金　PA1010 是我国特有的聚合物，具有坚韧、耐磨、耐溶剂、耐油、易成型加工等特点，但缺点是低温和干态冲击强度低，尺寸稳定性差，吸水后性能下降。与 ABS 共混，可使 PA1010 的性能得到改善，成本下降。

PA1010/ABS 合金的主要特点是：吸水性较 PA1010 低；价格较 PA1010 低，有利于市场推广；冲击强度较 PA1010 低。

PA1010/ABS 合金用于仪器、仪表包壳，具有较好的耐候性、抗化学腐蚀性等优点，用于汽车配件如散热器格栅等，在耐热性、耐候性等方面明显优于纯 ABS。

PA1010 与 ABS 为不相容体系，共混时，必须加入增溶剂。苯乙烯和甲基丙烯酸环氧丙酯（GMA）的共聚物（SG）及 SMAH、ABS-g-MAH 等均可作为 PA1010/ABS 合金的相容剂。增溶剂的用量和体系组分配比对合金性能有较大的影响。

三、聚碳酸酯合金

聚碳酸酯（PC）是指主链上含有碳酸酯基的一类高聚物。通常所说的聚碳酸酯是指芳香族聚碳酸酯，其中，双酚 A 型 PC 具有更为重要的工业价值。现有的商品 PC 大部分为双酚 A 型 PC。

PC 是透明且冲击性能好的非结晶型工程塑料，且具有耐热、尺寸稳定性好、电绝缘性能好等优点，已在电器、电子、汽车、医疗器械等领域得到广泛的应用。

PC的缺点是熔体黏度高，流动性差，尤其是制造大型薄壁制品时，因PC的流动性不好，难以成型，且成型后残余应力大，易于开裂。此外，PC的耐磨性、耐溶剂性也不好，而且售价也较高。

通过共混改性，可以改善PC的加工流动性。PC与不同聚合物共混，可以开发出一系列各具特色的合金材料，并使材料的性能价格比达到优化。

1. PC/PE合金

在众多PC共混合金中，PC/PE颇为引人注意。PE可以改善PC的加工流动性，并使PC的韧性得到提高。此外，PC/PE共混体系还可以改善PC的耐热老化性能和耐沸水性能。PE是价格低廉的通用塑料，PC/PE共混也可起降低成本的作用。因此，PC/PE共混体系是很有开发前景的。

PC与PE相容性较差，可加入EPDM、EVA等作为增溶剂。在共混工艺上，可采用两步共混工艺。第一步制备PE含量较高的PC/PE共混物，第二步再将剩余PC加入，制成PC/PE共混材料。此外，PC、PE品种及加工温度的选择，应使其熔融黏度较为接近。

在PC中添加5%的PE，共混材料的热变形温度与PC基本相同，而冲击强度可显著提高。

美国GE公司和日本帝人化成公司分别开发了PC/PE合金品种。PC/PE合金适于制作机械零件、电工零件以及容器等。

2. PC/ABS合金

PC/ABS合金是最早实现工业化的PC合金。这一共混体系可提高PC的冲击性能，改善其加工流动性及耐应力开裂性，是一种性能较为全面的共混材料。

PC/ABS共混物缺口冲击强度与组成的关系如图4-63所示。可以看出，在配比为PC/ABS＝60/40时，共混物冲击性能明显优于纯PC。

PC/ABS共混物的性能还与ABS的组成有关。PC与ABS中的SAN部分相容性较好，而与PB（聚丁二烯）部分相容性不好。因此，在PC/ABS共混体系中，不宜采用高丁二烯含量的ABS。

ABS本身具有良好的电镀性能，因而，将ABS与PC共混，可赋予PC以良好的电镀性能。日本帝人公司开发出电镀级的PC/ABS合金，可采用ABS的电镀工艺进行电镀加工。

ABS具有良好的加工流动性，与PC共混，可改善PC的加工流动性。GE公司已开发出高流动性的PC/ABS合金。

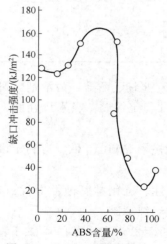

图4-63 PC/ABS共混物缺口冲击强度与组成的关系

PC/ABS合金还有阻燃级产品，可用于汽车内装饰件、电子仪器的外壳和家庭用具等。

3. PC/PA合金

在PC中加入PA，可以改善PC的耐油性、耐化学品性、耐应力开裂性及加工性能，降低PC的成本，同时保持PC较高的耐冲击性和耐热性。

PC与PA的溶解度参数相差较大，二者为热力学不相容，若直接共混，则难以得到具有实用价值的稳定的合金。通过加入增溶剂和改性剂，借助共混加工中的温度场和力场的作用，改善和控制 PC/PA 共混合金的相容性，可以获得高性能的 PC/PA 合金。

常用的增溶剂有 SMAH、丙烯酸类核-壳抗冲击改性剂、SEBS 和 SEBS-g-MAH 等。

SMAH 与 PC 和 PA 均具有良好的相容性，PC/PA 合金中加入少量的 SMAH，可使合金的拉伸强度和缺口冲击强度提高，弯曲强度略有降低。

丙烯酸类核-壳抗冲击改性剂对 PC/PA6 合金具有增溶作用，它与马来酸酐类接枝共聚物并用，可更好地改善 PC/PA6 合金的相容性。增溶后的 PC 对 PA6 的结晶有成核剂的作用，使结晶温度升高，但却大大减缓 PA6 的结晶动力学过程和降低结晶度。PC/PA6（60/40）中添加 5 份马来酸酐类增溶剂，10 份丙烯酸类改性剂，通过双螺杆挤出机的剪切场与温度进一步控制共混物的相形态，可以获得高性能的 PC/PA6 合金。

SEBS 和 SEBS-g-MAH 增溶 PC/PA6 合金时，后者适合增溶 PC 含量高的 PC/PA 合金，而前者则适合增溶 PC 含量低的 PC/PA 合金。当 SEBS-g-MAH 与 SEBS 联用时，其配比将影响 PC/PA6 合金的相形态和结晶性能，当组成比为 0/20 时，共混体系为共连续结构，即海-岛结构，体系表现为部分相容合金特性，合金的结晶度和结晶温度降低。PC/PA 体系中分别加入配比为 5/15、10/10、20/0 的 SEBS-g-MAH/SEBS，合金的结晶度和结晶温度将依次提高，体系完全不相容。

PC/PA 合金在国外已有商品化产品，如 Dexter 公司的 Dexcarb PC/PA 合金，其耐化学品性和冲击强度比 PC/PBT 优异。三菱瓦斯化学公司也开发了 PC/PA 合金，这种合金具有 PC 的冲击强度和 PA 的优良耐溶剂性，还具有优良的耐油性、耐应力开裂性、流动性、加工性，可加工成大型部件。

四、聚对苯二甲酸丁二醇酯合金

聚对苯二甲酸丁二醇酯（PBT）是美国在 20 世纪 70 年代首先开发的工程塑料，具有结晶速度快、可高速成型，且耐候性、电绝缘性、耐化学药品性、耐磨性优良，吸水性低，尺寸稳定性好，填充纤维可大幅度提高其物理力学性能等优点。PBT 的缺点是缺口冲击强度较低。另外，PBT 在低负荷（0.45MPa）下的热变形温度为 150℃，但在高负荷（1.82MPa）下的热变形温度仅为 58℃。PBT 的这些缺点可通过共混改性加以改善。

1. PBT/LLDPE 合金

LDPE 和 LLDPE 对 PBT 均有一定的增韧作用，特别是 LLDPE 的增韧效果更好，在要求韧性不很高的场合，不需用弹性体而可使用 PE 增韧 LLDPE 与 PBT 共混，既能提高 PBT 的韧性，又能在一定程度上保持 PBT 的刚性，同时还具有成本低的优势。

LLDPE 与 PBT 的相容性较差，通过接枝共聚使 PE 官能化或使用 EVA 与马来酸酐的接枝共聚物作增溶剂，能增加两者的相容性。

PBT/LLDPE 共混物不同共混比时，共混物的拉伸强度、弯曲强度及冲击强度的变化如图 4-64 所示。结果表明，当 PBT/LLDPE 共混比为 80/20 时，共混物具有最高的拉伸强度，达到 28MPa，具有较高的弯曲强度，达到 55MPa，此时共混物具有较低的冲击强度，只有 40J/m。

在 PBT/LLDPE（70/30）共混物中应用变量的增溶剂，共混物的拉伸强度、屈挠强度及冲击强度都发生变化，如图 4-65 所示。结果表明，在 PBT/LLDPE（70/30）共混物中添加 1.0% 的 EVA-g-MAH，共混物拉伸强度增至 35.3MPa；添加 1.0% 的 EVA，拉伸强度也达到 33MPa。在共混物中添加 3.0% 的 EVA-g-MAH 屈挠强度、冲击强度、拉伸强度均

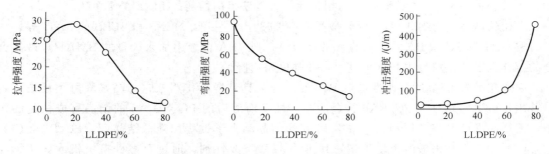

图 4-64　不同共混比时 PBT/LLDPE 共混物的强度变化

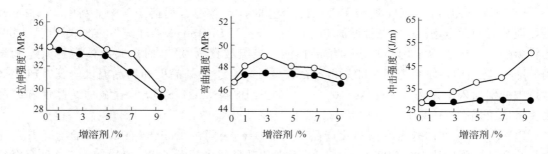

图 4-65　增溶剂的用量对 PBT/LLDPE（70/30）共混物强度的影响
○—EVA-g-MAH；●—EVA

比添加 EVA 体系高，这说明极性增溶剂与 PBT 有一定的化学结合，体系相容性的提高，表现出其力学性能的提高。

2. PBT/ABS 合金

PBT/ABS 合金是典型的不相容体系。PBT 与 ABS 共混，充分地利用了 PBT 的结晶性和 ABS 的非结晶性特征，使得该共混合金具有优良的加工成型性、尺寸稳定性、耐药品性以及可涂装性（由于 PBT 与 ABS 不相容，共混过程中需加相容剂）。

PBT/ABS 合金广泛用作汽车、摩托车的内外装饰件；小家电部件、光学仪器、办公设备部件与外壳；玻璃纤维增强 PBT/ABS 合金制品表面光洁、耐高温烧结涂覆、耐汽油，可作为摩托车发动机罩及其他部件；碳纤维增强 PBT/ABS 合金具有良好的加工流动性、高刚性、低挠度、表面光洁、柔性好，并具有良好的防电磁干扰功能，因此，是手提电脑、笔记本电脑理想的外壳材料。

3. PBT/PA66 合金

PBT 可与聚酰胺共混，利用聚酰胺共混力学性能高的优点，提高 PBT 的强度，PBT 与聚酸胺共混时，可发生酰胺-酯交换反应。采用环氧化聚合物如环氧树脂作增溶剂，共混过程中环氧树脂与 PBT、PA66 反应形成 PBT-co-Epoxy-co-PA66 共聚物，能有效地提高 PBT 与 PA66 间的相容性。通常，随增溶剂环氧树脂用量增加，合金的拉伸强度、冲击强度等力学性能均随之上升，而且，只要添加 3% 以下的环氧树脂，就能产生很好的增溶作用。

在 PBT/PA66 合金中，组成比对合金力学性能的影响很大。添加"核-壳"结构的增溶剂体系，其冲击强度比使用单一的环氧树脂要高得多。如添加以聚丁二烯为芯，丙烯酸为壳的共聚物（EXL-3386）作增溶剂的冲击强度比采用环氧树脂的体系高一倍之多，而以甲基丙烯酸甲酯为外壳的增溶剂（KCA-102）的体系，其增溶效果不十分明显。

4. PBT/PC 合金

PBT/PC 合金体系实际上是三元体系,第三组分为 EDPM、丙烯酸酯及有机硅类弹性体。共混过程中添加增溶剂,适合 PBT/PC 体系的增溶剂有苯乙烯/马来酸酐共聚物 (MAH)、苯乙烯/甲基丙烯酸缩水甘油酯共聚物 (S-g-GMA) 以及聚乙烯接枝共聚物 (PE-g-MAH) 等。官能化的弹性体作第三组分有利于增加其相容性。

PBT/PC 合金具有优良的抗低温冲击、耐高温热老化和耐化学药品性能。适合用作汽车的外装饰部件、办公自动化和通讯设备部件。

PBT/PC 共混过程中,易发生酯交换反应,同时体系中微量水分的存在会引起水解反应,这两种反应均导致 PBT、PC 的降解。

五、聚苯醚合金

聚苯醚(PPO)是一种耐较高温度的工程塑料,其玻璃化温度为 210℃,脆化温度为 $-170℃$,在较宽的温度范围内具有良好的力学性能和电性能。PPO 具有高温下的耐蠕变性,且成型收缩率和热膨胀系数小,尺寸稳定,适于制造精密制品。PPO 还具有优良的耐酸、耐碱、耐化学药品性,水解稳定性也极好。PPO 的主要缺点是熔体流动性差,成型温度高,制品易产生应力开裂。

由于 PPO 本身在加工性能上的不足,必须进行改性才能应用。改性 PPO 的品种主要包括 PPO 与其他聚合物形成的合金、功能化 PPO、增强 PPO 等,其中 PPO 合金是改性 PPO 最主要的品种。世界 PPO 消费市场上销售的 PPO 99% 以上的是合金化 PPO 产品。PPO 可与多种塑料共混形成合金,如 PS、PA、PBT、PPS、ABS、PTFE 等。20 世纪 90 年代以来,全球对 PPO 合金的需求量比 PBT 还多,在五大工程塑料中名列第四位。

1. PPO/PS 合金

PPO 与 PS 相容性良好,可以以任意比例与 PS 共混。PPO/PS 共混体系是最主要的改性 PPO 体系。它由美国 GE 公司于 1966 年,将 PPO 与 PS 或高抗冲 PS 共混而得,商品名为 Noryl。PPO/PS 合金已发展成为产量最大的聚合物合金。

PPO/PS 合金具有很多优异的性能,如 PO/PS/弹性体共混物的力学性能与纯 PPO 相近,加工流动性能明显优于 PPO,且保持了 PPO 成型收缩率小的优点,可以采用注射、挤出等方式成型,特别适合于制造尺寸精确的结构件。

PS 改性 PPO 的耐热性比纯 PPO 低。纯 PPO 热变形温度(1.82MPa 负荷下)为 173℃,改性 PPO 的热变形温度因不同品级而异,一般在 80~120℃ 之间。

PS 改性 PPO 主要用于制造电气、电子行业中的高压插头、插座、电器壳体等。

2. PPO/PA 合金

由于 PPO/PS 合金存在热变形温度低、耐油性和耐溶剂性差的缺点,为了克服这些缺点,GE 公司于 20 世纪 80 年代中期开发成功 PPO/PA 合金,它与后来开发的 PPO/PBT、PPO/PPS、PPO/PTFE 等合金,并称为第二代 PPO 系列合金。

尽管非结晶性的 PPO 与结晶性的 PA 共混,可以使两者性能互补,但 PPO 与 PA 的相容性差,因此,制备 PPO/PA 合金的关键是使两者相容化。

PPO/PA 合金主要采用反应型增溶剂,如 MAH-g-PS。如果加入的增溶剂本身又是一种弹性体,则可以进一步提高 PPO/PA 共混物的冲击强度。这样的弹性体增溶剂有 SEBS-g-MAH、SBS-g-MAH 等。

国外一些公司已商品化的 PPO/PA 合金具有优异的力学性能、耐热性、尺寸稳定性。热变形温度可达 190℃，冲击强度达到 20kJ/m² 以上，适合于制造汽车外装材料。

3. PPO/PBT、PPO/PET 合金

PPO/PBT 也是非结晶聚合物与结晶聚合物的共混体系。PPO/PBT 共混物在潮湿环境中仍能保持其物理性能，更适合于制造电气零部件。

PPO/PBT、PPO/PET 合金是为了解决 PPO/PA 合金吸水率大，不能注塑大型精密制件而开发的第二代 PPO 合金新品种。GE 公司已有 PPO/PBT 合金的商业化产品，商品名称为 Noryl APT，这种合金的吸水率小，尺寸稳定性以及力学性能不因吸水而变化，同时又具有 PPO/PA 合金同样的高耐热性、高冲击强性和良好的耐溶剂性。PPO 是非结晶性树脂，与结晶性 PBT 和 PET 的相容性差，因此，共混时应添加增溶剂。PPO/PBT、PPO/PET 合金主要采用反应增溶。一种方法是添加反应型相容剂、环氧偶联剂、含环氧基或酸酐基团的苯乙烯系聚合物如 SMAH、苯乙烯-甲基丙烯酸缩水甘油酯是 PPO/PBT、PPO/PET 合金有效的反应增溶剂。PPO/PBT、PPO/PET 合金反应增溶的另一种方法是先将 PPO 进行化学改性，使其带上可与 PBT 或 PET 反应的基团，再与 PBT 或 PET 共混。能与 PBT 或 PET 端基反应的基团有羧基、氨基、羟基、酯基等。

六、其他塑料合金

1. 聚甲醛合金

聚甲醛（POM）是高密度、高结晶性的聚合物，其密度为 1.42g/cm³，是通用型工程塑料中最高的。POM 具有硬度高、耐磨、自润滑、耐疲劳、尺寸稳定性好、耐化学药品等优点。但是，POM 的冲击性能不是很高，冲击改性是 POM 共混改性的主要目的。

由于 POM 大分子链中含有醚键，与其他聚合物相容性较差，因而 POM 合金的开发有一定难度，开发也较晚。与 POM 共混的聚合物为各种弹性体。其中，热塑性聚氨酯（TPU）是 POM 增韧改性的首选聚合物。

(1) POM/TPU 合金　POM/TPU 的共混，关键问题是增溶剂选择。徐卫兵等以甲醛与一缩二乙二醇缩聚，缩聚物经 TDI 封端，再经丁二醇扩链，制成了 POM/TPU 共混的增溶剂。将该增溶剂应用于 POM/TlPU 共混物，在 POM/TPU 的比例为 90∶10，相容剂用量为 TPU 用量的 5% 时，共混物的冲击强度可达 18kJ/m²，如图 4-66 所示。

美国 Du Pont 公司于 1983 年开发成功超韧聚甲醛，牌号为 Derlin100ST（S 表示超级，T 表示增韧）。Derlin100ST 是采用 TPU 增韧的 POM，其悬臂梁冲击强度比未增韧的 POM 提高了 8 倍，达到了 907kJ/m²。

Derlin100ST 制品的性能受成型条件影响甚大。在机筒温度为 190～210℃、模具温度较低时，可保证 TPU 粒子的充分分散，且又能迅速冷却以稳定其分散状态，可获得较佳的冲击性能。

(2) POM 与其他聚合物的共混合金　POM 可与 PTFE 共混，用于制造滑动摩擦制品。POM 本身有一定的自润滑性，但在高速、高负荷的情况下作为摩擦件使用时，其自润滑性难以满足需要，制品会因摩擦发热而变形。POM/PTFE 共混物可克服上述缺点。典型品种有 Du Pont 公司的 Derlin100AF 等。

国内研究过 POM/EPDM 共混物，以 EPDM-g-MMA 作为增溶剂，使拉伸强度、缺口冲击强度提高。此外，国内还研究过共聚尼龙对 POM 的增韧作用。

2. 聚苯硫醚共混合金

聚苯硫醚（PPS）亦称聚亚苯基硫醚。是20世纪60年代末由美国首先开发的一种综合性能良好的耐高温热塑性工程塑料。PPS突出的特点是耐高温、耐腐蚀、不燃，且具有卓越的刚性、抗蠕变性能、电绝缘性能以及优良的粘接性能、低摩擦系数，PPS被广泛应用于制造电机、电器、仪表零部件、防腐化工制品、无润滑轴承等。

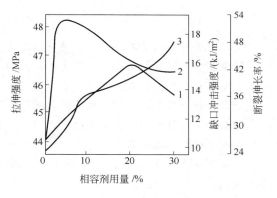

图4-66 增溶剂用量对POM/TPU共混物冲击强度及其他力学性能的影响
（增溶剂用量为占TPU用量的质量分数，POM/TPU=90/10）
1—拉伸强度；2—缺口冲击强度；3—断裂伸长率

韧性差、熔融过程黏度不稳定（在空气中加热产生氧化交联）以及价格较昂贵为PPS的主要不足之处，与其他聚合物共混改性是人们为克服PPS上述缺点所采用的主要措施之一。至今，研制较多的有PPS/PA、PPS/PS、PPS/ABS、PPS/AS、PPS/PPO、PPS/PC、PPS/PSF（聚砜）、PPS/PEEK（聚醚醚酮）、PPS/PES（聚醚砜）等。

(1) PPS/PA合金　PPS与PA6，PA66等在高温下共混能制得工程上混溶性很好的高分子合金，该共混合金具有高韧性。PPS与PA共混以60~97份PPS/40~3份PA为宜，共混操作可首先干混，干混料经120℃干燥后通过螺旋挤出机熔融混炼，共混挤出温度为280~310℃，挤出的共混物冷却造粒。此种共混物适用于注塑成型。

(2) PPS/苯乙烯类聚合物合金　PPS与PS、ABS、AS等共混，可以大大改善PPS的成型加工性能，使其可在较低温度和压力下成型。ABS对PPS还具有一定增韧作用，但拉伸和热性能有所下降。

(3) PPS/PC合金　PPS/PC共混物具有优良的力学、电气及加工性能。在配比上，若以改进PPS冲击强度为主，则可以使用较高含量的PC；若提高PC的耐燃烧性，则应减少PC用量。

(4) PPS/PTFE合金　PPS/PTFE共混合金是优良的耐磨和低摩擦系数材料，特别适合制作轴承，这种合金比纯PPS有较高的韧性和耐腐蚀性，而以PTFE为主的共混物（例如含20%~40% PPS的PTFE），其抗蠕变性能、压缩强度、气体阻隔性均优于PTFE，更适合制造衬垫材料。

(5) PPS/PSF合金　聚砜（PSF）具有优异的力学性能，同时具有很高的热变形温度、热分解温度和绝缘性。但加工性差、耐燃、耐腐蚀性不够，与PPS共混，性能上有极好的互补性，共混物可用于制造齿轮、轴承、电气开关、绝缘罩、容器和薄膜等。可采用熔融共混法使PPS和PSF共混。

(6) PPS/PPO共混合金　聚苯硫醚与聚苯醚（PPO）都具有优良的电性能、力学性能、阻燃性，但PPO熔体黏度大，加工困难。与PPS共混改性后，大大改善了PPO的成型加工性，又保持了它们优良的耐热、阻燃、耐腐蚀和力学性能。该合金可用于制作耐高温材料及高温、高频环境下使用的电子电气元件。

此外，PPS与聚酰亚胺（PI）共混，能提高PPS的耐热性和电气绝缘性，降低PI成本，改善其加工性；与PBT共混，也能改善PBT的加工性、耐腐蚀性和阻燃性等。

思 考 题

1. 什么是聚合物共混物？共混的目的是什么？聚合物共混体系有几种类型？
2. 聚合物共混物的制备方法有哪些？指出干粉共混法的特点及适用范围，熔融共混法的操作过程及其工艺注意事项。
3. 聚合物相容性是如何影响共混物玻璃化温度的？为什么？
4. 简要说明聚合物共混体系的热力学相容性与工艺相容性之概念。
5. 在不相容共混体系中，通常采用哪些手段可提高共混体系的相容性？
6. 试判断下述共混体系是否相容，解释原因。NR/BR，NBR/PVC，NBR/EPDM，PVC/PMMA。
7. 上题中若有不相容体系，请说明能否共混。如何改善不相容体系共混物的形态-结构和性能？
8. 对于两种无定形聚合物所制成的共混物形态结构的基本类型有哪几种？各有何特点？
9. 影响共混物结构形态的因素有哪些？如何影响？
10. 共混聚合物的相容性和初始黏度如何影响分散相区域尺寸？
11. 双组分部分相容的共混物的界面层是怎样形成的？界面层的性质与作用如何？与相容性有何关系？
12. 聚合物共混依据的原则有哪些？为什么说聚合物表面张力对共混物性能影响较大？
13. 哪些因素可影响橡胶增韧的增韧效果？
14. 试用银纹这一现象解释橡胶增韧塑料的增韧机理。
15. 试分别不同情况阐述共混物性能与组分性能的一般关系。
16. 何谓增溶剂？有哪些基本类型？其分子结构有何特点？
17. 简述增溶剂在共混物中的增溶原理。
18. 哪些物质可作为 PVC/NBR 共混型热塑性弹性体的增溶剂？
19. 影响炭黑在并用胶中的分布的因素有哪些？是否炭黑在并用胶中的分布越均匀越好？为什么？
20. 何谓同步硫化和共硫化？同步硫化和共硫化对形成稳定的界面层结构有何意义？实现同步硫化和共硫化的措施有哪些？
21. 测定共硫化结构的方法有哪些？
22. 在动态硫化的共混型热塑性弹性体中，为什么橡胶相能构成分散相，而塑料相构成连续相？这一结果对共混物性能有何影响？
23. 影响共混型热塑性弹性体性能的因素有哪些？它们是怎样影响性能的？
24. 叙述共混型热塑性弹性体的制备工艺过程。
25. 简述 EPDM/PP、NBR/PA、CPE/PA 共混型热塑性弹性体的配合及应用。

第五章

聚合物/无机纳米复合材料

学习目的与要求

本章主要介绍复合材料新领域——聚合物/无机纳米复合材料。重点阐述纳米材料基本概念、聚合物/无机纳米复合材料的制备、聚合物/无机纳米复合材料的结构性能与应用。通过本章学习应重点理解纳米概念、与纳米概念密不可分的"尺度"与"效应"、纳米粒子的基本特性、纳米复合效应；了解聚合物/无机纳米复合材料的类型与各种制备方法，尤其是层状硅酸盐的结构特征、有机化处理与插层复合、插层热力学、熔融共混法聚合物/无机纳米复合材料制备工艺等；掌握聚合物/无机纳米复合材料（特别是聚合物层状硅酸盐聚合物/无机纳米复合材料）的结构；熟悉聚合物/无机纳米复合材料的各种特性与应用。

纳米科技是 20 世纪 80 年代末期诞生并正在崛起的新科技，它涵盖了纳米材料、纳米电子和纳米机械等技术。其中，最先获得广泛工业应用的是纳米材料。纳米材料的问世以及它所具有的奇特物性，推动了新材料的设计与发展，并正在对人们的生活和社会的发展产生重要的影响。科学家们将纳米材料誉为"21 世纪最有前途的材料"。

纳米材料的诞生也使常规复合材料的研究与开发增添了新的内容——纳米复合材料。纳米复合材料是由两相或多相物质复合而制成，其中至少有一相物质是在纳米级范围内。含有纳米单元相的纳米复合材料通常以实际应用为直接目标，是纳米材料工程的重要组成部分。其中，聚合物基纳米复合材料由于聚合物基体具有易加工、耐腐蚀、良好的光学性质、高弹性与韧性等优异性能，并能提供一个优良的载体环境，抑制纳米单元的氧化和团聚，提高纳米级无机相的稳定性，从而充分发挥纳米单元的特异性能，实现其特殊性能的微观控制，制造出新型功能性高分子复合材料，或使通用高分子材料高性能化。聚合物基纳米复合材料以其优异的特性、广阔的应用前景和商业开发价值，受到各个领域的普遍重视。本章即简要介绍纳米材料基本概念与聚合物基纳米复合材料。

第一节 纳米材料基本概念

纳米材料的奇异特性是由它的特殊结构所决定的。只有组成材料的粒子达到纳米尺寸，才使材料各项理化指标有一个质和量的突变；只有实现了纳米量级的复合，才能充分发挥纳米单元的特异性能，制造出性能卓越的聚合物基纳米复合材料。因此，首先需要了解纳米结构,理解其基本概念。

一、纳米概念与纳米材料的基本特性

纳米作为衡量尺度,其大小为 1nm(纳米)= 10^{-9} m(米),即 1nm 是十亿分之一米,约为 10 个原子的尺度。纳米科技的基本涵义是在 0.1~100nm 尺度范围内,即在单个原子、分子层次上对物质存在的种类、数量和结构形态进行精确的观测、识别、控制与应用,并按人的意志,直接操纵原子或分子,研制出人们所希望的、具有特定功能特性的材料与制品。

纳米材料通常是指颗粒尺寸在纳米数量级(0.1~100nm)的超细微粉。然而更广义地说,纳米材料是指在三维空间中至少有一维处于纳米尺度范围或由它们作为基本单元构成的材料。按其形态,纳米材料可划分三类:零维纳米材料,指在空间三维尺度均为纳米量级,如纳米尺度的超细微粒;一维纳米材料,指在空间有两维处于纳米尺度,如纳米丝、纳米棒、纳米管等;二维纳米材料,指在三维空间中有一维处于纳米尺度,如超薄膜、多层膜等,统称纳米薄膜。此外,也由将纳米微粒组成的体相材料即纳米块体称为三维纳米材料。不同结构类型纳米材料的示意图如图 5-1。

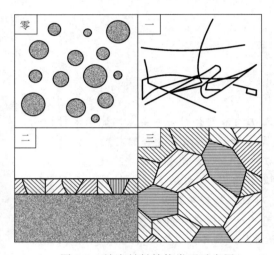

图 5-1 纳米材料结构类型示意图

材料科学研究表明,固体颗粒的尺寸减小时,其声、光、电磁、热及化学特性均会发生变化。当颗粒尺寸减小到某一临界值时,例如颗粒尺寸与光波波长相当或更小时,颗粒的某些性质会发生质的变化,呈现与物体宏观状态下差异很大的特性。大量实验表明,在室温下,产生物理、化学性质显著变化的颗粒尺寸均在 0.1μm(100nm)之内。当材料结构至少有一维尺寸小于此临界长度(100nm)时,常会出现传统模式和理论所无法解释的、截然不同的运动过程。这一过程被科学家称为尺度效应。因此,纳米概念包括密不可分的"尺度"与"效应"两个方面。在临界尺度下,材料的性能产生突变或者反转,如纳米 Ag 尺度达到 14nm 时,由导体变成了绝缘体。

对纳米微粒,由于尺寸小,比表面积大,位于表面上的原子占相当大的比例。因此一方面表现为具有壳层结构,其表面层结构不同于内部完整的结构(包括键态、电子态、配位数等);另一方面其体相结构也受到尺寸制约,从而不同于常规材料的结构。对于固体材料由于粒子(或薄片)粒径(或厚度)的减小,其表面积将会迅速增大。例如,平均粒径 8.97μm 的碳酸钙(相对密度约 2.7),其比表面积约 1.548m^2/cm^3,而粒径约 0.05μm(即 50nm)相对密度约 3.3 的碳化硅,其表面积达到约 108m^2/cm^3。由于粒径减小,比表面积增大,因而其体积和表面效应均有很大的变化。到纳米尺度时,形态的变化反馈到物质结构和性能上,就会显示出奇异的效应,主要可分为以下四种最基本的特性。

1. 表面效应

通常以表面积与体积之比值称为比表面积,颗粒尺寸越小,比表面积越大。对粒径大于 100nm 的颗粒,通常表面原子数低于 2%,表面效应相对较小。当粒径小于 100nm 后,随着粒径的减小,表面原子数急剧增加。例如:微粒子粒径从 100nm 减小到 1nm,其表面原子占粒子中原子总数从 20% 增加到 99%。表面原子数目的骤增，使原子配位数严重补助不足，即表面原子周围缺少相邻的原子，有许多悬空键，具有不饱和性质，易与其他原子结合而稳定下来，故具有很高的化学活性。纳米微粒很容易与周围的气体反应，也容易吸附气体。例如金属的纳米粒子在空气中会燃烧，无机的纳米粒子暴露在空气中会吸附气体，并与气体进行反应。这一现象被称为纳米材料粒子的表面效应。利用这一性质，人们可以在许多方面使用纳米材料来提高材料的利用率和开发纳米的新用途，例如，提高催化剂效率、吸波材料的吸波率、涂料的遮盖率与杀菌剂的效率等。

2. 体积效应

体积效应又称小尺寸效应。纳米材料中的微粒尺寸小到与光波波长或德布罗意波波长、超导态的相干长度等物理特征相当或更小时，晶体周期的边界条件被破坏，非晶态纳米微粒的颗粒表面层附近原子密度减小，使得材料的声、光、电磁、热、力学等特性出现改变而导致新特性出现的现象，叫纳米材料的小尺寸效应。

纳米粒子的小尺寸效应不仅大大扩充了材料的物理、化学特性范围，而且为实用化拓宽了新的领域。例如：纳米材料的光吸收明显加大；非导电材料的导电性出现；金属纳米微粒的熔点远低于其块状金属的熔点，如 2nm 的金颗粒熔点为 600K，随粒径增加，迅速上升，块状金为 1337K，纳米银粉熔点可降低到 373K，这为粉末冶金提供了新工艺；利用等离子共振频率随颗粒尺寸变化的性质，可制造具有一定频宽的微波吸收纳米材料，通过改变颗粒大小控制材料吸收波长的位移，以制得具有一定吸收频宽的纳米吸波材料，用于电磁波屏蔽、防射线辐射、隐形飞机等领域。

3. 量子尺寸效应

对介于原子、分子与大块固体之间的纳米微粒，宏观物体中的连续的能带将分裂为分立的能级，能级间距也随颗粒粒径减小而增大。当能级间距大于热能、电场能、磁场能、光子能量时，就会呈现一系列与宏观物体截然不同的反常特性，称之为量子尺寸效应。例如，导电的金属在颗粒尺寸达到纳米量级时可以变成绝缘体，磁矩的大小与颗粒中电子是奇数还是偶数有关，比热容亦会反常变化，光谱线会产生向短波长方向的移动，这些都是量子尺寸效应的宏观表现。量子尺寸效应的出现使纳米银与普通银的性质完全不同，普通银为良导体，而纳米银在粒径小于 20nm 时却是绝缘体。同样，纳米材料的这一性质也可用于解释为什么 SiO_2 从绝缘体变为导体。

4. 宏观量子隧道效应

微观粒子具有贯穿势垒的能力称为隧道效应。近年来，人们发现一些宏观物理量，如纳米粒子的磁化强度等也具有隧道效应，它们可以穿越宏观系统的势垒而产生变化，这被称为纳米粒子的宏观量子隧道效应。

如上所述，纳米材料的特点就是粒子尺寸小（纳米级）、有效表面积大（相同质量下，材料粒子表面积大）。这些特点使纳米材料具有特殊的小尺寸效应、表面效应、量子尺寸效应和宏观量子隧道效应。而这些效应的宏观体现就是纳米材料的成数量级变化的各种性能指标与一些块体材料原本没有的奇异特性，诸如导电材料的电导率、力学强度、磁学性能、光学性能等。例如大块软铁一般表现为软磁特性，但对 16nm 的铁粉，其矫顽力非常高，可作为磁记录介质，即作永磁材料使用；金属的纳米颗粒对光的反射率通常可低于 1%，因而金属的纳米颗粒都是黑色的；当电导率较高的纳米金属粉末处于高频电磁波场中时，会出现电磁波的电场和磁场集中于表面附近的集肤效应，其对应的深度叫做集肤深度。当粒子的尺寸远小于其集肤深度时，通过自由电子运动的热损耗，使入射波能量得到有效的衰减，这就是纳米金属粉末的自由电子吸波机制。

可见，纳米科技的应用，不仅可以大大提高和改变材料的性能，并且可以制造出新的功能材料，或使功能材料具有新的性能。

二、纳米复合材料

为了利用已挖掘出来的纳米材料的奇特物理、化学和力学性能，设计成各种纳米复合材料是十分有效的途径。

现代材料科学引用复合的概念主要相对于不同相、不同物质组成的体系之间的组合。对于纳米材料领域，纳米复合材料则是指其中至少有一相物质是在纳米级（1~100nm）范围内的多相复合材料。

纳米复合材料具有丰富的内涵。按复合的形态或方式，目前纳米复合材料的类型主要有：0-0 复合型，是纳米微粒与纳米微粒的复合，即由不同纳米粉体复合而成的纳米固体材料；0-3 复合型，即纳米粒子与常规块体材料的复合；0-2 复合型，纳米粒子与纳米薄膜的复合；2-3 复合，纳米薄膜（或纳米片层）与常规块体材料的复合；1-3 复合型，纳米丝（如纳米碳管）与常规块体材料的复合。按载体划分，纳米复合材料可分为无机基纳米复合材料和聚合物基纳米复合材料。而在聚合物基纳米复合材料中，获得最为广泛应用的是本书所要介绍的聚合物/无机纳米复合材料。

由于纳米复合材料中至少有一相物质是在纳米级（1~100nm）范围内，因此纳米复合材料兼有纳米材料和复合材料的许多优点，并且复合的各组元在复合相中所表现的性能与它们以单独相存在时会有所不同，各组元间存在着的协同作用可能产生多种复合效应，赋予纳米复合材料许多明显不同于单一原材料的独特性能，从而呈现出一些新的特性。

纳米复合材料不是各组元间的简单混合或加合，而是复合的各组元在纳米尺度范围内相互作用而形成。纳米微粒独特的高浓度晶界特征、特异的结构与很大的比表面积，使其与另一相物质形成复合材料时，相界面处原子或分子间可发生很强的相互作用，产生特殊的纳米尺寸效应和界面效应，即纳米复合效应，从而影响材料的宏观性能。对于纳米复合材料而言，大部分的纳米效应是复合体系各单独组分都不具有的效应。也就是说，只有两种物质相遇（复合）后，或者经过纳米复合后，才产生了纳米效应。

第二节　聚合物/无机纳米复合材料的制备

纳米单元的加入，可极大地改进聚合物的性能。聚合物的品种繁多，涉及各个应用领域；制备聚合物/无机纳米复合材料的方法又多种多样。因此，纳米科技界十分重视聚合物/无机纳米复合材料的制备工艺研究。聚合物/无机纳米复合材料是最早实现产业化并获得广泛应用的纳米材料之一。

一、聚合物/无机纳米复合材料的分类

聚合物基纳米复合材料是由聚合物为基体（连续相）与各种纳米单元（小于 100nm）以各种方式复合而形成的一种新型高分子复合材料。

按制备聚合物基纳米复合材料所采用的纳米单元的成分，聚合物基纳米复合材料可分为

聚合物/聚合物纳米复合材料（聚合物/聚合物分子复合材料）与聚合物/无机基纳米复合材料。聚合物/聚合物纳米复合材料是两种或两种以上的聚合物混合在一起（共混物），而其中有一种聚合物以纳米级的尺度分散于其他聚合物之中即属于此类材料。聚合物/无机基纳米复合材料又可分为聚合物/金属（金属氧化物）纳米复合材料、聚合物/层状纳米无机物复合材料、聚合物/刚性纳米无机粒子复合材料、聚合物/碳纳米管复合材料等。

1. 聚合物/层状纳米无机物复合材料

这类材料是将层状的无机物以纳米尺度分散于聚合物中而形成的。层状无机物如硅藻土、黏土、蒙脱土、云母、层状金属盐等都是以片状晶体构成的，其晶片厚度约 1nm，片层间的距离也大约 1nm，长约 100nm。

2. 聚合物/刚性纳米无机粒子复合材料

根据复合材料的观点，若粒子刚硬且与基体树脂结合良好，刚性无机粒子也能承受拉伸应力，起到增韧增强作用。因此，用刚性纳米粒子对力学性能有一定脆性的聚合物增韧是改善其力学性能的另一种可行性方法。随着无机粒子微细化技术和粒子表面处理技术的发展，特别是近年来纳米级无机粒子的出现，塑料的增韧改性彻底冲破了以往在塑料中加入橡胶类弹性体的做法，而弹性体增韧往往是以牺牲材料宝贵的刚性、尺寸稳定性、耐热性为代价的。

3. 聚合物/碳纳米管复合材料

碳纳米管其直径比碳纤维小数千倍，其性能远优于现今普遍使用的玻璃纤维。其主要用途之一是作为聚合物复合材料的增强材料。碳纳米管基本上可分为单壁型和多壁型两类。碳纳米管的结构决定它们是具有金属性还是具有半导体性质。单壁碳纳米管大多属半导体型，而多壁碳纳米管，大体上属金属型。碳纳米管的力学性能相当突出。在电性能方面，碳纳米管用作聚合物的填料具有独特的优势。加入少量碳纳米管即可大幅度提高材料的导电性。与以往为提高导电性而向树脂中加入的炭黑相比，碳纳米管有高的长径比，因此其体积含量可比粒状炭黑减少很多。多壁碳纳米管的平均长径比约为 1000；同时，由于纳米管的本身长度极短而且柔曲性好，它们填入聚合物基体时不易断裂，因而能保持其高的长径比。

4. 高聚物/金属（金属氧化物）纳米粉复合材料

金属或金属氧化物纳米粉往往具备常规材料没有的特性。这些纳米材料与高聚物复合将会得到具有一些特异功能的高分子复合材料。如金属纳米粉体对电磁波有特殊的吸收作用，铁、钴、氧化锌粉末可作为军用高性能毫米波隐形材料、可见光-红外线隐形材料以及手机辐射屏蔽材料。另外，铁、钴、镍纳米粉有相当好的磁性能；铜纳米粉末的导电性优良；氧化锌纳米粉体具有优良的抗菌性能。因此，用它们与高聚物复合将可以产生许多新的功能材料。

此外，按照聚合物/无机纳米相间存在的相互作用，聚合物/无机纳米复合材料又可分为共价型、配位型、离子型与亲和型。在聚合物/无机纳米复合材料的制备中，就是要依据聚合物的化学结构与带断键残键的纳米粒子的表面电荷，进行复合设计，在二者之间形成共价键、离子键、配位键或者亲和作用的基团，即形成匹配的界面相互作用。

二、聚合物/无机纳米复合材料的制备方法

聚合物/无机纳米复合材料体系的性质不仅取决于组分的性质，而且与组分之间的相形态及界面相互作用密切相关。单纯的无机纳米微粒极易团聚，而不易分散于聚合物中，使聚

合物与无机纳米微粒之间常有严重的相分离现象。能否真正实现无机纳米相与聚合物基体间在纳米尺度上的复合，是制备聚合物/无机纳米复合材料的关键。为此，发展了多种聚合物无机纳米复合材料的制备方法。归纳起来，主要有四类：溶胶-凝胶法、插层复合法、原位聚合法、共混法。

1. 溶胶-凝胶法

这种方法从 20 世纪 30 年代已开始应用。它是将金属烷氧化物或金属无机盐等前驱物溶于水或有机溶剂中，经水解生成纳米级粒子并形成溶胶，再经蒸发干燥而成凝胶。具体可采用不同的过程。一种过程是高分子环境下无机前驱物的原位水解、缩合，另一种过程是有机相与无机相同步反应。第一种过程是将无机前驱物与有机聚合物溶解于合适的共溶剂中，在催化剂存在下让前驱物水解形成纳米胶体粒子，并在后续的凝胶形成与干燥过程中，控制条件不发生宏观相分离，即在有机聚合物存在下形成无机纳米相；第二种过程是让无机前驱物的水解、缩合与高分子单体的聚合（常有交联反应）同时进行，形成高分子-无机网络。

在溶胶-凝胶法，水解制得的无机氧化物表面常有—OH，所采用的聚合物分子链上则常有受氢基团（如 C═O），因此聚合物与无机纳米微粒之间利用氢键这一较强的相互作用力，形成均一而稳定的复合物体系。

2. 原位聚合法

原位聚合 (insitu polymerization) 法也即在位分散集合。它是使纳米微粒在单体中均匀分散并在一定条件下就地聚合而得到的。目前这一方面的工作大多用在功能性的复合材料中。对大品种聚合物如乙烯、丙烯、氯乙烯加入纳米粒子进行聚合已有很多工作。我国在纳米碳酸钙用于氯乙烯的聚合中已取得较好结果，目前正在逐步扩大工业化应用。

3. 插层法

插层复合法是制备高性能新型聚合物/无机纳米复合材料的一种重要方法。它主要是用于有机聚合物与层状无机物纳米复合材料的制备。层状无机物主要层状硅酸盐、过渡金属氧化物（如 MoO_3、V_2O_5、$FeOCl$，过渡金属的二硫化物如 TiS_2、MoS_2 等）、磷酸盐、层状氢氧化物和石墨等。其中，层状硅酸盐是目前用得最多的无机物，聚合物/层状硅酸盐纳米复合材料也是开发较早，技术上较为成熟一类纳米复合材料。

插层法是在一定驱动力作用下，使层状无机物发生层间剥离，碎裂成纳米尺寸的结构微区，其片层间距一般为纳米级，可容纳单体和聚合物分子；它不仅可让聚合物嵌入夹层，形成"嵌入纳米复合材料"，而且可使片层均匀分散于聚合物中形成"层离纳米复合材料"。使有机聚合物插进层片之间，从而实现有机高分子与无机物在纳米尺度上的复合。

按照复合的过程，该法又可分为插层聚合与聚合物插层。用得较多且成熟的是插层聚合。进行插层聚合时，单体插入到经有机化处理的层状无机物的层片之间，接着进行原位聚合，并利用聚合时释放出的聚合热，克服片层间的库仑力，使其剥离。可见，插层聚合的本质是插层和原位聚合的结合。聚合物插层复合时，聚合物大分子利用一定的力化学与热力学等作用，插层进入层状无机材料的片层间，并使层状无机材料剥离成纳米尺度的片层而均匀地分散在聚合物基体中。

4. 共混法

共混法是将各种无机纳米微粒与聚合物直接进行分散混合而得到的一类复合材料。就共混方式而言，共混法可分为溶液共混法、悬浮或乳液共混法、熔融共混法。溶液共混法是将聚合物溶解于溶剂中，然后加入纳米粒子并混合使之均匀分散，最后再除去溶剂而得到纳米复合材料，其特点是纳米粒子的分散较好，但同时也带来环境污染、溶剂回收等问题。在不适宜溶液共混的一些情况下，悬浮液或乳液共混也是一类有用的方法，已经开发出一些新的材料。熔融共混法利用高聚物混炼设备如密炼机、单（双）螺杆挤出机等加工设备将纳米颗粒与聚合物进行熔融共混。但由于纳米颗粒表面能较高，极易团聚，难以保证纳米材料的纳米级分散。因此，加工之前应对颗粒表面进行有效的处理。

共混法是纳米粉体和聚合物粉体混合的最简单、方便的操作方法，目前仍处于发展初期。其优点是纳米材料和基体聚合物材料的选择空间很大，纳米材料可任意组合；纳米微粒的制备与纳米复合材料的合成分步进行，可控制粒子形态、尺寸。其难点是粒子的分散问题，控制粒子微区相尺寸及尺寸分布是其成败的关键。在共混时，除采用分散剂、偶联剂、表面功能改性剂等综合处理外，还应采用超声波辅助分散，方可达到均匀分散之目的。另外，采用层状无机物插层聚合所得到的纳米复合母料（粒）与聚合物基体进行共混是比较好的纳米分散方法，既经济也实用，容易实现工业化。

三、聚合物/层状硅酸盐纳米复合材料的制备

聚合物/层状硅酸盐纳米复合材料是应用最广，最有工业化前途的聚合物/纳米复合材料。由于层状硅酸盐独特的结构特征，通常都采用插层法制备这类纳米复合材料。

1. 层状硅酸盐的结构特征

对层状硅酸盐结构的研究，较多的是云母类层状硅酸盐，如蒙脱土、膨润土、麦加石、凹凸棒土、蛭石、沸石等。它们都是由 Si—O 四面体晶片和 Al—O 八面体晶片所构成的层状晶体。例如在片状结构的蒙脱土中，每个单位晶胞由两个硅氧四面体晶片中间夹带一个铝氧八面体晶片构成（图 5-2）。二者之间靠共同氧原子连接，每层的厚度为 1nm 左右。由于硅氧四面体中的部分 Si^{4+} 和铝氧八面体中的部分 Al^{3+} 容易被 Mg^{2+} 所置换。因此，在这些片层内产生了过剩的负电荷。为了保持电中性，这些过剩的负电荷通过层间吸附的阳离子来补偿。蒙脱土片层间吸附有 Ca^{2+}、K^+、Na^+ 等水合阳离子，它们很容易与有机或无机阳离子进行交换，使层间距发生变化。

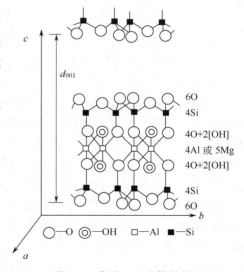

图 5-2 蒙脱土的晶体结构

正是由于片层间具有阳离子的可交换性和在极性介质中的可膨胀性，可以把单体或聚合物插入到未改性或改性的层状硅酸盐的晶格夹层间，得到聚合物/无机插层或层离纳米复合材料。

2. 层状硅酸盐的有机化处理

层状硅酸盐夹层内的阳离子易于吸水，发生水合作用并引起夹层的溶胀，但由于其内部的微区环境是亲水性的，常不利于有机高分子单体的渗入或聚合物分子链的插入。为了改善这种状况，一般需要对其进行有机化处理，即表面修饰。

层状硅酸盐的有机化处理（表面修饰）就是通过有机阳离子的离子交换改变硅酸盐片层的极性，降低硅酸盐片层的比表面能，以增加两相间的亲和性。这类有机阳离子被称为表面

修饰剂或插层剂。插层剂的选择是制备聚合物/层状硅酸盐纳米复合材料的关键因素之一。有效的插层剂首先应容易进入层状硅酸盐晶片间的纳米空间，并能显著增大黏土晶片间层间距。插层剂分子应与聚合物单体或高分子链具有较强的物理或化学作用，以利于单体或聚合物插层反应的进行，并且可以增强硅酸盐片层与聚合物两相间的界面粘接，有助于提高复合材料的性能。从分子设计的观点来看，插层剂有机阳离子的分子结构应与单体及其聚合物相容，最好具有可参与聚合的基团，这样聚合物基体能够通过离子键同硅酸盐片层相连接，大大提高聚合物与层状硅酸盐间的界面相互作用，提高硅酸盐片层在聚合物中的层离程度。常用的插层剂有烷基铵盐、季铵盐、吡啶类衍生物和其他阳离子型表面活性剂等。为了使表面活性插层剂能和聚合物基体发生反应以形成化学键，也可以选用带有多个官能团的插层剂如二胺、氨基酸或主链带有不饱和键的季铵盐等。

在层状硅酸盐的有机化处理过程中，插层剂的有机阳离子与硅酸盐片层间的水合阳离子进行交换反应。如烷基铵盐阳离子交换蒙脱土中 Na^+ 的反应式如下：

$$Na^+—蒙脱土 + R—N^+(CH_3)Cl^- \longrightarrow R—N^+(CH_3)—蒙脱土 + NaCl$$

这一层间阳离子交换示意图如图 5-3 所示。

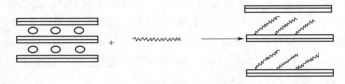

图 5-3　蒙脱土层间阳离子交换示意图

这样，有机胺离子进入蒙脱土的晶层间，使层间距增加，并使晶层表面与有机单体或聚合物的亲和性得到改善，从而有利于单体或聚合物的进入。

3. 单体插层原位复合

单体插层原位复合有的是将聚合物单体和经有机化处理的层状硅酸盐分别放入某一溶剂中，单体充分溶解后混合搅拌，使单体进入硅酸盐晶层之间，然后在适当的条件下聚合；有的是将经有机化处理的层状硅酸盐直接与熔融单体混合后聚合。在对尼龙 6/蒙脱土纳米复合材料的研究中，我国纳米化学家还首创了"一步法"复合方法，即将蒙脱土层间阳离子交换、单体（己内酰胺）插层以及单体原位聚合在同一稳定的胶体分散体系中一步完成。

对于单体插层原位聚合而言，按照聚合物反应类型不同，又可以分为缩聚插层和加聚插层两种类型：①缩聚插层，有机单体被插入到蒙脱土层间，单体分子链中功能基团互相反应，发生缩聚；②加聚插层，有机单体被插入到蒙脱土层间，单体进行加聚反应，即涉及自由基的引发、链增长、链转移和链终止等自由基反应历程。

在单体插层原位聚合法中，插层剂分子（有机季铵盐阳离子）一端以某种离子键（或库仑力）与黏土晶片表面负电荷结合，另一端则视其分子结构而有不同的情况。如另一端含有反应性基团，则可与单体反应参与共聚形成共价键，从而在聚合物-无机组分之间形成化学键连接，将纳米分散体系固定下来。此时，经插层化处理过的层状硅酸盐，可看作与单体一起共聚的单体。如另一端仅为有机长链，则主要发挥与聚合物分子链的亲和作用与长链缠绕作用。

4. 聚合物插层复合

聚合物插层可分为溶液插层与熔融插层。

聚合物溶液插层工艺过程是将有机化处理的层状硅酸盐与聚合物溶液共混，加热搅拌，聚合物大分子在溶液中借助于溶剂而插层进入蒙脱土的片层间，然后再挥发去除溶剂。

聚合物熔融插层是应用传统的聚合物加工工艺，在高于其软化温度下加热，并将经有机化处理的层状硅酸盐与聚合物一起混炼，在剪切力作用下聚合物分子链直接插层进入硅酸盐的片层间。聚合物熔融插层法的工艺路线简单，加工方便，易于操作，可用传统的加工方法进行加工，并对环境不会产生污染，所以此法被广泛地应用于聚合物/层状硅酸盐纳米复合材料制备。

熔融插层法制备聚合物/层状硅酸盐纳米复合材料的工艺过程中，剪切强度、剪切时间、剪切速率、混炼方式、加工温度等都会对复合材料的结构与性能产生重要影响。随着剪切强度的增加，层片被剥离的状况越好，但当剪切强度达到一定的临界点后，继续增大剪切强度会对剥离会产生不利的影响。要形成纳米复合材料，聚合物与层状硅酸盐必须在机筒里保持一定的停留时间，因为足够的停留时间能够使聚合物的分子链分散到硅酸盐片层间使其剥离，可见剪切速率要适中，速率过大导致停留时间减少，难以使聚合物分子链进入片层；剪切速率过小会导致剪切强度降低，对插层与剥离是不利的。此外，减小层状硅酸盐颗粒的初始粒径，有利于加快插入速度；有机化处理层状硅酸盐时所用插层剂的分子链长度增加会使聚合物与层状硅酸盐晶片表面的相容性增强，有利于形成剥离结构，相反如果插层剂的分子链短，聚合物就较难插入到黏土的层间形成纳米复合材料；将极性的共聚单体引入聚合物基体中也可以增强聚合物的插层作用。如 PS 在有机化黏土中的插层作用较弱，聚合物链很难插入到黏土片层中去，形成的复合材料在剪切作用下也不稳定，但引入极性共聚物如丙烯腈（AN）、甲基乙烯基噁唑啉（OZ）等，插层作用增强，纳米复合材料的结构稳定性也得到提高。

5. 插层热力学分析

插层及层间膨胀热力学分析，聚合物对层状硅酸盐片层间的插入及其层间膨胀过程是否能进行，取决于该过程中自由能的变化（ΔG 是否小于 0），若 $\Delta G < 0$，则此过程能自发进行。根据热力学原理，对于等温过程有 $\Delta G = \Delta H - T\Delta S$。要使 $\Delta G < 0$，则需使 $\Delta H < T\Delta S$。

而满足该条件有如下两类过程三种方式：

① 放热过程　　(a) $\Delta H < 0$，且 $\Delta S > 0$；
　　　　　　　　(b) $\Delta H < T\Delta S < 0$；
② 吸热过程　　(c) $0 < \Delta H < T\Delta S$。

焓变 ΔH 主要由单体或聚合物分子与层状硅酸盐片层之间相互作用的程度所决定，而熵变 ΔS 则和单体分子以及聚合物分子的约束状态有关。

对单体插层本体原位聚合，其过程可分为两个步骤：单体插层和原位聚合。对于单体插层步骤来说，单体分子从自由状态变为层间受约束状态，熵变 $\Delta S_1 < 0$，所以焓变 ΔH_1 是决定单体分子插层步骤的关键，若 $\Delta H_1 < T\Delta S_1 < 0$ 成立，则单体分子插层可自发进行。而对于原位聚合反应来说，因 $\Delta S_2 < 0$，所以 $\Delta H_2 < 0$，并满足 $\Delta H_2 < T\Delta S_2 < 0$，在等温等压下，该聚合反应释放出的自由能以有用功的形式抵抗硅酸盐片层间的吸引力而做功，使层间距大幅度增加而形成剥离型纳米复合材料。温度升高既不利于单体插层又不利于聚合反应。

对单体插层原位溶液聚合，其过程也可分为两个步骤：溶剂分子和单体分子插层以及原位溶液聚合。溶剂的作用就是通过对层间有机阳离子和单体二者的溶剂化作用，使单体插入层间，所以溶剂的选择至关重要，它要求自身能插层且与单体的溶剂化作用要大于与有机阳离子的溶剂化作用,它还应是聚合反应生成的高分子的溶剂。至于第二步原位溶液聚合反应的热力学分析与上述原位本体聚合的分析相似,只是溶剂的存在使聚合反应放出的热量迅速散失,而起不到促进层膨胀的作用,所以一般难以得到解离型纳米复合材料。

对大分子熔体直接插层,高分子链插入硅酸盐片层间形成的纳米复合材料的过程,是由部分高分子链从自由状态的无规线团构象转变成为受限于层间准二维空间的受限链构象的过程。该过程的熵变 $\Delta S<0$,且高分子链的柔顺性越大则 ΔS 越负。从上述分析可知,要使此过程自发进行,应按放热过程(b)进行,$\Delta H<T\Delta S<0$,由此可知大分子熔体直接插层是焓变控制的。而聚合物与有机化层状硅酸盐表面的插层剂(表面活性剂)分子间较强的相互作用,可导致受限表面活性剂和聚合物之间的焓作用而补偿体系的熵减,从而有利于聚合物与层状硅酸盐填料的混合。因此,高分子链与有机化层状硅酸盐之间的相互作用程度是决定插层成功与否的关键,它必须强于两个组分自身的内聚作用。因此,在选择聚合物基体时,最好选用具有一定极性的材料。这样有助于形成剥离型纳米复合材料。另外,温度升高不利于插层过程,所以应尽量选择仅略高于聚合物软化点的温度下制备聚合物/层状硅酸盐纳米复合材料。

对大分子溶液直接插层,其过程由溶剂分子插层和高分子对插层溶剂分子的置换两个步骤组成。对于溶剂分子插层过程,部分溶剂分子从自由状态变为层间受约束状态,熵变 $\Delta S_1<0$,所以有机化层状硅酸盐的溶剂化热 ΔH_1 是决定溶剂分子插层步骤的关键,若 $\Delta H_1<T\Delta S_1<0$ 成立,则溶剂分子插层可自发进行;而在高分子对插层溶剂分子的置换过程中,由于高分子链受限而损失的构象熵小于溶剂分子解约束获得的熵,所以熵变 $\Delta S_2>0$,只有满足放热过程 $\Delta H_2<0$ 或吸热过程 $0<\Delta H_2<T\Delta S_2$ 二者之一,高分子插层才会自发进行。因此,选择高分子溶剂应同时考虑对有机阳离子溶剂化作用适当,太弱不利于溶剂分子插层步骤;太强得不到高分子插层产物。温度升高有利于高分子插层而不利于溶剂分子插层,所以最好在溶剂分子插层步骤选择较低的温度,而在高分子插层步骤选择较高温度并同时把溶剂蒸发出去。

四、熔融共混法聚合物/无机纳米复合材料的制备

熔融共混法制备聚合物/纳米无机粒子复合材料是将各种无机纳米粒子与聚合物直接进行分散、混合、塑化而制得。其过程较简单,容易实现工业化。但由于无机纳米粒子是在非平衡、苛刻条件下制得的,其微粒表面原子处于高度活化状态,表面能很高,这就使纳米粒子间的吸附作用很强,容易团聚。因此,要使粒子呈原生态纳米级的均匀分散较为困难,从而给产品的高性能化及稳定性带来新的问题。为解决纳米颗粒在聚合物基体中均匀分散及防止纳米颗粒的团聚或者产生相分离问题,目前主要借用经典的微米颗粒表面处理技术,如沉淀反应改性、表面化学改性、机械力化学改性、高能处理改性以及本节提到的插层改性等。

无机纳米颗粒的表面处理是聚合物/无机纳米复合材料稳定化设计的关键内容之一,但它完全不同于微米级无机粒子表面处理的理念。用微米级无机粒子填充时,通常以表面处理剂能在粒子表面形成单分子层的包覆为宜,处理剂的加入量约为无机粒子(填料)量的1%~2%。由于纳米粒子的表面积通常可达微米级粒子表面积的几十倍至几百倍,如果仍然沿用处理剂在纳米粒子表面形成单分子层的包覆,则处理剂的添加量将增加到无机粒子量的百分之几十甚至几百。而处理剂多数为低分子物,大量的添加并分散到树脂中后对材料综合性能是非常不利的。因此,对无机纳米粒子进行表面处理的目的,不在于提高无机纳米粒子的表

面活性，也并不需要对无机纳米粒子表面进行完全包覆，而是通过在无机纳米粒子表面吸附一定量的物质而适当降低其活性，减弱无机纳米粒子间的团聚强度。这种无机纳米粒子表面的局部减活过程称为"表面有限钝化"。采用"有限钝化"处理的无机纳米粒子在可分散性与粒子的表面活性间取得了较好的平衡。有限钝化后，无机纳米粒子的表面活性介于表面完全"洁净"和表面完全被包覆的两种情形之间，即粒子既具有一定的可分散性，同时也具有较高的活性，可以与聚合物基体有较高的界面粘接强度。

无论是在无机纳米粒子的分散处理还是在将聚合物与经表面处理的无机纳米粒子熔融共混过程中，增强外力作用，都将促进无机纳米粒子的分散。如从高速混合机的混合原理出发，采用特殊设计的新型超高速混合机可以对纳米无机粒子进行有效的分散处理，可达到在聚合物中大量添加并能分散均匀的目的，改善混合后材料的微观结构和性能。在对无机纳米粒子进行分散处理时，采用湿法研磨、超声波振荡、振动磨等，都将有利于提高其在聚合物中的分散性。混炼挤出时，挤出机采用大长径比螺杆、高剪切作用的螺杆元件组合，对纳米粒子在聚合物中的均匀分散也有良好的作用。

加工工艺条件影响着混合物所受到的剪切作用，因此同样对无机纳米粒子在聚合物基体中的分散效果。如在一定的剪切速率范围内，随着剪切速率的提高，聚合物熔体所受到并且传递给纳米粒子的剪切应力也随之增加，从而使纳米粒子团聚体的破碎更易于进行，纳米粒子的分散程度也随之提高，使纳米粒子团聚体的数量减少，而纳米尺度分散的粒子明显增多。但是，当剪切速率达到一定程度，剪切速率的增加会导致聚合物黏度的显著降低，从而不利于剪切应力的传递及纳米粒子团聚体的破碎。剪切速率与黏度的相互制约关系便决定了所能达到的分散状况。

第三节 聚合物/无机纳米复合材料的结构、性能与应用

聚合物/无机纳米复合材料中的纳米单元不仅自身具有特异的表面和体相结构，而且其聚集结构间的相互作用，以及它与聚合物基体间的相互作用都具有特异性，这使得复合体系具有优于相同组分常规聚合物复合材料的力学、热学性能。在物理功能方面，纳米单元与聚合物基体的相互作用，造成聚合物/无机纳米复合材料在声、光、电、磁、介电等功能性方面也与常规复合材料有所不同。研究聚合物/无机纳米复合材料的结构与性能，就是要有目的地通过调控聚合物/无机纳米复合材料的结构，利用其复合效应，整体优化材料的物理功能、化学和力学性能等，扩大聚合物材料的应用的领域。

一、聚合物/无机纳米复合材料的结构

1. 聚合物/层状硅酸盐纳米复合材料的结构

根据复合物的微观结构，特别是层状硅酸盐片层间是否插层有聚合物分子链，可以把聚合物/层状硅酸盐复合材料分成四类：①相容性差的粒子填充复合物；②普通的微粒填充复合物；③插层型纳米复合材料；④剥离型纳米复合材料。它们的结构特点如图 5-4。在第一类复合物 [图 5-4(a)] 中，层状硅酸盐颗粒分散在聚合物基体中，但聚合物与其接触仅限于颗粒表面，没有进入颗粒中。第二类复合物 [图 5-4(b)] 中，聚合物进入层状硅酸盐颗粒，但没有插层进入硅酸盐片层中，它比第一类复合物分散得均匀，相容性较好，但还不是插层复合材料。在第三类复合物即插层复合材料 [图 5-4(c)] 中，聚合物不仅进入硅酸盐颗粒，

而且插层进入其片层间，使硅酸盐片层间距离明显扩大，但仍保留原来的方向，片层仍具有一定的有序性。在第四类复合物即剥离型复合材料［图 5-4(d)］中，硅酸盐片层被聚合物完全打乱，无规分散在聚合物基体中，片层与聚合物实现了纳米尺度上的均匀混合。四类结构的复合材料中只有后第三、第四类才是真正的纳米复合材料，而且第四类比第三类复合材料具有更理想的性能。目前从总体看，大部分聚合物/层状硅酸盐纳米复合材料的结构是插层型的，而剥离型的结构比较少，且主要存在于含有一定的能与层状硅酸盐发生强作用力的基团的聚合物体系中，比如含有醚氧基团的环氧树脂及氨基基团的尼龙 6 等。由于高分子链输运特性在受限空间与层外自由空间有很大的差异，因此插层型聚合物/层状硅酸盐纳米复合材料可作为各向异性的功能材料，而剥离型聚合物/层状硅酸盐纳米复合材料具有很强的增强效应，是理想的强韧型材料。

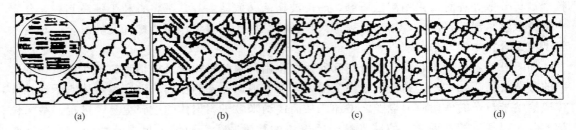

图 5-4　聚合物/层状硅酸盐复合材料的结构

2. 溶胶-凝胶法聚合物/无机纳米复合材料的结构

溶胶-凝胶法聚合物/无机纳米复合材料的结构模型可用图 5-5 表示，无机与有机组分相互混合形成紧密的新形态，尽管各组分相分离的程度可以较大，但其微区尺寸仍属纳米尺寸范围。聚合物贯穿于无机网络中，分子链的运动受到阻碍，当两组分之间有较大相互作用时，聚合物的玻璃化温度明显提高，当达到分子水平复合时 T_g 甚至会消失。如果加入可交联的聚合物，并使聚合物的交联和无机网络的形成同时发生，可以制得有机-无机互穿网络型的复合材料。这种复合材料具有收缩小、无机物分散较均匀、微区尺寸较小的优点。并且分散相的化学成分及结构、尺寸及其分布、表面特性等均可以控制。这为橡胶的增强提供了一种崭新的思路。具有这种结构的纳米复合材料具有很高的拉伸强度和撕裂强度，优异的滞后生热和动态/静态压缩性能，在最优化条件下的综合性能明显超过炭黑和白炭黑增强的橡胶纳米复合材料。

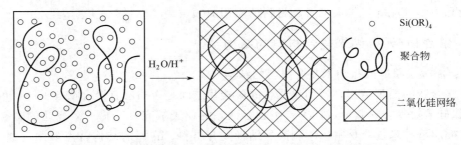

图 5-5　溶胶-凝胶法聚合物/无机纳米复合材料的结构模型

3. 直接共混法聚合物/无机纳米复合材料的结构

当无机粒子添加到聚合物熔体中经螺杆或机械剪切力的作用，可能形成三种无机粒子分散的微观结构形态，如图 5-6 所示。其中 (a)，无机纳米粒子在聚合物中形成第二聚集态结构，在这种情况下，如果无机粒子的粒径足够小（纳米级），界面结合良好，则这种形态结构具有很好的增强效果，无机粒子在聚合物基体中如同刚性链条一样对聚合物起着增强作用，这也正是纳米二氧化硅和炭黑增强橡胶的主要原因；(b)，无机粒子以无规的分散状态存在，有的聚集成团，有的以单粒子分散状态存在，这种分散状态既不能增强也不能增韧；(c)，无机纳米粒子均匀而单个地分散在基体中，在这种情况下，无论是否有良好的界面结合，都会产生明显的增韧效果。为获得无机纳米粒子增强增韧的聚合物材料，非常希望获得第三种分散结构形态。

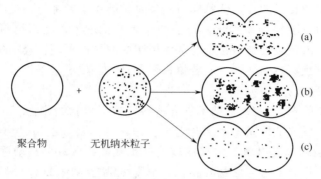

图 5-6 直接共混法聚合物/无机纳米复合材料的结构

4. 无机纳米粒子的结晶成核作用

无机纳米粒子的加入，对聚合物基体的结晶性有着明显的影响。但就不同的结晶性聚合物基体来说，无机纳米粒子对其结晶状况（结晶度、结晶速率、结晶活化能等）影响程度不同。一般来说，无机纳米粒子的加入对聚合物的结晶有两种作用：一方面是对聚合物有异相成核作用，可以提高聚合物的结晶温度和结晶速率，降低结晶活化能；另一方面对聚合物结晶生长也有阻碍作用，导致结晶速率下降，结晶活化能提高。如尼龙 6 是半结晶性聚合物，加入少量蒙脱土可明显提高尼龙 6 的结晶速率，降低球晶径向生长的单位面积表面自由能。随蒙脱土含量的增加，结晶活化能先是增加而后降低，这主要是因为蒙脱土含量较低时，球晶生长占主导地位，蒙脱土纳米粒子与尼龙 6 基体间的强界面相互作用阻碍了尼龙 6 结晶生长所需的链段运动，结晶活化能随蒙脱土含量的增加而升高；蒙脱土含量增加到一定程度后，成核机制占主导地位，蒙脱土含量继续增加，结晶活化能又会降低。所以，与纯尼龙 6 相比，添加蒙脱土后，其诱导期短得多，结晶完成时间明显减少，表明蒙脱土粒子使尼龙 6 的结晶速率增大，并对其结晶过程有异相成核作用，促进尼龙 6 快速结晶。同时，由于层状蒙脱土片层表面的成核作用，聚合物微晶的取向垂直于蒙脱土片层的取向方向，构成了有机-无机微结构网络（图 5-7）。又如，纳米蒙脱土使

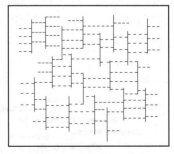

图 5-7 有机-无机微结构网络

PET 的结晶速率有很大程度的提高。因而 PET/纳米蒙脱土成型加工性能优良，用作工程塑料时，可以不另添加结晶成核剂。

二、聚合物/无机纳米复合材料的性能与应用

纳米材料的出现，为聚合物的添加改性提供了广阔的空间。实现无机填料和聚合物基体

在纳米尺度上的复合,发挥其纳米尺度效应和强的界面粘接,利用聚合物材料本身的优点,将使复合材料具有优异的力学性能、耐热性、阻隔性及耐候性,并在功能性方面呈现出常规材料不具备的特性,拓展其应用领域。

1. 力学性能与耐热性

采用纳米刚性粒子填充高聚物树脂,不仅会使材料韧性、强度、耐热性等方面得到提高,而且其性能价格比也将是其他材料不能比拟的。纳米刚性粒子对高聚物的增强增韧作用机理可能是:①刚性无机粒子的存在产生应力集中效应,易引发周围树脂产生微开裂,吸收一定的变形功;②刚性粒子的存在使基体树脂裂纹扩展受阻和钝化,最终终止裂纹不致发展为破坏性开裂;③随着填料的微细化,粒子的比表面积增大,因而填料与基体接触面积增大,材料受冲击时,由于刚性纳米粒子与基体树脂的泊松比不同,会产生更多的微开裂,吸收更多的冲击能并阻止材料的断裂。但若填料用量过大,粒子过于接近,微裂纹易发展成宏观开裂,体系性能变差。

用插层技术制备的聚合物/无机纳米复合材料可将无机物的刚性、尺寸稳定性和热稳定性与聚合物的韧性、可加工性完美地结合起来。如含有少量(不超过10%,通常5%左右)黏土的尼龙6/黏土纳米复合材料与常规的玻璃纤维或矿物(30%)增强尼龙6复合材料的刚性、强度、耐热性相当。与纯尼龙6相比,尼龙6/黏土纳米复合材料的热变形温度提高了70~90℃,拉伸强度及弯曲弹性模量也有了显著提高,见表5-1所列。

表 5-1 尼龙 6/黏土纳米复合材料与普通尼龙 6 的性能对比

性　能	尼龙 6	尼龙 6/黏土复合材料	性　能	尼龙 6	尼龙 6/黏土复合材料
相对黏度(25℃)	2.0~3.0	2.4~3.2	断裂伸长率/%	30	10~20
熔点/℃	215~225	213~223	弯曲强度/MPa	115	130~150
热变形温度(1.8MPa)/℃	65	135~150	弯曲强度模量/GPa	3.0	3.5~4.5
拉伸强度/MPa	75~85	95~105	缺口冲击强度/(J/m)	40	35~45

另外,纳米无机微粒的加入也提高了体系的尺寸稳定性,插层型的纳米复合材料在二维方向上具有尺寸稳定性。目前的研究表明,纳米材料的粒径、表面活性、分散状态是影响聚合物/无机纳米复合材料物理力学性能的决定性因素,是高聚物制品提高档次的关键所在。

2. 高阻隔特性

与未填充的聚合物相比,聚合物/无机纳米复合材料的气体与液体的透过性显著下降。尤其是聚合物/层状硅酸盐纳米复合材料,高阻隔性是其最引人注目的特性之一。这种特性来源于其特殊的结构。如图5-8所示,由于聚合物基体中均匀分散的硅酸盐片层具有很大的尺寸比(面积/厚度)与平面取向作用,这些晶层不能透过水、溶剂、氧气、水蒸气等流体。流体必须绕过这些晶层,沿着曲折的路径才能通过,这就大大延长了扩散的通道长度,使扩散阻力上升。因此这类材料具有较高的气密性、耐水性、耐溶剂性等优良特性。聚合物/无机纳米复合材料的高阻隔性使其广泛用于高级包装材料上,例如药品、化妆品、生物制品和精密仪器等。

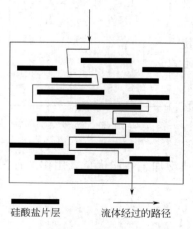

图 5-8 阻隔特性模型

3. 阻燃性

有些聚合物/无机纳米复合材料具有很高的自熄性、很低的热释放速率（相对聚合物本体而言）和较高抑烟性，是理想的阻燃材料。一般的阻燃材料中，常选用含卤素的聚合物作为基体，并添加各种阻燃剂以实现阻燃的目的。但是加入阻燃剂后材料的物理性能下降，燃烧中会产生大量的烟雾和CO，而烟雾和CO正是火灾中致死的主要原因。插层型聚合物/无机纳米复合材料的出现，使不含卤素的阻燃材料成为可能，而且能够降低聚合物分解产生的挥发性物质的排放。这是由于层片状晶层起到了绝缘体和质量传输障碍物的作用。如对尼龙6/黏土纳米复合材料，黏土含量仅为2%和5%时，复合材料的热释放速率分别比纯尼龙6下降了32%和63%，而且烟尘和CO的生成速率也大幅下降，从而使阻燃性能大幅度提高。

4. 导电功能

具有较好导电功能的纳米材料中，常用于制备复合导电高分子材料的有碳纳米管（见图5-9）与纳米石墨。

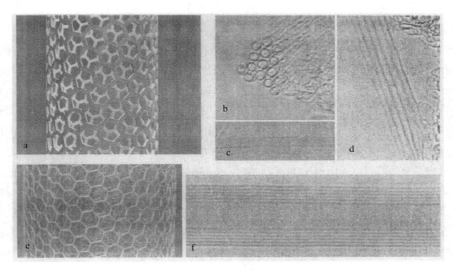

图5-9　单壁和多壁碳纳米管
(a)～(d) 单壁碳纳米管；(e)、(f) 多壁碳纳米管

随着纳米技术的发展，人们可利用纳米技术制备纳米石墨微片与树脂基体复合的导电塑料。以适当的表面处理，经过插层、高温膨胀、粉碎、剥离后的石墨纳米微片，可以在热固性或热塑性树脂基体中得到良好分散，成为既具有良好的电性能，又具有优异的力学性能、热性能与阻隔性能的高性能材料。石墨的纳米分散技术，开拓了石墨在许多结构材料与功能材料中的新用途。石墨经高温膨胀、超声粉碎、插层聚合或聚合物插层，其片层被剥离导致片状石墨粒子具有巨大的径厚比（见图5-10），均匀分散在树脂基体中时，使得该复合材料具有高导电性能，并大大降低了导电复合材料的渗滤阈值。

由于碳纳米管的优良性能，人们对其需求量将

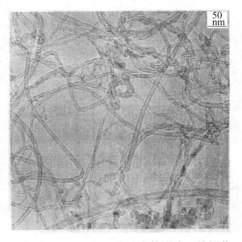

图5-10　超长径比的碳纳米管形成三维网络

越来越大，并且也不再会受生产方面的制约。Hyperion Catalysis International、Bayer、Arkema、Nanocyl 等多家国际知名公司，已经实现了碳纳米管的规模化生产与一批品牌，如：Hyperion Catalysis International 公司的 FIBRIL™ nanotubes；Bayer 公司的 Baytubes-C150P；Arkema 公司的 Graphistrength™ C100 系列；Nanocyl 公司的 Nanocyl® 7000 系列等。在碳纳米管获得工业化生产的同时，国际上著名的改性塑料制造商如 Premix Thermoplastics, PolyOne Corp., GE Plastics' LNP Engineering Materials, RTP Company 等竞相开发了各种添加碳纳米管的导电工程塑料。

此外，纳米金属粒子与高聚物复合材料的导电渗滤阈值比常规复合材料的要小得多，把电导率高的纳米金属粉末或金属杂化到柔软的塑料中时，这种塑料可以从绝缘体变为半导体，甚至导体。其电导率大小可以用纳米技术中的加料多少、加料方式等加以调节和控制。而且这些导电材料具有质量轻、耐酸碱、耐磨、耐折叠、可塑型等优点。此外，纳米 TiO_2、Fe_2O_3、ZnO 等半导体纳米粒子加入树脂中也可获得良好的静电屏蔽性，而且可以改变材料的颜色。

5. 抗菌功能

利用纳米技术在聚合物中添加少量的无机纳米抗菌剂即可制得高效的抗菌高聚物材料，应用于塑料、橡胶、纤维、涂料和胶黏剂上，如用于冰箱、洗衣机、卫生洁具等抗菌家电，电脑键盘、各种电器开关、玩具、纺织品等。抗菌高聚物材料本身具有抗菌性，可以在一定期时间内将沾污在聚合物表面上的细菌杀死并抑制细菌生长。其原因是：无机纳米抗菌剂能与吸附在材料表面的氧气和水反应，生成 O^{2-} 和 $\cdot OH$，O^{2-} 是强还原剂，$\cdot OH$ 则是极强的氧化剂，几乎能使所有的有机物分解。因此它能氧化分解构成细菌主要成分的各种有机物，干扰蛋白质的合成，从而有效地杀灭细菌或抑制细菌的繁殖，实现抗菌净化的目的。此外，由于无机纳米抗菌剂是接触式杀菌，而纳米技术使单位质量的无机抗菌剂颗粒数增多，比表面积很大，因而增加了与细菌的接触面积，从而提高了抗菌效果；同时由于抗菌剂粒子超细，依靠库仑引力可穿透细菌的细胞壁（大肠杆菌大约为 600nm）进入细胞体内，破坏细胞合成酶的活性，使细胞丧失分裂增殖能力而死亡。

6. 吸波特性

吸波材料在现代和未来战争中起着重要作用，对武器装备隐形要求研究吸波材料。因此，吸波材料已逐渐发展成为一种重要的新型材料。所谓吸波材料是指能够通过自身的吸收作用来减少目标雷达散射截面的材料。其基本原理是将雷达波转换成为其他形式的能量（如机械能、电能和热能）而消耗掉。一些纳米粉体具有极好的微波吸收性能，同时具有频带宽、兼容性好等特点，已成为一种新型军用雷达波吸收剂。雷达吸波材料主要就由纳米吸收剂与高聚物材料复合组成。纳米吸收剂主有：Fe、Co、Ni 等纳米金属与纳米合金粉体；Fe_2O_3、Fe_3O_4、ZnO、Co_3O_4、TiO_2、NiO、MoO_2、WO_3 等纳米金属氧化物；纳米碳化硅、纳米石墨、纳米导电高聚物、纳米金属膜、纳米铁氧体等其他吸收剂。

7. 各向异性

对于层间插入型聚合物/无机纳米复合材料，聚合物插层进入蒙脱土片层间，蒙脱土的片层间距扩大，但片层仍然具有一定的有序性。由于高分子链输运特性在层间的受限空间与层外的自由空间有很大的差异，因此插层型聚合物/无机纳米复合材料可用作各向异性的功能材料。例如在尼龙/层状硅酸盐纳米复合材料中，热胀系数就是各向异性的。在注射型时的流动方向的热胀系数为垂直方向的一半，而纯尼龙为各向同性的。这种各向异性可能是层状硅酸盐片层和高分子链取向的结果。在导电聚苯胺-蒙脱土体系中,经氯化氢蒸气处理后,材料的电导率大大上升,且为各向异性(平行方向的电导率为垂直方向电导率的 10^5 倍)。其原因在于蒙脱土为绝缘体,在垂直于其片层取向的方向上,由于蒙脱土片层的存在,加长了导电离子的路径。

总之,纳米技术的出现,使聚合物功能材料的发展更迅速,新型功能性材料不断涌现。利用纳米复合,使聚合物复合材料具有一系列新特性,还有诸如光功能特性、防辐射特性等,不胜枚举。一些传统的无机添加剂,经纳米化后,增加了新的效用。如传统的氧化锌,在聚合物工业中主要用作橡胶加工中的硫化活性剂,而纳米氧化锌粉体,则又具有抗菌性,而且还有抗紫外老化性、吸波性、增加橡胶的耐磨性等功能。以各种功能性为目的进行聚合物/无机纳米复合材料的设计,将会制造出无数具有新功能、新特性的塑料与橡胶制品,适应各行各业、各个领域的技术发展与需要。

思 考 题

1. 解释下列概念:
   ① 纳米
   ② 纳米材料
   ③ 纳米复合材料
2. 按材料形态划分,纳米材料可分为哪几类?
3. 纳米粒子有哪些基本特性?
4. 按复合的形态和方式,纳米复合材料的主要类型有哪些?
5. 聚合物/无机纳米复合材料主要有哪些类型?
6. 聚合物/无机纳米复合材料的制备方法有哪几类?简要说明其基本过程。
7. 简述层状硅酸盐有机化处理的目的、方法与基本原理。
8. 试分析单体插层原位复合与聚合物插层复合两种方法有何差异。
9. 采用熔融共混法制备聚合物无机纳米复合材料应注意哪些方面。
10. 聚合物层状硅酸盐纳米复合材料的结构类型有哪些?并指出其形成机理。

参 考 文 献

[1] [美] 马里诺·赞索斯. 反应挤出. 北京：化学工业出版社，1999.
[2] 任世荣. 塑料助剂. 北京：中国轻工业出版社，1997.
[3] 山西省化工研究所. 塑料橡胶加工助剂. 第2版. 北京：化学工业出版社，2002.
[4] 赵敏，高俊刚，邓奎林等. 改性聚丙烯新材料. 北京：化学工业出版社，2002.
[5] 耿孝正，张沛. 塑料混合及设备. 北京：中国轻工业出版社，1993.
[6] [美] David B. Todd. 塑料混合工艺及设备. 北京：化学工业出版社，2002.
[7] [日] 山正晋三，金子东助. 交联剂手册. 纪奎江等译. 北京：化学工业出版社，1990.
[8] 吴京，殷敬华. 热塑性聚合物的反应挤出与双螺杆挤出机. 塑料，2003，32（1）.
[9] 刘书银，陈中华. 反应挤出技术在高聚物制备中的应用. 高分子材料科学与工程，1999，15（5）.
[10] 单国荣，翁志学，黄志明. 过氧化物复合引发剂分解动力学模型及应用. 高等学校化学学报，2001，21（11）.
[11] 刘英俊，刘伯元主编. 塑料填充改性. 北京：中国轻工业出版社，1998.
[12] 王文广. 塑料改性实用技术. 北京：中国轻工业出版社，2000.
[13] 王国全，王秀芬. 聚合物改性. 北京：中国轻工业出版社，2000.
[14] 段予忠. 塑料改性. 北京：科学技术文献出版社，1988.
[15] 刘小明. 硬聚氯乙烯改性与加工. 北京：中国轻工业出版社，1998.
[16] 杨国文. 塑料助剂作用原理. 成都：成都科技大学出版社，1991.
[17] [美] H. S. 卡茨. 塑料用填料及增强剂手册. 李佐邦等译. 北京：化学工业出版社. 1985.
[18] 山西省化工研究所编. 塑料橡胶加工助剂. 北京：化学工业出版社，1983.
[19] [德] R. 根赫特．H. 米勒主编. 塑料添加剂手册. 成国祥等译. 北京：化学工业出版社. 2000.
[20] 段予忠，张明连. 塑料母料生产及应用技术. 北京：中国轻工业出版社，1999.
[21] 林师沛. 塑料配制与成型. 北京：化学工业出版社，1997.
[22] 徐定宇. 聚合物形态与加工. 北京：中国石化出版社，1992.
[23] 欧育湘. 实用阻燃技术. 北京：化学工业出版社，2002.
[24] 卢寿慈. 粉体加工技术. 北京：中国轻工业出版社，1999.
[25] 郑水林. 粉体表面改性. 北京：中国建材工业出版社. 1995.
[26] 杨清芝主编. 现代橡胶工艺学. 北京：中国石化出版社，1997.
[27] 张殿荣等编. 现化橡胶配方设计. 北京：化学工业出版社，1994.
[28] 朱玉俊. 弹性体的力学改性——填充补强及共混. 北京：北京科学技术出版社，1992.
[29] 郑忠，胡记华. 表面活性剂的物理化学原理. 广州：华南理工大学出版社，1995.
[30] 刘英俊. 塑料加工，2002，35（1）：1.
[31] 蔡力锋，杨俊，林志勇. 工程塑料应用，2003，31（3）：66.
[32] 郑水林，钱柏太，卢寿慈. 粉体技术，1998，4（2）：24.
[33] 李铁骑，齐昆. 高分子通报，1994，(4)：241.
[34] 陈松哲，于九皋. 化学工业与工程，1998，15（3）：44.
[35] 张环，刘敏江. 现代塑料加工应用，2001，13（3）：58.
[36] 耿孝正. 中国塑料，2002，16（9）：1.
[37] 贾巧英，马晓燕，梁国正，鹿海军. 高分子通报，2002，(6)：71.
[38] 周柞万，彭卫明，客绍瑛. 材料导报，1999，13（3）：57.
[39] 朱艳秋. 塑料加工应用，1998，(2)：38.
[40] 马传国，容敏智，章明秋. 材料工程，2002，(7)：40.
[41] 陈泂. 工程塑料应用. 1998，26（12）：25.
[42] 岳名正. 塑料工业，1990，(3)：56.
[43] 岳名正. 塑料，1989，18（4）：3.
[44] 李毕忠. 化工新型材料，28（6）：8.
[45] 杨桂英，赵红竹，孙颜文. 塑料加工应用，2000，22（2）：47.
[46] 阎化启，芦玉霞，冯爱国等. 中国塑料，1998，12（5）：62.
[47] 赵亮，金斗满. 塑料科技，1991，(1)：13.
[48] 章学平. 热塑性增强塑料. 北京：轻工业出版社，1984.
[49] [美] Roger F. Jones. 短纤维增强塑料手册. 詹茂盛等译. 北京：化学工业出版社，2002.
[50] 张开. 高分子界面科学. 北京：中国石化出版社，1996.
[51] 张开. 高分子物理学. 北京：化学工业出版社，1981.
[52] 朱光明，秦华宇. 材料化学. 北京：机械工业出版社. 2003.
[53] 吴培熙，沈健. 特种性能树脂基复合材料. 北京：化学工业出版社，2002.

[54] 刘晓明等. 硬聚氯乙烯改性与加工. 北京：中国轻工业出版社, 1998.
[55] 陈锋. BMC 模塑料及其成型技术. 北京：化学工业出版社, 2003.
[56] 黄家康. 聚酯模塑料生产与成型技术. 北京：化学工业出版社, 2002.
[57] 贺福, 王茂章. 碳纤维及其复合材料. 北京：科学出版社, 1995.
[58] 李龙, 王善元. 连续纤维增强热塑性复合材料预浸料的加工方法. 纤维复合材料, 1996 (1).
[59] 吴靖. 长纤维增强热塑性复合材料的研究进展. 化工进展, 1995, (2).
[60] 马培瑜, 黄应昌, 郑士喜. 定向短纤维群对弹性体基质的力学改性. 化学工程师, 1995, (2).
[61] 张立群, 金日光, 周彦豪等. 短纤维补强技术在橡胶工业中的应用. 橡胶工业, 1995, 42 (3).
[62] 朱玉俊. 弹性体的力学改性——填充补强及共混. 北京：北京科学技术出版社, 1992.
[63] 赵若飞. 玻璃纤维增强聚丙烯界面处理研究进展. 玻璃钢/复合材料, 2000, (3).
[64] 吴庆. 碳纤维表面处理综述. 炭素, 2003, (3).
[65] 严志云. 芳纶纤维的表面处理及其在橡胶工业中的应用. 橡胶工业, 2004, 51 (12).
[66] 骆玉祥, 胡福增, 郑安呐等. 超高分子量聚乙烯纤维表面处理. 玻璃钢/复合材料, 1998, (5).
[67] 唐建国, 胡克鳌. 天然植物纤维的改性与树脂基复合材料. 高分子通报, 1998, (6).
[68] 吴培熙, 张留城编著. 聚合物共混改性. 北京：中国轻工业出版社, 1996.
[69] 张留成主编. 高分子材料导论. 北京：化学工业出版社, 1993.
[70] 张留成, 瞿雄伟, 丁会利编著. 高分子材料基础. 北京：化学工业出版社, 2002.
[71] 刘英俊, 王锡臣编著. 改性塑料行业指南. 北京：中国轻工业出版社, 2000.
[72] 王国全, 王秀芬编著. 聚合物改性. 北京：中国轻工业出版社, 2000.
[73] 赵素合主编. 聚合物加工工程. 北京：中国轻工业出版社, 2001.
[74] 常州轻工业学校, 安徽轻工业学校合编. 塑料材料学. 北京：中国轻工业出版社, 1993.
[75] 赵敏, 高俊刚, 邓奎林, 赵兴艺编著. 改性聚丙烯新材料. 北京：化学工业出版社, 2002.
[76] 邓如生主编. 共混改性工程塑料. 北京：化学工业出版社, 2003.
[77] 李晓林编. 橡塑并用. 北京：化学工业出版社, 1998.
[78] 邓本诚, 李俊山编著. 橡胶塑料共混改性. 北京：中国石化出版社, 1996.
[79] 杨清芝主编. 现代橡胶工艺学. 北京：中国石化出版社, 1997.
[80] 邓本诚等编. 橡胶并用与橡塑共混技术——性能、工艺与配方. 北京：化学工业出版社, 1998.
[81] 朱玉俊编著. 弹性体的力学改性——填充补强及共混. 北京：北京科学技术出版社, 1992.
[82] 朱敏主编. 橡胶化学与物理. 北京：化学工业出版社, 1984.
[83] 周达飞, 唐颂超主编. 高分子材料成型加工. 北京：中国轻工业出版社, 2000.
[84] 黄锐, 王旭, 张玲等. 熔融共混法制备聚合物/纳米无机粒子复合材料. 中国塑料, 2003, 17 (4).
[85] 王韶晖. 聚合物/无机纳米复合材料的结构与性能. 特种橡胶制品, 2001, 22 (6).
[86] 柯扬船, 皮特·斯壮, 张立德等. 聚合物-无机纳米复合材料. 北京：化学工业出版社, 2002.
[87] 杨志伊, 刘书进, 刘同冈等. 纳米科技. 北京：机械工业出版社, 2004.
[88] 黄锐, 王旭, 李忠明等. 纳米塑料. 北京：中国轻工业出版社, 2002.
[89] 张立德. 纳米材料. 北京：化学工业出版社, 2000.
[90] 张大海. 镁盐晶须的制备及其性能表征 [D]. 青岛：中国海洋大学, 2004.
[91] 殷茜. 高密度聚乙烯/炭黑复合导电 PTC 材料及制品研制 [D]. 成都：四川大学, 2005.
[92] 李莹, 王仕峰, 张勇等. 不同炭黑对聚丙烯/炭黑复合材料导电性能的影响 [J]. 中国塑料, 2004, (10)：63-66.
[93] 李莹, 王仕峰, 张勇等. 炭黑填充复合型导电聚合物的研究进展. 塑料, 2005, 34 (2)：7-11.
[94] Gubbels F, Jerome R, Teyssie Ph, etc. Selective Localization of Carbon Black in Immiscible Polymer Blends. Macromolecules, 1994, 27 (7)：1972-1974.
[95] 杨波, 林聪妹, 陈光顺, 郭少云. 导电炭黑在聚丙烯/极性聚合物体系中的选择性分散及其对导电性能的影响. 功能高分子学报, 2007, (03).
[96] Mohammed H. An innovative method to reduce percolation threshold of carbon black filled immiscible polymer blends [J]. Composites, 2008, 39A (2)：284-293.
[97] Zhang QH.; Chen DJ. Percolation threshold and morphology of composites of conducting carbon black/polypropylene/EVA [J]. Journal of Materials Science, 2004, 39 (5)：1751-1757.
[98] 益小苏. 复合导电高分子材料的功能原理. 北京：国防工业出版社, 2004.
[99] 郑强, 税波, 沈烈. 炭黑填充多组分高分子导电复合材料的研究进展. 高分子材料科学与工程, 2006, 22 (4)：15-18
[100] 熊辉, 张清华, 陈大俊. 填充型多相聚合物导电复合材料的 PTC 效应. 化学世界, 2007 (11)：661-667.
[101] Drzal, L T. Expanded graphite and products produced therefrom：USP20060231792 [P], 2006-10-19.
[102] Marni R, Mark B, Ram R. Using a Carbon Nanotube Additive to Make Electrically Conductive Commercial Polymer Composites [J]. SAMPE Journal, 2005, (2)：54-55.